アラン・デケイロス

サルは大西洋を渡った

奇跡的な航海が生んだ進化史

柴田裕之・林美佐子 訳

みすず書房

THE MONKEY'S VOYAGE

How Improbable Journeys Shaped the History of Life

by

Alan de Queiroz

First published by Basic Books, New York, 2014

タラとハナとエイジへ

◆目次

13歳のホロコースト
——少女が見たアウシュヴィッツ
エヴァ・スローニム著
那波かおり訳

兵士を救え！マル珍軍事研究
メアリー・ローチ著
村井理子訳

戦地からのラブレター
——第一次世界大戦従軍兵から、愛するひとへ
ジャン＝ピエール・ゲノ編著
永田千奈訳

亜紀書房翻訳ノンフィクション・シリーズⅢ-2

隠れナチを探し出せ

忘却に抗ったナチ・ハンターたちの戦い

2018年1月17日　第1版第1刷発行

著　者　アンドリュー・ナゴルスキ
訳　者　島村浩子
発行者　株式会社亜紀書房
郵便番号 101-0051
東京都千代田区神田神保町1-32
電話 (03)5280-0261
振替 00100-9-144037
http://www.akishobo.com

装丁・レイアウト　國枝達也
DTP　コトモモ社
印刷・製本　株式会社トライ　http://www.try-sky.com

Printed in Japan

			現在
新生代	第四紀	完新世	1万年前
		更新世	260万年前
	新第三紀	鮮新世	530万年前
		中新世	2300万年前
	古第三紀	漸新世	3390万年前
		始新世	5600万年前
		暁新世	6600万年前
中生代	白亜紀	白亜紀後期	1億50万年前
		白亜紀前期	1億4500万年前
	ジュラ紀	ジュラ紀後期	1億6350万年前
		ジュラ紀中期	1億7410万年前
		ジュラ紀前期	2億130万年前
	三畳紀	三畳紀後期	2億3700万年前
		三畳紀中期	2億4720万年前
		三畳紀前期	2億5220万年前

凡例（生物種名の表記について）

生物種名については、原著では学名のほかに英名も適宜使われており、それに対応して本邦訳でも和名や英名のカナ表記を用いている。原著でも学名のみで記されている生物種で、和名やよく知られた英名がない（またはそれらが明確ではない）ケースについては、本邦訳でも学名をアルファベット表記のまま記載している。同じ学名が繰り返し出てくる場合には、慣例に倣い、二回目以降は属名を次のように省略表記する。

例　*Thamnophis validus*　→　（二回目以降）*T. validus*

サルは大西洋を渡った

序――ガータースネークとゴンドワナ大陸

科学は、神話と神話に対する批判とともに始まらなくてはならない。(1)

――カール・ポパー

私は最近、自宅に大きな世界地図を掲げた。五歳と二歳になる娘と息子のためという建前だが、これまでのところじっくり眺めたのは私だけだ。私は目利きとまでは言わないまでも、かなりの地図コレクターなので、この地図のように、それなりの独創性をもって入念に製作された地図は高く買っている。これは標準的なメルカトル図法の投影図（グリーンランドがアフリカ大陸ほどの大きさになる種類の地図）だが、それを除けば、ありきたりなところはまったくない。各大陸は国境では分割されておらず、淡い自然色が少しずつトーンを変えながら溶け合っているものの、色合いの変化は、実際のバイオーム（植物群系）の境界とはごくおおまかに呼応しているだけだ。北極地方には海氷を表すガラスのかけらのようなものがひしめいており、小ぶりのかけらが、まるで世界の残りの部分に降り注ぐ雨のように南に向かってなだれ落ちている。単調な青い広がりとして表されることがあまりに多い海洋は、この地図では嬉しいことに海底の地形図で埋め尽されている。海嶺《かいれい》や海谷《かいこく》、広い海台《かいだい》や深い海溝、緩やかに傾斜した大陸棚。こうした特徴のおかげで、地図はダイナミックで賑やかで生き生きとした感じになり、最も目につく特色をいっそう引き立てている。その特色とは、イグアナやマッコウクジラから水牛やゴクラクチョウまで、一面に描かれている何十という野生の生き物たちだ。

地図には「野生動物の世界」というタイトルがついているが、より正確には、「野生脊椎《せきつい》動物の世界」とするべきで、その限られた範囲においてでさえ、取り上げられている動物は哺乳類にはっきり偏っている。それでもこの地図は、生物地理学者の卵、すなわち地球上に生き物がどのように分布しているかを学ぶ者にとっては、入門レッスンの役割を果たしうる。なにしろ一瞥《いちべつ》しただけで、生物地理学の根本的事実がぱっと目に飛び込んでくる。地域ごとに異なる動物相が見られるのだ。実際、それがおそらくこの地図が伝えようとしている最大のメッセージなのだろう。アフリカ大陸ではライオンとキリンとゾウが縦に並んでいる。オーストラリア大陸ではカンガルーがカモノハシとエリマキトカゲに向かって飛び跳ねている。アジア大陸ではトラの一家とパンダの一家が親しげに身を寄せ合っている。南極大陸にはペンギンたちが散らばっている。一方、極北の凍った海にはツノメドリとウミスズメが浮かんでいる。これらの白と黒の鳥たちは、ペンギンに似ていなくもないが、それとは別物だ。このように動物と場所が結びついていることは、幼い子供たちでさえ知っている（アフリカ大陸やオーストラリア大陸を見つけるのさえおぼつかないわが家の五歳児でも、そういう関連の例を少なくともいくつか挙げられる）。やがて彼らは（願わくは）、動物相のあいだのこうした違いが、生物学の包括的な大理論である進化論で解明できることを学ぶだろう。これらの動物群は互いに接触のないまま進化したから、それぞれ異なるのだ。遠く離れた陸塊はそれぞれ別世界のようなもので、独立した「変化を伴う由来（進化）」の、長い、想像を絶するほど長い歴史を持っている。

とはいえこの壮大なパターンには例外があり、それを説明するのが生物地理学の大きな仕事だ。たとえば、「野生動物の世界」の地図には、北アメリカ大陸北部とユーラシア大陸北部の両方にオオカミやヘラジカ、ワピチなど共通する動物が見られる。これらの事実は、遠く離れた陸塊は別個の動物相を有するという原則に合致しないが、これは例外であり、簡単に説明できる。北アメリカ大陸とユーラシア大陸は、それほど遠くない過去のさまざまな時期（最も現代に近いのは、最後の氷河期のあいだの約一万年前）に、ベーリング陸橋を介してつながっていたので、両大陸の歴史は、現在の隔たりが示唆しているほど無関係ではない。* 地質年代で考えればつい先ほど、オオカミとヘラジカとワピチは、北アメリカ大陸とアジア大陸のあいだのしっかりした大地を渡ることができたのだ。

だが、わが家の子供たちの地図はほかにも疑問を投げかけてくる。そして、それにはこれほど簡単に答えられない。南半球の陸塊に注目したときにはなおさらだ。たとえば、この地図には「走鳥類」と呼ばれるグループに属する四種類の飛べない鳥が描かれている。南アメリカ大陸のレアとアフリカ大陸のダチョウが大西洋を挟んで向かい合っており、そこから何千キロメートルも離れたオーストラリア大陸にはエミューの群れが見られ、ニュージーランドでは一羽のキーウィが地面をつついている。これら四つのグループは明らかに別個の種だが、全体的に見ればみなかなり緊密な関係にある。だとすれば、大海原に隔てられたこれらの遠く離れた土地に、どうして行き着いたのか？ 同様に、この地図では中央アフリカのマンドリル（大型のヒヒ）が、大西洋を挟んで南アメリカ大陸のオマキザルという別のサルのほうをじっと見詰めている姿が見られる。この二つの種も明らかに異なるが、ともにかなり緊密な進化上のグループに属していることも明白だ。そして彼らも、類縁種がどうして海洋で隔てられた陸塊にそれぞれ行き着いたのかという謎を突きつけてくる。そのうえどちらの場合にも、地図に見事に描かれた海底の地形を見ればわかるとおり、問題の陸塊はみな、浅い大陸棚ではなく深い海洋で隔てられている。このせいで謎はますます深まる。なぜなら、ベーリング陸橋のような陸橋を介した移動を持ち出してこれらの断片的な分布を説明するわけにはいかないからだ。

じつは、走鳥類とサルはたんなる氷山の一角だった。ナンキョクブナ科の木はオーストラリア大陸、ニュージーランド、ニューギニア島、南アメリカ大陸南部で見られる。バオバブの木はマダガスカル島とアフリカ大陸とオーストラリア大陸に生えている。南半球の主要な陸塊すべてを含め、世界の温暖な部分のほとんどにはクロコダイル科のワニが住んでいる。南アメリカ大陸とアフリカ大陸には、ヤマアラシ亜目の齧歯類《げっし》（テンジクネズミ（いわゆるモルモット）を含むグループ）がいる。これらや、それに類似したほかの多くの例が集まって、生物学でも屈指の難問を形作っている。この謎は、ダーウィンの時代以来ずっと（そして、ある意味では、それ以前でさえ）博物学者を魅了してきた。この、遠く離れ、分断された分布のおびただしさは、何をもってすれば説明できるのか？　飛べない巨大な鳥や、海水中では種子が生き延びられないナンキョクブナは、いったいぜんたいどうやって広大な海を越えられたのか？

これらの事例のほとんどでは、答え――今日、教科書で見つかる答え――をもたらしたのは、生物学者よりもむしろ地質学者で、それは、飛べない鳥やバオバブの木、ワニやナンキョクブナの種子は海を渡る必要がなかった、なぜなら、海洋はいつもそこに存在していたわけではないから、というものだ。ある時期に、南半球の主要な陸塊はすべて「ゴンドワナ大陸」という巨大な超大陸の一部だった。[2]ところがおよそ一億六〇〇〇万年前、卵の殻にひびが入るようにゴンドワナ大陸の地殻に亀裂が生じはじめた。そして

* それに比べると、ユーラシア大陸と南北アメリカ大陸の熱帯地方の生物相は格段に異なっている。比較的新しい時代にベーリング陸橋が出現したときにはいつも、そこが寒すぎて熱帯生物はその経路では一方からもう一方へと渡れなかったのが、少なくともその一因だ。

この超大陸はその亀裂に沿ってばらばらになり、マグマが地殻を通って湧き出てきて新たな海洋底として広がるにつれて、氷河よりもはるかにゆっくりと、各断片が離れ離れになっていった。大西洋海盆が形成され、アフリカ大陸と南アメリカ大陸を押し分けた。今日のニュージーランドとニューカレドニア島、そのほかの島々からなるジーランディア大陸は、オーストラリア大陸と南極大陸が合わさった陸塊から離れていった。残された陸塊も、オーストラリア大陸と南極大陸としてやがて離れ離れになった。かつてオーストラリア大陸、南極大陸、アフリカ大陸と一体だったインドは、周知のとおり北へゆっくりと進み、アジア大陸に突っ込んでいき、その過程でヒマラヤ山脈を形作った。これはすべてプレートテクトニクスの世界観の一部だ。プレートテクトニクスとは、一九六〇年代に続けざまに証拠が浮上して、あれよあれよと言う間に事実と見なされるまでになった理論で、それによると、地殻は大陸を載せた複数の巨大な構造プレート（固い岩盤）からできており、マグマが地殻の裂け目から広がるにつれて、そのプレートがあちらへこちらへと押しやられるという。大陸は移動するのだ。

ゴンドワナ大陸の断片は、この超大陸の土壌や岩盤ばかりでなく、動物や植物も運んでいった――走鳥類やワニ、ナンキョクブナほか、無数の動植物を。かつては切れ目のない単一のゴンドワナ大陸の生物相が存在していたが、今やそこから派生した多くの生物相が、それぞれ別の運命に向かって散り散りになっていった。大陸移動が真実であれば、飛べない鳥やナンキョクブナの種子に奇跡的に海洋を越えさせる必要はなくなる。南半球の動植物は動く必要はなかった。大陸が彼らのために動いてくれたのだ。

南半球の陸塊は、「ゴンドワナ救命艇《ライフラフト》」と呼ばれてきた。古代の超大陸の動物相と植物相（両者はその後の何千万年にも及ぶ進化によって姿を変えはしたが）を載せて今日にいたるまで漂っている、一群の巨大なノアの方舟《はこぶね》というわけだ。この「陸塊救命艇」の筋書きは、時の経過に伴う生物分布の変化に取り組む歴史生物地理学という学問を象徴する物語と言える。この話は、物理的障壁（この場合には大小の海）が生まれると生物群の分布域が分断されうるという典型的な例になっている。あまりに明白かつエレガントな説明なので、ことさら問題にするまでもない。

いや、はたしてそうだろうか？

二〇〇〇年六月、私はガールフレンド（今は妻）のタラと、バハカリフォルニア（下カリフォルニア半島）の南端に近いサン・ホセ・デル・カボに飛び、海岸を南に下ってカボ・サン・ルーカスで羽目を外す人々に加わるかわりに（私たちはそこでは、高速道路に放り出されたカレイのように場違いな思いをしていただろう）、ジープを借りて五〇キロメートルほど北の、まったくの別世界に入った。シエラ・デ・ラ・ラグーナと呼ばれる小さな山脈の東斜面の岩だらけのアロヨ（雨が降ったときに水が流れる涸《か》れ谷）で、数頭の牛とロバしかおらず、人影はなかった。暑くて明るく、乾季だったので山腹の森は茶色で葉がなく、アロヨの白い岩や砂に反射する日差しが眩《まぶ》しかった。

誰かが当てこすりで女性嫌悪症ぎみに「ブエナ・ムヘール（良い女）」と名づけた棘だらけの厄介な低木の脇に、私たちは二人してしゃがみ込んでいた。タラは、これならカボのナイトクラブのほうがましだったかもしれないとでも思いながらだろうか、とても大きなガータースネークの首を嫌々つかんでいた。一方、私はヘビを握った手を、低木の下の穴にヘビの体が消えている所までゆっくり動かしていった。ヘビは地下で何かに絡みついているかのようなので、私は一度に数ミリメートルずつ引っ張り出していた――途中であまり強くねじったりしないように、また、ブエナ・ムヘールの棘に刺されないように（けっきょくはやられたが）。骨の折れる作業だった。肉体的にきついからではなく、別の生き物の意志と戦っていたからだ。引っ張るたびにヘビが逆らうのがわかり、ヘビの筋肉が張り詰め、裂けるのが感じられた。ヘビにしてみればこれは生きるか死ぬかの戦いであり、その緊迫感は私たちにもひしひしと伝わってきた。タラは私よりもヘビを恐れていると同時に、彼らへの共感も強いので、この作業を少しも楽しんではいなかった。

悪態を山ほどつきながら一〇分ほど苦闘したあと、私たちはようやくヘビを引っ張り出した。私は長年ガータースネークを研究しており、たいていどことはなしに美しさを感じるのだが、その私でさえ、このヘビはお世辞にもきれいと言えないことは認めざるをえなかった。見るからに汚らしく、ほとんど真っ黒だが、誰かがちぎれたボール紙の縁でも当てて描いたような、ぎざぎざした暗褐色の縞が体の両側に入っていた。袋に入れるときに私に咬《か》みつこうとしたから、なおさら印象が悪くなった。とはいえ、気質や外見の欠陥を埋め合わせるものをこのヘビは持っていた。まず、私がこれまで見たもののうちで最大級だった。家に戻ってから測ってみると一メートル以上あり、ガータースネークとしては巨大で、このヘビが属する亜種としては、記録されたもののうちで最大の個体だった。爬虫両生類学の専門誌では、段落一つ分の註をつける価値のある補足情報だ。私はこのときの旅で捕まえたほかのヘビとともに、このヘビを使って実験を行なった。このヘビの種が水の深さしだいで餌の探し方を変えることを示す実験で、この変化は彼らの摂食行動がどう進化したかを反映しているかもしれない。この卵胎生のヘビは妊娠もしており、二か月後、研究室で十数匹の小さな黒いガータースネークを産むことになる。そのどれもが母親よりもはるかにかわいらしかった。

もっとも、今このヘビの話を持ち出したほんとうの理由は、大きさや子供や摂食行動ではない。肝心な

I.1　バハカリフォルニア南端近くのシエラ・デ・ラ・ラグーナで捕まえたガータースネーク（*Thamnophis validus*）．ゲーリー・ナフィス撮影．

のはそれがいた場所であり、バハカリフォルニア南部にいたという事実だ。私はこのヘビが属する*Thamnophis validus*という種がきっかけで、移動する構造プレートに乗って生物が運ばれることについて考えはじめた。ゴンドワナ大陸の分裂について考えはじめたのは、このヘビのせいだったのだ。

バハカリフォルニアはゴンドワナ大陸の断片の一つではないが、その地質学的な歴史には、南半球の超大陸ゴンドワナの分裂を思い出させるものがある。[3] かつて、バハカリフォルニアという半島は本土の一部にすぎなかった。メキシコの残りの部分とは海で隔てられていなかったので、多くの陸生種が現在の半島南部とそれに隣接するメキシコ本土の部分の両方に生息していたに違いない。一方からもう一方へネズミが歩いていく（あるいはネズミによって種子が運ばれる）のを妨げるものは何もなかった。ところが八〇〇万年前から四〇〇〇万年前にかけて地殻が裂けはじめた。バハカリフォルニアと本土とのあ

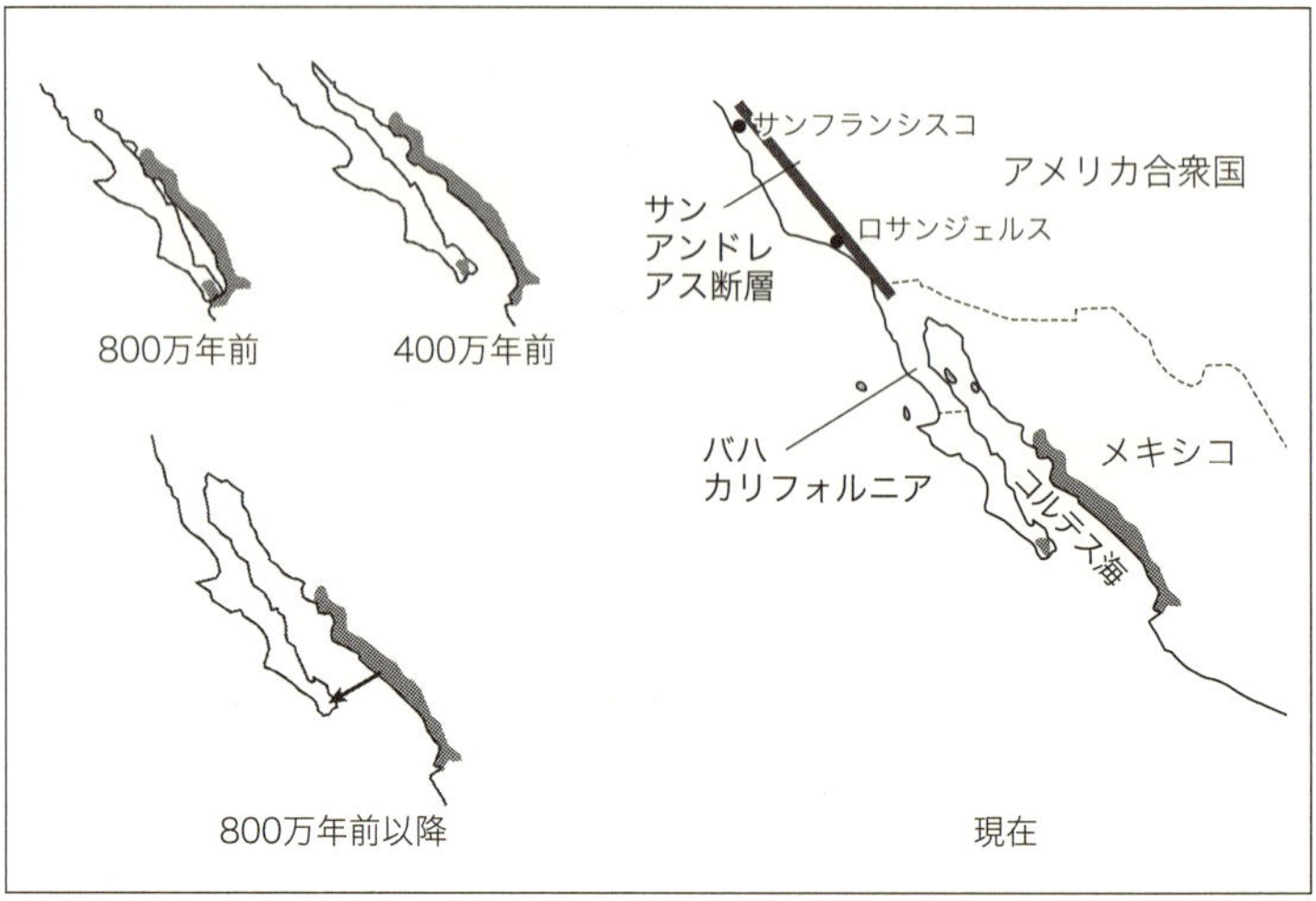

I.2 *Thamnophis validus* が断片的に分布している理由を説明する2つの説．灰色の部分がこの種の生息域．左上段：コルテス海を生み出した亀裂による生息域の分断．左下段：海を越えての分散（矢印で示した動き）．de Queiroz and Lawson (2008) を修正したもの．

いだの亀裂だ。この裂け目と同じ構造プレート境界にあるのがカリフォルニア州西岸のサンアンドレアス断層で、この断層に沿って太平洋プレートが北西へ、北アメリカプレートが南東へ移動しており、同州で無数の地震を引き起こしてきた。メキシコではプレートがすれちがってはおらず、亀裂が生じて広がりつづけ、ついに亀裂の南端が太平洋にまで達し、隙間に海水が流れ込み、コルテス海ができた。*言い換えれば、バハカリフォルニアも別の「救命艇」の一部なのだ。ただしこの救命艇は、北端で依然として大陸に繋留《けいりゅう》されてはいるが。この地域を研究する生物学者によれば、コルテス海が形成されたとき、多くの動植物がこの半島で孤立し、その結果、バハカリフォルニア南部のさまざまな個体群は、最も近い仲間を海の向こう側に持つことになったという。だとすれば、メキシコ西部では、私たちはゴンドワナ大陸の分裂の最初期を目にしているようなもので、バハカリフォルニアは、マダガスカル島やニュージーランドといった、大陸の断片のうちでも、小ぶりのものの役割を演じていることになる。

私たちが注目した色の黒いガータースネーク、*Thamnophis validus* は、バハカリフォルニアと、コルテス海対岸のメキシコ本土の両方に生息する種の一つだ。本土では西端のほぼ全域に沿って海岸平野の流れの遅い川や灌漑《かんがい》用水路、マングローヴ湿地で見られるが、バハカリフォルニアでは南端近く、主にシエラ・デ・ラ・ラグーナの岩だらけのアロヨにしか生息していない。このヘビは、バハカリフォルニアが大陸から離れていったときに、この半島に運んでもらったとされる種の一つだ（図I・2参照）。

T. validus の分布にとって、この「誕生途上の救命艇」の筋書きはじつに説得力のある仮説だが、決定的な遺伝子データを集めて検証した人はそれまで一人としていなかった。私は爬虫両生類学者・進化生物学者で共同研究者のロビン・ローソンと、まさにこの検証に取り組むことにした。私たちはさらに二回メキシコでの調査を実施し、タラと、私の指導する大学院生マシュー・ビーラーと、フィル・フランクという名の大のヘビ愛好家の助けを借りて、ソノラからミチョアカンまでメキシコ西岸のおよそ一三〇〇キロメートルに及ぶ範囲のあちこちで、このヘビを採集した。[4] それから、それらのヘビと、タラと私がシエラ・デ・ラ・ラ・ラグーナで集めたヘビの遺伝子の一部を調べた。

結果は明白で驚くべきものだった。バハカリフォルニアのヘビは、本土のヘビの一部と、遺伝的にほぼ同一だったのだ。私たちが調べた遺伝子（タンパク質をコードするミトコンドリアの遺伝子）は非常に速く進化する。したがって、もし陸塊救命艇仮説が正しく、バハカリフォルニアのヘビが本土のヘビから何

＊ これは、コルテス海の起源を単純化した概説にすぎない。コルテス海はおそらくいくつもの段階を経てでき上がったのであり、その過程には太平洋プレートと北アメリカプレートだけでなく、この地域のより小さな構造プレートもかかわっていただろう。

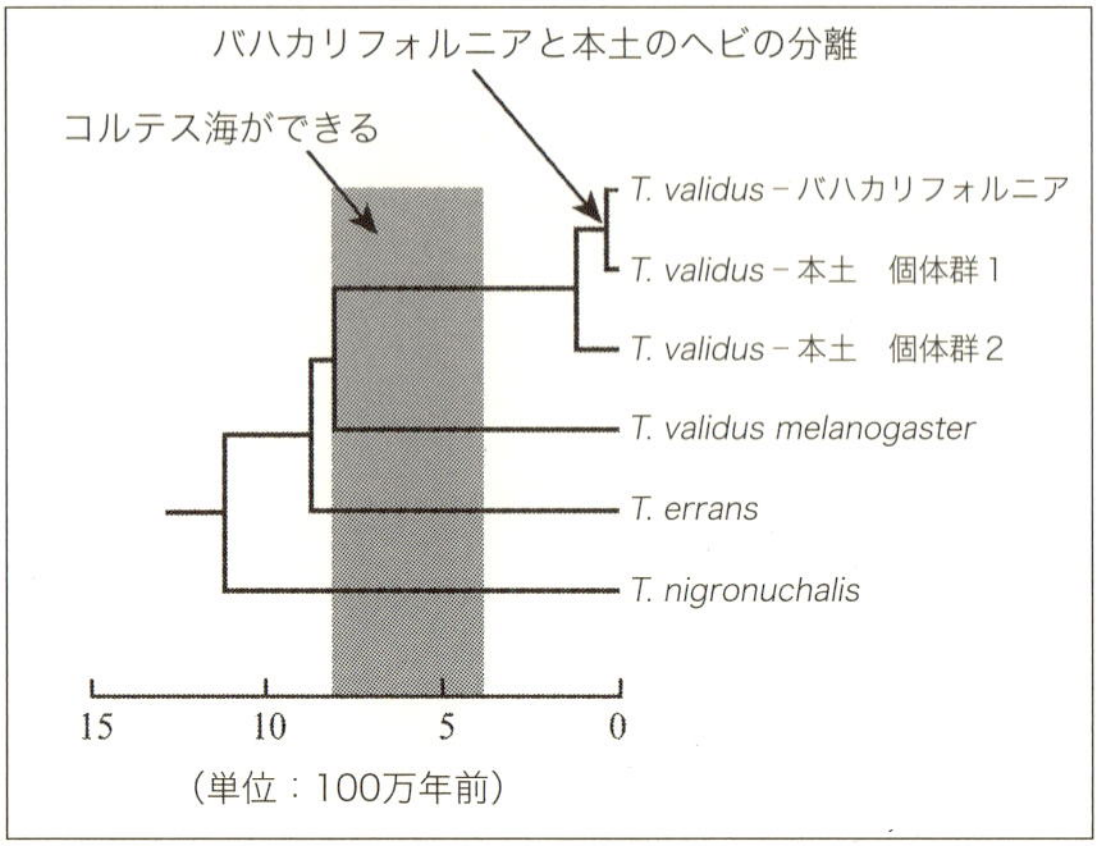

I.3　DNA に基づくガータースネークの「時系樹」の一部．この時系樹は，バハカリフォルニアの *Thamnophis validus* が，この半島が物理的に分離した時期（灰色の部分）よりもはるかに現在に近い，過去わずか数十万年以内に本土のヘビから分かれたことを示唆している．de Queiroz and Lawson（2008）を修正したもの．

百万年にもわたって孤立していたのなら、両グループの遺伝子は大幅に異なっていただろう。それにもかかわらず、遺伝子がほぼ同一だったのだから、この事実が意味するものは明らかだった。構造プレートのゆっくりとした動きに基づく救命艇仮説では、バハカリフォルニアに *T. validus* がいる理由を説明できないのだ。

この極端な遺伝的類似性の最も有力な説明は、メキシコ本土のヘビがごく最近（過去数十万年以内）、幅二〇〇キロメートル近いコルテス海を渡り、バハカリフォルニア南部に個体群を形成したというものだ（図I・3参照）。彼らは移動する半島に乗っていったのではなく、海ができてからはるかのちに、この間隙を越えたのだ。もしそれに何かしら救命艇に相当するものがかかわっていたとしたら、それは陸塊ではなく、おそらく丸太か草木の茂みで、それが東風を受けて流され、ヘビを何匹か（あるいは、妊娠した一匹のメスヘビを）海の向こうへ運んだのだろう。

陸塊救命艇仮説は、「分断生物地理学」といういくぶん大仰な名前の学問を信奉する学派にとってかなめとなる考え方だ。私は本書で科学の専門用語の使用をなるべく控えるつもりだが、「分断分布」という言葉はどうしても避けることができないので、定義しておく必要がある（さらなる用語の定義は、24〜27ページの囲みを参照のこと）。「分断分布」は、何らかの障壁が形成されたために、一つの種あるいはそれより大きなグループの生息域が、複数の孤立した部分に分断されることを意味する。コルテス海の場合がそれだ。別の明白な例としては、最新の氷河期のあとに起こった海面の上昇を考えるといい。約一万八〇〇〇年前、この氷河期の盛りには広大な氷の層が北極圏から、北アメリカ大陸では五大湖を越え、ヨーロッパ大陸ではドイツやポーランドまで南下していた。世界の水の非常に多くがこの氷に取り込まれていたため、海水面は今日よりもはるかに低く、今は海の底にある多くの地域が露出していた。やがて氷が解けると、海水面が九〇メートル以上上昇し、浜辺に作った砂の城が満ち潮に浮かぶように、大陸の一部の地域が島に変わった。たとえば、東南アジアの大陸だった部分の多くは水没し、標高の高い地域がスマトラやジャワ、ボルネオといった島として残った。[5] 陸地が分断されたため、氷河期に地域全体に広がっていた陸生種も生息域を分断された。今日、同じ種のカエル、ヘビ、サルなどの生物の個体群が、スマトラ島、ジャワ島、ボルネオ島と、東南アジア本土に見られる。おそらくその多くは、海水面が上昇する前からこれらの場所のすべてにいたのだろう。彼らは一か所にじっととどまっていただけだが、そのあいだに周囲の海水面が上昇し、さまざまな島と大陸に個体群がそれぞれ孤立し、このような断片的な分布を形成するにいたった。こうしてこれらのカエルやヘビ、サル、そのほかの種は、「分断分布事象」、すなわちもともととの連続した生息域の分裂を経験したのだ。

典型的な分断事象（実際には一連の事象）は、冒頭で紹介したゴンドワナ大陸の動植物分布域の分断化で、これはこの超大陸の分裂によって起こった。この場合、東南アジアの島々の例と同様で、新たに生じた障壁は大小の海だが、障壁は多種多様で、あるグループの成員どうしの隔てられ方にも多くの種類がある。たとえば気候が乾燥すると、樹木の茂った低地は砂漠に変わるかもしれないが、標高の高い土地では樹木はそのまま残るかもしれない。するとその結果、森林地帯の種の生息域が分断化し、あちこち離れた山脈に孤立した個体群ができる。つまり、気候が乾燥すると、山々は事実上、それぞれが孤立した生息環境を持つ島に変わる。同様に、陸塊どうしが地続きになれば、水生生物にとって障壁が生まれる。およそ三〇〇万年前にパナマ地峡が海面上に現れて、太平洋とカリブ海の魚やエビ、その他の海洋生物種の個体群を隔てたときがそうだ。(6) 最終的に、こうした障壁は新しい種を生み出す。なぜなら、隔てられた個体群はもはや遺伝子を交換せず、やがては異なる方向に進化するからだ。たとえばパナマ地峡によって分布域を分割された海洋生物の多くは、今では太平洋側とカリブ海側で、それぞれ別個の種に分類されている。

分断生物地理学は、種やそれより上位の分類群（属や科など）の分布を説明するときに、そのような分断事象に重点を置く。不連続な地域からなる分布域を持つ分類学上のグループ（たとえば、南半球の諸大陸に広がった、飛べない走鳥類の鳥たち）に出会ったときにはなおさらで、分断化重視の考え方を持った生物地理学者は、「どんな外部プロセス（たとえば気候変動や大陸移動）で分布域が分裂したのか？」と真っ先に考える。その手の断片的な分布域は、長距離の海越えの結果であることも想定しうると思うかもしれないが、その可能性はおまけのようなもので、本気で注意を向ける価値はほとんどないと考えることだろう（それどころか、あとで説明するように、この学派の多くの生物地理学者は、陸上のものであれ海上のものであれ、長距離分散に頼る仮説は重要でないばかりか、非科学的だと思っている）。

一九七〇年代における分断生物地理学の台頭は、この学問分野では控えめに言っても大事件だった。そのせいで、生き物の分布域についての生物学者の考え方が二つの根本的なかたちで変わった。第一に、先ほど述べたように、人々は環境の分断化について真っ先に考えるようになった。第二に、分断化は多くのグループに同じように影響する（たとえば、海水面が上昇すれば、多数の陸生種の生息地が同時に分断される）ので、一般原理、すなわち分類学上異なるグループに共有される分布域のパターンについて、人々は考えさせられた。そもそも生物地理学には、そのような複数のグループ全体に及ぶ一般論を導き出そうとする長い伝統があるが、分断分布を重視することによって、その種の一般論はほぼ避けようがなくなった。言い換えると、自分のお気に入りのアシナトカゲやテッポウエビの属の地理的特性だけでなく、時の経過とともに生物相全体の分布域がどのように分断されたかまで、人々は考えざるをえなくなった。分断生物地理学はしばしば、科学革命と呼ばれてきた。[7] それは、生命の歴史に関する多くの生物学者の見方と、自らの学問へのアプローチを劇的に変えた。今日、分断分布（とくに、地殻変動がもたらす分断分布）に触れずに生物地理学を教えるのは、量子力学抜きで物理学を教えたり、二重らせん抜きで分子生物学を教えたりするようなものだ。

バハカリフォルニアへのヘビ採集旅行のころ、私の生物地理学の知識はまだ浅かったし、持っていた知識も主に分断分布のレンズでフィルターにかけられたものだった。たとえば、コロラド大学で進化の講座を教えるときには、講義二回を生物地理学に充て、ゴンドワナ大陸の分裂のせいで起こった分布域の分断を主要な例として使った。だから、ガータースネークによるコルテス海の横断についての論文執筆にあたって、背景知識を得るためにさまざまな論文を読みはじめたときには、陸塊救命艇説、つまり大陸移動による分断分布を支持する研究にばかり出合うだろうと思っていた。ところが、そうはならなかった。むしろ、私が次々に出合った最近の論文では、執筆者は陸塊救命艇説の証拠が見つかることを予期していたのに、けっきょく不連続の分布域を説明するための、まったく異なる種類の説の肩を持つ羽目になっていた。すなわち、大小の海を越える動植物の分散だ。言い換えると、私たちがバハカリフォルニアのガータースネークについて発見したのとまさに同じことを、多数の生物学者が発見していたのだ。

これらの研究の多くは、太古のゴンドワナ大陸の断片である、南半球の大陸と大陸島についてのものだった。海越えを支持する論文が私の机の上にどんどん積み重なっていった。アフリカ大陸からマダガスカル島へのリクガメの移動、タスマニア島とニュージーランドのあいだでの、約二〇〇の植物種の移動、南半球のいくつかの陸塊のあいだでのナンキョクブナの移動、オーストラリア大陸とアフリカ大陸のあいだでのバオバブの移動、アフリカ大陸から南アメリカ大陸への齧歯類の移動……[8]。これらの論文を貪るように読んでいた私は、海洋分散のなんとも奇妙な事例があるものだと思っていたのが、ことによると、こうした奇妙な事例こそがじつは標準的なのではないかと、いつしか考えるようになった。別の言い方をすれば、私の頭は、ゴンドワナ大陸が分裂した陸塊を救命艇と見なす従来の考え方から、航空路線図に似たものへと飛躍したのだ。その図には、分離し、今や遠く散り散りになったこの超大陸の断片のあいだを、無数の海越えの道筋をたどる経路線が走っていた。

この閃きは劇的だった。そして、ほかの生物学者たちも同じ閃きを経験していることを、私はほどなく知った。大陸が移動したことは明らかで、プレートテクトニクスという理論が誤りだなどとは誰も主張していなかったし、大陸がさまざまな種を運んだことも間違いないが、これらの事実は、以前思われていたほど、現代の生物の世界の説明にはなっていなかったのだ。むしろ、動植物の最も驚くべき不連続分布の多くを説明できるのは、それまで私の頭の片隅の、活気なく淀んだ一画を占めていた過程、つまり、一見すると信じがたく、ありそうもない海越えだった。

本書の目的は、生物地理学におけるこの最近の大変化、すなわち、分断分布が幅を利かせる考え方から、海洋その他の障壁を越える、生物の自然分散も非常に重要であるとする、よりバランスのとれた見解へという大変化の物語を語ることにある。手短に言えば、生物地理学の分野が、陸塊救命艇説やそのほかの分断化の筋書きから、航空路線図に近いものへ大転換した経緯を、ゴンドワナ大陸を地理的中心として詳しく語ることが主眼だ。考え方におけるこの劇的な変化から、科学的発見の本質と、壮大なスケールでの生命の歴史の両方についてわかることも、最終的に説明したいと思う。ある意味では、なぜ私たちがここにいるのかさえ、わかるかもしれない。

本書は四部に分かれている。第Ⅰ部では歴史的背景を説明し、あとに続く各部のお膳立てをする。この部分はチャールズ・ダーウィンと、生き物の分布に関する、進化論に即した考え方の誕生で始まり、分断生物地理学の台頭を説明し、ニュージーランドの科学者のあいだでの大変化の兆しで終わる。短い第Ⅱ部では、生物地理学における証拠の、重要ではあるが異論の多い源泉、すなわち「分子時計」分析を取り上げる。分子時計分析は、進化樹の分岐点の年代（たとえば、旧世界ザルと新世界ザルが分かれた時期）を推定するのに使われる。第Ⅲ部は、文字どおり本書の核だ。私はそこで、従来の生物地理学を覆した主要な例を紹介する。この部分は、極端な分断分布の立場を捨て、生き物の世界は海越えその他の偶発的分散事象の影響を強く受けて形作られるという見方に置き換えるためにあり、四つの章は、その議論展開の連続した段階と見なすことができる。最後の第Ⅳ部では、まず科学がどのように進歩するか（あるいは、しそこなうか）に関して、続いて地球上の生命の長い歴史の本質に関して、この新しい世界観の持つ深遠な意味合い（言わば、大局的なメッセージ）を提示する。

ガータースネークに端を発する閃きから数年後の二〇〇六年一二月、私は太古のゴンドワナ大陸の小さな断片の一つを訪れる機会を得た。タラと、彼女の母親と、私たちの友人のジャン（全員が植物学者）は、ニュージーランドのシダについての野外講座に申し込んだ。そして、私はタラにものの一〇秒ほどで言いくるめられ、同行することになった。博物学者にとって、ニュージーランドは世界の驚異の一つだ。生物学者のジャレド・ダイアモンドは、その動植物相を「別の惑星の生命への、最も手近なアプローチ」と呼んだ(9)。シダは美しいとはいえ、私は泥の上を這いまわりながら二週間もひたすらシダを観察するのはご免だったが、ダイアモンドの言う異星の生命体を独りで探しに出かけ、講座が終わったときにほかの人たちに合流すればいいだろうと思った。まだ恐竜が地上を歩きまわっていたころに、ほかのあらゆる場所では絶滅したと考えられている目《もく》に属する、トカゲのような爬虫類のムカシトカゲが見られるかもしれない。あるいは、カリフォルニア州のセコイアほど太くて、自らも着生植物の「森」に覆われた堂々たるニュージーランド・カウリの森や、嘴《くちばし》が上や下ではなく横（じつは、ほぼすべて右）に曲がっている渉禽《しょうきん》類のハシマガリチドリも見られるかもしれない。というわけで、タラをはじめ、シダの熱烈な愛好家たちが観光バスに乗って首都ウェリントンを出発するのを尻目に、私は自動車を借りてニュージーランド・カウリの森を目指して北へ向かった。そして、けっきょくはこの国をほぼ縦断することになった。

北の亜熱帯の森から南の氷河で覆われた渓谷まで、ニュージーランドを旅してまわっているあいだ、私はたえずゴンドワナ大陸とのつながりを示すものに出くわした。と言っても生物学的あるいは地質学的証拠ではなくて、記号や文字の形をとったものに。自然保護区や国立公園のほぼすべてに、ニュージーランドの動植物相がゴンドワナ大陸に由来することを示す掲示板やパンフレットがあったのだ。この国はイギリス連邦だけでなく、それよりさらに大きな、以前南半球にあった超大陸の断片からなる国々の集まりにも属しているらしかった。

ニュージーランドの南島北部にあるネルソン・レイクス国立公園で、私はゴンドワナ大陸の有名な木であるナンキョクブナのコケ生《む》した森を歩いた。多くの木の幹がカイガラムシの尾部から滴る蜜で育つ菌類で黒ずんでおり、そのせいで森は少しばかり病んでいるように見えた（もっとも、菌類が樹木を害していることはなさそうだ）。それでも木々は美しく、葉は優美で層を成し、ところどころで成長しすぎた盆栽のように見えた。ニュージーランドの樹木の野外観察図鑑[10]にさっと目を通すと、葉の大きさと形から、アカブナ（*Nothofagus fusca*）、ギンブナ（*Nothofagus menziesii*）、ヤマブナ（*Nothofagus solandri*）の少なくとも三種が識別できた。陸塊救命艇の筋書きによれば、これらはみなゴンドワナ大陸の分裂以来ずっとニュージーランドに生息していた系統の一部ということになる。

森の遊歩道はしばらくのあいだ、小川の流れに沿ったり、それから外れたりしながら、あてもなくうねうねと続くように見えたが、やがてジグザグを延々と繰り返しはじめ、尾根へとつながっていることがはっきりした。樹木限界《ツリーライン》（ニュージーランド英語では「ブッシュライン」）にたどり着いたときには仰天した。北アメリカ大陸の山中で経験したものとは似ても似つかなかったからだ。登るにつれ、ブナの木は徐々に小さくなったものの、予想していたように少しずつまばらになるわけではなかった。そのかわり、ほんの数歩のうちに、小ぶりではあったが依然として密生していた木々が突然消えてなくなり、私はまったく木のない高山植物帯に入った。まるで、森から開墾された農地に足を踏み入れたようなものだ。この急な移り変わりに劣らないほど、高山植物帯も私にとってはなじみのないものであることがわかった。ロッキー山脈やシエラネヴァダ山脈では、樹木限界より上の植物は、まばらか、丈がとても短いか、その両方なのだが、ニュージーランドの山々では、木のない地域のほとんどが、タソックという背の高い草でびっしり覆われていた。

樹木限界のすぐ上には、腰掛けるのにもってこいの平らな岩が露出していたので、私は一息入れて眺めに見惚れた。ロトイティ湖の濃い青の水面が目の前に広がり、その向こうには山々の、もっと淡い青や緑が続いている。どうやら、たいていの人はここで引き返すようだ。少なくとも、誰であれこの遊歩道を設計した人は、ここで引き返してもらおうと思ったようだ。なぜなら、ここから先は道が狭まり、念入りに配されたジグザグの上りは、尾根へ向かう急な一本道に変わっていたからだ。

尾根に続くこの最後の、息が切れる急坂を、鼻がほとんど地面に着きそうな姿勢で登っていった私は、高山帯の植物の繊細な美しさをなおさら深く味わうことができた。まわりじゅうでタソックが激しい風に吹かれて鞭のように揺れ、波打っていた。そのあいだで、タソックをつかむ私の手の下には、ビャクシンのような、鱗《うろこ》状の葉をつけた濃い緑色のひも状の植物や、つやつやした黄色のキンポウゲが生え、くすんだ黄緑色をした幅の狭い葉のロゼットが密生していた。稜線に沿ってぶらぶら歩いているうちに、岩の平らな表面に貼りついた、幅六〇センチメートルほどの淡い灰色の小山が目についた。近寄っていくと、微小な円筒状に丸まった葉が無数に集まったもので、触れると硬かった。ザンセツソウだ。ばかげた名前〔英語名は「vegetable sheep」で、直訳すれば「植物のヒツジ」〕だが、適切な命名だった。それが群生しているのを遠くから眺めると、ヒツジの群れのように見える。ザンセツソウはヒマワリと同じキク科だが、ジャレド・ダイアモンドの言葉を思い出した私には、別の惑星のヒマワリに思えた。

尾根では風がゴーゴー吹きすさび、私は倒されそうだった。だが、幸い風下側にほんの数歩下りたところは穏やかで静まり返り、まるで誰かが送風機のスイッチを切ったかのようだった。遊歩道では何人か追い越したが、今や私は唐突な静寂の中に独りきりだった。私は腰を下ろし、水を飲み、風景に見入った——岩だらけの尾根、褪《あ》せた自然色の高山帯の景観、眼下の濃い緑色のブナの森。この土地は、人が手をつけておらず、大昔のままのように感じられた。

もしこれより数年前にこの場所を訪れていたら、ナンキョクブナやザンセツソウなどの植物は、ニュージーランドがゴンドワナ大陸のほかの部分から分裂したときに、ニュージーランドとともに漂い出した植物相の子孫だと考えたことだろう。山の静寂の中に独りで座りながら、その物語の持つ神話的な力を感じたに違いない。ほかならぬゴンドワナ大陸の一断片に、その太古の植物相に囲まれ、今、こうして座っているのだ！ と。だが実際には、それとはまったく異なる筋書きが頭をよぎった。嵐にでも倒され、もつれ合った木々が枝に果実をつけたまま、そして、さまざまな種子も土といっしょに根につけたまま、陸から何千キロメートルも離れた大海原を漂っているところを私は想像した。絡み合った木々の奥の暗がりには、クモやコオロギやトカゲが枝にしがみついている様子が頭に浮かんだ。

そして私は思った。「新たな物語を語る機が熟した。もういいかげん、あの手の掲示板やパンフレットを変えてもいいころだ」と。

二〇〇四年一二月一四日午前六時、タンザニアのダル・エス・サラームから三五キロメートルあまり南のキンビジで、ガラパゴス諸島の特大のリクガメのインド洋版とも言える、アルダブラゾウガメ（*Dipsochelys dussumieri*）が、のそのそと海から歩み出てきた。[11] 甲羅を調べると、同心円を描く生長輪がかすかに見え、このカメが、セーシェル諸島のほかの場所や、ザンジバル島近くのチャングーアイランドに住む移入種の個体群ではなく、アルダブラ諸島に固有の個体群に属することがわかった。そこではリクガメの個体群密度が高いので、成長が遅い。卓越流〔最も優勢な海流〕の向きから考えても、アルダブラ諸島をこのカメの出身地とするのが理にかなっている。アルダブラ諸島からキンビジまでは、鳥が一直線に飛ぶ場合には七四〇キロメートルほどの海を渡ることになるが、カメが漂流してくるとなると、それよりいくぶん遠くなるはずだ。

キンビジに上陸したカメが衰弱していたのは当然だろうが、この旅の長さをなおさら雄弁に物語っていたのは、前脚と腹側の甲羅の一部が、船の底のようにエボシガイにびっしり覆われていた事実だ。エボシガイは甲殻類で、幼生の段階で付着し、いったん落ち着くとそれきり動かない。体についていたエボシガイのうちで最も大きいものから推測すると、このカメは少なくとも六週間は海に入っていたと思われる。

I.4　キンビジのリクガメ．キャサリン・ジョインソン＝ヒックス撮影．

生物地理学の用語と概念あれこれ

「長距離分散」と「分断分布」というのは基本的に、読んで字のごとくの概念ではあるが、両者やそれに関連した概念についていくつか述べておけば、多少は理解の役に立つだろう。この囲みは、本書でよく使われる、ほんの一握りの専門用語の解説にもなっている。

「**自然分散**（normal dispersal）」は、生息に適する環境を備えた一続きの地域内、あるいは近接している地域間において予想される生物の移動を言う。たとえば、氷河期の終わりに気候が温暖化しているとしよう。氷が後退し、新たな生息環境が徐々に開けると、その地域の辺縁に生えていたブナの木や、そこに暮らしていたリスが、以前は氷に覆われていた地域に入り込む。それはブナやリスにとって自然分散だ。それを説明するのに、ありそうもない飛躍は必要ない。それとは対照的に、長距離分散は、当該の生物にとっては相当の障壁となる地域・水域を越える移動を伴う。その障壁のせいで、この種の移動は予期せぬことであり、予測不能だ。そのため長距離分散は、「**偶発的分散**（chance dispersal）」あるいは「**くじ引き分散**（sweepstakes dispersal）」と呼ばれることがある。わかりやすい例としては、大陸から何キロメートルも沖合の島へという、飛翔能力のない脊椎動物による移動や、低地の多様な生物による、高山越えの移動が挙げられる。通常、長距離分散によって定着した個体群は、もとの個体群からは遺伝的に孤立する。両者のあいだの移動が難しいからだ。したがって、このような由来を持つ個体群は、もとの個体群から遺伝的に隔たっていく傾向がある。

だから、たとえば離島に固有の陸生動物はほぼ必ず、本土の類縁種とは別個の種に分類される。自然分散と長距離分散はともに、その生物固有の分散能力に照らして定義されなければならない。具体的に言うなら、一、二キロメートルの海峡を越える移動は、カエルやネズミにとっては長距離分散に該当するが、多くの鳥にとっては自然分散にあたる。

「**隔離分布**」は、ごく単純に言うと、ある種の一部、あるいはそれより大きなグループの一部が別の部分と隔てられている、不連続な分布のいっさいを指す。本書で述べる事例は必ず、複数の部分が、分散に対する単数あるいは複数の相当な障壁（たいていは広大な海）によって隔てられている場合の隔離がかかわっている。こうした分布については、一つには次のように考えることができる。すなわち、今日隔てられている部分どうしのあいだの移動は（仮に、それが可能だったとしても）、当該の生物による長距離分散を必要とすると考えればいい。

「**分断分布**」とは、あるグループの連続した生息域が、分散に対する何らかの障壁の発生によって二つ以上の部分に分裂することを言う。厳密に言えば、分断分布は一つの種の生息域の分断化を指す。そしてそれは、一つの種が複数の種になる仕組みだ。たとえば先ほどの走鳥類の鳥の場合には、アフリカ大陸からの南アメリカ大陸の分離や、マダガスカル島からのインドの分離といった、個々の地質学上の分断事象が、ある走鳥類の種の生息域を分割したことを意味する。私はこの厳密な定義に従うが、一つだけ大きな例外がある。すなわち、分子時計（進化の過程で起こるタンパク質のアミノ酸配列の変異で、種の分化などの時代を推定する指標となる）を利用したものをはじめとする年代推定研究を取り上げるときには、「分断分布」という用語は、分類学上のグループ（「種」であろうが、その上位の「属」や「科」といった分類群であろうが）ならばいかなるものであれ、その分布の分裂を指して使い、その過程が新しい種の誕生と結びついているかどうかは問わない。例として想像してほしい。走鳥類の祖先のある種が自然分散によってゴンドワナ大陸中に広がったが、この超大陸がまだ一続きだったあいだに、やがてアフリカ大陸や南アメリカ大陸などになる地域ごとに別個の種に進化したとしよう。その場合、ゴンドワナ大陸の分裂によって、それぞれの陸塊上の走鳥類は、厳密な意味での分断分布の場合と同様、海洋によって隔てられるだろうが、この場合には、新しい種は超大陸の分断化の前に誕生していることになる。

分断分布という用語のこの緩やかな定義は、多くの分子時計研究で暗黙のうちに採用されてきた。長距離分散を分断化と区別するのが簡単になるからだろう。具体的には、分断分布は緩やかに定義されたときには、祖先の生息域の分断化を伴い、長距離分散を必要としない説明をすべて含む。したがって、もしこの意味での分断分布を退ければ、必然的に長距離分散を支持していることになる。分子時計研究にとって、これは結果が以下の二つのカテゴリーに収まることを意味する。もし特定の進化上の分岐点が当該の分断事象と同じぐらい古いか、あるいはそれよりも古いと推定されれば、その分岐の時代から判断して、分断分布が起こったと見なしうる。一方、（図1・3のように）分岐点が分断事象よりもあとであると推定されれば、長距離分散が起こったことが裏づけられる。いずれにしても、本書の全般的な趣意は、こうした定義の問題の影響を受けることはない。

隔離分布が発生するには、長距離分散のあとに、新しい地域に永続的な個体群が成立する必要がある。多くの場合、新しい環境に定着するのは、長距離分散そのものを達成するよりも難しいかもしれない。私はしばしば、「分散」という言葉を

「分散と定着」という意味で使うだろうが、その意味で使っている場合には、それが文脈から明らかなはずだ。

「**分類群**」とは分類学上のグループで、「種」「属」「科」をはじめ、分類階層のそのほかのどの階層も指しうる。「ホモ・サピエンス」は分類群で、「ヒト属」も同様だし、「ヒト科」も然りだ。

「**姉妹群**」は、互いにとって最も近い進化上の仲間の系統のことを言う。たとえば現生種のうち、チンパンジーの二つの種は互いに姉妹群で、これら二つのチンパンジーの種が合わさって、ヒトの姉妹群にあたる系統を形成している。この概念は生命の樹のどの階層にも当てはまる。有袋類の哺乳動物と有胎盤類の哺乳動物は姉妹群で、緑色植物と紅藻類も同じだ。

「**時系樹**（timetree）」は進化樹の一種で、進化上の分岐点（たとえばヒトとチンパンジーの系統の分岐）の推定年代が示されている（図1・3参照）。

「**大陸島**《たいりくとう》」は、もともと大陸と地続きだったのが島になったもので、原因は陸橋の水没（スマトラやジャワなどの、スンダ大陸棚の島々の場合）、あるいは地殻変動の過程（マダガスカル島やニュージーランドなど、ゴンドワナ大陸の断片の場合）のどちらかだ。「**海洋島**」は海中から新たに出現した島で、もともと大陸と地続きだったことはない。本書で取り上げる海洋島はみな、火山によって生み出された。ハワイ諸島やガラパゴス諸島はその典型だ。

I

EARTH *and* LIFE

地球と生命

第1章
ノアの方舟からニューヨークまで――物語の起源

プレリュード――クロイツァットのビジョン

レオン・クロイツァットは机に向かってペンを振るっていた……そして、いきり立っていた。[1] ベネズエラ在住のイタリア人植物学者クロイツァットにとって、執筆は呼吸と同じように自然で、それとほとんど劣らぬほど休みないものだった。とりわけ多作だった一九五二年から六二年にかけての時期には、合計すると六〇〇〇ページ近くにもなる生物学の専門書を四冊上梓した。そして、執筆するときにはしばしばチャールズ・ダーウィンについて考えていた。そして、ダーウィンについて考えると、はらわたが煮えくり返った。宗教には関係なかった。クロイツァットはダーウィンに引けをとらぬほど徹底した進化論者だったからだ。とはいえクロイツァットの目から見れば、ダーウィンは進化に関してほぼ何から何まで間違っていた。そもそもクロイツァットは、自然淘汰は進化の原動力ではなく些細な一部分にすぎないと考えていた。だが何よりも彼は、歴史生物地理学についてのダーウィンの見解を忌み嫌っていた。生き物が地球上に特定の分布域を獲得した手段についての見解を。

クロイツァットには、生命の地理学の統一理論という壮大なビジョンがあった。それを煎じ詰めると、ランからミミズ、アルマジロにいたるまで、生物のグループの分布域はみな、この惑星そのものの気候と地質学のダイナミックな歴史を反映しているということだ。海水面が上昇して陸橋を水没させ、海盆が口を開けて大陸を分裂させ、弧状列島が大陸辺縁部に突っ込む。陸塊と海洋の配置のこうした変化は、生命現象に拭い去ることのできない痕跡を残した。実際、その痕跡は見紛いようがなかったので、さまざまな生き物の分布を基に、地球の歴史を明らかにできるほどだった。ランやミミズやアルマジロがどこに生息しているかを突き止めれば、諸大陸が各時代にどのような配置になっていたかも明らかになるだろう。

クロイツァットの説は包括的なのが特徴で、地球全域の生き物の分布を説明できた。そこで彼は、それにふさわしい名前を自説に与えた。「汎生物地理学」というのがそれだ。彼はまた、忘れがたい言葉も残した。それは彼の世界観の神髄を捉えた、この学問分野の歴史上でも屈指の印象的な言葉で、「地球と生命はともに進化する」というものだ。

クロイツァットの汎生物地理学は、生物学者と博物学者のあいだで長い歴史を持つ考え方、すなわち、種やその上位の分類群の不連続分布は、偶発的分散（予測不能の長距離の飛躍）の結果であることが多いという考え方と相容れない。そのような分散の仕方が普通であるなら、生物の分布は地球の歴史を反映していないことになる。たとえば、陸生生物は、大きく隔たっている陸塊どうしのあいださえ移動できてしまう。クロイツァットにしてみれば、そのような説は愚の骨頂であり、ありそうもない不条理千万な出来事を前提とする、ただのほら話にすぎなかった。そのうえ、その考え方を採用すれば、生物地理学はいっさいの一般性を失う。分類学上のグループのそれぞれに、異なる筋書きが当てはまりうるからだ。巻き貝は鳥の羽毛に付着し、クモは長い糸で暴風に漂い、マメの木は根こそぎにされた植物の筏《いかだ》に埋め込まれた種子のかたちで、ハワイ諸島に渡ったのかもしれない。そして、アリとシロアリとマルハナバチがハワイ諸島にはたどり着かなかったのは、まあ、たまたまたどり着かなかったからなのかもしれない。このような生物地理学史観はカオス以外の何物でもなく、統合のまさに対極にあった。そして、その根拠となる基礎資料はどこから来たのか？　その出所はチャールズ・ダーウィンだった。たいがいの生物学者にとって、ダーウィンは世俗の聖人のようなもの、いや、神にさえ近かったが、クロイツァットにとっては愚か者であり、それ以上に性質《たち》が悪かった。無分別な好事家《こうずか》で、生命の地理学的歴史についていい加減な見方を思いつき、どういうわけかほぼすべての人に、彼は正しいと思い込ませたのだから。ダーウィンが偶発的分散の考え方を提示した『種の起源』の刊行から一〇〇年を経てもなお、生物地理学の分野はこの「大家」の妄想の下で苦しんでいた。

クロイツァットは、知性をないがしろにするこの長い章に終止符を打つ時がきた、そしてもちろん、自分こそがその終止符を打つのだと考えていた。

始まり

チャールズ・ダーウィンはケント州の田園に所有していたダウンハウスという邸宅で、長距離分散、とくに海を越えた分散の信じがたさに頭を悩ませていた。それは自分の進化論にとって問題だと思っていたからだ。同一の種、あるいは遺伝によって緊密に関連した二つの種が、大小の海によって隔てられた地域に見られるなどということがどうしてありうるのか？　さらに言えば、多くの種がどうやって海洋島へたどり着いたのか？　なにしろ、海洋島は海という障壁によってあらゆる場所から隔てられているのだから。ダーウィンには、さまざまな種が遺伝によって関連していると信じるだけの多種多様な理由があったが、彼はこの問題（近縁のグループが大海原に隔てられた複数の地域に暮らしているという問題）が、懐疑的な読者には受け入れがたいものになりかねないと考えた。このように分散している生物に限っては、進化よりも神による創造のほうが説明としては優っているように思えるほどだった。あらゆる種類の動植物が不条理なまでに長い海の旅をしたと考えるよりも、遠く離れたこれらの場所に神が同一種や類縁種を創造したと考えるほうが簡単ではないか？　イグアナたちが南アメリカ大陸からガラパゴス諸島まで筏となる自然物で渡ることなど、ほんとうにありうるだろうか？　ナンキョクブナの種子がオーストラリア大陸からニュージーランドへと漂い着いたなどということがありうるだろうか？

そのような分布には、（神の御業《みわざ》とする以外に）もう一つ別の自然な説明があることにダーウィンは気づいていた。それは、かつて陸塊どうしが接続していたというものだ。だがやがて彼は、そのような説明を安直に使うのは超自然的な力を持ち出すのと五十歩百歩であると見なすようになっていた[2]。それはごまかしであり、無から有を生じさせること（この場合は、深く計り知れない海洋から魔法のように陸地を出現させること、と言ったほうがふさわしいかもしれない）さながらに思えた。彼と親友の植物学者ジョセフ・フッカーは、この点について議論を重ねた。フッカーはイギリス海軍艦船エレバス号とテラー号に博物学者として乗船し、ダーウィン同様、長い遠洋航海に出たことがあり、さまざまな南の土地の植物相のあいだに明らかな類似性を見ていた彼は、植物は今は水没した陸橋を渡ったのだろうと言っていた。たしかにダーウィンも、これまで陸が隆起したり沈降したりしたことがあったとは思っていた[3]（チリのアンデス山脈で大地が隆起した証拠と、太平洋のサンゴ島で沈降した証拠を目にしていた）が、裏づけとなる地質学的証拠がない個々の事例では、陸橋による説明を採用するのをよしとしなかった。一八五五年にフッカーに宛てた手紙で、彼はこう書いている。「何かしら別の、独立した証拠」（つまり、生物の分布以外の証拠）

「なしで陸地を生み出すというのは、私の主義に悖《もと》る」[4]。フッカーはフッカーで、海を越えた動植物の分散に関するダーウィンの考え方の一部に、同じぐらい懐疑的だった[5]。とりわけ、氷山に運ばれたのではないかとダーウィンが好んで主張するのが気に入らなかった。エレバス号とテラー号は南極まで航海し、氷を砕きながら浮氷塊のあいだを抜けていったので、フッカーもそれなりに氷山を見ていた。そして、あまり生き物は乗っていないという印象を持ったのだった。

　海洋分散の問題はダーウィンにとって非常に重要だったので、自分の進化論の考えをどのように公にするか、依然として腹を決めかねていた一八五四年から五六年にかけて、彼はダウンハウスで次から次へと実験を行ない、植物の種子や珠芽《しゅが》（むかご）が大海原という障壁を越えうるかどうかを突き止めようとした[6]。八七種の植物の種子を、塩水を満たした瓶に何週間も、何か月間も入れておき、そのあと土に埋め、まだ芽を出すか調べた。切断したカモの足先を水槽に吊るし、淡水性の巻き貝の幼生が付着するかも調べた。植物の種子を食べる魚がいるのを知っていたので、魚の胃に種子を無理やり押し込み、その魚をワシやコウノトリ、ペリカンに食べさせ、あとで鳥たちの糞から回収した種子を発芽させようと試みた。

　ダーウィンはこうした実験を通して、長距離の海洋分散は人が思うよりもはるかに見込があると確信した。多くの種類の種子は塩水に二八日間浸しても発芽し、一三七日間ももつものもいくつかあった。巻き貝の幼生は現にカモの足先によじ登って付着したので、カモが飛んでいくところならどこへなりとも運んでもらえることが想定できた（ただしその距離には、小さな巻き貝が干上がってしまうまでの時間という制限がついていたが）。ワシやコウノトリ、ペリカンの糞から回収した種子の一部は発芽したので、このようなかたちでも鳥に運んでもらえることがわかった。いつもながら慎重なダーウィンは（彼は何事も慎重に考えるのが身上だった）、種子は水に沈むから、単独ではあまり遠くへは行き着かないだろうと推論した。

そこで、果実のついた乾燥した枝も集め、塩水の中に落とし、どれほど長く浮いていられるかを調べた。枝を使ったこの実験の結果と、種子が発芽できる期間と、海流の速度の推定値を組み合わせて計算すると、植物種の一四パーセントの種子が、少なくとも一四七八キロメートルほど漂流したあとでさえ、発芽できるという結果が出た。

ダーウィンはこれらの結果を記した手紙をフッカーに多数送った。実験好きの人はたいていそうだが、ダーウィンも作業の難しさを伝えることに喜びを覚えたようだ。「ハツカダイコンが育つとは、まったく驚きだった。というのも塩水は腐っていたからで、その悪臭ときたら、自ら嗅いでいなければ信じられないほどだった」[7]と一通に書いている。また、フッカーをだしにして、控えめなヴィクトリア朝版の毒舌らしきものも楽しんだ。「前回書いたとき、貴公の鼻を明かすつもりだった。なんとなれば、私の実験はわずかばかり成功したからだが、我ながら浅ましいことに、それには触れなかった。それは、私が塩水に浸したあとに育てうる植物がもしあったなら、すべて食べてしんぜようと貴公が言うのを期待してのことだった」[8]。最終的にダーウィンは、この件に関してフッカーに考えを改めさせた。あるときなど、フッカーは次のように認めたほどだ。「氷山による運搬について、私は以前よりも妥当だと感じている」[9]。こうしてダーウィンは、分散説の懐疑派を相手に一ラウンド制したのだった。

もっとも、海洋分散を最初に思いついたのがダーウィンだったわけではない。じつは彼よりおよそ二五〇年前の一六世紀末に、海上分散と陸橋の両方に対する関心が高まりを見せたことがあった。そのとき生き物の地理的分布が注目されたのは、奇妙な話だが、聖書の解釈が寓話的なものから字義どおりのものへ変わったからだ。具体的には、ノアの方舟の話を額面どおり受け取れば、大洪水のあと世界のありとあらゆる動物が一つがいずつ、アララト山の頂に群れを成してたどり着いたに違いないことになる[10]。だとすれば、動物たちはそのたった一か所から、どうにかして世界中に再び住みついたわけで、そのためには、海を渡らざるをえなかった。彼らはどのようにして、それをやってのけたのか？　一説によると、動物たちは島から島へと泳ぎわたり、飛び石方式でその海洋横断旅行を行なったという。舟（人が世界中に再び住むようになったときに使ったのと同じ舟）の積み荷として移動したという説もあった。さらには、今は失われた大陸アトランティスを通って、旧世界から新世界へ渡ったとする説もあった。

ジャネット・ブラウンという名のイギリスの科学史家は、次のような説得力のある主張をしている。動物の世界各地への進出（方舟の話には植物は含められていなかった）についての、聖書の記述に導かれたこれらの考えは、地球上における生き物の分布に関する科学的な思考の始まりを告げるものだというのだ。それはまた、分散か分断分布かという論争の先駆けでもあったかもしれない。飛び石という考え方と積み荷という考え方は、明らかに長距離分布にまつわるものだし、アトランティスが陸橋だったという見解は、分断分布仮説のように見える。失われた大陸の沈降によって、動物たちの連続した生息域が新旧両世界の二つの部分に引き裂かれてしまうのだから。

とはいえ、これらの考え方が生物地理学の始まりを象徴しているとしても、合理的な、あるいはなかば合理的な思考が神話の土台の上に積み重なった一つの事例にすぎなかった。私にしてみれば、近代的な生物地理学（すなわち、たとえば、サルのDNAの塩基配列から作り出した進化樹に熱心に見入っている大学院生が一目でそれとわかるような科学の分野）は、ダーウィンと、悪臭を放つ種子入りの瓶、切断したカモの足先、ワシの糞とともに始まった。厳密には、ダーウィンにこれらの実験を行なわせた、生命の歴史に関する二つの仮定とともに始まった。

それら二つの仮定の一方については、すでにさりげなく言及した。それは、明白な仮定であり、進化の概念そのもので、ダーウィンはそれを、イギリス海軍艦船ビーグル号での航海から戻ってほどない一八三七年には、事実として受け入れるようになっていた(11)。その仮定をもっと具体的に言えば、個々の種は別の種から進化しており、単一の場所に由来しているという概念と、類似の種は特定の地域だけに生息する共通の祖先から進化したという、それに関連した前提を踏まえると、隔離分布は生物の自然な移動で説明せざるをえないということだ。もしある種が一つの場所に由来し、海を隔てた別の場所に行き着いたとしたら、何かしら説明が必要だった。事実上ダーウィンもまた、ノアの方舟の問題に直面したわけだが、今度は、古代の人々が舟で動物たちを世界中に運んだのだと言って済ますわけにはいかなかった。そのような分布には自然に起こる現象に基づく説明が必要で、それは陸橋か、彼のお気に入りの仕組みである海洋分散のどちらかを意味した。

ダーウィンの重要な仮定のもう一方は、地球は途方もなく古いというもので、チャールズ・ライエルの『ライエル地質学原理　上下』を読んで得た考え方かもしれない。ライエルは一八世紀のスコットランドの地質学者ジェイムズ・ハットンに追随し、地質学的な斉一《せいいつ》説を支持する主張を行なった。斉一説とは、地球の地勢は、浸蝕や火山活動といった、今なお人間が観察しうる作用が、比較的一定した割合で起こることによって生み出されたとする説だ。斉一説が正しければ、地勢のうちには、現在の形態に至るまでに途方もない時間を必要とするものもあることになる。たとえばグランドキャニオンは、コロラド川が一年また一年と少しずつ岩を削って形作ったのだから、でき上がるまでに計り知れない歳月がかかったに違いない。だとすれば、地球そのものも恐ろしく古くなければならないことになる。厳密にはどれだけ古いかは、かなり不確かな推測の域を出ないが、地球は聖書の記述を文字どおりに受け止める直解主義者が信じるようにほんの数千年ではなく、何億年もの歴史を持っていることは明らかだった。理解を超えるほど長いこの歴史（のちに作家のジョン・マクフィーが「深遠な時間《ディープタイム》」と呼ぶもの）を受け入れれば、生き物の分布に影響を与えた作用や出来事が起こるのには、非常に長い時間の余裕があったことになる。もちろん、ある単一の種あるいは近縁種のグループの歴史が地球の起源にまではるかにさかのぼるわけではないが、それでもそうした種やグループは、何千年も何万年も、いや、ことによると何百万年から何億年もの歴史を持っているかもしれない。この認識は、分散の重要性をダーウィンが信じるうえで不可欠だった。なぜなら彼は、海を越える長距離進出が可能であることを立証したとはいえ、それが頻繁に起こるとは主張していなかったからだ。大西洋を越えたり、ガラパゴス諸島やハワイ諸島へ行き着いたりするような種子や鳥や昆虫の分散は、よくても稀に起こる程度なので、現時点で観察されるような分布をすべて説明するには、じつに長い時間の経過が必要だった。

ようするに、進化論の正しさを証明しようとする試みに付随してダーウィンが始めたものが、歴史生物地理学という新しい科学だったのだ。ほどなく、彼はこの新たな分野に好敵手を迎えることになる。

一八五五年、ダーウィンがケント州の自宅で塩水に種子を浸した瓶やカモの足先で実験を行なっていたころ、ボルネオ島のサラワク王国で、当時三二歳（ダーウィンより一四歳年下）のアルフレッド・ラッセル・ウォレスが博物標本、とくに甲虫を集めていた[13]。ジェントルマン（上層中流階級）だったダーウィンとは違い、ウォレスは労働者階級の家庭の出身で、さまざまな職に就いてこつこつ働いたあと、採集家として生計を立てることにした。すでにアマゾンで四年を送っており（この旅では帰途、船火事で標本と覚書の大半を失い、救命艇で大西洋を一週間半漂ったあと救出された）、このときは、最終的には八年に及ぶことになるマレー諸島での滞在のさなかだった。

ウォレスはたんに、ダーウィンよりもずっと後年に同じ考えを思いついて、ダーウィンが自然淘汰の理論を発表することを強いた男として記憶されていることもある。だがウォレス自身、たいへんな幅の広さと奥の深さを備えた、押しも押されもせぬ思想家だった。ダーウィン同様、彼も誠実で寛大な人間だったようだが、この道の先輩であるダーウィンよりは野心的だったか、あるいは少なくとも、彼の野心はダーウィンのものほど慎重さによる抑制が効いていなかったかもしれない。アマゾンへの旅を計画していた二〇代なかばにはすでに、「種の起源という問題の解決に向けて[14]」証拠を集めることを望んでいた。その目標に向かって彼が最初の大きな一歩を踏み出したのがサラワク王国だった。雨季のせいで採集が滞っていたので、いくらか時間ができた彼はそれを活用し、「新しい種の登場を調節してきた法則について」というやや持って回った題の理論的論文を執筆した。彼はこの論文を一八五五年二月に書き、イギリスに送ると、その年のうちに『アナルズ・アンド・マガジン・オブ・ナチュラルヒストリー』誌に

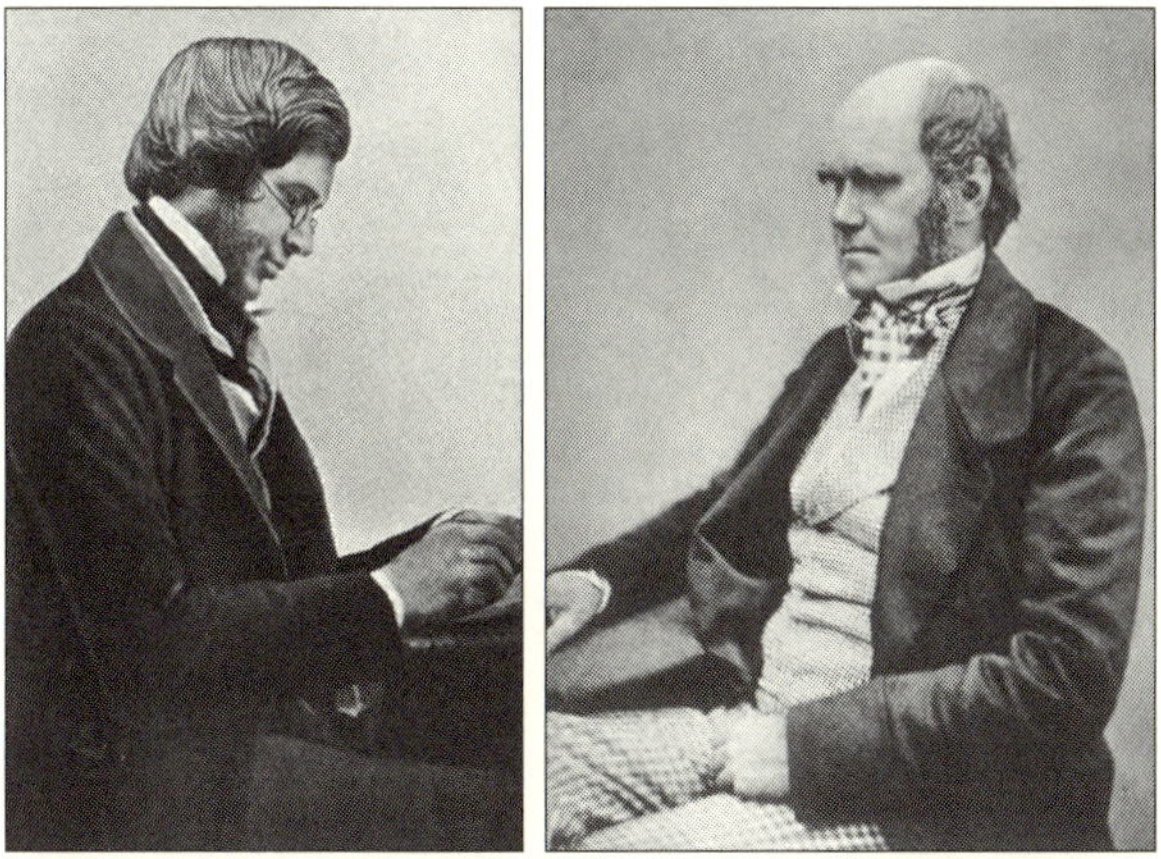

1.1　偉人はみな同じように考える．アルフレッド・ラッセル・ウォレス(左)とチャールズ・ダーウィンはそれぞれ独自に，動植物の分布を進化の証拠と捉えた．そしてまた，2人とも自然淘汰の理論を思いついた．

掲載された[15]。

ウォレスの論文のカギを握る所見は、密接な分類上の結びつきは密接な地理的つながりと緊密に関連しているというものだった。たとえば、広く分布する、ある分類学上の科の中では、同じ属の種は同じ地理的地域に、あるいは少なくとも互いの近くに見つかる傾向があるのに対して、違う属の種は、互いに地理的に近接していないことが多い。ここでまたガータースネークを例にとろう。私が研究しているガータースネークはタムノピス（*Thamnophis*）という属を形成しており、この属は北アメリカ大陸にしか生息していないが、南極大陸以外のあらゆる大陸に、同じヘビの科のほかの属がいる。それと類似の現象が化石記録にも見られる。たとえば、ある科の中で、同じ期間に生息していた属どうしのほうが、ほかの期間に生息していた属と比べて、似ていることが多い。

このような所見はウォレスに由来するわけではないが、そこから彼が引き出した結論（法則）は斬新だった。彼は、こう書いている。「どの種も、すでに存在している近縁の種と時間的にも空間的にも合致するかたちで出現した」（強調は原文のもの）。つまり、種は別の種から進化し、類似の種は、同じ地域に生息していた共通の祖先種から生じたために、時間的にも空間的にも関連していると言っているわけだ。彼はそれを強調するために、自分の「法則」の一文を斜字体にして、論文の始めと終わりの両方に入れたが、残念ながら、それでもその趣旨は少しばかりわかりにくすぎた。ウォレスはとうとう、Aという種からBという種が生じたと明言するまでには至らなかったからだ。そのため、進化のメッセージを読み取った読者もいれば、読み取れない読者もいた。チャールズ・ライエルは、ウォレスの主張にすっかり感心し、さまざまな種が別の種から進化したのかどうかについて、以前よりはるかに真剣に考えはじめた（ただし、進化したとようやく結論したのは、『種の起源』が刊行されてから一〇年後のことだった）。ダーウィンはウォレスの論文を読みはしたが、奇妙なことに、少なくとも最初のうちはそれが興味深いとも、進化を論じているものだとも思わなかった。彼は専門誌に載った論文の余白に、「目新しいところ、なし」「万事、神による創造と考えているらしい」と書き込んだ。[16]「サラワク論文」として知られるようになったこの論文をダーウィンが読み違えるとは、なんとも不可解だ。なぜなら彼もすでに、類似の種どうしの地理的近接に基づいて、進化を支持する事実上同じ議論を展開していたのだから。誰かに出し抜かれるのを心配したダーウィンが、潜在意識下でウォレスの論文を歪め、自らの見解とはあまり重ならず、したがって、自分を脅かしはしないものに変えてしまったとでも考えないわけにはいかない。

三年後、ダーウィンとウォレスが同じ考えを持っていることには議論の余地がなくなり、モルッカ諸島（マルク諸島）のテルナテ島で、マラリア熱で臥《ふ》せっていたウォレスの頭に、進化の仕組みとして適者生存が閃いたとき、のちに科学史上の語り草となるエピソードが生まれた。ウォレスは数日のうちに適者生存を主題とする論文を書き上げ、科学の歴史上屈指の奇妙な偶然としか言いようがないのだろうが、その原稿を、たった一人の人物に送った。ろくに知りもしないその人物が、チャールズ・ダーウィンだった。[17]このときにはダーウィンもウォレスの趣旨を理解し、あまりの驚きに我を忘れかけた。ウォレスがダーウィンにではなく専門誌に原稿を送っていたら、今ごろ私たちは、ウォレスの自然淘汰理論について語っていたかもしれない。現実には、ダーウィンの友人であるライエルとフッカーが舞台裏で動いた結果、ダーウィンとウォレスの両方の論文が、一八五八年七月一日にリンネ学会の会合で読み上げられた。[18]ダーウィンは、最初に自然淘汰を思いついてから二〇年後に、ようやく重い腰を上げざるをえなくなり、はるかに長くなるはずだった未完の作品の「要約」である『自然淘汰による種の起源』を手早く書き上げた。こうしてダーウィン革命が始まったのだった。

だがそれは、別の（頻繁に語られる）話の一部だ。ここで私が指摘したいのは、適者生存についてのウォレスの熱に浮かされた「閃きの瞬間《ユリイカ》」以前でさえ、彼とダーウィンはすでに共通の思考の道筋をたどっていた点だ。二人はともに、地理的分布に非常な関心を抱いており、その関心は、さまざまな種が別の種から進化することに両人が気づくうえで不可欠だった。地球とそこに暮らす生き物ははるかな過去までさかのぼる歴史を持つという概念を、二人とも受け入れていた。生物地理学にとって以上の事柄の意味合いは何かと言えば、それはこの二人が、生物の分布を新しい枠組みの中で、世界の本質に関する新たな前提の数々に基づいて説明しようとしていたということだ。それは、深遠な時間を通した由来という枠組みだった。

この新しい枠組みの中では、生物地理学上の疑問に対する答えのうちにはもはや妥当ではないものが出てきた。ダーウィンと同時代のエドワード・フォーブズの研究を例にとろう。[19] フォーブズは一八四〇年代と五〇年代（彼は一八五四年に亡くなった）に、ヨーロッパの陸生種と海生種の両方の地理的分布を調べた。トマス・ヘンリー・ハクスリーに言わせれば、フォーブズは「鋭敏で明晰な頭脳の持ち主」[20]で、ダーウィンやウォレス同様、異なる地理的地域に見つかる種の類似性の一般的な説明に関心があった。だが、彼は進化論者ではなく、そこが決定的な分かれ目になった。スコットランド沖に生息する軟体動物と類似はしているものの同一ではない軟体動物をエーゲ海で見つけたフォーブズは、これら二つの地域にそれぞれ別個の創造の中心地があったに違いないと考えた。[21] フォーブズによれば、二つの場所の環境がほぼ同一だったので、神はほぼ同一の有殻動物を創造するのが適切と判断したという。異なる地域に類似の種を（あるいは同一の種さえ）、神が別個に創造したということの考え方は当時人気があったが、ダーウィンやウォレスならば、フォーブズと同じ事実を目にしても、このような解釈をしなかったことは明らかだろう。

二人はこれらの類似種の進化上の結びつきを見て取り、両者の祖先はどこに生息していたか、そして、どういう経緯で子孫が別々の地域に行き着いたかを考えたことだろう。逆に、この新しい世界観を持って物を眺めれば、今や、以前よりも妥当に見える答えもあった。たとえば、短期間ではとうていありそうにない海洋分散という事象も、深遠な時間を前提とすれば十分起こりうることになった。ようするに、さまざまな形態で生物が創造されたとか、地球は誕生してから日が浅いとかいった完全に誤った仮定のいくつかが、正しい仮定に取って代わられたわけだ。端的に言えば、ダーウィンとウォレスは、自然淘汰をそれぞれ独自に発見した人物として結びつけられる以前に、すでに近代的な歴史生物地理学者の先駆けとなっていたのだ。

刊行物に関して言えば、この新しい生物地理学の画期的書物は『種の起源』で、その中でも地理的分布に関する二つの章がとりわけ重要だった。[22]『種の起源』の内容のじつに多くと同様で、これら二章を読むとほとんど愕然となる。刊行後一五〇年以上過ぎた今でさえ、この二章は生物地理学の有益な入門資料の役を果たしうる（ただし、このあと見るように現代の研究者にはクロイツァットに倣って、この二章は役立たずどころか有害だと見なす人もいるが）。ダーウィンの主張を初めて読んだ博物学者たちは、目から鱗が落ちる思いだったに違いない。てんでに音合わせをしていたオーケストラの楽器が出す不協和音が急に溶け合って交響曲に変わったかのように、分布にまつわるばらばらの事実の寄せ集めが突如として腑に落ちるものに変わったのだから。万事は、どの種も別の種から発生し、それぞれの分散能力に縛られながら地球上を移動してまわるということに尽きる。島に生息する種が近くの大陸に生息する種とたいてい類似している理由、カエルや哺乳動物のように、海洋という障壁を簡単には越えられない動物が孤島では見られない理由、それぞれ特有の動植物相を持つ地域どうしが、深い海や砂漠のような分散の障壁に隔てられている理由、世界の互いに遠く隔たった類似の環境には分類学上離れた種が生息している理由が、一気に明らかになった。そして、起こったに違いない海の旅のうちに万一、人が疑うものがあった場合に備えて、ダーウィンはこの本に分散の仕方の論考を含めておいた。種子を使った実験も、カモの足先とペリカンの糞の実験も収めてあった。氷山で運ばれるという考えには、分不相応な紙幅があてがわれていた。

神の命令で生き物の分布が決まったという話を好き勝手にでっち上げる時代に、『種の起源』の出版は止《とど》めを刺したと私は考えている。神をどう見るかという一個人の独特の見解を土台とする研究は、もはやまっとうなものとは言えなくなった。今や物事は、唯物論の観点から道理にかなっていなくてはならないのだった。それは何をおいても、海洋によって分断された分布について近代的な観点から考えることの始まりだった。

ちなみに、最終的にはウォレスのほうがダーウィンよりもはるかに多くの時間を生物の地理的分布の研究に費やすことになる。[23] ウォレスは動物の生物地理学に関して二巻本を著し、島の生物についても本を一冊書き、分散の障壁を示す境界の入った動物相の生息域を描いたことでも名を成した。それらの境界のうちで最も有名なのが、マレー諸島のさまざまな島のあいだを縫うように走り、アジア大陸とオーストラリア大陸の二地域を分ける深い海で、「ウォレス線」という、いかにもふさわしい名前で知られるにいたっている。ウォレスはその生涯を通じて、文字どおりの意味でも比喩的な意味でもダーウィンの廉価版のようなものと考えられていたが、この分野に限っては脇役を演じる必要はなかった。彼はやがて、「生物地理学の父」と呼ばれるまでになったのだ。

起こらなかった革命

ダーウィンとウォレスが二人そろって信じていることはほかにもあった。すなわち、諸大陸は深遠な時間を通しておおむね不動だったというのだ。[24] この思い込みが生物地理学的説明に影響を与えた。たとえば、アフリカ大陸と南アメリカ大陸がつねに現在の位置にあったのなら、サルや走鳥類のように両大陸に見られる分類学上のグループは、海あるいは今は水没した陸橋を渡って大西洋を越えたか、遠回りして北方の諸大陸を伝っていったかのどちらかにならざるをえない。だが、大陸は永続的なものであるというこの考え方は、けっして普遍的なものではなかった。一例を挙げれば、一九世紀後期から二〇世紀初期にかけて人気を博した説によれば、地殻は大規模な変化を繰り返しており、ある時代に大陸だった場所が、次の時代には海盆になったりするということだった。* それでも、大陸は永続的であるにせよ、時とともに形を変えるにせよ、水平方向には大きく移動することはないという点に関しては、ほぼ完全に意見の一致を見ていた。

とはいえ、大陸が水平方向に移動するという概念が提唱されたことがないというわけではない。それどころか、二〇世紀に入るころには、大陸移動という考え方は、すでに長い（ただし、ほとんど知られていない）

＊ これはオーストリアの地質学者エドアルト・ジュースの説で、地球はしだいに冷えながらたえず縮んでおり、干からびていくリンゴの皮にしわが寄るように、地殻にも高い地域と低い地域ができるという。南アメリカ大陸とアフリカ大陸とインドはかつて一続きの陸地だったが、寄り集まった巨大な陸地のあちこちが沈降のせいで海に呑まれたため、離れ離れになったとジュースは信じていた。彼はこの超大陸を、この古代の陸塊の堆積岩が見つかったインドの一地方にちなんで「ゴンドワナ大陸」と呼んだ（Oreskes 1988）。ジュースの壮大な説はすっかり退けられたが、彼が南の超大陸につけた名前は定着した（ただし、その境界は修正されたが）。

ない）歴史を持っていた。早くも一五九六年に、フランドルの地図製作者アブラハム・オルテリウスが、大西洋の両岸にある大陸の形状がジグソーパズルのようにぴったり符合しているのに気づき、これらの陸塊は、かつてつながっていたのがしだいに離れたのではないかと述べた。[25] オルテリウスの考えからはほとんど何の進展もなかったが、ウォレスが自然淘汰についての論文をダーウィンに送ったのと同じ一八五八年に、アントニオ・スナイダー＝ペレグリーニという名のフランスの地理学者が、大陸移動の新たな説を思いついた。[26] スナイダー＝ペレグリーニはのちの考え方を先取りするかのように、石炭紀〔約三億六〇〇〇万年前から二億九〇〇〇万年前までの時代〕にはすべての大陸が一つにつながっていたと主張した。以前から知られている南アメリカ大陸とアフリカ大陸の合致に加えて、ヨーロッパ大陸と北アメリカ大陸で同一の植物の化石が発見されているというのが、この推論の根拠だった。彼は、大陸を引き離したのは地球内部から噴出してくる物質だとも言った。これまた顧みる人は少なかったが、そのころから大陸移動という一見常軌を逸した考えは、信じる人がほとんどいなかったにしても、しきりに浮上を繰り返した。アメリカの素人地質学者フランク・バースリー・テイラーは、一八九八年の著書と一九一〇年の論文で、より手の込んだ大陸移動の筋書きを示した。[27] 南アメリカ大陸とアフリカ大陸は大西洋中央海嶺に沿って分断されているとか、移動する陸塊の前縁部で山が生まれるといったことも、その筋書きには含まれていた。テイラーはまた、大陸移動の仕組みの説明として、潮汐《ちょうせき》力と、白亜紀に彗星を一つ捉えて地球の自転が速まったこととの組み合わせを挙げた。テイラーによれば、その彗星が月になったという。だがテイラーの考えもほとんど影響を与えなかった。証拠がなかったし、月を捉えるというのは突然の劇的な筋書きだったから（そして、ほとんどの地質学者がとる斉一説の見方と相容れなかったから）、それもいたし方なかったのかもしれない。大陸移動のほかの諸説も、やはり関心を集めることはなく、悪くすればそれ以上にひどい待遇を受けた。

ところが、スナイダー＝ペレグリーニやテイラーらの主張のほとんどは正しかったことがやがて判明する。南アメリカ大陸とアフリカ大陸の化石が類似しており、両大陸の海岸線がぴったり合うのは、かつて両者が一続きにつながっていた正真正銘の証拠であり、大陸移動の仕組みには地球内部からの物質の噴出が現に関係しており、大西洋はほんとうに大西洋中央海嶺に沿って誕生したのだった。ところが、彼らのような大陸移動の初期の提唱者は誰一人として、自分の主張を信じるべき理由をろくに提示しなかった。だがやがて、その任務にひたむきに取り組む科学者が現れて、ようやく大陸移動を支持する強力な論陣を張り……その挙句、やり込められることになる。

その科学者は、聖職者の息子として一八八〇年にベルリンで生まれた、物静かでいて情熱的な、アルフレート・ヴェーゲナーという人物だった[28]。ヴェーゲナーは天文学で博士論文を書いたが、彼の研究領域は多岐にわたり、大陸移動を研究する前は気象学者としていちばんよく知られていた。知的にも身体的にも明らかに大胆な性格で、ある研究者仲間が記しているように、「優れた容貌と、青灰色の鋭い目[29]」を持っていた。彼はまるで学者を絵に描いたように見えた。ただし、それはあくまで良い意味であって、ひたむきで、真剣で、妥協を許さなかった。

1.2　大陸移動について考えはじめた1910年のアルフレート・ヴェーゲナー.

ヴェーゲナーの生涯は冒険物語さながらだ。二〇代なかばに兄とともに熱気球で五二時間空中にとどまり、世界記録を打ち立てた。数年後、気象学の調査旅行のときには、もう一人の科学者とグリーンランドの氷床を一一〇〇キロメートル以上踏破した[30]。食料が乏しくなったため、連れていた犬を殺し、まさにその肉を食べようとしていたところ、そこに現れたイヌイット族の一団に助けられ、人の住む場所までたどり着くことができた。大陸移動についての本を執筆しているときにさえ、身体的な苦難につきまとわれた。書き終えたのは、第一次大戦の戦いで首に受けた銃創を癒しているときだったのだ。

ヴェーゲナーが大陸の移動について考えはじめたのは一九一〇年だった。友人とともに新しい地図帳をめくっているうちに、ヴェーゲナーはオルテリウスやスナイダー＝ペレグリーニらと同じことに気づいた。「どうか、世界地図を見てほしい」と彼は婚約者に手紙を書いた。「南アメリカ大陸の東海岸は、アフリカ大陸の西海岸と、まるで以前はつながっていたかのように、ぴったり合うではないか[31]」。一九一二年、彼は自分の新しい大陸移動説について論文を二つ発表した。その論文が激しい非難を浴びると、気候学者だったヴェーゲナーの義父は、新たな分野に飛び込まないように警告した。ところが、すでにそのころヴェーゲナーは自分の説に傾倒していたし、いずれにしても、彼は学問分野の通常の枠内に閉じ込められているような人間ではなかった。彼は大陸移動説が革命的であるのを承知していたし、さらにずっと深く探究しなくてはならないという切迫性も感じていた。「もし、地球がたどってきた歴史の全容が今や明らかになりかけているのなら、古い見方を捨てるのをためらうべき理由などあるでしょうか。この考えを一〇年、悪くすれば三〇年もお蔵入りにしておくべき理由などあるでしょうか[32]」と彼は義父に書いている。やがて彼はその理由を思い知らされるが、たとえこの時点でその理由がわかっていたとしても、やはり引き下がったりしなかっただろう。

当然ながら、さしあたっての目標は、かつて諸大陸がどのような位置にあったかを突き止めることだった[33]。重力の測定値などの証拠から、大陸地殻は海洋地殻よりも密度が低いことがわかっていた。これはヴェーゲナー（や、当時の多くの地質学者）にとって、大陸の下にある岩盤は、地球の別個の永続的な構成要素であることを示唆していた〔もし大陸地殻が沈降によって海洋地殻になったり、海洋地殻が隆起によって大陸地殻になったりするなら、両者の密度が一貫して異なるはずはないので、両者はそれぞれ地球の別個の永続的な構成要素である、という理屈〕。もしこれが正しいのなら、つまり大陸の地殻の大きさが昔からほぼ変わらぬままだったのなら、かつて広範囲でつながっていた陸塊どうしは、ジグソーパズルのピースのようにぴったり合わさってしかるべきということになる。そして、ピースはすべて依然として残っているので、答えは発見しうるはずだった。最初ヴェーゲナーは、たんに海岸線をそのまま使ったが、その後、大陸棚の輪郭を合わせてみた。大陸棚の輪郭のほうが大陸地殻の境界を正確に反映しているからだ。すると、あちらこちらに多少手を加えれば、じつに見事につながった。すべての大陸が、かつては単一の超大陸の一部だったように見えた。ヴェーゲナーはこの巨大な陸塊を「Urkontinent（原初の大陸）」と呼んだが、まもなくそれは別の名前で知られるようになった。今なお使われているその名は、ギリシア語で「すべての大陸」を意味する「パンゲア」だ。

もしパンゲアが現に存在していたのなら、それを示す証拠が岩石の中にあるはずだ。具体的には、現在は離れ離れのさまざまな大陸にまたがって、地質学的な特徴や化石が連続的に見られるはずだ。たとえば、もしアフリカ大陸と南アメリカ大陸がつながっていたのなら、両方の大陸で同じ岩層の一部が見つかるはずだし、この二つのピースがもともとの位置に並べ置かれたなら、それらの層がぴたっとつながるはずだ。ヴェーゲナーはパンゲアの断片である諸大陸を、ちぎれた新聞紙になぞらえた。もし、切れ端を全部きちんと並べ直せば、各行が紙面に水平に走るだろうというわけだ。

ヴェーゲナーが示したとりわけ有力な証拠の一部は、そのような「行」の整合から得られた。山脈や炭層、堆積岩層や火山岩層、氷河堆積物、化石産状など、「行」はさまざまな形をとった。スコットランドとアイルランドの褶曲《しゅうきょく》山地が、ニューファンドランド島の褶曲山地に続く。ベルギーとイギリス諸島の炭田が、アパラチア山脈の炭田と一直線につながる。アフリカ大陸と南アメリカ大陸には、同じような、ホワイトダイヤモンドを含むキンバーライトの火山筒がある。南極大陸を含め、南の大陸のどれにも、いわゆる「グロッソプテリス植物群」の化石が見られ、アフリカ大陸南部と南アメリカ大陸南部では、淡水性の爬虫類「メソサウルス」の化石が出土する。古代のグリカランド山地に由来すると思われる、「縞模様の碧玉の入った風変わりな珪岩《けいがん》質の砂岩」の、氷河に運ばれた迷子石《まいごいし》がアフリカ大陸南部にあるが、ブラジルでも見つかる。ぴったりつながる「行」がこれほど多く発見されるのだから、大陸が移動したと考えるほうが、移動しなかったと考えるよりも一〇〇万倍も理にかなっていると、ヴェーゲナーは書いている。一〇〇万倍というのは大げさだが、全般的な主張は妥当だった。パズルのピースを並べて、色の帯が二〇本、きれいにつながっていたら、うまく完成させたことは請け合いだ。

ヴェーゲナーの説を使えば、古代の気候に関する奇妙な観察結果も説明できた。これは、気象学者として研究を行なっていたヴェーゲナーにはとくに興味がある問題だった。ヴェーゲナーは石炭紀とペルム紀〔約二億九〇〇〇万年前から二億五〇〇〇万年前までの時代〕に注目した。南アメリカ大陸、インド、アフリカ大陸、オーストラリア大陸の一部には、そのころ氷河時代だったことを示す証拠が豊富にあるが、その一方、北アメリカ大陸、ヨーロッパ大陸、アジア大陸の広大な地域が温暖で湿潤な森林に覆われていた（「石炭紀」という名称は、森林植物の残骸から形成された炭層に由来する）。どうやら、世界のうちで現在暖かい場所が寒く、同時に、現在寒冷な部分が温暖だったらしい。諸大陸の位置ではなく、両極の位置を動かすことでこの不思議な状況を説明しようと試みる人もいた。だがヴェーゲナーは、どこに極があっても、それだけではこの気候パターンを適切に説明できないことを見て取った。両極の位置を変えると、たとえば赤道付近に大きな氷河が来てしまうような矛盾が、どうしても出てくるのだ。だが、大陸を移動させればこのパラドックスが説明できることをヴェーゲナーは示した。すべての大陸をパンゲアにまとめ、南極の付近にこの超大陸の南端があったとすれば、南部が氷河で覆われていたことも、北部に温暖な森林があったことも、完全に理にかなう。

　進化が起こると確信はしたものの、その仕組みとしてまだ自然淘汰を思いついていなかった時期がダーウィンとウォレスにはあったが、ヴェーゲナーはそのときの二人とおおむね同じ立場に立たされていた。ヴェーゲナーは大陸移動が起こったのは確かだと思っていたが、何が原因なのかはわからなかった。彼は著書『大陸と海洋の起源』の中で、正しくはない、あるいは、少なくとも十分ではないとおそらく知りながらも、二つ考えを述べている。一つは、地球の自転が引き起こす遠心力が原因で、それが大陸地殻と海洋地殻に異なる作用を及ぼし、大陸を赤道のほうへ押しやったのだろうというのだ。二つ目は、太陽と月の潮汐力で大陸が引っ張られ、海洋底に対して西向きに動いているというものだ。ヴェーゲナーはどちらの場合にも、大陸が海洋地殻を押し分けて進む様子、岩盤が岩盤を掻き分けて進む様子を思い描いた。それはやがて大きな問題となる。

　『大陸と海洋の起源』は一九一五年にドイツ語で出版された（ただし英語で読めるようになったのは、ようやく第三版が一九二四年に翻訳されてからだった）。初版はわずか九四ページで、小説よりも中篇小説のようなものだったが、視野は広大だった。のちの版はなおさら見事で、それは版を重ねるたびに、ヴェーゲナーが新たな証拠を加えつづけながら実質的にまるごと書きなおしていたからだ。この作品を読むのは、『種の起源』を読むのに少し似ている。どれほど先見性があり斬新かに、たえず驚かされるからだ。ヴェーゲナーは、地溝は海洋の始まりとしている（事実、そのとおりだ）。太平洋を取り囲む陸塊が時計回りに回転しているという（だから、ロサンジェルスとサンフランシスコは移動の方向が逆なのだ）〔ロサンジェルスは太平洋プレートに、サンフランシスコは北アメリカプレートにそれぞれ載っており、プレートの移動方向が逆なので、少しずつ近づいている〕。大陸移動、断層、地震、火山のあいだにはつながりがあると述べている（今ではこれらはすべて関連した現象と考えられている）。当初から多くの学者が、これは真剣な、ことによると革命的な作品かもしれないと気づいていたようだし、この本は広く読まれ、あちこちで話題に上った。それについての会議がいくつも開かれた。ヴェーゲナーは、人知れずエンドウマメを植えていたグレゴール・メンデルとは違い、著書のおかげでたちまち有名になった。

これほど注目されながら、最終的にはヴェーゲナーの説は退けられ、嘲笑われたという話をしばしば目にする。事実、彼の説は地質学者をはじめさまざまな学者から散々こき下ろされた。「ヴェーゲナーの仮説は全般に、地球を好き勝手に扱う自由奔放なもので、競合する各説ほど制約に縛られず、厄介で始末に困るさまざまな事実の制限を受けていない[34]」とある地質学者は書いている。ヴェーゲナーの説のことを「美しい夢、詩人の夢」と呼び、「抱き締めようとしても、腕の中にはわずかな蒸気あるいは煙が残るばかりだ[35]」と述べた人もいる。さらに辛辣な意見もあり、ヴェーゲナーの主張は「主観的な考えがやがて客観的な事実と見なされるという、独りよがりの状態で終わる[36]」と評している。大学の教室では、大陸移動についてのジョークも広まった。たとえば、おとぎ話に出てくるお守りさながら、ヨーロッパで見つかった化石標本のかけらが、北アメリカで掘り出されたかけらとぴったり合わさったといったものだ。

とはいえ、ヴェーゲナーの見解への反応がすべて否定的だったと考えるのは単純化が過ぎる。大陸移動説への反応には、場所によって大きな違いがあった[37]。イギリス、そしてとくにヨーロッパ大陸では、ヴェーゲナーの主張の少なくとも一部に利点を見出す学者が多かった。彼らの相当数が、大西洋両岸で地層や地形、化石が一致するのを自ら目にしていたので、こうした「行」のことを、両大陸がかつてつながっていたという有力な証拠と見ていた。大陸移動を心から支持するようになるヨーロッパの学者は比較的少なかったが、ヴェーゲナーが蒔いた種があっさり一掃されることはなかった。たとえば、イギリスの地質学者フレッド・ヴァインとドラモンド・マシューズは二人とも、ヴェーゲナーの考えの正しさを裏づける海底の磁気異常について独自の発見をするはるか前から大陸移動説を受け入れていたことを回想している。*

広く流布している拒絶と嘲りの話をそっくりなぞるような反応をヴェーゲナーに対して見せたのは、アメリカだった。(38) そこでは大陸移動説が「自由奔放」な考えだと一般に見なされ、ヴェーゲナーは自ら弄した策にはまって「自家中毒」を起こしたと考えられていた。批判的な人々はとくに、大陸の動きを説明するためにヴェーゲナーが持ち出した仕組みを攻撃した。大陸が巨大な艀《はしけ》のように、堅固な岩盤の海を押し分けていかれるというのは妥当とは思えなかったし、いずれにしても、ヴェーゲナーが指摘した遠心力や潮汐力は、そのような動きを生むにはとうてい不十分に見えた。これらの批判者たちは、理にかなった仕組みを欠いているのだから大陸移動説という考え方そのものが根本的に間違っていると感じていた。ヴェーゲナーは、大陸移動の仕組みとして信じがたい（そして、けっきょく完全に誤った）仕組みを提示したために非難を招く羽目になった。そして、多くの学者が浴槽の無用の残り湯とともに貴重な赤ん坊（仕組みのいかんにかかわらず、移動が起こっているという事実）まで捨ててしまったようだ。

とはいえこのような話は、なぜアメリカ人がヨーロッパ（とヨーロッパの植民地）の人々よりも大陸移動説にあれほど強硬に反対したかという理由の説明になっていない。納得のいく仕組みがなかった点が、そもそもヴェーゲナーの主張を拒絶したいという強い偏見を持っていた学者に利用されたと言ったほうが、

* マシューズはフォークランド諸島への旅のとき、その地域の地質学的特徴について何を読むべきかを同僚に尋ねた。すると、マシューズによれば次のような答えが返ってきたそうだ。「まあ、デュ・トワ［南アフリカの地質学的特徴に関するアレクサンダー・デュ・トワの本］を持っているだろう、……もし大陸移動を信じていないのなら、巻き尺を出してフォークランド諸島の岩石層を測ってみるんだな」。マシューズがそうすると、「［デュ・トワによる南アフリカに関する］記述とまったく同じで、……細部に至るまで完全に一致していたので舌を巻いた」という（Oreskes 1988）。

より正確なのかもしれない。なぜアメリカ人は特別偏見が強かったのかという問いには、簡単には答えられない。だが、科学史家のナオミ・オレスケスによれば、アメリカの地質学者は新しい種類の器械とそれから得られる厳然たる数値にとりわけ魅了されていた（多種多様な学者たちを惑わせてきたたぐいの科学技術への陶酔だ）ので、その結果、自分には時代遅れで「主観的な」ものに見える証拠は軽視する傾向にあったという。そのように考えれば、アメリカ人がヴェーゲナーを受け入れがたかったのは、彼の証拠のほとんどがこの主観的な種類（少数の地質学者の意見に例外なく基づいている、南アメリカ大陸とアフリカ大陸の地形と地層の同一性など）だったからということになる。アメリカ人は数値をほしがった。そして、あいにくそのような数値が手に入るのはずっと先のことになる。

このように事情は複雑だったが、ヴェーゲナーの説はヨーロッパにおいてさえ広く受け入れられなかったと結論するのが妥当だろう。あとから振り返れば、それは科学史上、仮にまったく不可解ではないにせよ、奇妙な出来事のように見える。とくに、わざわざヴェーゲナーの本を読んだ多くの学者が何を思っていたのか、首をかしげたくなる。山のように多くの証拠が示されていたのにもかかわらず、ヴェーゲナーが完全に間違っていると考えたのだから。また、ヴェーゲナーがあと数人でも著名な地質学者に宗旨替えさせてのけていたら、歴史がどう変わっていたかとも思いたくなる。だが、そういうことは起こらなかった。ひょっとすると、最も一般的な意味で、学者は既成概念を捨てるのが苦手であるだけのことかもしれない。たいていの場合、その種の保守的傾向は理にかなっている。「蒸気あるいは煙」を追いかけて時間を無駄にせずに済むからだ。とはいえ学者は、無知の闇の中に取り残されないためには、その保守的傾向を打破しなければならないときもある。

一九二二年のアメリカ地質学会の会合で、R・トマス・チェンバリンという地質学者が大陸移動説を厳しく批判し、「もしヴェーゲナーの仮説を信じるとしたら、過去七〇年間に学んだことをすべて忘れ、一からやり直さなければならなくなる」[39]と述べた。

至言だった。

一九三〇年春、ヴェーゲナーは気象と氷の計測を行なうための遠征隊を率いて、グリーンランドへの四回目の旅に出た。遠征隊は、最初から遅れや装備の問題に悩まされた。秋に、氷床のただなかの前哨地に詰めていた二人の隊員の糧食が不足しはじめたとき、ヴェーゲナーは補給のためにグリーンランド西岸の野営地から一隊を率いて出発することにした。重い犬ぞりで深い新雪の中を頻繁に進む羽目になったため、一行が前哨地にたどり着くまでに、理想的な条件下と比べると三倍の四〇日もかかった。前哨地で二日休んだだけで、ヴェーゲナーはラスムス・ウィルムセンというイヌイット族の男を連れて出発し、西海岸を目指した。ときに一一月一日、ヴェーゲナーの五〇歳の誕生日だった。二人の帰途については、わずかながら知られていることや想像のつくことがある。極端な寒さと吹きすさぶ強風のせいで、二人は道がはかどらなかったに違いない。彼らはけっきょく二台の犬ぞりのうち一台を放棄し、そこからはヴェーゲナーはスキーで、ウィルムセンは残る一台の犬ぞりで進んだ。

半年後、捜索隊がヴェーゲナーの遺体を発見した。突き立てられた彼のスキーの傍らに、ウィルムセンが掘ったと思われる墓の中に埋まっていたのだった。遺体は二枚の寝袋のカバーの中に縫い込められ、トナカイの皮と寝袋の上に横たえられていた。心臓麻痺で亡くなったと見る向きもある。ウィルムセンはさらに少なくとも二〇キロメートルほど進んだが、そこからは完全に痕跡が途絶えていた。彼の遺体はついに発見されなかった。

一部の人にとって、グリーンランドでのヴェーゲナーの死は、彼の人生におけるなおさら大きな悲劇の幕切れにはおあつらえむきに見えたかもしれない――偉大な科学理論を提唱したのに、そのせいで中傷され、自説の正しさが立証されるのを目にできなかったという悲劇の。とはいえ、そのような見方は、彼がほとんど誰からも頭のおかしい人と思われていたことが前提になっているが、先ほど説明したように、じつはそれは事実に反する。実際には彼が亡くなると、名高い科学雑誌『ネイチャー』がまる一ページ割いて死亡記事を載せ、彼の死を「地球物理学にとって大きな損失」[40]と呼んだ。いずれにしても、グリーンランド遠征隊を率いたこの人物は、哀れな男という印象をまったく与えない。もし彼の心の重荷になるものがあったとしたら、それは思うにまかせぬ天候の下で遠征という複雑な事業を実施することにまつわる懸念と、部下たちの安全への気遣いだった。遠征隊の隊員たちの話からは、寡黙ではあるにせよ、誰からも熱烈に尊敬され、目の前の責務に没頭するリーダーの姿が浮かび上がってくる。

ヴェーゲナーの遺体が発見されたとき、彼の鼻と両手には凍傷の痕跡が見られたが、目は見開かれ、捜索隊の一員によれば、「落ち着いた、穏やかな表情をしており、微笑んでいるかのようですらあった」[41]という。亡くなったヴェーゲナーの姿は、彼のあり方を象徴していたのかもしれない。彼は人生に傷つきはしたものの、けっして屈することはなかったのだ。

嵐の前のニューヨーク

ヴェーゲナーの理論は彼とともに最期を遂げはしなかったが、彼が亡くなった当時は瀕死の状態に見えなくもなかった。大陸移動説には、ヨーロッパ大陸では少数派とはいえかなりの数の信奉者がいたが、イギリスではヴェーゲナーが正しいと考える学者はほとんどおらず、アメリカでは彼の説を信じる人は事実上皆無だった。彼の著書はおおいに評判になったものの、地質学（そして生物地理学）の分野に世界的な進展をもたらすことはなかった。そのような進展をもたらしていておかしくなかったし、また、もたらしてしかるべきだったのだが。一握りの学者、とりわけ南アフリカの地理学者アレクサンダー・デュ・トワが、あくまでヴェーゲナーの理論を使って、海洋による動植物の分布域の分断を説明したものの、彼らはほんの少数派にすぎなかった。[42] 哲学者トーマス・クーンの言葉を借りれば、「パラダイムシフト」は起こらず、「通常科学《ノーマル・サイエンス》」〔従来のパラダイムに即した科学〕がおおむねそれまでどおり幅を利かせつづけた。[43]

　ところが奇《く》しくも、ヴェーゲナーの著書が刊行されたのと同じ一九一五年に、本一冊に相当する長さの論文が発表され、生物地理学の考え方を大幅に変える基礎を築くことになった。その論文は大陸移動とはまったく関係なかったのだが。当時、（ダーウィンの影響で宗旨替えする以前の）ジョセフ・フッカーの考え方の流れを汲む陸橋説支持者たちが、ダーウィンに賛同する分散説支持者に対して優位に立っていた。[44] そして、大小の海の両側に近縁種が見つかるところにはどこにでも手当たりしだい、地図上に今は沈んでしまった陸橋の輪郭が描かれていた。南アメリカ大陸とアフリカ大陸、南アメリカ大陸とオーストラリア大陸、マダガスカル島とインド、ヨーロッパ大陸と北アメリカ大陸、サモア諸島とハワイ諸島などのあいだに、それぞれ陸橋があったとされた（図1・3参照）。南アメリカ大陸とアフリカ大陸のつながりのように、何通りかの陸橋の存在が仮定される場合もあったが、そのどれとして妥当な地理学的証拠に基づいてはいなかった。あとから振り返ってみれば、生物地理学史におけるこのエピソードは笑止千万に思えるが、そこにはそれなりの道理があった。ダーウィンの実験結果があったにもかかわらず、陸橋説の熱烈な支持者たちは、陸生生物の海洋分散が重大な役割を果たすとはどうしても信じられなかったし、当時の大

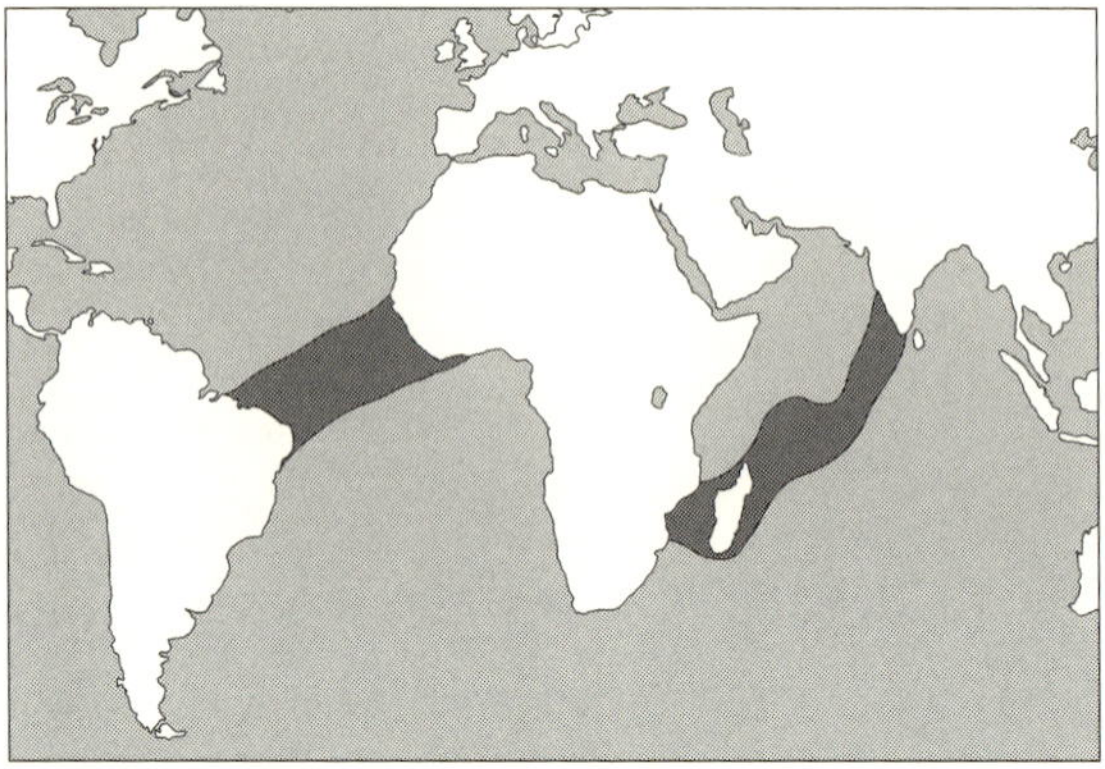

1.3　動植物の分布を説明するために想定された多くの陸橋のうちの２つ. Hallam (1994) を複写・修正したもの.

半の学者と同様、大陸移動を信じていなかった。したがって、かつて陸橋が存在したと考えれば、このジレンマから抜け出すことができたのだ。

振り子を振りもどしはじめた一九一五年のその論文には、「気候と進化」という題がついていた。[*] 論文の著者は、ニューヨーク市のアメリカ自然史博物館で化石哺乳類を専門とする学芸員として勤務する、痩せて眼鏡をかけ、学者然としたウィリアム・ディラー・マシューだった。[45] 海洋によって分断された分布域を説明するにあたっては、マシューはダーウィンに酷似していた。二人とも、諸大陸の位置は不動であると信じていたし、地質学的証拠なしにかつて陸橋があったと主張することを嫌った。したがって、マシューはダーウィン同様、分散説支持者だったことになる。マシューは種子が海を漂うことや、巻き貝がカモの足先に付着することについてダーウィンほど考えなかったが、それは彼が哺乳類学者だったからで、研究していた生き物のほとんどが、広大な水域を越えて分散するには、筏となる自然物を必要としていたためだ。

分散事象の頻度に話が及ぶと、マシューの主張はもっぱらそうした筏にまつわるものとなった。大きな海洋島に進出する哺乳動物にとって、分散事象の筋書きはマシューによれば次のようになる。過去三〇〇年ほどのあいだに、はるか沖合で視認された自然物の筏の数はわずか一〇前後だ。[46] それを一〇〇倍すると、その期間のそのような筏の実数（一〇〇〇）が推定できる。新生代は六〇〇〇万年だと仮定すれば、その間の筏の数は二億となる。その二億のうち、二〇〇万だけに生きた哺乳動物が乗っていたとしよう。その二〇〇万のうち、二〇万だけが陸にたどり着き、その二〇万のうち二〇〇に乗っていた種だけが新しい地域に定着したとする。哺乳動物が大きな海洋島に自力で到達した例は二〇あまりしか知られていないから、先ほどの二〇〇という推定値は、既知の事例を網羅して余りある。しかも、これは哺乳動物についての推定だ。トカゲやリクガメ、ヒマワリがそのような島に行き着くのは、はるかにやさしい。

　これが胡散臭く聞こえることは私も承知している。こうした数字はみな、どこから出てくるのか？　基本的には、ウィリアム・ディラー・マシューの頭の中からだ。だが肝心なのは正確な数ではなく（それはマシューも認めている）、非常に長い時間（この場合には六〇〇〇万年）があれば、とうていありそうもないことが起こるという、ダーウィンにさかのぼる主張だ。ラットはガラパゴス諸島にたどり着きうる。サルはスラウェシ島に到達しうる。（今は絶滅した）コビトカバはマダガスカル島に渡りうる。マシューによれば、じつはコビトカバは筏を必要とさえしなかったという。たんに五〇〇キロメートルほど泳いで、モザンビーク海峡を渡れただろうというのだ。

　マシューもダーウィンやウォレスら多くの生物地理学者と同じで、ある島の動物相の性質を見れば、そ

＊　この題は、非常に長期的な気候の周期は進化と分散を方向づけるうえで決定的に重要であるという、マシューの考えを表している。

の島がかつて大陸とつながっていたかどうかがわかると主張した。彼はマダガスカル島の哺乳動物を例に挙げている。もしこの島が以前にアフリカ大陸とつながっていたことがあったなら、多数のアフリカの哺乳動物が見られると思っていい。だが、実際にはほんのいくつかの主要なグループ（キツネザル、食肉目の哺乳類、テンレック科の食虫哺乳類、齧歯類、そして、人間が持ち込んだかもしれないトガリネズミと、飛んでたどり着くことのできるコウモリ）だけしか見られない。それに、これらの哺乳動物のグループは、すべて同時にマダガスカル島に着いたようには見えず、それぞれ異なる時期にこの島に進出したらしい（マシューはおそらく、これらのグループとアフリカ大陸に生息する仲間とのつながりや、それらの仲間の化石記録に基づいてこの推論を行なったのだろう）。いくつかの進出が時間的に分散しているこのパターンこそ、海を越える偶発的分散によってそれぞれのグループがマダガスカル島にたどり着いた場合に予想されるものだ。

マシューはヴェーゲナーの本が英語に翻訳される前に論文を書いたのだから、今は沈んでしまったが以前にはマダガスカル島へつながる陸橋があったという考え方に異を唱えていたのであって、マダガスカル島が大陸移動の筋書きの一部であるという考え方に反論していたわけではない。だが、マダガスカル島をパンゲアあるいはゴンドワナ大陸の一部とする説に反対して同じ主張をすることも可能だったたし、ヴェーゲナーの説が広く知られるようになると、マシューはそれに反論した。それも、マダガスカル島だけに関してではなく、全般的に。ダーウィンとウォレス同様、マシューもかつて陸橋が陸地を結んでいた可能性をまったく考慮に入れなかったわけではないが、現代の動物のグループの大半はあまりに新しすぎて、古代の陸橋（仮にそのようなものがほんとうに存在したのだとしても）の恩恵にはあずかっていないと考えた。彼は明らかに長距離分散を重視していたのだ。

手短に言うと、マシューは「気候と進化」などの論文や研究と、教え子や同分野の研究者の広大なネットワークを通して、生物地理学に大きな影響を与えることとなった。マシューの場合、人脈の重要性はどれほど高く評価しても足りない。彼はただの高名な科学界の名伯楽以上の存在となった。たとえば彼の信奉者の一人は、自分たちを指してマシューの「使徒」という言葉を使い、「気候と進化」を「一種の聖書」と呼んだ[47]。彼の息がかかった人物を何人か挙げよう。マシューが一九二七年にバークリーに移ったとき、アメリカ自然史博物館でマシューの後釜に座った古生物学者のジョージ・ゲイロード・シンプソン。一九三一年から一九五三年まで同博物館で鳥類学の学芸員を務め、のちにハーヴァード大学教授となったエルンスト・マイヤー。やはりハーヴァード大学教授のフィリップ・J・ダーリントン。この三人はいずれも卓越した学者だった。ダーリントンは有名な甲虫の専門家で、生物地理学の著書はみな広く読まれた。シンプソンとマイヤーはおそらく、それぞれ古生物学と進化生物学の分野で二〇世紀における最も重要な人物だ。影響力が影響力を生み、少なくともアメリカでは、一九四〇年代には分散説は最盛期を迎えていた。かつてはフッカーの陸橋説が一時優位に立っていたが、今やダーウィンの海越え説が再び支配的になったのだ。

この分散説の考え方はアメリカ自然史博物館に端を発し、また、コロンビア大学で強力な支持を集めたため、一部の人からは「動物地理学のニューヨーク学派[48]」と呼ばれた。この名称を思いついたのがほかならぬレオン・クロイツァットで、自分の敵を特定する彼一流の手段としてそれを使ったようだ。この分野ではクロイツァットは最も頑固で不和を生じさせる人物だったが、ほどなく彼に類する人々が山ほど現れることになる。そして生物地理学は、ダーウィンとフッカーのあいだの友好的な争いとは似ても似つかない状況に陥ろうとしていた。

「船がラプラタ川の河口にあったとき何度か、索具がゴッサマー・スパイダーの巣で覆われた。ある日（一八三二年一一月一日）、私はこの現象に特別の注意を向けた。天気は良く、空は晴れわたり、朝の空気にはイングランドの秋の日さながら、綿毛のような巣の小片が無数に漂っていた。船は陸から六〇マイル離れており、絶え間ない、とはいえ弱い風に向かっていた。長さ一〇分の一インチで、黒みがかった赤をした、厖大《ぼうだい》な数の小さなクモが巣にしがみついていた。船には数千匹はいたに違いないと思われる。……たった一本の糸にぶら下がっているクモを眺めているあいだに、彼らがほんのわずかな空気の動きで水平方向に運び去られて視界から消えるところを何度か目にした。別の折（二五日）には、同じような状況下で、同じ種類の小さなクモが少しばかり高い場所に降り立ったとき、あるいは這い上ったときに、腹部を突き上げ、糸を一本出し、それから水平方向に飛び去るのを繰り返し目にしたが、その速度といったらとうてい説明しがたいものだった[49]」

——チャールズ・ダーウィン『ビーグル号航海記』

第2章
分断された世界

大胆不敵な魚類学者

マルコム・グラッドウェルは著書『急に売れ始めるにはワケがある』で、製品や行動、アイデアの普及を感染症になぞらえ、いずれの場合にも、個々の人間のような小さな要因が意外なほど大きな影響を与えうると主張している[1]。ある動向にティッピング・ポイント（臨界点）を超えさせ、それを流行にまで押し上げる、そのような破格の影響力を及ぼすことの多い人には三種類あるとグラッドウェルは言う。その第一が「メイヴン〔「通」「目利き」「達人」の意〕」で、情報収集の名人だ。たとえば、心臓にはどの食べ物が良いかについての最新のニュース（今週はココナッツオイル）をつねに把握している知り合いや、目立たないけれど素晴らしい新規開店のレストランについていつも教えてくれる友人がメイヴンに該当する。第二が「コネクター〔「つなげる人」の意〕」で、極端に社交的なことが多く、友人や知人、同業者などの並外れて大きなネットワークを持っている。コネクターは一種のハブで、そこを中心に情報がとりわけ迅速に広がる。最後が「セールスマン」で、卓越した説得力を持っている人だ。あなたを説得して、類を見ないほど静かな食器洗い機を買わせる本物のセールスのプロの場合もあるが、水圧破砕の害をあなたに納得させる、友人のそのまた友人である可能性も十分ある。

分断生物地理学は一九六〇年代から八〇年代にかけて広がったが、その普及の過程で、ギャレス・ネルソンは前述の三種類の役割をすべて果たした。六〇年代なかば、魚類学者のネルソン（友人や同業者には「ゲーリー」と呼ばれていた）は、科学界における主要な動きの中心人物にはなりそうに見えなかったかもしれない。哲学者で科学史家の故デイヴィッド・ハルは、博士課程を終えたばかりだったネルソンのことを、「ひょろっとした若者で……白いソックスに開襟シャツ、茶色と黄褐色の格子模様のスポーツコートという姿からは、威風堂々という印象をまったく受けない[2]」と評している。だが、その「ひょろっとした若者」は何か特別な才能を持っていたか、やがて身につけたのだろう。彼は自分の分野については博識で、そのおかげで、ほとんどの人が聞いたことのない新しい考えに早くから通じており（メイヴン）、ネットワーク作りにかけては生まれついての名人で、ある主要な科学雑誌の編集者となったし（コネクター）、これが決定的に重要なのだが、大胆で説得力があった（セールスマン）。

ネルソンは、人を説得する技術にとって重要な自信には事欠かず、思うところを口にする段になると、まったくためらわなかったし、何より、権威にむやみに服従することがなかった。それどころか、反抗心に衝き動かされているように見えることもしばしばだった。たとえば、こんなことがあった。やはり魚類学者のドン・ローゼンと分類法について話し合っていたとき、当時おそらく世界一有名で影響力のあった進化生物学者のエルンスト・マイヤーが、まもなく刊行される本の中でそのテーマについてどのような意見を述べるか、様子を見てはどうかとローゼンが提案した。するとネルソンはいかにも彼らしく、聞く耳を持たなかった。「マイヤーなんかにお伺いを立てるものか。私は自分の頭で考えるから！[3]」と、声を荒らげたという。反抗心は誰からも歓迎される資質ではないが、時宜を得ていたようで（なにしろこれは、一九六〇年代という反抗の時代だった）、場所も良かった（礼儀正しさの鑑《かがみ》などという評判とは端《はな》から無縁のニューヨーク市が主な舞台だった）。反抗心は、人の心に強く訴えかけるネルソンの魅力のか
なめだった。ようするに、メイヴンとコネクターとセールスマンの資質をすべて兼ね備えたゲーリー・ネルソンは、分断生物地理学の考え方を広める原動力となるのに打ってつけの人物だったのだ。彼は飲み物をかき混ぜるストローだった。あるいは、炎を煽ってついには建物を焼き尽くしてしまう人物だったかもしれない。いずれにしても、ネルソン抜きでは分断生物地理学を支持する動きが軌道に乗ることはけっしてなかったと言えそうだ。少なくとも、実際とはまったく違った展開になっていたはずだ。

ネルソンが天啓を得たのは一九六六年だが、それは砂漠あるいは密林での孤高の時ではなく、ストックホルムのスウェーデン自然史博物館古動物学部門の資料室でのことだった。ネルソンはハワイ大学で魚の鰓弓《さいきゅう》〔鰓（えら）を支える弓状の骨〕を研究対象とする博士論文を書き上げたばかりで、任期一年のアメリカ国立科学財団の特別研究員として、イングランドとスウェーデンの化石魚類の調査にあたっていた。その資料室で最新の文献が並ぶ一画を見てまわっているときに、分厚い論文を手に取った。ラーズ・ブランディンという名のスウェーデンの昆虫学者が、「ユスリカ」という群れを成して飛ぶ小さなハエ目の昆虫のグループの進化と分類について書いた、五〇〇ページ近い論文だった。[4]

ブランディンは一九四〇年代からユスリカを研究しており、この昆虫を通して、南極大陸によって「隔てられた」陸塊に見られる分類群にとりわけ興味を引かれるようになった。[5] ユスリカが見つかる場所には、

オーストラリア大陸とニュージーランドや、言わば南極大陸を挟んで反対側にあたる南アメリカ大陸がある。そのような「南極大陸を挟んだ関係」を見せる分類学上のグループは、当然ながら海洋に隔てられた多くの陸塊に乗っているので、ブランディンは多くの先人と同様、隔離分布の問題という、生物地理学の難問に取り組んでいたわけだ。当時ネルソンは、ユスリカにも南極大陸を挟んだ関係にも格別興味はなかったので、そもそもなぜ電話帳のような分厚い論文をわざわざ手に取ったのかは謎だ。ひょっとすると、それこそメイヴンのやることなのかもしれない。彼らは何か見つけようとしてあたりを引っ搔きまわし、そうした行為がときには火花を散らして火事が起こることになるのだ。

ブランディンの論文の大半は、読んでも得るものはなさそうだった。成虫だけではなく淡水性の幼虫やさなぎの段階まで、ユスリカの無味乾燥な説明からなっていたからだ。さなぎは分類学的観点からはとくに重要であることが判明したので、ブランディンは物に憑かれたかのように熱心にさなぎについて説明している。このようなことに本格的に入っていけるのは、ハエ目の専門家だけ、いや、ことによるとユスリカの専門家ぐらいのものだ。ところがブランディンは、ユスリカについてのこうした記述の前後の項で、進化上の関係と生物地理学の研究への自分のアプローチを説明し、そのアプローチから、遠く隔たった陸塊に小さなハエ目の昆虫がどうやって生息するにいたったかについての強固な結論を引き出していた。事実上ブランディンは、ユスリカを使って非常に一般的な方法と概念を説明したわけで、それはネルソンが専門とする魚類にも、さらにはほかのどのような分類学上のグループにも応用可能だった。このアプローチがネルソンの目に留まった。それは、彼がそれまで見てきたものとは、いくつかの点で完全に違っていた。

第一に、ブランディンはユスリカの進化樹を構築するために、ドイツの昆虫学者ヴィリ・ヘニッヒが開発した方法を使った。(6) ヘニッヒの「分岐学」の方法では、進化樹の中の種あるいはその上位の分類群（属、科など）の各グループを明確に定義するにあたって、当該のグループへとつながる枝の上で進化したと思われる形質を拠り所とする。こうした「共有の派生的な形質」（分岐学の用語では「共有派生形質《シナポモーフィ》」）が、いわゆる分岐群《クレード》（単系統群）を決定する。クレードは、当該の分類学上のグループ以外のいかなる生物によっても共有されていない祖先へとさかのぼる系統だ。たとえば、鳥類という分類学上のグループの成員は、羽毛と、歯のない嘴を持っており、これらは、あらゆる鳥の共通の祖先へとつながる枝の上で進化した共有の派生的な形質だ。これらの形質から、鳥類はクレードであることがわかる。この場合それは、現生鳥類の共通の祖先と、その祖先のすべての子孫を含むクレードだ。ちなみに、ヘニッヒの体系の下では、従来の分類学上のグループの多くが退けられた。そうしたグループは、全成員の共通祖先を含んではいるものの、その祖先の子孫をすべて含んではいなかったからだ。たとえば爬虫綱という分類群は、従来の定義のままでは、クレードとしては認められない。なぜなら、爬虫類の共通の祖先の子孫の一部、すなわち鳥類と哺乳類は、人為的にそのグループから取り除かれてしまっているからだ。魚類、両生類（もし絶滅したものが含まれていれば）、類人猿（もし私たちがその一員に数えられないなら）、サル、無脊椎動物も、どれ一つとしてクレードではなく、分岐学による分類体系ではすべて無効となる。その事実は本書にはあまり重要ではないが、エルンスト・マイヤーやジョージ・ゲイロード・シンプソンといった伝統的な立場の人々が、分岐学的分類法にいらだちを覚えた大きな理由の一つがそこにある。ところで、分岐学の支持者がこの戦いに完全な勝利を収めたため、今日では大半の分類学者は、クレードだと思えるグループにしか正式な名称をつけない。

あるグループ内のクレードをすべて決定すれば、そのグループ内の進化上の分岐パターンも特定することになる。したがって、ヘニッヒの方法を一連の形質（たとえば、ユスリカの幼虫の特徴）に応用すれば、分岐図（枝分かれした図）ができる。これは、さまざまな分類群が系統学的にどう関連し合っていると考えられるかを厳密に表す図だ。図のそれぞれの分岐点は、進化の系統が二つに分かれる「種分化事象」を示している。本質的には、分岐図は生命の樹の一部を表している。

　これはすべて一九世紀に解明されていて当然のことのように、ごく単純に聞こえる（現に一九世紀に解明されていたと主張する人も、これまでにいた）。だが実際には、一九六〇年代にはほとんどの進化生物学者は、そのようには振る舞っていなかった。彼らは共有の派生的な形質を決定するにあたって一貫性に欠け（彼らのほとんどが、その考え方について明確に理解してさえいなかったし、「共有派生形質」という用語は聞いたこともなかった）、彼らが描く進化樹は河川デルタのようになってしまうことが多く、太い「祖先の」流れ（たとえば爬虫類）から他の流れ（たとえば鳥類や哺乳類）が曖昧に分かれ出ていた。そのような河川デルタ風の図からは、それぞれの生物が互いにどう関連しているのか、正確なところはわからなかった[7]（図2・1参照）。通常の爬虫類—鳥類—哺乳類という進化樹では、鳥類は爬虫類全般のミシシッピ川のような幅広い帯から（あ

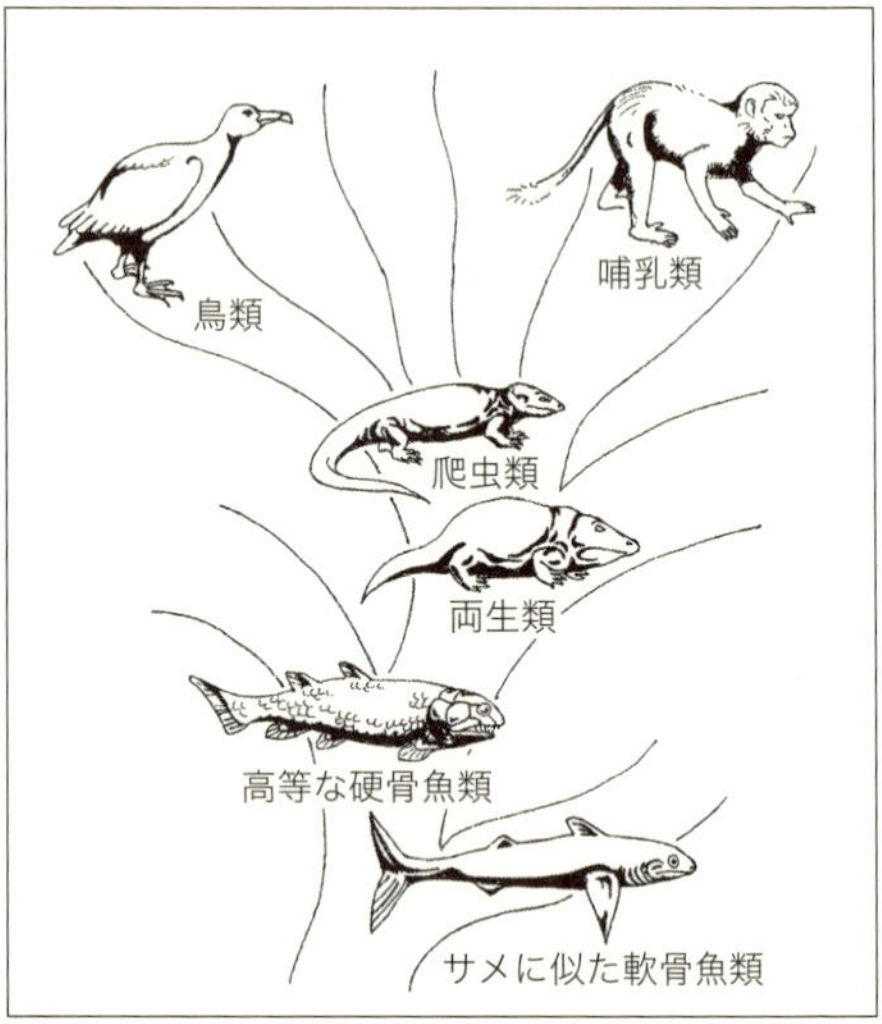

2.1　曖昧な思考を反映した曖昧な図．分岐学が登場する前に描かれた，脊椎動物の典型的な進化樹．Romer（1959）を複写・修正したもの．

るいは、図が比較的正確なら、「双弓類《そうきゅうるい》〔頭蓋骨の両側に側頭窓が、それぞれ二つある分類群〕爬虫類」と呼ばれるいくぶん幅の狭い帯から）現れ出ており、鳥類に最も近い仲間がじつは獣脚類の恐竜の特定の種類であることは、まったく定かではなかった。こうした進化樹が曖昧だったのは情報が不足していたからばかりではなく、考え方が曖昧だったことも反映している。当時の進化関連の論文や書籍を読むと、厳密にはどの爬虫類が鳥類に最も近いかといった疑問について、あまり頻繁に考えていなかったという印象を受ける。それとは対照的に、ヘニッヒの分岐図は明確そのもので（いかにもドイツ人らしく、と言いたくなる）、それぞれの種の系統あるいはそれより上位の分類群が一本の線で表され、分岐図を形成するほかの線と特定の箇所で合流している*（図2・2参照）。

ブランディンの言葉で言い表された分岐学の論理（彼はヘニッヒの考え方をヘニッヒ本人よりも明快に説明することが多かった）に魅了された人は多数おり、ネルソンもまたたちまち心を奪われた（私自身も一九八〇年代初期に、兄のケヴィンに感化されて分岐学に「宗旨替え」した。兄も進化生物学者で、当時は「分岐学の熱狂的な支持者」だった。この「改宗」は、目から鱗が落ちるような科学的経験のうちでも指折りのものとして記憶に残っている）。とはいえブランディンは、進化上の関係を解明する分岐学の方法を提示しただけではなく、ヘニッヒに倣って分岐図を使って生物地理学史についての推論も行なった。ダーウィン以前にさえ、人々は生物の地理的分布を説明するうえで、「関係」（進化論以前にこの用語が何を指していたにせよ）が重要であることを直観的に理解していた。ある意味では、関係について何か知っていないか

* 当時の伝統的な進化分類学は、見当違いのことの多い祖先探しや、進歩の物差しの上に当然ながら人間を最上位として生物を配した生命の階層の概念にも関心を向けていた。たとえば、図2・1のさまざまなグループの配置に注目してほしい。木の幹のようなものが魚類から両生類と爬虫類を経て、進化の極みと思われていた鳥類と哺乳類へと続いている。分岐学の支持者はいみじくもこうした概念を退け、それに代わって生命の多様性に対するより客観的な見方を導入した。

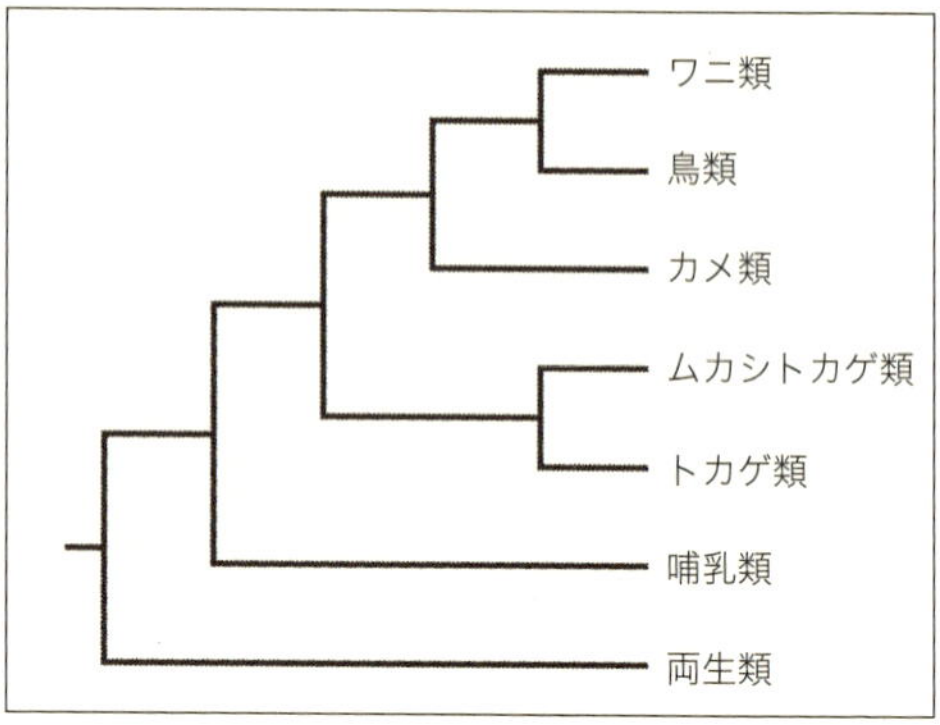

2.2　進化に関する明確性．四足類の脊椎動物の分岐図．異なるグループ間の厳密な関係が示されている．

ぎり、解決するべき問題があることすらわからない。たとえば、Aという種がハワイ諸島に生息しており、Bという種がカリフォルニア州に生息しているという事実からは、AがBとかなり近縁であると気づいたときに初めて興味深い疑問が湧いてくる（ハワイとカリフォルニアの両方にネオマキリス（*Neomachilis*）という属の総尾目の昆虫が生息している事実は、何かを意味しているかもしれない。一方、ハワイ諸島にはショウジョウバエが、カリフォルニア州にはコンドルが、それぞれ生息しているという事実にはとくに意味はない）。ダーウィン革命が起こると、生物地理学的疑問の本質がより明快に認識されるようになった。AがBと同じ緊密な進化上のグループに属しているなら、問うべきは、「これら二つの種の祖先はどこに生息していたのか（カリフォルニアか、ハワイ諸島か、その両方か、あるいは、そのどちらでもないのか）、そして、進化の過程で、どのようにして一方の種が一方の地域に、もう一方の種がもう一方の地域に行き着いたのか」だ。多くの場合、関係にかかわる面はそれ以上はあまり進展せず、生物地理学的な解釈は、（議論の余地のあることが多い）他の種類の証拠や仮定に基づいていた。先ほどの近縁種AとBを含む仮想のグループの場合であれば、大陸の種は海洋島に進出しうるが、その逆はありえないという、完全無欠とは言いがたい仮定に基づいて、そのグループはカリフォルニアで誕生し、のちにハワイ諸島に分散したという結論になるかもしれない。

ヘニッヒが鋭かったのは、関係についての正確な知識（進化上の分岐パターンを正確に記した分岐図）を持っていれば、地理的分布の説明の仕方に大きな影響が出うることに気づいた点だ。今振り返れば、彼の方法のうちには完全に正しいとは言えないものもあり、残念ながらブランディンもヘニッヒの足跡を忠実にたどって同じ誤りを犯している。だが、全般的な考え方は正しかったし、今なお生き物の地理的歴史を理解する核でありつづけている。歴史生物地理学に携わるには、異なる種が互いにどう関係しているかを知る必要があり、その知識は正確なほど良い。

分岐学と生物地理学のあいだにはつながりがあるというこの重大な見識を、ネルソンはブランディンから受け継いだ。ネルソンはブランディンの論文でユスリカの分岐図を目にした。それぞれの分類群が、それが見つかった地域（南アメリカ大陸南部、ニュージーランド、オーストラリア大陸、アフリカ大陸南部）と線で結ばれていた。門外漢には、こうした図はわけのわからない電気配線図か何かのように見えるが、ブランディンはそこに明らかなパターンを見出していた。第一に、そのパターンは三つの要素からなっていた。第一に、ニュージーランドで見つかるユスリカのグループはどれも、南アメリカ大陸のグループか、南アメリカ大陸とオーストラリア大陸を合わせたグループと、最も近縁だった。第二に、オーストラリア大陸のグループはた

2.3　分断生物地理学「革命」の2人の立役者，ラーズ・ブランディン（左）とゲーリー・ネルソン．1988年，ストックホルムにて．ネルソンは，ユスリカに関するブランディンの論文を読んで「宗旨替え」した．クリストファー・J. ハンフリーズ撮影．

いていた、南アメリカ大陸のより大きなグループに含まれていた。第三の要素は、じつは第一と第二の要素から導かれる当然の結果だが、それ自体を強調しておく価値がある。オーストラリア大陸とニュージーランドのユスリカは、けっして互いに最も近い仲間ではなかった、というのがそれだ。

従来の「不動大陸」分散説の視点に立つと、このパターンは道理にかなっていなかった。もしユスリカが海洋を越えてさまざまな地域に広がったのなら、ニュージーランドとオーストラリア大陸（非常に近接した二つの陸塊）に生息する分類群は、たいがい互いに最も近い仲間であろうと予想される。ところがこれらのグループは、いつもきまって南アメリカ大陸のグループとつながっていた。言い換えれば、ユスリカは非常に具体的な意味で、南極大陸を挟んだ関係をほんとうに示しているようだったのだ。だが、ユスリカが生息する陸塊は一つとして南極大陸とつながっていないので、このパターンはいったいどうして生じたのか？　過去のある時点で、これらの地域が南極大陸を介してみなつながっており、たとえば南アメリカ大陸南部からニュージーランドへというように、ユスリカが簡単に移動できたということがありうるだろうか？　ブランディンによれば、それはありうるばかりか、最新の地質学的証拠が示していることにほかならなかった。

海洋の底から

本書で地質学についての話を中断した段階では、アルフレート・ヴェーゲナーはグリーンランドの氷の中に埋もれて横たわり（凍りついた彼の遺骸の下の大地は、今では彼が亡くなったときから一、二メートル、ヨーロッパから遠ざかっている）、大陸移動説は裏づけとなる仕組みを欠いていた。ヴェーゲナーは、遠心力と潮汐力によって、大陸が巨大な砕氷船のように海底の岩盤を押し分けて進んでいるのではないかと主張したが、そのような考えを信じる人はほとんどいなかったし、それももっともだった。それでもなお、大陸が何らかの原因で移動したという有力な証拠があり、その証拠のおかげでヴェーゲナーの説には、一九三〇年代、四〇年代、五〇年代を通して擁護者が絶えなかった。

そうした擁護者の一人がイギリスの地質学者アーサー・ホームズで、地球の歴史はわずか一億年ほどでしかないと多くの地質学者が考えていた時代にあって、彼は地球は誕生以来少なくとも数十億年を経ていることを示す放射性年代測定法の研究でとくに有名だった。[8] ホームズは放射能に興味があったので、地球のマントル内での放射性崩壊が液状マグマの大規模な動きを伴う対流を起こすという説を提唱するようになった。液体が下から徐々に熱せられると温度勾配が生まれるが、全体として液体そのものは動きはしない。ところがさらに加熱されつづけると、ある時点で臨界を超え、液体は循環を始める。高温の液体が底から浮かび上がり、冷めるにつれて今度は下降するのだ。放射性崩壊で発生する熱を原動力とするマントル内のそのような対流が、大陸移動の仕組みを提供しうることにホームズは気づいた。彼は、最も高温のマグマが大陸の下で上昇し、地殻に到達すると二手に分かれて水平にゆっくり動き、それに伴って大陸地殻を引き裂くところを想像した。二つに割れた大陸はそのあと、ベルトコンベヤーに載った箱のように、マントルの流れに運ばれて互いに離れていく。大陸が海底を押し分けて進まなければならないという問題は、下降するマグマが海洋地殻をいっしょに下へ引きずり込んで場所を空け、そこへ大陸が乗り上げると考えれば回避できた。

「マントル対流」という言葉に見覚えがあるとすれば、それは今日の地質学者の大半が、大陸移動の原動力に関してホームズは正しかったと信じているからだ。ホームズの説には、間違っているのが明らかになった点がいくつかある。たとえば、じつはマグマは新たな海洋底を生み出すことが今では知られているが、ホームズはそれを想定していなかったし、対流は一般に赤道付近で上昇し、両極で沈降すると考えていたが、これは事実に反する。とはいえ当時の知識を考えると、彼が提唱した大陸移動の仕組みは筋が通っていた。ヴェーゲナーのものと違い、彼の提示した仕組みには、実際に大陸を動かすだけの力がありそうに見えたし、大陸を形成している比較的軽い物質が、海洋底の高密度の玄武岩を押し分けていくという筋書きを必要としなかった。

ホームズは自説を一九二八年に初めて発表し、その後、一九四四年に刊行した『一般地質学』という教科書に、そのほんの一部として取り込んだ。[9] 彼は放射性年代測定の研究のおかげで地質学者としてすでに名を成しており、この教科書はこの分野の言わば定番となった。だが、マントル対流説はたいした影響を及ぼさなかった。妥当ではあったものの、それが正しいことを示す証拠はほとんどなかったので、ろくな手がかりもないままほかの地質学者たちが斬新な説を信じるはずもなかった。同じ理由からだろうか、ホームズも自分を納得させるのにさえ手を焼いていた。対流説の最初の論文がお目見えしてから二五年後の一九五三年、彼は次のように認めている。「私は大陸移動に対する執拗な偏見から自らを解き放つことに、今なお成功できずにいる[10]」

ホームズの教科書が出版された一九四四年、ハリー・ヘスは太平洋にいた。[11] プリンストン大学の地質学者のヘスは、戦争の数年前、海軍の潜水艦の使用を必要とする小アンティル諸島での重力記録収集を助けるために、海軍の予備役将校になっていた。その結果、真珠湾攻撃の翌日に召集され、やがて輸送船ケープ・ジョンソン号に乗り組み、マリアナ諸島、フィリピン諸島、アドミラルティ諸島、グアム島、カロリン諸島を回る、平時ならダーウィンやウォレスも心惹かれただろう巡回航路をたどることになった。

ヘスは戦時中にさえ地質学のことを忘れなかった。上陸した折に自由時間があると岩石を採集した。船の上では、ファゾメーター（海岸に上陸するのを助けるのに使う音響測深装置）の担当だったので、船がはるか沖合に出ているときにさえ、ほとんどの時間この装置を作動させておいた。そうすることで、海洋底の地形について大量のデータを収集できた。ケープ・ジョンソン号が日本軍の飛行機の攻撃や友軍の誤射・誤爆をかわしていた硫黄島から、彼は教え子の一人に収集した測深データについて手紙を書いた。「十数か所で海淵を横断し、硫黄島からパラオ諸島まで海淵のおおよその走り具合がつかめた。ミンダナオ海淵でも四か所を横断するかたちで測深した。海図の空白をそうとう埋めることができた[12]」

測深の結果、一つ目立っていたのは、孤立した海山の多さだ。ヘスはこれらの水面下の死火山を、一九世紀のプリンストン大学の地理学者アーノルド・ギヨーにちなんで、「ギヨー」と名づけた。こうした海山は、やがて重要であることが判明するのだが、ヘスにはまだその理由が見えていなかった。彼もダーウィン同様、長い航海から戻ったときには興味深い観察結果はいくつか携えていたものの、それを網羅するような大理論は持ち合わせていなかった。だが今や、ヘスの心は深海へ、海洋底へと向いていた。

それこそ目を向けるべき場所であり、ほどなく、それに目を向けるのにふさわしい時が巡ってくる。一九五〇年代には、地形ばかりでなく、磁気や地震や熱流の特性といった、海洋底の性質についての新しい情報が爆発的に増えた[13]。世界の全海洋を走り抜ける、総延長八万キロメートル近いおおむね連続した水面下の山脈ネットワークがあることが、大量の測深記録から最終的に明らかになった。北極海から南アメリカ大陸南端に相当する緯度まで大西洋の中央にくねくねと連なる山脈がとくに詳しく研究され、意外な特性をいくつか持っていることがわかった。この大西洋中央海嶺の中央には谷が走っており、海を縦断するかたちで端から端まで地球の表面が裂けていることを示唆していた。少なくとも一部の人は、それが正しいという印象を深めた。それは、この山脈の走る地域の地殻が著しく薄いことを地震の記録が示しており、また、その地殻は熱流量が際立って大きいことを温度の測定値が示していたからだ。この海嶺に沿ってマグマが地表に昇ってきているようだった。ほかにも奇妙な観察結果があった。海の中では非常に古く見えるものが何一つないという結果だ。地質学者が深海や海洋島、ヘスのギヨーから岩石や岩石中の化石の標本を採取すると、それらはきまって白亜紀以降のものだった。

一九六〇年までにヘスは、すべての事実をまとめ合わせ、新しい理論を概説する論文を書き上げていた。「海盆の歴史」と題するこの論文は、しばらく日の目を見ることがなく、一九六二年にやっと発表された[14]。この論文は、マントル対流というホームズの考えを発展させ、海洋底についての新しい情報を取り込み、今日の学生なら現代的な地質学的世界観の一部として容易に認識できる、海洋底拡大説を展開する内容だった。ヘスはホームズに倣い、マグマは対流によってマントルの深いところから地殻へ、そしてまたマントルの深みへという巨大な周回経路に沿って動いていると述べたが、新たな観察結果のおかげで、ヘスはこの理論に肉づけすることができた。海洋中央海嶺は、マグマの「セル」がマントルから上昇してくる場所だった。そこからマグマは海嶺の両側へと冷めながら広がっていき、新しい海底となり、大陸を引き離す。大西洋中央海嶺の両側における南アメリカ大陸とアフリカ大陸の動きがそれだ。新しい海底が大陸と出合うと、(後方で上昇してくるマグマの力によって)海底は下向きに押しやられ、マントルの中へと戻っていく(言い換えれば、「沈み込む」わけだ。もっともヘスはその言葉は使わなかったが)。

ヘスはヴェーゲナーとは違い、大胆で遠慮のない学者ではなく、「海盆の歴史」の中では慎重な言葉遣いをすることがあった。冒頭の段落では、「私は本論文を、地質詩《ジオポエトリー》のエッセイと考えるつもりである」[15]と、卑下するかのように書いている。それでも、彼は自分が重大なことに気づいているのを承知していた。あとのほうの部分では、推量として始まったものが、文を重ねるうちに断定に変わっていく。「もしそれ「マントル対流」が受け入れられたなら、かなり妥当な筋書きが構築でき、それによって海盆と、海盆の中の海域の発達を記述できる。従来は関連づけられていなかった多数の事実がうまくまとまり、整然としたパターンを織り成すのだから、申し分のない理論が順調に確立されつつあるということだろう[16]」。ヘスはすでにその「妥当な理論」を構築したのであり、その理論は現に、「従来は関連づけられていなかった多数の事実」を説明できた。どうして深海には古い岩石がないのか？　なぜなら、海洋底は生成と破壊の巨大な循環の一部であり、ほんとうに古い海洋地殻は、その循環の「ベルトコンベヤー」に載って地球のマントルへと戻って久しいからだ。どうして海洋底の堆積物の層は、数十億年に及ぶ浸蝕作用と堆積作用から予想されるものとはまったく違い、比較的薄いのか、また、どうして中央海嶺で最も薄いのか？　これまたなぜなら、海洋底はどこでもあまり古くなく、広がりつつある中央海嶺の部分では、地質学的に言って真新しいからだ。どうして太平洋をぐるっと取り囲むようにして、火山の環があるのか？　なぜなら、マントルの中へ押し込まれる海洋地殻は溶けてマグマになり、時折それが地表に戻ってくるからだ。どうして海嶺は大洋の中央に走っていることが多いのか？　なぜなら、海嶺のところで形成される新しい地殻は、両方向に均等に移動していくからだ。

海洋底拡大説を使えば、ヘスのギヨーも説明できた[17]。ただし、彼の一九六二年の論文の行間を読まなければ、これは十分には理解できない。ギヨーは中央海嶺で形成される、海面上に頂上を出した火山として始まる。やがて火山活動がやみ、それ以上高さを増さなくなり、突き出た頂が浸蝕作用で平らになる。ギヨーは誕生した場所から「ベルトコンベヤー」に載って海嶺を離れ、地殻が冷めて沈み込むにつれて、いっしょに沈んでいく。だから、こうした火山が多数形成されたときには頂上が平らな一連の海山ができ、海洋底拡大の中央部から最も離れた山が最も深くに沈んでいる。海洋底拡大説がなければ、ギヨーは未解明の不思議な現象でしかない。だが、この説を使えば途端に説明がつき、こうしてまた巨大なパズルのピースが一つ、収まるべき場所にぴたりと収まる。

生物地理学にとって決定的に重大なのは、ヘスがホームズらの研究を発展させ、陸塊がどのようにして互いに離れていけるのかという問題を基本的に解決した点だ。ヘスは論文ではヴェーゲナーについて一言も触れていないが、ヴェーゲナーが提唱した問題含みの移動の仕組み（あるいは、ことによると、それらの仕組みに対する人々の反応）が、ヘスの頭にあったことは明らかだ。その視点に立つと、カギは、移動する大陸の先端で何が起こるか、だ。大陸地殻が海洋地殻に出合ったとき、密度が高い後者は、マントルに向かって押し下げられる。大陸と大陸が出合うと、二枚の敷物が押し合わされたときのように、地殻は褶曲《しゅうきょく》する。インドがアジア大陸と衝突してヒマラヤ山脈ができたときがそうだ。ホームズ同様、ヘスも海洋底の高密な火山岩を大陸が押し分けて進むなどという信じがたい筋書きは考えなかった。そして、ヘスは念のためにその事実に一度ならず触れ、ヴェーゲナーから距離を置いた。

ヘスの海洋底拡大説は、私たちが今日「プレートテクトニクス」と呼ぶものの基礎となっている。それぞれのプレートは、地殻とマントル上層部の一地域で、それが一塊となって移動する。たとえば、「南アメリカプレート」というプレートがあり、東側は大西洋中央海嶺、西側はアメリカ大陸の太平洋岸を境界とし、西側ではナスカプレートが下に沈み込んでいる。プレートテクトニクスという理論はヘスによって仕上げられたわけでは断じてない（そして、今日でもなお、完成したとはとても言えない）。それでも、ヘスは建物全体を建てなかったにせよ、少なくとも土台を築き、壁を二つ三つ作ったことは確かだ。

大陸移動の妥当な仕組みをついに提供し、海洋底に関する奇妙な新事実の多くを説明したこの新しい説を、地質学者たちは我先に受け入れたと思う向きもあるかもしれない。だが、現実は違った。ヘスはヴェーゲナーのような自己陶酔した夢想家とは考えられなかったが、彼の説は少なくともしばらくは、たいがいあっさり無視された。[18] とはいえ、「海盆の歴史」は、不動の大陸と海洋という古い見方が、それが最も深く根づいていたアメリカにおいてさえ老朽化しつつあることの徴候だった。次々に積み重なっていく情報の重みに耐えかね、古い建物は崩れ落ちようとしていた。

ヘスの論文が発表されたあと、何が起こったかについてはさまざまな説があるが、ここではそのうちの一つ、教科書に出てくるような説を紹介しよう。[19] 一九六二年、ケンブリッジ大学の大学院で学びだしたばかりのフレッド・ヴァインが海洋底拡大に興味を持ち（一つには、ヘスがそれについて講演するのを聞いたから）[20]、ヘスの説と、海洋底の磁気的特性に関するいくつかの新しいデータとのつながりを探しはじめた。具体的には、ヴァインと指導教官のドラモンド・マシューズが調べていたのは、大西洋とインド洋の海嶺の両側に見られる、特異な磁気パターンだった。

マグマが冷めるときに、中の、鉄を含む粒子が地球の磁場に沿って並ぶ。ところが奇妙なことに、一部の火山岩の中では、粒子が現在の磁場とは逆方向に並んでおり、磁場の向きが地球の歴史を通して何度も逆転してきたことがうかがわれる。ヴァインとマシューズが調べていた記録では、中央海嶺の岩石は、現在の磁場と同じ方向性を持っていたが、海嶺のすぐ両側には、逆の方向性を持つ岩石の地域があり、さらにその外側には、現在と同じ方向性の岩石がまたもや見つかる。もし海洋底が海嶺で形成され、それから両側へ移動しているのなら、これこそまさに予想されるパターンであることに、ヴァインとマシューズは気づいた。海嶺の頂上の岩石は最近固まったばかりだから、現在の磁場の方向性を示しており、その一方で、海嶺から遠ざかるにしたがって逆転を繰り返す磁性の方向は、さらに古い岩石の形成と、時の経過に伴う磁場の方向の逆転を記録しているのだ。ヴァインとマシューズはこの発見を一九六三年に『ネイチャー』誌に発表し、見事な洞察力をもって、海洋底拡大が現実のものであることを鮮やかに実証した。*ここにきてようやく、地質学者たちは一斉に宗旨替えし、プレートテクトニクスを信奉するようになった。

私の知るかぎり、この教科書版の説はほぼ正しい。唯一の例外は、地質学者の大規模な宗旨替えがまだその時点では起こらなかった点だ。ヴァインはずっと後年のインタビューで、この論文がどう受け止められたかについて次のように語っている。「典型的な失敗でした。……それはいくら強調しても足りないほどです[21]」。彼は反応が否定的だった一因を、海嶺付近の左右対称のパターンが、案外明白ではなかった事実に帰した。ヴァインは、彼とマシューズが当時は広く受け入れられていなかった二つの主張に頼っていたことにも気づいた。すなわち、時の経過とともに地球の磁場が逆転するという主張と、磁場の方向は海洋底の岩石の中に読み取れるという主張だ。人々がこの二つの主張を信じていなければ、そこからヴァインとマシューズが引き出した斬新な結論を信じてもらえるはずもなかった[22]。

それでも、大規模な宗旨替えはほどなく起こることになる[23]。数年のうちに、海洋底と地上の溶岩流から得られたおびただしい新データによって、ヴァインとマシューズの論文の基盤の一つである、地球の磁場の逆転という考え方が正しいことが立証されたのだ。いくつかの中央海嶺一帯の、以前よりはるかに充実した磁気記録が発表され、目を見張るような縞模様の図によって、岩の帯が現在の磁場の方向とその逆を交互に繰り返すことが示された。海嶺の両側のパターンは、鏡像のように瓜二つだった。また、この理論から（サンアンドレアス断層での太平洋プレートと北アメリカプレートのように）構造プレートどうしがすれちがっているはずだと予測される場所では、地震学的研究によってまさにその種の動きが明らかになった。ハワイ諸島とそこから北西に延びている海山群のような海洋火山の連なりの形成は、ホットスポット（同じ場所でマントルからマグマが上昇しつづけている地域）の上をプレートが動いていくと考えれば、きれいに説明できた。

もしヴェーゲナーが生きていたら（当時、八〇代なかばになっていたはずだ）、二つの新たな進展を目にしてとりわけ喜んだだろう。一つは、球体表面上の固いプレートの動きを対象とする数学の定理に基づいてコンピューターでシミュレーションを行なうと、大西洋に接する諸大陸が

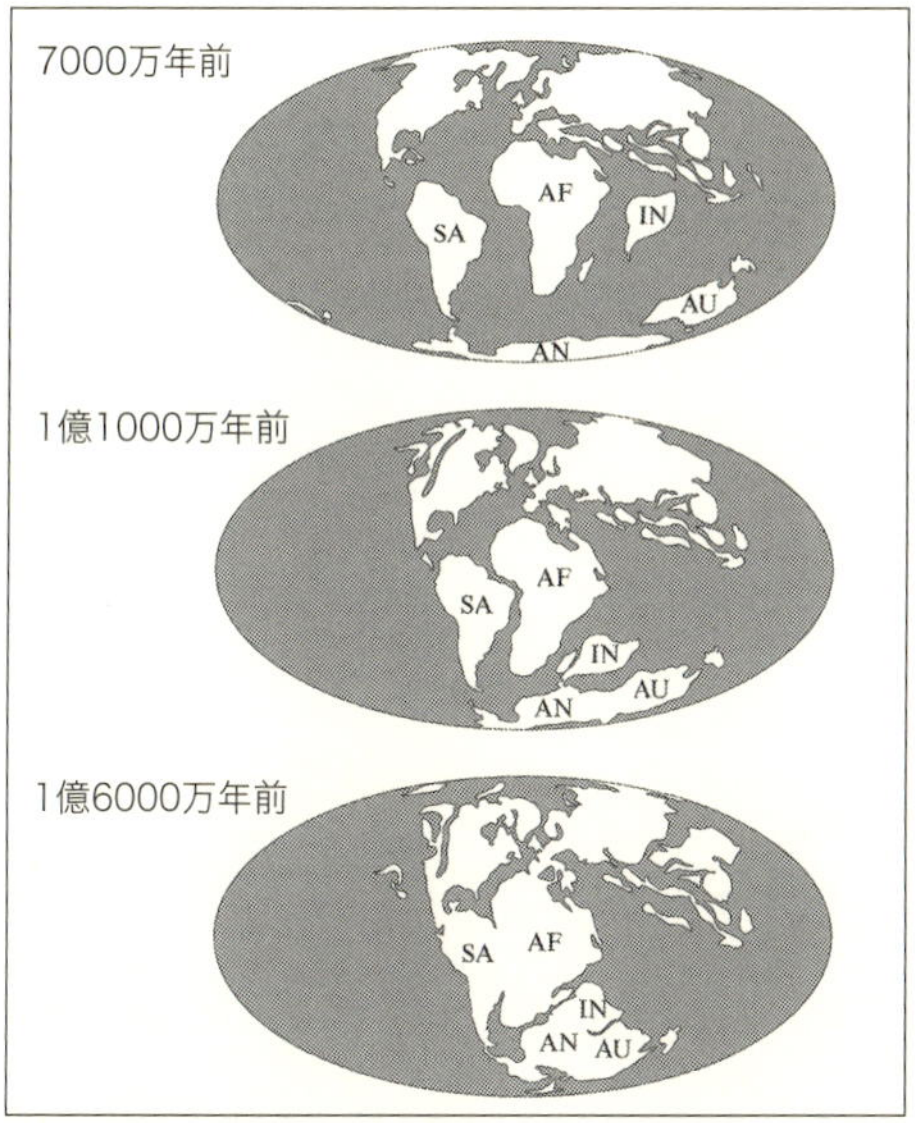

2.4　名誉を回復したヴェーゲナー．ゴンドワナ大陸の分裂に着目した地球の復元図．AF＝アフリカ大陸，AN＝南極大陸，AU＝オーストラリア大陸，IN＝インド，SA＝南アメリカ大陸．Scotese (2004) を複写・修正したもの．

＊　ローレンス・モーリーという名のカナダの地質学者は、太平洋北東部の磁気の証拠を眺めていて、ヴァインとマシューズと同じ結論に独自に至った。ところが、彼の論文は二つの科学雑誌に掲載を認められず、ヴァインとマシューズの論文が発表された翌年の一九六四年まで、彼は自分の考えを刊行できなかった。とはいえ、磁気のデータと海洋底拡大の結びつきは、今ではたいてい「ヴァイン＝マシューズ＝モーリー」仮説と呼ばれる（Lawrence 2002）。

ぴったり合わさったことだ。その合わさり具合は見事なもので、ヴェーゲナーがわが目に頼って復元したパンゲアと驚くほど近かった。もう一つは、放射性年代測定法で岩石の古さを測定して見つかった類似性に基づき、新たにコンピューターで作った地図を基盤とし、北アメリカ大陸とヨーロッパ大陸の岩層の連続性を調べる研究だった。その研究の結果、大西洋の両側の岩層に、著しい整合性が確認された。ヴェーゲナーの「行」の整合という主張があらためて裏づけられたのだった。

一九六六年一一月、ニューヨーク市で大陸移動に関するシンポジウムが開かれ、北アメリカで多大な影響力を振るう地質学者の大半が出席した。二日にわたる会合が終わるころには、この新しい理論が懐疑的な人々の気を変えさせたことは明らかだった。海洋底拡大と大陸移動への反論を要約するはずだった学者が所用で会場を離れざるをえなくなったときに、わざわざその代役を買って出る人はいなかった。ヴェーゲナーの著書の刊行から五〇年以上、マントル内の対流に関するホームズの論文の発表からほぼ四〇年、そしてヘスの「海盆の歴史」の発表から四年を経て、証拠の重みのせいでついに旧来の建物が崩れ、新しい建物が姿を見せたのだった。

プレートテクトニクスと大陸移動の正しさが実証されるまでの話を長々と述べてきたことは自分でも認める。それは一つには、その話が好きだからであり、とりわけハリー・ヘスには共感を覚えるからだ。彼はずば抜けた才能を持ちながら謙虚な学者という稀有《けう》の存在だったように見える（あいにく、大酒飲みでヘビースモーカーという、あまり珍しくもない人物でもあり、一九六九年に心臓発作で亡くなっている。[24]まだ六三歳だった。とはいえヴェーゲナーとは違い、少なくとも、自分の理論が広く受け入れられるのを見届けるまでは生き長らえた)。プレートテクトニクスは地球規模の分断の仕組みを提供したのだから、分断分布革命にとっても不可欠の要因であることは明らかだ。だがこれら二点に加えて、大陸移動の概念に対して延々と続いた抵抗には一つのメッセージがあり、それはこれから本書で何度も取り上げることになる。そのメッセージとは、科学における理論は、証拠を非常にうまく説明できるように思えるものであっても、あっさり受け入れられるわけではないというものだ。教科書に出てくるような科学の発展の過程は、ほぼ例外なく誤解を招く。無視されたり、あからさまに退けられたり、嘲笑われたりさえしたものの、あとから振り返れば(少なくとも現時点での理解に照らして)完全に正しかったということはよくある。しかもこれはガリレオやコペルニクスだけではなく、二〇世紀と二一世紀の科学にも当てはまる。大陸移動の場合には、ヴェーゲナー、ホームズ、ヘス、ヴァイン、マシューズはみな、今や私たちが基本的に正しくきわめて重要だと認めている理論と証拠の、一方あるいは両方を提示したにもかかわらず、彼らの研究は無視されるか、マシューズと共著の論文についてヴァインが言ったように、「失敗」に終わるかだった。あとで見るように、海洋分散の概念も同じような拒絶と嘲笑の歴史を経てきた。とくに、過去数十年間は。長距離分散について言われてきたこと(そして、あいかわらず言われていること)のいくつかを評するのに、じつは「嘲笑」という単語はどちらかというと生ぬるすぎるほどだ。

新ニューヨーク学派

ラーズ・ブランディンがユスリカの論文を執筆していたとき、プレートテクトニクスはまだ広く受け入れられていなかった。ホームズとヘスは自らの理論をすでに発表していたが、明確な縞模様を成す、磁気の方向を表した図などの証拠は、ようやく出てきはじめたところだった。とはいえブランディンは、新しい考え方を恐れるような人間ではなかった。彼は、自分がユスリカで目にしている系統発生のパターンを大陸移動で説明できることに気づいた。いやそれどころか、そうしたパターンはほとんど大陸移動でしか説明できないことに気づいた。彼がヨーロッパ出身だったこともおそらく幸いしたのだろう。この地質学の新理論は、ヨーロッパではアメリカでよりも急速に勢いを増しはじめていたからだ。

陸塊の過去の位置をプレートテクトニクスに基づいて推定した復元図では、中生代にはニュージーランドとオーストラリア大陸はともに、南極大陸の一部を介して南アメリカ大陸とつながっていた。ブランディンのユスリカが南極大陸を挟んだ関係を見せる理由の説明にとって、それがカギだった。南極大陸はゴンドワナ大陸南部の中央に位置し、したがってニュージーランドやオーストラリア大陸、南アメリカ大陸と、生物相のかなりの部分を共有しており、どうやらユスリカもそれに含まれていたらしい。大陸移動によって陸地の接続がなくなり、南極大陸がユスリカのほとんどいない孤立した氷の塊に変わったとき、この小さなハエ目の昆虫は依然としてニュージーランドとオーストラリア大陸と南アメリカ大陸に残っていた。それだけではない。西南極大陸〔南極大陸のうち、南極横断山地の西側の部分。東側が東南極大陸〕を介したニュージーランドと南アメリカ大陸のつながりは、東南極大陸を介したオーストラリア大陸と南アメリカ大陸のつながりよりもはるか以前に断たれていた。だとすれば、ニュージーランドと南アメリカ大陸とオーストラリア大陸のユスリカを含む分岐図では、地質学的な分裂の順序を反映して、ニュージーランドのユスリカが最初に枝分かれすると予想される（図2・5参照）。分岐学の言葉を使えば、ニュージーランドのユスリカは、南アメリカ大陸とオーストラリア大陸のユスリカの両方を含むグループの姉妹群ということになる。そして、ブランディンはまさにそのとおりであることを発見した。しかも、一度だけではなく、ユスリカの異なる下位グループで何度も何度も。この積み重ねは重要だった。なぜなら、一度だけ見られるパターンは、たとえゴンドワナ大陸の分断の歴史と符合していたとしても、偶然の一致かもしれないし、長距離分散で依然として説明可能かもしれなかったからだ。だが、ユスリカが示したパターンはあまりに頻繁で一貫していたので、そのような説明は筋が通らなかった。

現代の分断生物地理学で初めて、ブランディンはほんとうに見事な研究をやってのけた。その太古の陸のつながりは現に存在して、見出されるのを待っていたのであり、ブランディンは厖大な数のユスリカのさなぎの特徴を辛抱強く眺め、そこから分岐図を作成し、そのような陸のつながりを明らかにするパター

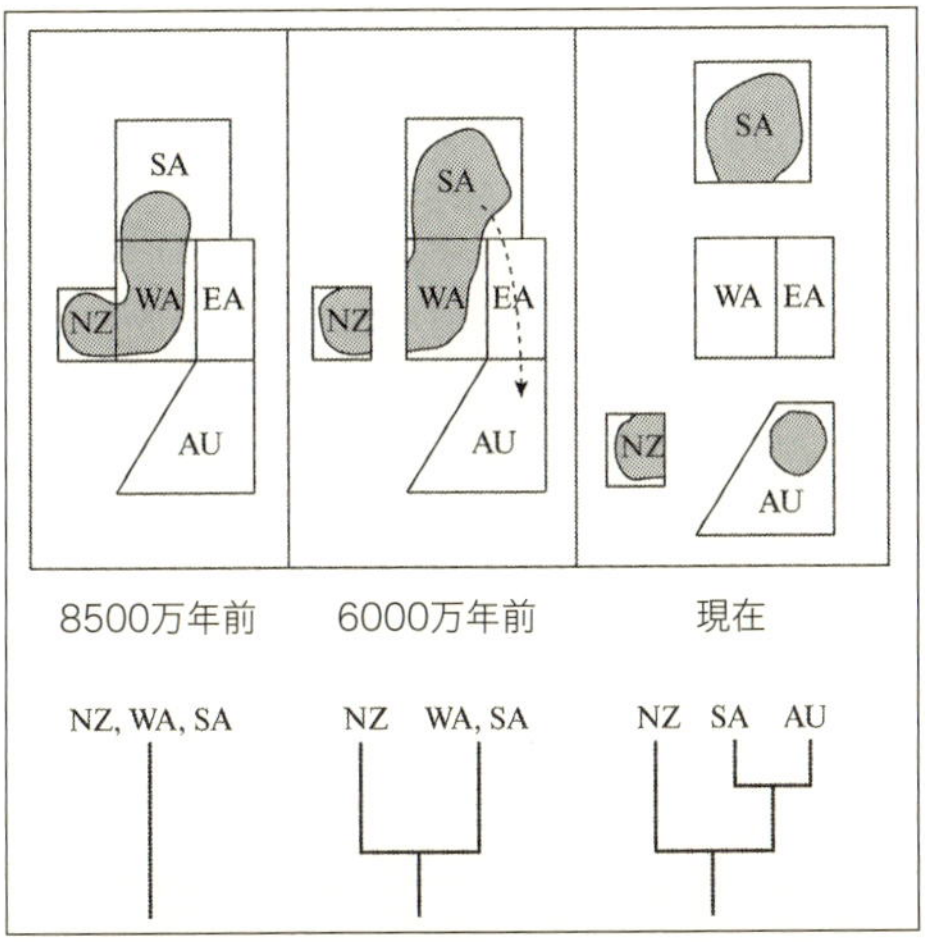

2.5　分断分布説と分岐学の出合い．ユスリカの地理的歴史に関するラーズ・ブランディンの筋書き．上段：ニュージーランド（NZ），オーストラリア大陸（AU），西南極大陸（WA），東南極大陸（EA），南アメリカ大陸（SA）の分裂という状況下での，あるユスリカのグループの分布の経時変化．当初このユスリカは，ニュージーランド，西南極大陸，南アメリカ大陸に広く分布していた．その後ニュージーランドがほかの陸塊から分裂し，さらにそのあと，南アメリカ大陸のユスリカが通常のありふれた分散（矢印の経路）でオーストラリア大陸に進出した．現在では，気候が厳しいために南極大陸にはユスリカがいないが，今やはるかに隔たり合うニュージーランドと南アメリカ大陸とオーストラリア大陸には生息している．下段：このグループの歴史における上段の3段階における進化樹．ブランディンの筋書きでは，長距離の海上分散は必要なく，通常の分散と，地殻変動による陸塊の分離を組み合わせれば済むことに注意．

ンを見つけたのだった。彼は、ユスリカの南極大陸を挟んだ関係がゴンドワナ大陸南部の分断で説明できることを示した。そのうえ、「広大な海洋を越える偶発的分散のほんのわずかな証拠」さえ見つけられ「なかった」[25]。具体的には、ニュージーランドとオーストラリア大陸の分類群はけっして姉妹群ではないので、両者を隔てるタスマン海を越えて、一方の地域のユスリカがもう一方の地域へと進出したことを示すものは何もなかった。

ブランディンは、自分が感化した一部の生物地理学者とは違い、長距離分散はけっして起こらないとも、研究することが不可能だとも思っていなかった。たとえば彼はこう書いている。「強風やハリケーン、竜巻の運搬能力はたいしたもので、小さな昆虫は空気の助けで広大な海洋を渡れることは……誰も否定しない[26]」。とはいえ彼は、ジョージ・ゲイロード・シンプソンやエルンスト・マイヤー、P・J・ダーリントンのような「ニューヨーク学派」の分散説支持者のアプローチは曖昧で見当違いだと考え、厳しく批判した。彼らは系統学的関係に無知である、つまり分岐図の作成の仕方を理解しておらず、分岐図作成が生物地理学史を理解するカギであることにも気づいていないとして、激しく責めた。大陸と海盆の位置は不動である、あるいは、もし大陸移動が起こったとしたら、それはあまりに昔のことなので、現代の生物のグループには関係ないといった思い込みにしがみついていると、彼らを叱責した。そして、偶発的分散を安直に拠り所とするとして彼らを見下していた。彼は蔑むように書いている。「頭が混乱した数人の生物地理学者が、妊娠したメスがここぞというときに、十分な食べ物と水の蓄えを備えた筏を自由に使えるという発想に慰めと救いを見出した[27]」。このような、ありそうもない発想はご都合主義の気味があり、「自らの不首尾を告白しているに等しい」ようにブランディンには見えた。彼の悪意や軽蔑がページからあふれ出てくる。「前述の［分散説の］アプローチには、非建設的で不毛で皮相的なものがあり、それは物を見る目のある人間の神経を逆撫でする」と彼は書いている。彼自身が強調したのは、系統学によって明らかになる一般的パターンであり、その典型が、地域の分断化によって、すなわち分断分布によって生じるパターンだ。

若きゲーリー・ネルソンにとって、ブランディンの論文を読むのはどのような経験だっただろうかと、私は一生懸命想像している。新しい考えにも心を開く人にとっては、ブランディンの研究には強みがたくさんあった。当時の基準に照らすと、ブランディンがヘニッヒに倣って系統学的な関係の推論に取り組んだのは大きな前進であり、生物地理学史を理解するうえで系統学がカギであるという彼の言葉は明らかに正しかった。ユスリカの場合、その系統学的パターンがゴンドワナ大陸の分裂と繰り返し一致したため、復活した大陸移動説が生物地理学にとってどれほど大きな力を持つかもはっきりした。ネルソンはこうしたことのいっさいに感銘を受けたに違いない。そのうえブランディンの理論全体が過激で、ニューヨーク学派の大御所たちの頬を張るようなものだった。彼らはブランディンが正しく取り組んでいる箇所で、何から何まで間違えているように見えたからだ。ブランディンはそのような侮辱的な態度を明確な主張として書き表してさえいる。「生物地理学には素晴らしい未来がある。だが進歩の速さは、大家たちにしかるべき不信の念を抱けるかどうかに大きく左右される」[28]。反抗的な若きネルソンは、この態度に共感を覚えたことだろう。新風を吹き込む頭脳明晰な人々の主張に賛同するか、それとも、頭が麻痺した体制派にあくまでつき従うか。どちらを選ぶかは、考えるまでもなさそうだ。残念ながら私は若くもなければ、それほど反抗的でもないが、今ブランディンの論文を読むと、あの場に居合わせて、さっさと革命に加われていたならと願いたくなりそうだ。

じつはブランディンは、ネルソンがユスリカの論文を読んだスウェーデン自然史博物館で勤務していたので、ネルソンはほどなくブランディンに会う機会があった。[29]当時ブランディンは五〇代後半で、痩せた、いくぶん厳格そうな人だった。ネルソンが会ってみると礼儀正しく、辛辣な言葉が並ぶ論文から想像されるのとは裏腹に、丁重なほどだった。奇妙にも、ネルソンによれば二人はそのときも、その後出会ったときにも、科学について話らしい話はしなかったそうだ。それでもネルソンは学問上絶大な影響を受け、その効果は以後途絶えることがなかった。しばらく前、私は彼に電子メールを送ったのだが、その後のやりとりの中で、意見を求められもしないのに次のように書いてきた。「もしまだブランディン［つまり、あのユスリカについての論文］の最初の五〇ページを読んでいないのなら、読むことをお勧めします。彼のほうがヘニッヒよりはるかに明快です。そしてヘニッヒとは違い、系統分類学と生物地理学の支配的なパラダイムに対する説得力ある批判を行なっています」（そのメッセージには言外の意味もあったかもしれない。すなわち、私は心得違いをしており、考えを正すためにブランディンを読む必要があるというわけだ。私が偶発的分散を重視しているのをネルソンは知っていたのだから）

今やネルソンの進むべき道は定まった。それは戦いへと向かう道だったと言う人もいるだろう。彼はメイヴンとして、ブランディンの論文から特別な情報を得た。今度は、コネクターとセールスマンへと役割を切り替えることになる。まだ特別研究員であるあいだに彼が最初に足を運んだのは、ロンドン自然史博物館だった。[30]一週間の訪問中、ブランディンのアプローチをほかの三人の魚類学者と話し合った。常勤学芸員のハンフリー・グリーンウッドとコリン・パターソン、そして、アメリカ自然史博物館から訪れていたドン・ローゼンだ。全員が愛煙家だったので、アルコール漬けになっている魚類の標本コレクションに火がついては大変と、建物の外の柱廊に集まっては、タバコを吸いながら話し合った。そのときブランディンを読んでいたのはネルソンだけだったので、彼は最年少でただ一人無名で安定した地位に就いていなかったにもかかわらず、残る三人に分岐学と生物地理学研究に対して分岐学が持つ意味合いを教える役割を果たした。この訪問中に三人をどこまで説得できたかは定かではないが、たとえ彼らに自らブランディンの論文に目を通させただけだったとしても、ネルソンが種を蒔いたことに違いはない。分岐学を受け入れれば、すでに行なった研究の多くが無効になるにもかかわらず、それからほどなく、パターソンとグリーンウッドという名のある学者はそろって分岐学に宗旨替えして耳目を集めた。とくに、堂々たるバリトン（「神の声」と評されてきた）で朗々と講演することで知られているパターソンは、やがて分岐学と分断生物地理学の熱烈な擁護者となる。

アメリカに戻ったネルソンは、ニューヨークのアメリカ自然史博物館の学芸員として勤務しはじめた。皮肉にもそこは、今やブランディンが罵倒している分散説の考え方をウィリアム・ディラー・マシューとジョージ・ゲイロード・シンプソンが広めたときの拠点にほかならない。ネルソンはすぐさま伝道活動を継続した。手始めにドン・ローゼンとの議論を続け、博物館の研究部門の廊下を歩きながら、この新しい同僚に延々と説いた。ほかの職員は、廊下に響きわたる白熱した議論をうるさがってドアを閉ざした。パターソンとグリーンウッド同様、ローゼンも分岐学によって時代遅れにされてしまうであろう研究論文を、すでにいくつも発表していた。だが、それも関係なかった。ローゼンはけっきょく改宗し、ネルソンの学問上の盟友となり、またかけがえのない腹心の友となった。その後数年のうちに、この博物館ではほかにも大勢がそれに倣い、その全員が分岐学の支持者となり、大多数が分岐学と関連した分断生物地理学のアプローチを採用した。そのアプローチは、ヘニッヒとブランディンによって、またネルソンやローゼンらののちの論文によって定義されたものだった。

ブランディンのユスリカの研究からすでにはっきりしていたように、彼らが重大なことに気づいていたのは間違いない。系統学的な関係を的確に使うことの重要性は、生物地理学を研究している学者の大半にたちまち明らかになった――エルンスト・マイヤーのような保守派にさえも（もっともマイヤーは、それをしぶしぶ認めただけであり、こう書いている。「ヘニッヒ流の方法論は、それ以前の論文執筆者による、かなり皮相的なことが多い分析よりも厳密かもしれないが、基本的なアプローチは同じだ」[31]。この点でマイヤーは、新しい理論やアプローチに対するありふれた反応を体現している。もともと自分の側はおおむね正しかったと主張するというのが、それだ）。一九六〇年代末までには、プレートテクトニクスもパラダイムとして地質学の世界で受け入れられており、生き物の分布に大陸移動が影響を与えたことに疑問を差し挟める人は誰もいなくなっていた。ただし、その影響がどれほど広範に及んでいたかについては、依然として議論が絶えなかったが。分散説支持者のP・J・ダーリントンが一九六五年に著書『世界の南端の生物地理学（*Biogeography of the Southern End of the World*）』で提示した大陸移動の評価は、早くも理屈に合わないばかげたものに聞こえた。「したがって私は、ヴェーゲナーを支持するにいたったが、極端な支持者ではない。パンゲアやゴンドワナ大陸のたぐいがかつて存在したとは思えないし、諸大陸の動きは、ヴェーゲナーの支持者のほとんどが想定しているよりも単純で短かったと考えている」[32]。ダーリントンは、諸大陸はつねに今日のように分かれていたものの、今ほど互いに離れていなかったと言いたいようだった。無論、彼は完全に間違っていた。

分断生物地理学がただちに提示できなかったものが一つある。プレートの動き、あるいはその他の作用によってある地域が分断される事象を使い、隔離分布が説明できるという、多数の明快な例だ。たとえば、ネルソンとアメリカ自然史博物館のクモ学者ノーマン・プラトニックが一九八一年に書いた『系統分類学と生物地理学（*Systematics and Biogeography*）』という分厚い本をぱらぱらめくっていると、分断分布の実例の少なさに驚かされる。二人の著者は樹系図を次から次へと並べて、系統図の作成の仕方と、生物地理学研究での系統図の使い方を示すが、多くの断片的分布が分断によって実際に説明できると信じるに足る理由を、ほとんど与えてくれない。

とはいえ、ブランディンによるユスリカの研究以外にも、有力な例はいくつかあった。その一つは、ネルソンの魚類学仲間のドン・ローゼンによるもので、彼は分岐学に宗旨替えする以前から中部アメリカ〔メキシコからパナマまでに、西インド諸島を含めた地域〕でソードテール（ツルギメダカ）などのグッピーの仲間を研究していた。ローゼンはこれらの魚の二つのグループを見ていて、両グループの分岐図からうかがえる地理的な歴史が著しく類似していることを発見した。[33] 具体的には、分岐図の魚の分類群の名前を、それぞれの分類群が見つかった地域の名前に置き換えたとき（つまり、「地域分岐図」として知られるものを作成したとき）、両グループのどちらにとっても、そのパターンはほぼ同じだった。ローゼンは分析をさらに一歩進め、観察された一致の水準が偶然得られる確率を計算すると、それが非常に低いことがわかった。彼が導き出した確率（厳密には、一〇五分の二）は不正確であることがのちに判明したが、彼の主張の全般的な趣旨はほとんどの生物地理学者には妥当に思えた。二つのグループの地域分岐図が類似しているのだから、偶発的分散が起こったのではなく、両グループが生息域の分断化という共通の歴史を持っていると考えられた。偶発的分散が起こっていたら、パターンはもっとでたらめになっていただろう。ただしローゼンの例には穴があった。どのような地質学的事象あるいはその他の事象によってこれらの魚の分布域が分断され、互いに一致する歴史がもたらされたのかがはっきりしないのだ。だが彼は少なくとも、鮮新世《せんしんせい》にメキシコで東西に走る火山地帯（オリサバ山やポポカテペトル山のようなメキシコ屈指の高峰を含む山脈）が誕生したことなど、複数の原因の候補を挙げることができた。魚の地域分岐図の少なくともいくつかの部分が、ハコガメやレッドベリースネークのような、生物学的なつながりがまったくないほかのグループの地域分岐図と合致している事実によって、彼の主張は補強された。分断分布の共通の原因は、多くの生物に同じように作用するはずだからだ。たとえば新しい山脈ができれば、多くの種の個体群がその山脈の両側に隔てられる。ローゼンはまさにそうした作用を目にしているようだった。

やはりネルソンがアメリカ自然史博物館で宗旨替えさせたジョエル・クレイクラフトという名の若い鳥類学者は、ゴンドワナ大陸を象徴するグループである走鳥類（ダチョウやレア、キーウィに代表される、飛べない大型の鳥）の解剖学的構造を調べた[34]。ブランディンのユスリカの場合と同様、クレイクラフトの走鳥類の分岐図は、ゴンドワナ大陸の分裂の順序と一致するように見えた。クレイクラフトは植物と動物の両方の文献もくまなく調べ、系統学的な歴史と大陸の分離とのあいだの明らかな一致を示す事例をほかにいくつも見つけた。説得力のあるものもあれば、それほどでもないものもあった。植物の例のうちには、これまた南半球を象徴するグループであるノトファガス属（*Nothofagus*）のナンキョクブナも含まれており、分岐学による分断分布の考え方が初めて当てはめられていた。走鳥類とナンキョクブナの両方について、分断分布を支持する、より伝統的な種類の主張をすることも可能だった。飛べない大型の鳥や、種子が長距離分散に適さないナンキョクブナのような植物が、自力で海洋を横断できると考える人はほとんどいなかったからだ。こうしたグループは、分散説支持者にとって前々から難問だったが、プレートテクトニクスが受け入れられたので、今やゴンドワナ大陸の分断分布の明白な例のように見えた。

分岐学のアプローチにはきちんとした論理があり、地球規模での一般的な説明ができる見込みがあり、恰好の実例がいくつかあったことは、分断分布生物地理学の台頭に不可欠だったのは間違いないが、そこにはほかにもさまざまな力が働いていた。一つには、人を言わば科学的に魅惑するものがあり、それを体

2.6　チリのノトファガス属のナンキョクブナ．この属の木は，南アメリカ大陸南部，オーストラリア大陸，ニューギニア島，ニュージーランド，ニューカレドニア島に生息しており，それはゴンドワナ大陸の分裂を生き延びた結果とされてきた．著者撮影．

現していたのが、説得力あるセールスマンの役割を果たしたネルソンだった。イェール大学の系統分類学者で進化生物学者のマイケル・ドナヒューは、さまざまなことに手を出しているが、北半球の植物の生物地理学的特性を主に研究している。彼は一九七〇年代には大学院生で、ネルソンとアメリカ自然史博物館の近くの酒場に出かけたことを覚えている。ドナヒューは次のように回想する。「私たちは、ある店にいました。天板がガラスか何かになっているテーブルがあって。……そして彼［ネルソン］が言いました。『どうだろう？　生物地理学っていうのは、こういうことなんじゃないか？　……私がハンマーを手に取って、このガラスのど真ん中を叩くと、ガラスはみんな砕けて、それぞれ別の大陸みたいになる。……どうだ？　そんなふうだったんじゃないだろうか』[35]。砕けたガラスというネルソンのたとえについてどう思うか尋ねると、ドナヒューは答えた。「そうですね、大胆だと思いました。少なくとも、この人は常識に囚われない考え方をすると思いました。そして、それがゲーリー・ネルソンの魅力でした」

ネルソンらの分断生物地理学者は、その大胆さと気さくさで宗旨替えの候補者を感心させる場合もあったが、不遜で威張り散らすこともあった[36]。「賛成しないのなら、反対ということだ。そしてもし反対なら、おまえは愚か者だ」という気配がはっきり感じられた。私は大学院生時代に、あるアメリカ自然史博物館の分岐学支持者の講演を聴いたあと、自分を含めて聴衆全員が叱りつけられたかのように感じた。話しているときの、そしてとくにそのあとの質疑応答の時間の講演者の物腰を見ていると、延々と嘲笑われている気がした。そしてそれは、このときにかぎったこととはとうてい言えなかった。分岐学の分断生物地理学者は面と向かっても、文章でも、(頭は切れるものの)生意気で嫌味な悪童のように思えることがよくあった。もう一つ好例を挙げよう。ネルソンは分岐学の論文の一つをダーウィンやヘニッヒのように科学の先覚者の引用で始めず、スティーヴィー・ワンダーの歌の歌詞を、敵対者たちを見下すあてこすりとして冒頭に持ってきた。「わかりもしないことを信じていたら痛い目に遭う。迷信は当てにならない」[37]

そのような態度にうんざりした人も多かったことは明白で、とくに、嘲笑の的にされた「体制派」の学者たちがそうだ。たとえばダーリントンは分岐学の支持者たちに明らかに腹を立て、ブランディンへの反論の中で、彼らの「基本的態度は、自意識過剰な高慢さに満ちたものだ」[38]と書いている。著名な生物地理学者で、このテーマで数冊の本を出しているジョン・ブリッグズは、いかにも不愉快そうに、分断生物地理学者たちは「会合では大声を上げ、発表を遮る」[39]と述べている。慎みのなさに気分を害した、より伝統的な学者からよく聞かれる苦情だ。その一方で、嘲笑、反体制主義、何でもありの態度は、すでにそちらの方向に傾いている若い学者、主に若い男性の学者には非常に好ましく思えたかもしれない。証明するのは難しいだろうが、分岐学と分岐学的分断生物地理学は、学問上の考えだけでなく、ときには策略に見えることもあるこの過激な好戦性によっても非常に勢いづいたのではないかという気がする。その態度は、大声を上げるのと当てこすりを言うのとに同等に基づいた、効果的な議論の様式となって表れ、また、仲間を募る道具の役割を果たしたかもしれない。「不敬な過激論者に加わり、諸君自身も不敬で過激になろう！　諸君もスティーヴィー・ワンダーの歌詞を使って、年長者たちを嘲り笑うことができる！（ところで、我々に加わらないのなら、我々が諸君を嘲り笑うだろう）」

分岐学／分断生物地理学の陣営全体がどことなく、始末に負えないカルトや知的な犯罪組織のように見えた。合言葉（「共有派生形質」「地域分岐図」「成分分析」など）や、神（ヘニッヒ）、組織幹部（その筆頭がネルソン）までそろっていた。だが、このカルトは急速に成長した。一九八〇年までには、この一団はヘニッヒ学会という公式の組織を創立し、この組織は『分岐学（*Cladistics*）』という雑誌を刊行し、役員を擁し、年次総会を開き、学術団体につきものの、ほかのありとあらゆるものを備えていた。なぜなら当然ながら、たいていの叛逆者の目的は体制の外にとどまることではなく、むしろ体制派になることだからだ。

マイケル・ドナヒューは、ネルソンの大胆さと常識に囚われない思考能力に惹かれたと言っていた。混乱した河川デルタのような系統発生の見方に替えて分岐学の明確なアプローチを選んだのは、旧来の生物地理学からの貴重な飛躍だったたし、大陸移動説を取り込んだことも同様だった。だが、万事順調というわけではなかった。次章で説明するように、ネルソンら多くの分断生物地理学者が採用したアプローチには、いくつかの点で、古いニューヨーク学派の分散説よりもなお多くの制約があった。ひいき目に見れば、彼らがそのアプローチを選んだのはもっぱら、生物地理学史について壮大な一般化を行なう能力という、一種の聖杯を捜し求めるなかでのことだったとも言える。だがその過程で、彼らは古い分散説を葬り去ろうとし、そう試みながら理屈を重ねるうちに、奇妙な窮地に自らを追い込み、現実とはかけ離れた理想化された生命史を思い描くことになった。

新熱帯区のありふれた樹上性トカゲであるアノールは、カリブ海域諸島全般に見られる。海を越える自然分散で多くの島に到達したに違いない。ブラウンアノール、*Norops sagrei*（旧称 *Anolis sagrei*）は、とりわけ頻繁に海の旅をするようで、キューバからこの海域の多くの小島に広がった（この種は、アメリカ南東部、カリフォルニア州南部、メキシコ、ハワイ諸島、台湾、シンガポールにも持ち込まれている）。そうした旅のうちには、筏となる自然物を必要とするものもおそらくあっただろうが、エイミー・ショーナーとトム・ショーナーという二人の研究者は、これらのトカゲがたんに海を漂っていった事例もあるのではないかと考えた。たとえば、バハマ諸島の島のあいだで。その可能性を調べるために、種子が塩水中で生き延びられるかを調べるためにダーウィンが行なったものに匹敵する実験を実施した。ただし、対象はトカゲだ。二人はバハマ諸島でブラウンアノールを捕まえ、三九匹を一度に一匹ずつ、小さな波を作り出せる塩水の水槽に入れた。そして、どうなるかを記録した。

一時間後には、三九匹のアノールの全員が生きて浮かんでいた。そして二四時間後にも、一〇匹が依然として生きて浮かんでいた（二四時間後まで浮かんでいなかったトカゲを二人が救出したかどうかははっきりしない。ちなみに、この研究が行なわれたのは一九八〇年代で、動物、とくに柔毛で覆われていないトカゲのような動物を対象とした実験に関する規則は、現在よりいくぶん緩やかだった。この手の実験が各種組織の動物実験委員会で今日承認されるかどうかは疑わしい）。トカゲはたいてい前脚を下向きに広げ、頭を水面から十分上に出して浮いていた。この結果、ネズミやジリス、モグラなどの小型哺乳動物と比べて、アノールは浮き身のチャンピオンということになった。以前の実験でわかっていたように、小型哺乳動物は平均して数分しか浮かんでいられなかったからだ。ショーナー夫妻は、ブラウンアノールが現に自力で海洋に浮かんで島から島へと分散しえたと主張した。

なぜアノールがこれほど浮かぶのがうまいのかは、あまりはっきりしない。だが、表面張力と関係があるようだ。ショーナー夫妻が水槽に洗剤を入れて表面張力を無効にすると、トカゲたちはみな、たちまち沈んでしまった。[40]

第3章
無理が通れば道理が引っ込む

ジュラシック・ハワイ

ハワイ諸島中最大のハワイ島南東の海岸から三〇キロメートルあまり沖の、水深九〇〇メートルの海底に、新しい島が誕生しつつある。そこでは海底火山の頂上から溶岩が定期的に噴出し、冷めて玄武岩質岩になり、断続的にこの山を成長させている。ハワイ島のマウナロア山とキラウエア山とともに、ロイヒという名のこの海底火山は、ハワイのホットスポットの働きを活発に示している。[1] このホットスポットでは、同じ場所でマグマが上昇しつづけている箇所の上を太平洋プレートが北西に滑っていくにつれ、地球のマントルから湧き出てくるマグマによって一連の島が誕生してきた。ロイヒは今後一〇万年のうちに、ハワイ諸島の最新の島として波の上に姿を見せる可能性が高く、この諸島全体が地質学的作用に端を発するものであることを、劇的なかたちで体現するだろう。

ハワイ諸島は火山として生まれたのだから、一連の典型的な海洋島で、大陸と陸続きだったことは一度もないことになる。さらに、この諸島ほど陸から隔絶したものはなく、北アメリカ大陸から約三八〇〇キロメートル離れた場所にあり、ほかの大陸からはさらに離れている（ワイキキの混雑する浜で、巨大なリゾートホテルの陰に横たわっているときには、とうていそう思えないかもしれないが）。地質学的な起源と位置に関するこれらの事実は、明白な生物地理学的結論を示唆している。すなわち、ハワイ固有の豊かな生物相は、数知れない偶発的長距離進出に由来するに違いない。これ以外の点では分断分布陣営に属する多くの学者さえも含め、生物地理学者のほぼ全員が、そうに違いないということで意見が一致している。

だが、マイケル・ヘッズは違った。

ヘッズはニュージーランドの植物学者・生物地理学者で、長距離分散がうまくいくなどというのは本質的に夢物語にすぎないと考えている。[2] ヘッズによれば、そのような事象はごく稀に起こるのがせいぜいで、断片的な分布の説明として考えてみる根拠すらないという。分散が実現する場合、事実上すべてが「自然な」分散だと彼は考えている。つまり、ある適切な生息環境から別の適切な生息環境へという、生物の通常の移動ということだ。

ハワイ諸島は明らかに火山性の起源を持ち、他の陸地から遠く隔たっているにもかかわらず、ヘッズはこの諸島についても自分の見解を頑として変えようとしない。「ハワイに進出した分類群はみな、自然分散でそこに行きついた……庭で見られるのと同じプロセスだ[3]」。生物は太平洋の広大な海原を越えるのではなく、もはや存在していない近くの島々からハワイ諸島へと、ありふれた跳躍をしたと彼は考えている。一見これはそれほど荒唐無稽なことには見えない。なぜなら実際、今日のハワイ諸島を形成したホットスポットは、かつて標高が高かった島の長い列も生み出し、それらは今、環礁や水に没した海山として存在し、まずハワイ諸島のカウアイ島から北西に、その後ほぼ真北に曲がってはるかアリューシャン列島まで続いているからだ。[4] 理論上は、アラスカから現在のハワイ諸島へとつながるこの線に沿って新しい火山島ができるたびに、多くの生物が楽々跳躍を繰り返すことは可能だったはずだ。

　というわけで、地質学的に見ると、ハワイ諸島の生物相の起源に関するヘッズの発想は、ありうるもののように思える。ところが、動物や植物そのものについて考えはじめると、たちまち大きな問題にぶち当たる。ハワイ諸島の北あるいは東から島伝いに進む自然分散は、最近起こりえたはずがない。肝心の島々が存在していなかったからだ。そう遠くない昔にアラスカかカリフォルニアからハワイ諸島に向かって短いありふれた跳躍を行なったフィンチあるいはスミレ、タール草は、太平洋の波間を漂う羽目になったことだろう。* したがって、仮に生物が自然分散によってハワイ諸島に進出したのだとしたら、同諸島の系統と本土の系統のあいだの進化上のつながりは最近のものではなく、比較的古く、およそ七〇〇〇万年以上前のものということになる（これは、ホットスポットが生み出した列島の最古の島々の年代だ）。だが、そこに問題がある。ハワイ諸島の生物の系統のうち、それほど古いものはほとんどないようなのだ。分子年代推定の証拠を見ると、有名なミツドリや、ハワイガン、ギンケンソウを含め、ハワイ諸島の分類群のほぼすべてが過去二〇〇〇万年以内に、大半は過去五〇〇万年以内に大陸の仲間と分かれたことがわかる。(5) もしこうした数字がおおよそ正しければ、これらの生物の祖先はみな、太平洋の大海原を渡ってハワイ諸島にたどり着いたに違いない。これらの生物は自然分散によって同諸島に進出できたはずはなく、それぞれもっと尋常でない手段をとったとしか思えない。鳥は暴風に吹き飛ばされ、甲虫の卵は草木のような筏となる自然物に付着し、という具合に。言い換えれば、彼らは偶発的な長距離分散で到着したに相違ないのだ。**

　たとえ分子年代推定の証拠を信じないにしても、ヘッズの見解には同様の常識的な反論がある。この反論は、ハワイ諸島の相当数の分類群が、より広範に及ぶ種の亜種である事実に基づいている。たとえば、プエオはコミミズクの亜種、アエオはセイタカシギの亜種、オーペアペアはシモフリアカコウモリの亜種、オヘロパパはオランダイチゴの亜種、クプクプはボストンタマシダの亜種、パウオヒイアカはヒルガオ科の *Jacquemontia ovalifolia* の亜種と考えられている。(6) そのどれとして、有史時代に人によってハワイ諸島に持ち込まれたものではなく、その大半については、有史以前にポリネシア人が持ち込んだとはとうてい思えない。コウモリや、家畜化されていない鳥、現在ポリネシアで見られないイチゴやタマシダのような植物は、有史以前にハワイ諸島にたどり着いた舟の乗客や密航者だった可能性は低いからだ。というわけで、どうやらこれらの亜種の祖先は独力でたどり着き、のちに、ほかの場所の仲間とはわずかに違うものに進化したらしい。これらのハワイの亜種たちは、過去数百万年間（いくつかの事例ではおそらく過去数十万年間）に彼らに近い仲間（依然として同じ種の一部だと考えられている）から分かれたばかりだという妥当な推定をすればおのずと、彼らが近くの陸地から来られたはずがないと結論するしかなくなる。なぜなら、繰り返しになるが、近くには陸地がなかったからだ。彼らは長距離の自然分散でハワイ諸島に到達したに違いない。

＊　ヘッズは二〇一一年の論文で、ハワイ諸島の植物相の原産地の候補としてほかにも、同諸島北方の水面下のミュージシャン海山群や南方の標高の低いライン諸島というかたちで現存する、かつて標高が高かった島々などを挙げている。これらの原産地候補についても、つながりの年代にまつわる理屈が当てはまる。ヘッズはまた、今では北アメリカ大陸西部と一体化したか、その下に沈み込んだかした、ハワイ諸島東方のかつての陸地にも触れているが、それらの陸地は、自然分散が可能な、間隔の狭い飛び石にはならなかっただろう。

＊＊　最近の研究によると、三三〇〇万年前から二九〇〇万年前にかけては、ハワイ諸島へと続く列島で水面上に出ていた島はまったくなかったという。もしこれが正しければ、アラスカからの島伝いのルートで生物が現在のハワイ諸島にたどり着けるはずがなかったことになる（Clague et al. 2010）。

ヘッズはハワイ諸島の生物相に関するこれらのよく知られた所見を前にしても、頑として自説を曲げない。ハワイ諸島への長距離進出の証拠を突きつけられても、けっして考えを変えない。彼は分岐の年代推定も、亜種についての常識的な主張も信じていない。どうやら彼は、ハワイ諸島の生物相の大半はジュラ紀以来、中部太平洋のさまざまな古代の島あるいはもっと大きな陸塊でずっと生息してきたと考えている。彼が正しければ、これらの生物の起源はハワイのホットスポットが生み出した島の連なりよりもはるか以前にさかのぼることになる。しかも、彼の反分散説の考え方は、ハワイ諸島にとどまらない。彼はガラパゴス諸島、イースター島とマルケサス諸島、アセンション島、トリスタンダクーニャ諸島とアゾレス諸島、モーリシャス島、ロドリゲス島、アムステルダム島をはじめ、あらゆる海洋島にそれが当てはまると信じている。世界中の火山島の固有種を合わせると何千にもなるが、ヘッズによれば、それらすべての祖先はこれらの島々にありふれた自然分散で到達したという。だとすれば、以下のような途方もない筋書きが何度となく繰り返されたことになってしまう。ある島が、誕生以来ずっと完全に孤立していたかに見えたとしても、じつはそうではない。古代に直接陸橋で、あるいは飛び石のように狭い間隔で並んだ一連の島々でほかの陸地とつながっており、どの動植物もそれを経て進出できた。島の種と大陸の種とが比較的新しい進化上のつながりを持つという証拠を退ける理由は必ずあり、したがって、偶発的な長距離進出という考え方も退けられる。DNAや形態が何を物語っていようと、島に住むフクロウ、セイタカシギ、イグアナ、ギンケンソウ、シダ、イトトンボ、コオロギ、溶岩トカゲ、リクガメ、マネシツグミ、ハト、ウチワサボテン、スキンク（スキンク科のトカゲ）、総尾目の昆虫、蝶はみな太古から存在する生き物で、現在ある島々よりもはるかに古い。メキシコ西岸沖六五〇キロメートルのところにあるクラリオン島のムチヘビは、過去二〇〇万年のあいだに本土のムチヘビから分かれたばかりに見えるかもしれないが、じつはその起源はさらにその一〇倍か二〇倍か三〇倍も過去にさかのぼるというのだ。

この筋書きを読むと、ヘッズは地球が平らだという説の擁護者と同じぐらい道理を外れた学者のように思えるかもしれないが、事実はそれとはまったく異なる。彼の論文は定評ある科学雑誌に掲載されているし、彼は最近、熱帯の生物地理学について書いた本をカリフォルニア大学出版局から刊行してもいる。彼の反分散説の見解はたしかに極端だが、じつは、一九七〇年代と八〇年代に多くの生物地理学者が考えはじめたことからかけ離れてはいない。当時、生物地理学は分岐学を活用するとともに大陸移動説を組み込みながらも、学問上の袋小路に入り込んでしまった。少なくともヘッズの場合には、彼の奇妙な考えが何に由来するかははっきりしている。

3.1 叛逆者で，因習打破主義者で，ダーウィンの考えの反対者．汎生物地理学の創始者レオン・クロイツァット．1974年，ベネズエラのカラカスにて．ジョナサン・バスキン撮影．

叛逆者のなかの叛逆者

ラーズ・ブランディンやゲーリー・ネルソン、コリン・パターソン、ドン・ローゼンら、第2章で触れた分断分布説の学者のほとんどは、典型的な科学機関、とくに大規模な自然史博物館に勤務していた。彼らは独自の研究を行なったり、科学の会合に出席したり、大学院生を指導したり、科学雑誌の編集者を務めたり、専門家の査読を受けた論文を発表したりといった、研究機関に所属する学者がやるべきはずのことをやっていた。彼らは学問の世界の叛逆者ではあったかもしれないが、体制の内部で活動する叛逆者だった。

だがレオン・クロイツァットは違った。[7] 彼はほとんどの活動を体制の外で行なったばかりか、大きな組織の中の歯車としてではなく、非体制順応主義者、因習打破主義者、個人主義者という身分で叛逆した。

クロイツァットの経歴は最初から、典型的な生物学者のものとは似ても似つかなかった。彼は一八九四年にイタリアのトリノでフランス人の中産階級の子として生まれたが、青年期に家が没落し、生きていくのにも苦労した。ファシストを恐れた彼は、一九二〇年代初期に妻と二人の子供とともにイタリアから逃げ出し、やがてアメリカのマサチューセッツ州に落ち着き、ハーヴァード大学のアーノルド植物園で職を得て、最初は園内の測量をし、のちには技術補佐になった。科学者として正規の教育は受けなかったが、弱年のころから生物学に興味を持っていた。そして一九三〇年代初期に植物学の論文を発表しはじめた。最初はサボテンなどの多肉植物についての園芸の論文だったが、のちには植物の分類法、とくにトウダイグサ科について専門的な論文も書くようになった。そうした論文の二篇でアーノルド植物園の別の植物学者（序列ではるか上の人）の研究を批判したため、苦境に陥った。このときは、どうやら園長のE・D・メリルが助け舟を出してくれたようだが、メリルが解雇（クロイツァットの言葉を借りれば「窓外放出」）されると、クロイツァットも職を失った。ほかの学者と深刻な諍《いさか》いを起こしたのはこれが最初かもしれないが、けっして最後とはならなかった。

新たな職を見つけられなかったクロイツァットは、一九四七年にベネズエラに移住し、そこで最初の妻と離婚した。そのあと結婚した妻が、やがて首都カラカスで成功している造園会社の経営者に就任した。

それがクロイツァットの運命を決する出来事となった。彼はハーヴァード大学の図書館で科学文献を貪るように読んでいるうちに、生物地理学と進化に関して過激な思想を抱くようになっていたが、二人目の妻の働きのおかげで、そうした見解を発展させて自費出版することに専念できた。彼は通常なら受けるはずの科学的批判を経ることなく、編集者の束縛を受けることもなく、一九五〇年代と六〇年代に一連の書物を刊行した。その知識の幅広さと分量は圧倒的で、三巻本の『汎生物地理学（*Panbiogeography*）』だけでも二七〇〇ページ以上あり、自費出版した本は合計で五〇〇〇ページを超えた。

これらの本は、一言で言えば因習に囚われない作品で、それぞれが、ありきたりの無味乾燥な科学本とは違う新鮮な材料を少しずつ提供してくれる。文章は人間味に満ちあふれ、文化的に多岐にわたり（クロイツァットは六か国語以上に堪能だった）、彼はチャールズ・ダーウィンやアルフレッド・ラッセル・ウォレスからジョージ・ゲイロード・シンプソンやエルンスト・マイヤーまで、権威者たちにたえず盾突いた。非常に典型的な例として、『汎生物地理学』第一巻の辛辣な嫌味の洪水を見てほしい。ニューヨーク学派の父であるウィリアム・ディラー・マシューと彼に群れ従う「使徒」たちに向けられたものだ。

物憂げな人間、個性的な思索家が、朝はひげを剃りながら、（想像できるだろうか）夜は寝巻を身にまといながら、独特の考えの重みと、それが突きつけてくる難問に対処するというような日々は完全に過ぎ去った。現在と未来は、「大学の」事業や大衆教育、楽観的な通俗化、どれにも二羽分の鶏肉の入った鍋とどれにも二台の自動車が収まったガレージのものとなった。マシューこそその時代にふさわしい男だ。彼は大きなことを思い描き、楽観的に物事を眺め、気楽に構え、飽くことを知らない。マシューの「動物地理学」は、じつに構成が行き届き、非常な説得力を持つ権威ある作品へと緻密に仕上げられているので、もちろんのこと理性の針で刺し貫こうとしてもはね返される(8)。

その一方で、クロイツァットはしばしばいらだたしいまでに曖昧で、ばかばかしいほどくどい。爽快なまでに独断的なかたちで始まった文章が、数ページのうちに冗長で悪意に満ちた罵りに成り下がることもしばしばだった。たとえば、自分の見解を要約した『空間、時間、形態（*Space, Time, Form*）』という本（「要約」と言っても八八一ページもある）では、宿敵のダーウィンを「非常に不幸な思想家」「生来、思想家ではない」「明快で当を得た思想家ではない」「基本的に思想家ではない」「生まれついての思想家ではない」「およそ思想家とは言えない」「間違いなく三流の思想家」「はなはだ知性に乏しい」とし（傍点の箇所はクロイツァットによる強調）、ほかにも同様の記述を数多く含めている。クロイツァットの文章を読んでいると、しっかりした編集者がついていたらよかったのにと思いたくなるばかりか、彼の頭にはもう少しましなフィルターが必要だったとも感じるようになる。

とはいえ文体は別にして、クロイツァットには一家言があり、それは歴史生物地理学の領域に浸透することになる。その明白な例が、分散説支持者に対する絶え間ないくどくどとした批判だ。彼は、ダーウィンは生物地理学をようやく正しい軌道に乗せたのではなく、裏づけもなければ裏づけようもない一連の主張に基づいて一つの学問分野を創立したと確信していた（「非常に不幸な思想家」のたぐいの引用は、ほとんどがこの文脈からのものだ）。ダーウィンとウォレス、そしてのちにはマシューやシンプソン、マイヤーら多数は、種やその上位の分類群には「起源の中心地」があり、多くの場合、そこからそれらの分類群が広がり、広範な分布が生み出されたと考えていた。たとえばマシューは、おそらく何らかの形態のヨーロッパ中心主義をさらけ出し、ほとんどのグループが北半球に起源を持ち、その後南へと分散したと信じていた。この見解に従えば、分散は長距離の偶発的なものが多く、その結果、孤立した個体群が生まれ、それが進化して最終的に別個の種になったことになる。すでに見たとおり、ハワイ諸島のような海洋島は、分散説支持者にとってカギを握る例だった。これらの島は大陸から遠く離れて孤立した陸地として誕生し、存在しつづけてきたので、ミツドリやギンケンソウのような固有の系統は、長距離の海上分散でそこにたどり着いたに違いない。驚くまでもないが、ダーウィンと彼の実験に端を発するこの学派は、「分散の手段」を重視した。異なる種類の生物がどれほど容易に地球上を動きまわり、海洋のような障壁を乗り越えるかは、そうした手段で決まったからだ。分散説支持者によれば、南アメリカ大陸とアフリカ大陸には共通の属が非常に多く、同じ植物種さえあるのに、陸生の脊椎動物には共通するものがほとんどいないのには、それなりの理由があるという。植物は、種子が水に浮いたり、風に運ばれたり、筏となる自然物で長旅を乗り切ったりできるので、トカゲやカエルやラットよりもはるかに楽に大西洋を渡れるのだ。

クロイツァットは、こうした主張をまったく認めなかった。彼にとって、「起源の中心地」や「偶発的分散」、「分散の手段」はみな、ダーウィンと彼の生まれついての乏しい知性が生物地理学版の暗黒時代を引き起こしたことを反映する、忌まわしい語句だった。[9] クロイツァットにしてみれば、ダーウィンのやり方は完全にあべこべで、ダーウィンは生物地理学の分散説を思いついてから、それを支持する事実を探したのだった。[10] クロイツァットはベーコンの見解を固守しているように見えた。すなわち、自然の働きについての知識は、十分な量の情報を集めさえすれば（むろん、当人が「生まれついての思想家」で、それらの情報の意味するものを解読できると仮定しての話だが）、自然に現れ出てくるのであり、先にお気に入りの説を頭に抱いていてそのバイアスを受ける事態に陥らずに済むという見解だ。[11] クロイツァットは、生命の歴史に関する自分の見解は、まさにそうしたバイアスなしに得られたと主張した。

この場合の情報というのは、分布についてのものだった。より具体的に言うと、クロイツァットが磨きをかけた方法では、あるグループ（たとえば、あるヒマワリの属、あるいはある甲虫の科）の成員が見つかる地域を一つひとつ地図上に点で示し、彼が「トラック（track）」と呼ぶ分布線でそれらの点を結ぶ[12]（図3・2参照）。クロイツァットはこうした例を数多く調べているうちに、無関係のグループのトラックがしばしば重なることに気づいた。たとえば、バオバブの木のトラックと走鳥類のトラックはインド洋を横切ってアフリカ大陸とオーストラリア大陸をつないでいた。複数のトラックの重複を表す線のことを、クロイツァットは「基本トラック（fundamental track）」あるいは「一般化されたトラック（generalized track）」と呼んだ。個々のトラックを調べ、そこから基本トラックを特定するというこのアプローチこそが彼の汎生物地理学の神髄であり、基本トラックの全体的なパターンが彼の生物地理学史観のカギだった。彼は次のように主張した。「動植物の地理的分布のパターンは、［分散の］『手段』が何であれ、自然界の現実として、最小限の基本トラック及び［起源の］中心のパターンと完全に合致している[13]」

クロイツァットにしてみれば、基本トラックは比較的数が少ないという所見は、明白な結論につながっていた。すなわち、分布のパターンを生み出した作用は、まったく異なる「分散の手段」を持った多種多様な生物に同時に影響を与えた一般的なものに違いないという結論だ。長距離分散は当然ながらランダムな過程であり、それをもってしては、このように繰り返される地理的パターンはどうあっても説明できない。筏となる自然物に乗ったトカゲやハリケーンに吹き飛ばされた種子、鳥の足先に付着した巻き貝といったものによる分散なら、少数の共通の基本トラックではなく、個々のトラックが合わさって無秩序なクモの巣のような模様を形作っていただろう。あの不幸な思想家ダーウィンは、偶発的分散が生物地理学のカギだと信じていたかもしれないが、事実はそうでないことを明らかに示していた。

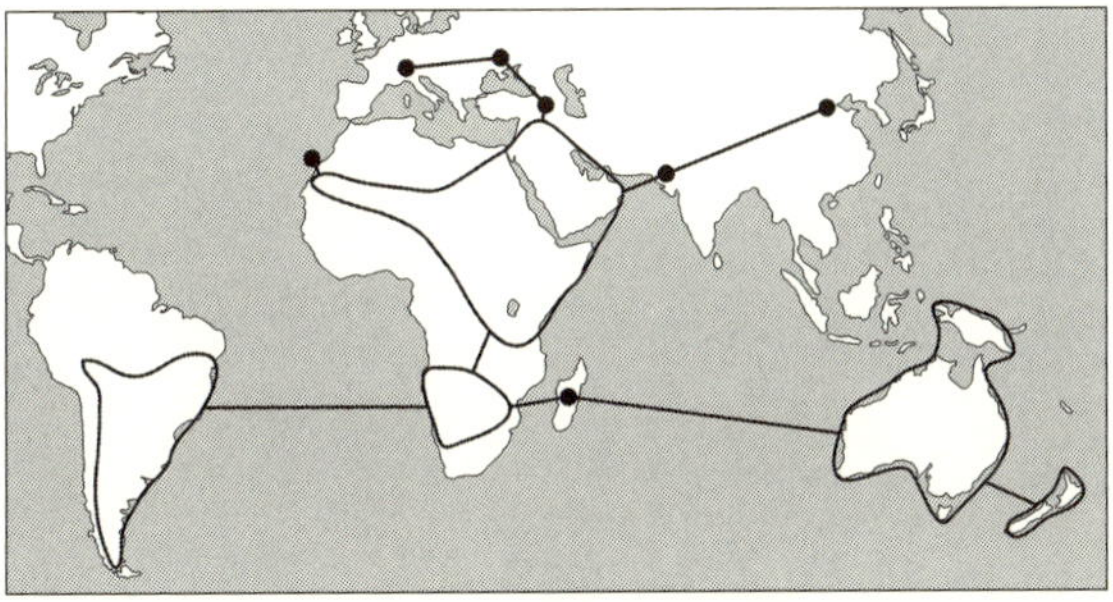

3.2　クロイツァットの説に従って描いた走鳥類（ダチョウ，レア，キーウィと，その仲間）のトラック．線で囲まれた地域は，このグループの現代（完新世も含む）の分布域．黒丸は化石の産地．それぞれの地域を結ぶ線は汎生物地理学的トラックで，のちに大陸移動によって分裂したゴンドワナ大陸時代の祖先の分布域を反映するものと解釈されている．時間をさかのぼる（そして，海盆が収縮する）につれ，大西洋とインド洋のトラックがしだいに短くなり，ついには消え去り，祖先のおおむね連続した分布域が現れるところが想像できる．Craw et al.（1999）を複写・修正したもの．

クロイツァットは、さまざまなグループが起源の中心地から長距離分散によって広がるという概念の代わりに、ほぼすべての場所に分断分布を見出した。彼の見るところでは、あるグループの歴史には概して、ありふれた自然分散の時期があり、生息域がほとんど変化しない時期がそれに続くのだった。彼はこの二つの時期をそれぞれ「可動相（mobilism）」「不動相（immobilism）」と呼んだ。不動相の段階には、地殻変動や海水面の上昇といった外的な変化によって、そのグループの全体的な生息域がしばしば分断された。すると、孤立した生息域の断片の個体群は、それぞれ別個の形態へと自由に進化した。言い換えれば、祖先の生息域の分裂、すなわち分断分布によって多様性が生まれたのだ。海洋を越える基本トラックは、多くのグループが共有する祖先の生息域と、地殻変動その他の共通の分断化プロセスによるその後の生息域の分離を反映していた。たとえば、インド洋を横断する基本トラックは、バオバブや走鳥類など、さまざまなグループがかつて、アフリカ大陸とオーストラリア大陸が一体化した陸塊に暮らしていたが、新たに誕生して広がりだした海洋によってやがてその陸塊が引き裂かれたことを示していた。

もちろん、分断分布説は一九五〇年代にはすでにけっして新しい発想ではなかった。ダーウィンやウォレスらの「分散説支持者」は言うまでもなく、聖書の記述を文字どおりに受け止める人や、ことによると古代ギリシア人にまでさえさかのぼる。[14] ではクロイツァットはどこが違ったかと言えば、それは彼のビジョンの、(好意的な言葉を使えば)「純粋さ」だった。彼は分断分布こそが最も重要で、長距離分散は取るに足りないものと見ていた。その結果、「分散の手段」は研究する価値さえない。[15] ダーウィンが行なった、水に浮いた枝や鳥の消化管の中の種子についての実験や、海流の速度に基づく計算、氷山によって運ばれる可能性の推測はみな、途方もない時間の浪費だ。クロイツァットにとっては、生き物の多様化は、祖先の生息域を分断した地質学的作用や気候の作用が推し進めるものだった。「地球と生命はともに進化する」[16]というのは、彼の有名な言葉だ。すべては、ほぼそれに尽きるというわけだった。

当時でさえ、クロイツァットの主張にはいくつか深刻な弱点があった。とくに次の二点が頭に浮かぶ。第一に、基本トラックはほんの少数しかないという彼の主張は紛らわしい。たとえばニュージーランドの個々の系統のトラックは、ニューギニア島、ニューカレドニア島、南アメリカ大陸、オーストラリア大陸、タスマニア島、東南アジアなどに向かって、いたるところに走っている。[17] もしニュージーランドのすべての系統が、たとえば南アメリカ大陸とオーストラリア大陸につながるトラックを持っていたなら、海洋分散ではなく(ゴンドワナ大陸の分裂による)分断分布に由来するという、強力な根拠になるが、そういう事実はまったくない。同様に、ハワイ諸島からのトラックは、南北アメリカ大陸やアジア大陸、オーストラリア大陸、ニュージーランド、太平洋のほかの島々のさまざまな場所へと走っている。そして、地球上のそれなりの大きさを持つ地域の事実上すべてに、同じパターンが当てはまる。クロイツァットとその信奉者たちは、もっともな主張もしている。陸塊は異なる地質学的由来を持つ断片からでき上がっていることが多いから、じつはトラックの多様性は予想されるものだというのだ。たとえばニューカレドニア島はいくつかの異なる弧状列島が合わさってできているので、異なるトラックの系統があってしかるべきだ[18]。ところが、クロイツァットの世界観の下では基本トラックは何本あってもいいのなら、そもそもそのようなトラックの数は、彼の説を支持して長距離分散に反論する根拠として有効なのかどうかが怪しくなる。もし分断分布と偶発的分散が残した痕跡が、双方ともにクモの巣状のトラックならば、二つの説の優劣がどうしてつけられるだろう。

第二に、分散の手段が異なる、互いに無縁の生物がトラックを共有していたとしても、それは長距離分散を否定する論拠には必ずしもならない。稀な偶発的分散事象が積み重なって明確なパターンを生み出すことがありうるからだ[19]。恰好の例を挙げよう。大陸の近くにある島には、大陸から多くのグループが進出する可能性が高い。同様に、よくあることだが、二つの陸塊のあいだに一定方向の強い海流があれば、両方の陸塊を結ぶトラックが分散によって多く誕生するかもしれない。もつれ合った草木に乗ったラットや、死んで水に浮かぶ鳥の体内の種子などが海を渡るという、こうした分散事象の一つひとつは稀で予測不能かもしれないが、それにかかわる系統は同じ道筋で海を越えるので、基本トラックを共有することになる。ある次元では無秩序な現象も、別の次元では秩序を持ちうる。ハリケーンのときに、タンポポの種子を一粒、甲虫を一四、サルを一頭、任意の方角に向かって空中に放り上げても、みな風に運ばれて同じ方向に運び去られていく。

ようするに、基本トラックのパターンは必ずしも明確に解釈できないのだ。分散に関する「情報」を読み取るのは、クロイツァットが言うほど簡単ではない。

クロイツァットの著作は、植物学者のあいだでは割合広く知られていたが、一九七〇年代なかばまでは動物学者に引用されることはほとんどなかった[20]。このように等閑視されたことには重大な意味がある。なぜなら、ジョージ・ゲイロード・シンプソンやエルンスト・マイヤー、P・J・ダーリントンらの分散説支持者を含め、当時の有力な生物地理学者の大半は動物学者だったからだ。クロイツァットと彼の擁護者たちは、シンプソンやマイヤーらがクロイツァットの著書の一部を読んで（シンプソンにいたっては、クロイツァットと手紙をやりとりしさえして）いながら、自分の出版物で彼に言及しなかったことを挙げ、クロイツァットは「黙殺の共謀」の犠牲にされたと主張してきた[21]。それには、こう反論できる。これらの分散説支持者は、クロイツァットの著作を非常に低く評価していたので、持ち出す価値もないと思ったのだ。マイヤーは私的な文章の中で、クロイツァットの「文体と方法論はまったく非科学的」だと書いているし、シンプソンはさらに辛辣で、クロイツァットを「狂気の過激派の一員」呼ばわりしている[22]。

いずれにしても、一九七〇年代になると、クロイツァットの汎生物地理学は現に広く話題に上るようになった。それは、クロイツァットの考えに分散説支持者よりもはるかに寛容に耳を貸す動物学者が現れたおかげだった。その動物学者というのが、ほかならぬゲーリー・ネルソンだった。アメリカ自然史博物館の魚類学者で、分岐学的分断説推進運動のハブだ。

ネルソンが初めてクロイツァットを読んだのは、大学院時代の一九六〇年代で、本人の言葉を借りれば、三巻からなる『汎生物地理学』について「しばらく熟考した」という。[23] ところが、その最初の熟考からは何の進展もなかったようだ。ネルソンがようやくクロイツァットについて深く考えはじめたのは、ユスリカに関するラーズ・ブランディンの論文を読んでからだったかもしれない。ブランディンは、クロイツァットのアプローチは「完全には妥当ではない」[24] と（何の説明もなく）記しながらも、彼の「強烈な説教」、生息域の分断を重視し、分散説支持者を完膚なきまでに打ちのめす説教に感心した。ネルソンはブランディンを尊敬していたから、その言葉に駆り立てられて、クロイツァットを見直したのかもしれない。

ネルソンは一九七〇年代初期までにはクロイツァットの言わんとすることをすっかり吸収し、クロイツァットは先見の明がありながら見過ごされている人物だと確信していた。[25] そして一九七三年の論文でクロイツァットの研究について熱狂的に語り、それが分岐学的分断生物地理学という新興の学問分野とぴったり符合しうることを示した。彼はクロイツァットが、多種多様な生物が共有する基本トラックの発見に反映されている一般的なパターンをひたむきに探し求めてきたことに、とりわけ感銘を受けたが、各グループ内の進化上の関係を考慮に入れれば、汎生物地理学の方法が改善できると考えた。クロイツァットがやったように、たんに分布の点をつなぐのではなく、実際には、分布地図上に重ね合わせられた多くの異なるグループの進化樹（じつは、専門用語を正確に使うのであれば、分岐図）の組み合わせを分析することができた。進化樹を使えば、それらのグループが進化の過程でどのように分断されたのかについての、より正確な情報が得られる。基本的には、ネルソンはクロイツァットによる一般性の探求を、ヘニッヒとブランディンの明確な分岐学の方法と合体させることで、分断分布革命にさらなるピースを加えることを構想したのだった。それが成れば、分断分布学派は、クロイツァットの大局的なアプローチと、分岐学の厳密さを兼ね備えることになる。

おおよそのころ、ネルソンは奇妙な機会を捉えてクロイツァットの研究を売り込んだ。『システマティック・ズーロジー』誌の編集者を務めていたネルソンは、分散説を批判し、汎生物地理学を擁護する原稿をクロイツァットから受け取った。クロイツァットが書いたもののほぼすべてがそうであるように、この原稿も学究の世界の基準に照らせば極端だった。個人的で、辛辣で、あからさまな偏りがあった。科学雑誌に投稿された原稿の大半は、査読のために数人の専門家に送られるが、ネルソンは一九人という、ほぼ前代未聞の数の査読者にクロイツァットの原稿を送った。驚くまでもないが、査読者のほとんどは掲載に値しないと考え、クロイツァットが改訂したあとでさえ、査読者（このときには「わずか」九人に減らされた）は掲載の是非をめぐって意見が割れた。この時点でネルソンはさらなる手を打った。科学雑誌編集者の通常の基準からすれば、異例で大胆な手だった。この原稿を叩き台にして、アメリカ自然史博物館のネルソンの同僚ドン・ローゼンとともに、三人の共著で論文を書くことをクロイツァットに提案したのだ。[26]ただクロイツァットに好き勝手にやらせておくよりも、学究的な生物学者たちに受けが良くなるようなかたちでクロイツァットの主張を広める絶好の機会と考えてのことだろう。

クロイツァットは共同執筆に同意した。でき上がった論文（「起源の中心地とそれに関連した諸概念」という当たり障りのない題で一九七四年に発表された）は、さまざまな考えの寄せ集めだったが、いくつかの理由で意義深かった。第一に、クロイツァットが使っている個々のトラックと基本トラックを広く読者に紹介する助けとなった。第二に、分断分布こそが生物地理学的パターンを生み出す主要な作用であるという考えを、誰にも見落とせないかたちで説明していた。たとえば、歴史生物地理学は「まず、世界の生物相が示す分断分布の一般的パターンという観点から理解されるべきである」[27]と執筆陣は結論している。最後に、この論文はダーウィンと分散説に対するクロイツァットの度を越した批判を、生物地理学の主流へと担ぎ出した。論文はこう主張している。「現代の動物地理学者たちは、これらの概念（起源の中心地、分断分布）を徹底的に分析することを怠り、自ら生み出した泥沼にはまっている。それは、偶発的跳躍、分散の素晴らしい能力あるいは不可思議な手段、海を越える珍しい偶然の出来事、時の経過とともに紛れもない事実と化す小さな可能性、その他の偽りの説明の数々からなる泥沼だ[28]」。これはブランディンの論文同様、現状を覆せという呼びかけだったが、いかにもクロイツァットらしく自制を欠いていた。この論文は、ダーウィンの生物地理学を「偽りとごまかしの世界」と評し、ニューヨーク学派に対する次のような止めの一撃で結ばれていた。「我々の時代にあって、動物地理学を熟知している者なら、それが明白に不評を買っているという事実を履き違えようがない[29]」。頭の混乱したダーウィンと、それに劣らず無知蒙昧なその子分たちというクロイツァットの見方が、今やネルソンとローゼンという定評のある二人の学者のお墨付きを得て、名の知れた科学雑誌に載り、世間の目に触れたのだった。

乖離

ラーズ・ブランディンは、ユスリカについての論文やそのほかの論文で、隔離分布の最も重大な理由として分断分布を挙げ、分散説支持者は稀な偶発的事象を無批判に持ち出してそれに依存していると激しく非難した。とはいえ彼は、長距離分散は重要であると依然として信じていた。ところがクロイツァットとネルソンとローゼンの論文は、それよりもはるかに極端な見方を体現していた。スティーヴン・ジェイ・グールドが適応論の広がりを説明するときに使った言葉を借りれば、三人の論文は、より純粋な形態、ダーウィンの分散説の名残はいっさい許容する気のない形態への、分断生物地理学の「硬化」を反映していた[30]。数年後、ネルソンはその「硬化した」態度もそのままに、分散説を嘲る有名な言葉を吐いた。「ありそうもないこと、稀有なこと、不可思議なこと、奇跡的なことの科学[31]」というのがそれだ。

分断分布説を是とし、分散説を非とするこの言葉は、その後に広まった二つの考えによって早々に支えられた。両者はそれ以後ずっと、見る人の立場しだいでは生物地理学における重要な前提にもなれば、また不都合な障害物にもなった。その一つは、長距離分散仮説は反証不能であり、したがって非科学的であるという概念だ[32]。たとえば、あるグループ（肺魚でも、走鳥類でも、ナンキョクブナでもかまわない）が南半球のいくつかの大陸で見つかったとしよう。そのような分布はゴンドワナ大陸の分断の結果であるという仮説は、そのグループ内の進化上の関係がゴンドワナ大陸の分断の順序と一致しなければ、退けざるをえなくなる。それとは対照的に、特定のグループの長距離分散をきっぱり否定できるような、進化上の関係のパターンは存在しない。もしあるグループの関係がゴンドワナ大陸の分断と一致すれば、それはただの偶然かもしれない。そのグループの分布は、分断分布によく似たかたちでたまたま起こった分散事象によっても依然として説明可能かもしれない。より一般的には、どれほど分散していようと、分布パターンには一連の長距離の飛躍によって理論上説明できないものはない。そのうえ、特定の生物グループによる偶発的長距離分散が観察できなかったとしても、そのグループが分散したという説明を誤りであるとすることはできない。実際、そうした事象は稀で偶発的であるがゆえに、観察される可能性は非常に低い。つまり、分散説をほんとうに除外できるような種類の証拠は存在しないようだった。

分散仮説は非科学的であり、したがって考慮に値しないというこの概念にはどこか奇妙な点があることに当初から気づいていた人々がいた。たとえば一九七〇年代なかばに、ロバート・マクドウォールという若い魚類学者（さらに歳を重ねてから、この話に再登場する）が、こう指摘した。長距離分散が起こること自体は知られているのだから、それが検証不能であるという理由で分散説を無視するような生物地理学

3.3　稀有で不可思議だが真実である例．カオジロサギ（*Egretta novaehollandiae*）は1940年代にオーストラリア大陸から自然に分散し，ニュージーランドに個体群が定着した．グレン・ファーガス撮影．

へのアプローチをまるごと一つ構築するのははなはだ奇妙だ、と。[33] マクドウォールは明白な例として、二〇世紀にカオジロサギが長距離海上分散によってオーストラリア大陸から彼の祖国ニュージーランドへ進出したことを挙げた（図3・3参照）。それが知られているのは、カオジロサギがニュージーランドで最初に繁殖した事例が記録されているからだ。カオジロサギは最初定着していなかったが、その後定着した。これに関しては、仮説に基づくところはいっさいなかった。生物地理学がどれほど「厳密な」科学であっても、分布に明らかな影響を与えたそのような事象を無視することを強いるのであれば、どんな価値があるのかとマクドウォールは問うた。それにもかかわらず、分散説は非科学的であるという主張はしっかりと根づいた。その一因がポパーの反証主義にあることに疑いの余地はない。ポパーの反証主義とは、反証可能性こそ科学的仮説の顕著な特徴であるとする説で、多くの生物学者が（今も昔も）好む原理だ。事実、ゲーリー・ネルソンとノーマン・プラトニックは一九八一年の著書『系統分類学と生物地理学』で、彼らのアプローチはヘニッヒの分岐学とクロイツァットの汎生物地理学だけではなく、カール・ポパーの科学哲学をも統合したものだと主張している。つまり、真の科学者たるには反証主義者でなくてはならず、したがって、分散説支持者にはなりえないということだった。

分断分布説を是とし、分散説を非とする見解を支える考えの第二は、分類群の古さにまつわる証拠のほぼすべてがはなはだ不確かで無価値に等しいというものだった。ニューヨーク学派の分散説支持者たちによれば、多くのグループはあまりに新しいので、大陸移動の影響を受けていないという(34)。これらのグループが古代の大陸の分裂を反映しているように見える隔離分布を示していたとしても、それは錯覚にすぎない。たとえば、現生の哺乳類と鳥類と被子植物のグループの大半は、南アメリカ大陸とアフリカ大陸の分離のはるかのちに誕生したので、その分離の影響を受けようがなかったと、エルンスト・マイヤーは主張した。だが、クロイツァットとネルソンやその信奉者たちが信じていたほど分断分布が優勢であれば、マイヤーの主張が正しいはずがない。したがってそれらのグループは、見た目よりも古くなくてはならなかった。

分散説支持者は、化石記録という直接証拠に部分的に基づいて年代を推定した。あるグループの最初期の化石標本をもって、そのグループの発生時期の大ざっぱな目安としたのだ。もちろん、周知のとおり化石記録は不完全であり、ダーウィン自身も『種の起源』でその点をはっきり挙げ、彼の説によれば存在したに違いないとされる中間的な生命形態すべての化石が得られているわけではない理由の説明としたが、それでも多くの生物学者は、化石記録で多くの分類群のおおよその古さを十分推定できると考えていた。たとえば、ほとんどの哺乳類の目《もく》は、最古の化石が過去五〇〇〇万年以内に収まるので、それらのグループの大半は、六六〇〇万年前に終わった中生代以降に誕生したと言われていた。分断分布説の学者たちは、そのような主張にはまったく正当性がないと反論した。ある分類群の最古の化石は、たしかにそのグループが少なくともどれだけ古いかは示すが、実際に発生した時期はほとんどの場合それよりも古く、いったいどれほど古いかは知りようがない。四九〇〇万年前までさかのぼる化石があるグループは、五〇〇〇万年前に誕生したかもしれないが、一億五〇〇〇万年前に発生した可能性もある。

一九七〇年代に入るころには、年代推定の新しい方法が出現しており、それもまた分断分布説の学者たちの標的にされた。具体的には、生物学者は種と種のあいだの遺伝的な違いを利用して、当該の系統がいつ分かれたのかを推定していた。こうした初期の研究では、「厳密型分子時計（strict molecular clock）」を想定していた。つまり、遺伝子の変化は一定の割合で起こると仮定していたのだ。[35] この仮定の下では、どれであれ、進化の過程における一つの分岐（たとえばイエネズミとドブネズミの分岐）の化石証拠を使って分子時計が時を刻む割合をいったん較正《こうせい》（調整）してしまえば、ほかのグループ間の遺伝子の違いから、それらの系統が分離した時期も簡単に割り出せることになる。ヒトとチンパンジーとテナガザルの遺伝子（あるいは、一九七〇年代であれば遺伝子がコードするタンパク質）の違いを見れば、ヒトとチンパンジーは約七〇〇万年前に分かれ、ヒトとチンパンジーを含む系統は、およそ二〇〇〇万年前にテナガザルの系統と分かれたことがわかる。

だが、分子時計に関するこのような想定が間違っており、遺伝子変化の時計は一定の割合で時を刻むわけではないという指摘は当初からあり、そうした指摘の正しさは、その後十分に立証された。分断分布説の学者たちは、分子時計は当てにならないというこの証拠を使い、遺伝的な違いを使ってグループの古さを推定した結果の信憑性をすべて完全に否定した。[36] 実際、分子時計に基づく年代推定は、化石記録に直接根差した年代推定よりもなおさら怪しいと見なされた。なぜなら分子時計は化石を使って較正しなければならなかったからだ。分子時計の進み具合は、大きく外れているかもしれない化石による年代推定に基づいて定められ、そのうえ、その進み具合はけっして変わらないという前提も明らかに間違っていた。二つの間違いが打ち消し合って正しい結果が出るなどということはありえなかった。

化石記録あるいは分子時計に基づいてさまざまなグループの古さを推定することに対する懐疑的な態度は、極端な分断分布説の世界観の根本的要素の一つだ。この懐疑的態度は、ある程度までは健全と言える。化石記録は実際に不完全で、信じられないほど不完全なことも多く、分子年代推定はその後、高度になったとはいえ、立証が難しくてしばしば完全に誤っている前提に基づいているからだ（そうした分析から得られた年代推定が、分断分布説の学者たちが思っているほど一貫して間違っているかどうかは、第6章で取り上げる）。

とはいえ、さまざまなグループの起源の推定年代に対するこの懐疑的態度に関連して、分断生物地理学が現実からはなはだしく乖離してしまったことを示す手がかりはいくつもあった。そうした手がかりは、クロイツァットと彼の極端な世界観にもとをたどれる場合が多かった。私は本章をそのような乖離の一例で始めた。世界の海洋島に固有の無数の系統には、長距離進出に由来するものが一つとしてないという、マイケル・ヘッズの主張がそれだ。ヘッズは言わば汎生物地理学の原理主義者で、ハワイ諸島などの海洋島に関する彼の主張はクロイツァットの見方を反映している。ただしこの場合、ヘッズはクロイツァット本人と比べてさえ、なおさら極端だったかもしれない。すでに述べたように、もしハワイ諸島のさまざまな系統が、現在の証拠が示しているほど新しければ、それらが同諸島にたどり着いたときの陸と海の配置はおおむね今日のとおりだったので、それらの系統は広大な海原を渡らなければ、そこに行き着けなかったことになる。したがって、長距離分散を否定するヘッズの主張が成り立つのは、ハワイ諸島の系統が、証拠が示しているよりもはるかに古かった場合にかぎられる。

この現実からの乖離にはほかにも手がかりがあり、ネルソンとプラトニックの著書『系統分類学と生物地理学』の最後に見られ、どちらかと言うと、これは海洋島に関するヘッズの概念に輪をかけて突飛だった。ネルソンとプラトニックは、クロイツァットによる一般的なパターンの探求に倣って、ホモ・サピエンスの進化史について思考実験を行なった。人類の系統樹の分岐の順序が大陸の分裂の歴史と一致していたらどうだろう？　もし一致していれば、人間の地理的歴史は、ユスリカから走鳥類やナンキョクブナまで、ほかのじつに多くの系統に見られる、地殻変動が引き起こした同じ分断分布の一般的過程の一部であると結論していいのではないか？　したがって、それは私たちの想像を絶するほど人間が古いことも、意味してはいないだろうか？

それは、大陸移動を介した世界の生物相の分断化にまつわる大規模な筋書きの中に私たち人間を含める壮大なビジョンであり、「地球と生命はともに進化する」というクロイツァットのビジョンの典型だ。そしてそれは、狂気の極みでもある。原始人が恐竜と戦うたぐいの古いSF映画が頭に浮かぶ。知識が豊富な小学生なら指差して、「ばかばかしい。恐竜と同じ時代には人間はいなかったんだから」と言うだろう。ネルソンとプラトニックは、進化のパターンと地殻変動のパターンが一致すれば、人類の系統（現在の私たちと同じ人間で、原人でも、樹上生活をする類人猿でも、ほかのさらに遠い祖先でもない）は六六〇〇万年以上続いており、中生代……すなわち恐竜の時代にまでさかのぼると言っていたわけだ。人類の化石記録を徹底的に調べた結果、ホモ属にはほんの数百万年の歴史しかないのが判明していることなど、おかまいなしだった。また、ヒトの遺伝子とチンパンジーの遺伝子は非常に類似しているので、これら二つの系統の共通の祖先（通常の意味で「人間」という言葉が当てはまる生き物では断じてない）が生きていたのは、わずか七〇〇万年ほど前だったことも、おかまいなしだ。そしてまた、人類の歴代の祖先（最初のヒト科の生き物、最初の類人猿、最初のサル）は中生代には存在しなかったことを示す厖大な量の化石も、おかまいなしだ。これらの証拠はすべて無価値で、分子時計は役に立たず、化石記録は絶望的なまでに不完全で、人間は恐竜たちといっしょに暮らしていたかもしれないというのだった。

　海洋島に関するヘッズの見解にしてもそうだったが、私はネルソンとプラトニックが、人類は中生代に存在していたという自分の言葉をほんとうに信じていたとは、とても思えない。二人は執筆の最終段階で分断分布説に酔いしれ、束の間、物事をまともに眺められなくなってしまったのではなかろうか。そうでないことを確かめるために、私はネルソンに電子メールを送り、本のその箇所について尋ねた。人類の進化樹と、中生代の海洋底拡大の経過が一致するとしたら、大陸の分裂で人類の地理的分布を説明できると、今でも思っているのでしょうか？　彼の答えは「もちろん」[37]の一言だった。

　私たちは黒か白かがはっきりした答えに惹きつけられる。政治家には、中産階級や中小企業や国外に配備された兵士たちを一〇〇パーセント支持すると言ってほしいし、巨大な多国籍企業やロビイストや民主主義の敵には一〇〇パーセント反対すると断言してほしい。あのコレステロール薬を飲みさえすれば健康になれるとか、お互いの言葉に耳を傾けさえすれば幸せになれるとか考えたがる。記録的な熱波に見舞われれば、すべて人間が引き起こした地球温暖化のせいにしたがる。あるいは、毛色の違う人間だったら、太陽の黒点のせいにしたがるかもしれない。物事は現に単純で明白なこともあるが、たんに私たちが現実の複雑さをフィルターにかけて取り除いていることのほうが多い。なぜ私たちはそのようなことをするのか、私は自分がほんとうにわかっているとはとても言えない。複雑さをいちいち吟味していると、人はあまりにも優柔不断になってしまい、優柔不断だと遺伝子プールから除外されてしまうからかもしれない。黒か白かという基準で物事を見ていれば、自分の明確な信念に賛同する人と価値ある絆を結ぶ役に立つのかもしれない。それによって切り捨てられる人々が出ることが多いのだが。「我々はキリスト教徒で、彼らは異教徒だ」とか、「我々は資本主義者で、彼らは共産主義者だ」、あるいは最も一般的には、「我々は善良で、彼らは邪悪だ」といった具合だ。

いずれにしても私は、分断分布説の学者たちは少なくとも部分的には、このような明快さに惹かれて極端な見方をするようになったのではないかという気がしてならない。分断生物地理学の信条の多くは、明快さの観点から捉えられる。たとえば、海洋によって分断された生息域は、分断と分散の複雑な混交を反映しているとも、分断分布が主だとも考えられるのだから、分断分布が主だと信じよう。生物地理学史を解釈するには進化上の関係と分子時計による分析と化石記録をすべて活用すべきだとも、進化上の関係だけが重要だとも考えられるのだから、進化上の関係だけが重要だと信じよう。種々の材料から取捨選択するアプローチを採用し、証拠がどのような形をとろうともそれに従うこともできれば、分断分布説だけが反証可能だと考える厳密なポパー説信奉者になることもできるのだから、厳密なポパー説信奉者になろう、というわけだ。基本的に分断分布説の学者たちは、単純で明快なアプローチを選び（分岐図を、あるいは汎生物地理学者ならばトラックを使い）、単一の一般的過程の仕組み、すなわち分断分布を明らかにしようとし、ややこしい方法や面倒な解釈は避けた。彼らは無数の色合いの灰色ではなく、黒と白を選んだのだった。

彼らはそうすることで、自分たちがついに生物地理学を真の科学にしていると考えたようだ。たとえばブランディン（じつは、分断生物地理学者としては穏健派）は、自分が排除しようとしている分散説のアプローチは、「物を見る目のある人の神経を逆撫でする[38]」と言っている。クロイツァットは、生物地理学は一〇〇年にわたってダーウィンの見当違いの教えに従ってきたと言い、議論の余地のない事実を基盤とする自分の汎生物地理学は「生物学的思考全般に強力な影響を及ぼすだろう[39]」と繰り返し述べている。クロイツァットとネルソンとローゼンは、ダーウィンの泥沼を脱するには、何よりも、「明白で再現可能な結果を生み出すような、（一般化されたトラックに基づく）統計分析の明快な方法を考案することだ[40]」と公言している。分断分布説の学者のなかには、自分たちは生物地理学という不明瞭な科学を、物理学や化学のように成功を収めている、いわゆる「ハードサイエンス」に変えつつあると考えている人がいたという気がする。ダン・ブルックスとエド・ワイリーという、分岐学的分断学派の二人の生物学者が現に「進化の非平衡熱力学理論[41]」と呼ばれるもの（「エントロピーとしての進化」と呼ばれることもある）を思いついたのは、偶然ではなかったかもしれない。この理論は、ニュートン物理学から借りてきた枠組みの中に進化をすべて収めるものだった。

むろん、明快で一般的で統計的で再現可能というのは、それほど悪いことのようには思えない。だが、私の経験から言うと、進化生物学（歴史生物地理学はその一部）は、狭い方法論的アプローチ、あるいはとくに分断分布説を支持する動きから現れ出てきた極端な一般化のたぐいには向いてはいない。壮大な一般化を行ないたいという衝動は、この分野で長らく、かなり不幸な歴史を重ねてきた。たとえば、進化論者のなかには生物のほぼすべての特徴が適応的であるという見解を強く主張した人もいれば（早くからそのような「淘汰万能主義」を提唱していた人物の一人がウォレスだ）、それとは正反対で、事実上すべての特徴は自然に発生すると主張した人もいる。進化とはそういうふうに起こる(また、そのように起こらざるをえない)もので、淘汰によるインプットはほとんどないからだそうだ。また、昆虫類のような、とくに大きな進化上のグループの成功を一つの特性(「カギとなるイノベーション」)に帰する人もいれば、そうしたグループの成功を偶然の産物と見る人もいる。だがこうした、極端で、極度に単純な見方は、一つとして精査に耐えられない。自然の複雑さや多様性が必ずかかわってくる。私は友人で、ジョン・ゲイツィーという名の進化生物学者の言葉を思い出さずにはいられない。彼は、生物学者が森ばかり見て木を見落としていると感じたときには好んでこう言う。「生物学における唯一有効な一般論は、生物学には有効な一般論などないというものだ」

もちろん、分断分布説の学者たちが、「原則はないという原則」の例外に行き当たった可能性はある。理論上は、生物の世界が彼らの想像のとおりであって、隔離分布のほぼすべてが祖先の生息域の分断によって引き起こされたということもありうる。そのような世界では、「地球と生命はともに進化する」というクロイツァットの言葉は、生物地理学史の正確な一般的説明となるだろう。すべては、ゲーリー・ネルソンがニューヨークの酒場でマイケル・ドナヒューと言葉を交わしたときに想像したとおり、ハンマーでガラスのテーブルを粉々に打ち砕くようなものだったかもしれない。

そのような可能性は考えうるが、事実は違った。

一九〇〇年代初期に、ニューオーリンズのテューレーン大学のG・E・ベイヤー教授は、マキバシ

ギ（*Bartramia longicauda*）が春の渡りで通過するときに、メキシコ湾沿岸で多数採集した[42]（おそらく、散弾銃で殺したのだろう。それが当時、鳥類採集の標準的方法だった）。それらの鳥の、翼の下側の羽毛には、サカマキガイ（*Physa*）という属の淡水性の小さな巻き貝がきまって付着していた。ベイヤーはこう書いている。「私はいつも貝の数を数えた。一度など、四一個もついていた。たいていは二〇～三〇個で、一〇個あるいは一二個を下回ることはけっしてなかった」。彼はマキバシギが食糧源として意図的に貝を翼の羽毛につけたかもしれないと考えた。バックパックに食糧を入れて背負っているようなものだ。

ベイヤーはそれらの巻き貝が地元のサカマキガイの種と同じかどうかは判断できなかったが、マキバシギを採集した時期には、地元のサカマキガイはあまり見かけなかったと記している。地元のサカマキガイが数を増すのは、春も深まってからだった。そのうえ、南からやって来た直後に採集したマキバシギにしか貝はついていなかった。こうした観察結果からは、マキバシギは地元でサカマキガイを見つけていたのではなく、カリブ海の島か、さらにその南からサカマキガイを運んできて、メキシコ湾を渡ったことがうかがえる。

第4章
ニュージーランドをめぐる動揺

ゴンドワナ大陸のヘンリー

二〇〇六年から翌二〇〇七年にかけてのあのニュージーランドへの旅で、私は世界でも極南に位置する町の一つであるインヴァーカーギルに行き、シダの講座を終えたタラとその母親、友人のジャンと合流した。私のほうが一日早く着いて時間があったので、町の中をたいしたあてもなく歩きまわった。南半球では初夏だったが、南極圏に接するこの町では、凝った装飾を施したヴィクトリア様式やアール・デコ調の建物が曇った空の下でくすんだ色をして並ぶ通りを、海からの冷たい風が吹き抜けていた。

この天候から逃げ出すために、インヴァーカーギルのセントラルパークとも言うべきクイーンズパークの広大な庭園をあとにしてサウスランド博物館に入ると、そこには奇妙な陳列物などが奇妙に魅惑的な取り合わせで並んでいた。ニュージーランドの南の、たえず風の吹きすさぶ殺風景な島々の映画（受付で次の上映時間を訊くと、職員が時間を告げるかわりに館内劇場に私を案内し、映写機を回してくれた）、一八六六年のジェネラル・グラント号の遭難と、男性九人、女性一人が荒涼とした島々の一つでアザラシと野生のブタを食べて一年以上生き延びた話を伝える展示、マオリ族の複雑な木彫や家庭用品、巨大な先史時代の飛べない鳥モア（エミューやヒクイドリに少し似ているが、それよりはるかに大きい）の脚の骨。いちばん奇妙だったのはこの博物館の動物の部門で、多数のニュージーランド固有種の一つである、トカゲのようなムカシトカゲという一種類の動物の展示にもっぱらあてられていた。

私がガラスの壁越しに眺めると、数匹のムカシトカゲが、たいていしていることをしていた。つまりじっとしていた。一匹だけほかのムカシトカゲよりも大きく、（目の錯覚か？）威厳があった。魅力的な淡い緑色が途中から徐々にオリーブ色に変わり、尻尾も含めると四五センチメートルほどだろうか。背筋には細長い鱗が並んでいる。イグアナに似ていたが、もっと肉付きが良かった。脇腹と尻尾には、ミニチュアの山並みのように幾筋もたくさんの隆起が走っている。サバイバーという風情だった。

そのムカシトカゲの名前はヘンリーで、この生き物に詳しい人々は、彼は一一〇歳を超えていると考えている。ムカシトカゲにしては高齢だが、最高記録ではない(1)。私が見た時点では、五〇年近く前に捕獲されて以来、交尾にはまったく興味を示していなかったが、その数年後には突然好色になって名を上げた。ミルドレッドという名のメスのムカシトカゲと交尾し、ミルドレッドが産んだ卵からは一一匹の小さなムカシトカゲが誕生したのだ。ヘンリーの推定年齢が正しいとすると、彼自身が孵化したとき、ニュージーランドはヴィクトリア女王が君臨する大英帝国の植民地で、ライト兄弟は飛行機を作る計画を立てており、アルフレッド・ラッセル・ウォレスは七〇代にあってあいかわらず健筆を揮《ふる》っていた（もっとも彼は、そのころには生物地理学よりも予防接種の弊害について考えていたが）。ヘンリーは別の時代の生き残りと見なすことができる。

ニュージーランドの生物地理学に関する通常の筋書きに添えば、ヘンリーはそれよりもはるかに遠い過

4.1　ヴィクトリア時代の，そしてことによるとゴンドワナ大陸の生き残りであるヘンリー．ニュージーランドのインヴァーカーギルにあるサウスランド博物館のムカシトカゲ．著者撮影．

去、すなわち現在のニュージーランドがゴンドワナ大陸の一部だった中生代の残存種でもある。彼はムカシトカゲ属というグループの一員で、このグループには *Sphenodon punctatus* という、ムカシトカゲの唯一の種だけが含まれる。この種は、ニュージーランド沖の三二の孤島にしか自生していない[2]。ムカシトカゲに最も近い現生の生き物はトカゲ類（ヘビ類も含む。ヘビ類は分岐学に従えばトカゲ類の一グループとなる）だが、これら二つの系統は、恐竜が誕生するよりいくらか前の二億五〇〇〇万年前に分かれたので[3]、互いにあまり近くない（比較のために挙げると、ニワトリとカメの隔たりがそれにほぼ匹敵する）。ムカシトカゲは、外見はトカゲに似ているが、解剖学的構造は完全に異なる[4]。たとえば、トカゲとは違い、上顎の前部には鑿《のみ》のようなものが下向きに生えており、歯に似ているが、じつは頭蓋骨の一部だし、オスのムカシトカゲにはペニスがない（トカゲには二つある）。また、ヘンリーが実例を示してくれているように、ムカシトカゲはどのトカゲと比べても長生きしうるし、ほかのどのトカゲも動けないほどの低温でも活動できる。こうした違いの少なくとも一部は、進化上、ムカシトカゲの枝とトカゲの枝がどれほど隔たっているかの表れだ。

ムカシトカゲ属は大きなグループを形成したためしがない[5]。最盛期にさえ、現在のトカゲ類ほどの多様性には及ばなかったが、中生代にはいくつかの属があったし、メキシコ、イングランド、アルゼンチン、南アフリカ、モロッコ、インド、中国など、互いに遠く離れた地域で見られる。というわけで、現生のムカシトカゲは残存種であり、地球のほんの一部にだけ生息域が限定されている単一種で、より大きく、はるかに広範に分布していたグループの生き残りであることは、ある意味ではずっと以前から明白だった。とはいえ、分断生物地理学とプレートテクトニクスが登場すると、ムカシトカゲは分類学上の残存種としてだけではなく、ゴンドワナ大陸の生物相の残存種としても知られるようになった。

ムカシトカゲの物語（最初から言っておくべきだろうが、正しい物語でさえあるかもしれない）は、おおよそ以下のとおりだ。白亜紀後期の八三〇〇万年ほど前までには、ゴンドワナ大陸東部の地殻の亀裂は、拡大海嶺となっていた。紅海を形作って広げているものや、白亜紀のそれより前の時代にゴンドワナ大陸西部にできて大西洋になったものと同じだ[6]。この海嶺で湧き上がってくるマグマは、広がってタスマン海の海底を形成した。タスマン海の西側には南極大陸とオーストラリア大陸が、まだつながったまま横たわり、東側にはインドほどの大きさで、ほとんどの人が目にしたことのないような形の大陸が広がっていた。その大陸は、今ではニュージーランドやニューカレドニア島、キャンベル島、チャタム諸島、ロード・ハウ島と呼ばれる島々や、それらよりも小さな島がいくつか集まってできていた。地質学者はそれに「ジーランディア」という名前をつけた*。水深を示す地図を眺めると、レイヨウの頭部にどことなく似た形の、比較的浅い水域が見える。下向きの鼻先がニュージーランドの南数百キロメートルの所で突き出し、北側には二本の角が伸び、その一本の先端付近にニューカレドニア島が入っている（図4・2参照）。このレイヨウの頭部が、かつてのジーランディア大陸とほぼ重なると言って差し支えない。

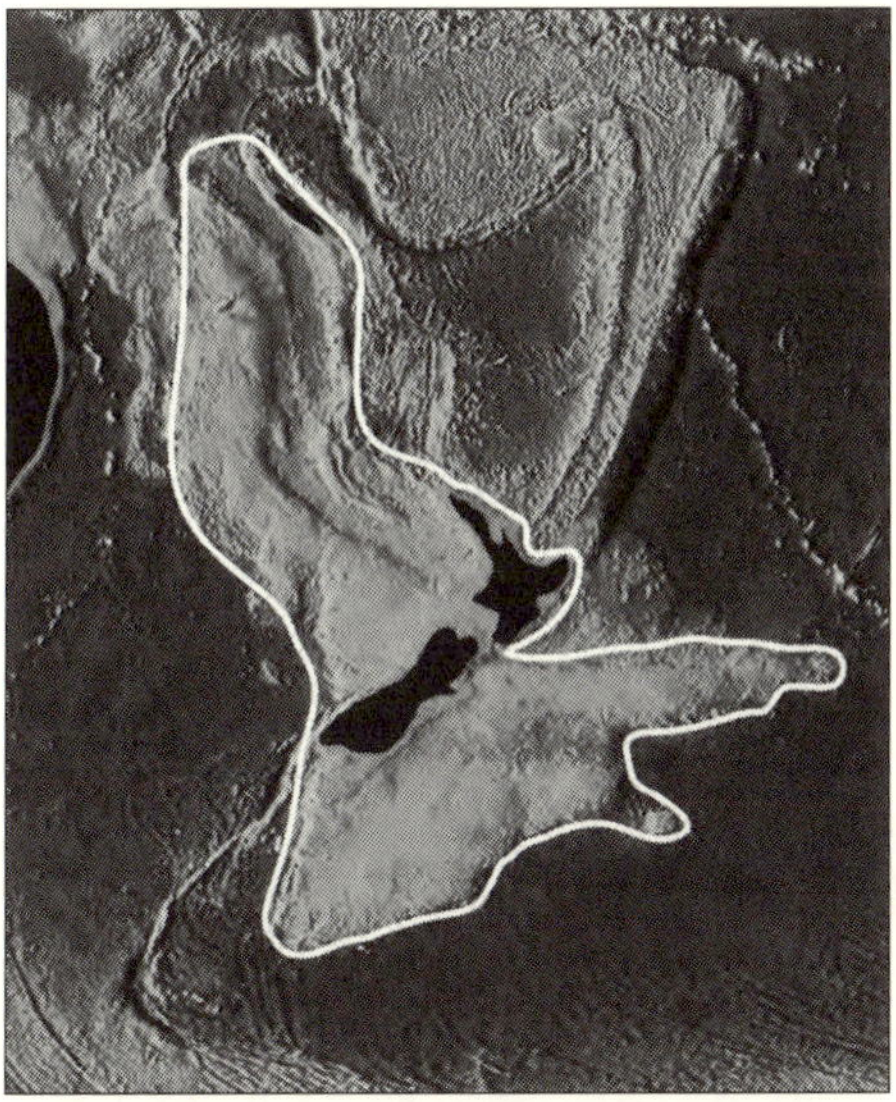

4.2　海洋底の起伏図に見て取れる，現在はほとんど水没してしまったジーランディア大陸（おおよその輪郭が白線で示してある）．ニュージーランドは大陸の中央付近に黒く描かれている．アメリカ海洋大気庁の画像を修正したもの．

ジーランディア大陸は東に進むにつれてゆっくりと沈んだ。おそらく、大陸を形成していた地殻が冷めるとともに薄くなったからだろう。二五〇〇万年ほど前の漸新世《ぜんしんせい》後期まではすっかり深く沈んでしまい、もともとの大陸のほとんどが水没した。今ではニュージーランドと考えられている部分は当時、今日よりもずっと狭かったと、地質学者の大半は考えている。いずれにしても、現時点のニュージーランドの広さと山の多い風景は、ジーランディア大陸内部で形成されたプレート境界（オーストラリアプレートと太平洋プレートの境界）に沿った、より最近の

＊　この大陸の名前としては、どうやら「タスマンティス」のほうが「ジーランディア」に先行するようだが、今では「ジーランディア」という名称のほうが広く使われている。

衝突の産物だ。

この物語によれば、ムカシトカゲの祖先は、拡大海嶺が白亜紀にできはじめたとき、ゴンドワナ大陸の東の外れに住んでいたという。そのため、まだ一体化していた南極＝オーストラリア大陸からジーランディア大陸が分離したとき、ムカシトカゲの祖先はこの大陸に運び去られた。南極大陸側にもムカシトカゲの祖先はしばらく暮らしていたと、たいてい考えられているが、明白な証拠はない。南極大陸でもオーストラリア大陸でも、ムカシトカゲ属の化石は一つも見つかっていない。とはいうものの、南半球ではムカシトカゲ属の化石産地は一般に珍しく、大きく分散している。いずれにしても、ジーランディア大陸が東に移動し、沈んでいくなかで、ムカシトカゲの祖先は頑張りつづけ、漸新世後期と中新世《ちゅうしんせい》初期の大規模な海進〔海面の上昇あるいは陸地の沈降によって海岸線が陸側に移ること〕の時期に、陸地の面積が非常に小さくなったかもしれないときにも生き延びた。現在のニュージーランドを生み出した隆起が起こると、ムカシトカゲの個体群は一種の復興を経験したかもしれない。北島と南島の両方の、じつにさまざまな地点で彼らの化石が見つかっている。やがて、今からおよそ七〇〇年前に、マオリ族の祖先がニュージーランドに到達したとき、ナンヨウネズミが彼らの船に便乗してきた[7]。そして、ムカシトカゲの卵を食べ、おそらくその個体群に大打撃を与えた[8]。ヨーロッパ人がやって来たとき、彼らは猫やブタ、ドブネズミ、クマネズミをもたらし、これらの動物、とくにネズミたちが、北島と南島のムカシトカゲをすっかり始末した可能性が高く、ムカシトカゲはネズミの侵略を受けなかった沖のはるかに小さな島々だけで生き延びた。こうした小島は最後の氷河期のときにニュージーランドの南北両島とつながっており、当時一続きになっていたムカシトカゲの生息域におそらく含まれていただろうが、やがて気候が温暖になり、氷の大半が解けて海水面が上がり、ムカシトカゲの一部は水没を免れたあちこちの陸の断片に取り残された。したがって現生のムカシトカゲは、最初はほかのあらゆる場所のムカシトカゲが絶滅するなかでジーランディア大陸[9]で生き延び、続いて北島と南島の兄弟たちをネズミの大群が一掃したときにも、沖の島々で生き長らえたのだから、二重の残存種というわけだ。彼らは今日、爬虫類としてはそうとう変わった暮らしぶりをしており、海鳥としばしば巣穴を共有し、主に海辺の涼しい夜に外へ出てくる。北島と南島を隔てる海峡にあるスティーヴンズ島では、夜に森を歩いていると、暗闇の中でバリバリという音が聞こえる。ウェタという巨大なコオロギのような昆虫をムカシトカゲが食べている音だ[10]。もしこの生物地理学の筋書きが正しければ、それはゴンドワナ大陸の残存種が別の残存種を貪り食らう音ということになる。

化石植物が物語ること

一九七五年、ゲーリー・ネルソンは次のように書いている。「生物地理学の一般的な問題に関しては、これまでニュージーランドの生物相は、ことによると世界の生物相のうちでも最も重要だったかもしれない。南方の生物地理学にまつわるあらゆる議論で異彩を放ってきたし、名だたる大家もその歴史を説明せざるをえないと感じてきた。ニュージーランドの説明がつけば、それを中心として全世界が首尾よく理解できるからだ[11]」。事実、ニュージーランドは『種の起源』以前から生物地理学の焦点だった。ダーウィンの友人のジョセフ・フッカーは、陸橋でつながっていたに違いないと自分が信じていた南方の陸地の一つにニュージーランドを含めていた。それらの陸地には共通の植物が多かったからだ[12]。一方、驚くまでもないが、ダーウィンや、マシューとダーリントンのようなのちの分散説支持者は、動植物が偶発的に海を越えてニュージーランドに進出したと主張した。そう考えれば、その動植物相が、一大陸を起源とする場合に期待されるものと一致しない理由が説明できるからだ。たとえば、ニュージーランドにはヘビも陸生哺乳類もいなかった理由も説明がつく。だが、分断分布革命が根づいたそのころ、ネルソンはニュージーランドを新しい世界観の一典型に変えようとしていた。ニュージーランドは白亜紀後期以来、ほかの主要な陸塊から孤立しているので、近い過去に通常の陸上分散によって動植物が進出できたはずはない。だとすれば、ニュージーランドは対立する長距離分散説と分断分布説のどちらが重要かを判断するのに、理想的な舞台を提供してくれることになる。古代にゴンドワナ大陸とつながっていた事実によって、ニュージーランドの分類群の事実上すべての存在を説明できるだろうか？ ネルソンにはその答えは明白に思えた。彼は、「ニュージーランドの海岸には、現代の生物相の起源となる漂着物ではなく、起源の中心地／分散パラダイムの断片だけが打ち上げられているのが[13]」見えると詩的な言葉遣いで書いている。ネルソンの見るところでは、ニュージーランドには残存種の生物相があり、それは偶発的分散ではなく大陸移動の産物であって、その概念を人々が受け入れてくれるのが早ければ早いほどいいのだった。

だが、たとえばプレートテクトニクスが地質学を支配したようなかたちでは、分断分布説の世界観が歴史生物地理学に完全に君臨することはついになかった点は、指摘しておかなければならない。とはいえニュージーランドでは、完全な君臨にかなり近いところまではいった。分岐図やクロイツァットのトラックが一貫して使われるようになったわけではないが、生物相を理解するうえで古代の分断事象がカギを握るという考え方がかなり広まったのだ。ニュージーランドには一見すると残存種らしい奇妙な生物（ムカシトカゲやキーウィ、空を飛べない夜行性の鳥フクロウオウムなど）が多くいたし、かつてニュージーランドはゴンドワナ大陸の一部だったから、分断生物地理学を象徴する物語の一部でもあった（図4・3参照）。ニュージーランドをこの新しい世界観にはめ込むことの魅力、ひょっとすると、その世界観の代表例にさえすることの魅力は、どうやら強烈だった。ニュージーランドの説明がつけば、それを中心として全世界が首尾よく理解できる。当時（大ざっぱに言って、一九七〇年代なかばから九〇年代初期にかけて）人々が何を考えていたかを、数人のニュージーランドの生物学者に尋ねると、全員が同じ記憶を持っていた。分断分布説が生物地理学のパラダイムとなっていたというのだ。[14] 一九八二年、ニュージーランドの二人の生物学者が当時としては典型的なことを書いている。「白亜紀の中ごろまでには、ニュージーランドの現代の森林の特徴が確立されていた[15]」。言い換えれば、万事はゴンドワナ大陸絡みだった。ムカシトカゲの物語は、モアやキーウィ、フクロウオウム、ヤモリとカエル、ナンキョクブナ、堂々たるニュージーランド・カウリの木、そのほか無数の系統の物語でもあった。

4.3　これもまたニュージーランドにおけるゴンドワナ大陸の残存種かもしれない．空を飛べない夜行性・地上性のオウム，フクロウオウム（*Strigops habroptilus*）．ヨン・ゲラルド・キューレマンス筆．

　ところが明らかに、これらの奇妙な脊椎動物の系統の化石記録は、ゴンドワナ大陸の残存種という考え方に問題を突きつけてくるようだ。この仮説が成立するためには、七五〇〇万年ほど前（そのころにはジーランディア大陸はタスマン海によって完全に孤立していた）から、ニュージーランドとジーランディア大陸にはこれらの系統が継続的に存在していなくてはならないが、化石記録はそれとはまったく違う様相を見せている。たとえば、人類が定住する以前のニュージーランドの森林や低木地帯では、モアのさまざまな種が主要な草食動物だったが、モアの化石記録は時代をさかのぼるにつれて急速に減って消えてしまい、最古の化石でも一九〇〇万年前から一六〇〇〇万年前のものでしかない。[16]キーウィの化石記録はなおさら新しく、最古の確かな化石でさえ一〇〇万年もさかのぼらない。ただし、キーウィのものかもしれない一〇〇〇万年前の足跡はある。残存種とされるあらゆる系統の代表格とも言えるかもしれないムカシトカゲも、初めて化石が見られるのは、最初期のモアと同じ中新世の化石層で、七五〇〇万年前という時点には遠く及ばない。残存種の可能性のあるニュージーランドのほかの現生脊椎動物のすべてについても、それが当てはまる。ジーランディア大陸が独立して移動を始めたときに、そこに生息していたことを示す化石記録を持つものは、これらの動物のうちに一つもないのだ。

ゴンドワナ大陸の残存種という考え方に対するこの反論には問題がある。南極＝オーストラリア大陸からニュージーランドが分離したころの脊椎動物の化石は、ニュージーランドでは種類を問わずあまり見つかっていないのだ。恐竜数種類、翼竜一種類、鳥一種類、カメ一種類の化石しかない。[17]*両生類、トカゲ、哺乳類の化石はいっさい見つかっていない。とはいえ、ある程度の大きさを持つゴンドワナ大陸のほかの断片とも同様、ニュージーランドにも多くの脊椎動物がいたことはほぼ確実だ。言い換えれば、そのころのニュージーランドの化石記録は、かなりの大きさの氷山の、ほんの一角にすぎないに違いない。これには、「証拠の不在は不在の証拠にあらず」という科学の古い決まり文句が当てはまる。観察できるものに限りがあって、何が存在するか（あるいは、この場合には何が存在し<ruby>た</ruby>か）を見て取る可能性が非常に低いときには、なおさらだ。ジーランディア大陸の初期の化石記録に、モアやキーウィ、ムカシトカゲ、その他の脊椎動物の系統が欠けていることには、たいした意味はない。干し草の山に紛れ込んだ一本の針が見つからなくても別に不思議ではないのと同じようなものだ。

だが、ゴンドワナ大陸の残存種という考え方は、たんに脊椎動物あるいは動物全般についてのものではなく、ニュージーランドの生物相全体についてのものだった。たとえば、植物の地理的分布を説明するためにプレートテクトニクスを使った、広く引用されてきたある初期の論文の執筆者たちは、「ニュージーランドの低地における今日の植物相の大半は、八〇〇〇万年前の温暖なゴンドワナ大陸の植物相と類似している」[18]と主張している。事実、ゴンドワナ大陸の残存種とされる典型的な例の一部は、ニュージーランド・カウリの巨木やナンキョクブナなどの植物だ。それでは、ニュージーランドの植物の化石記録はどれほど頼りになるのか、そして、何を物語っていたのか？

最初の問いに対する答えは、「脊椎動物の化石記録の信頼性をはるかに凌ぐ」だ。いわゆる「大型化石」（葉、茎、花、種子の化石）だけを考えたときにさえそうで、植物の「微化石」（小さな、顕微鏡でしか見えないことの多い、植物の部分、とくに花粉の化石）の記録も含めれば、なおさら明らかにそう言えた。

花粉は頑丈だ[19]。花粉の表面は主に「スポロポレニン」という物質でできている。この物質はあまりに耐久性があるので、化学成分は完全にはわかっていない。それを構成している成分に、いまだにすっかり分解できていないからだ。そのうえ、スポロポレニンの覆いは二層になっており、そのあいだに棒状の支柱が何本もあって、構造全体を強化している。どうやらすべて、中身すなわち植物の精子（精細胞）中の遺伝物質を守るために、自然淘汰によって「デザインされた」らしい。花粉は風に乗ったり、地面に落ちたり、ミツバチや甲虫や蝶に運ばれたりして環境へ出ていくので、ほかの物につぶされたり、花粉の壁が乾燥してつぶれたりして精子が押し砕かれないで済むような構造になっている必要があるからだ。

* このリストは、白亜紀後期（およそ七五〇〇万～六六〇〇万年前）のニュージーランドの化石記録で見つかった、個体ではなく分類群の数を表している。新生代の最初の世である暁新世も含めれば、このリストにはさらに二種類の鳥が加わる。ともにペンギン科の鳥だ。

花粉の頑丈さと、植物が生み出す花粉の天文学的数量を組み合わせると、途方もない数の花粉の化石ができる。そのうえ、多くの植物分類群の花粉は独特の形状をしている（針が生えていて、大きな丸い穴が空いているものもあれば、表面が波打っていて、スリットのような隙間があり、針は生えていないものもあるかもしれない）ので同定に使えるし、過去についての信じられないほど有用な情報源にもなってくれる。堆積物コア〔「コア」とは円柱状のサンプルのこと〕を採集し、花粉の化石だけからでも植生が時代を追ってどう変化したかをある程度把握できる場所が、世界のあちこちにある。もちろん、花粉の化石の調査には特有の問題もある。花粉は遠くから風に運ばれてきているかもしれないので、花粉の種類とそれを生み出した植物をうまく組み合わせられる保証はない。太古のサンプルの場合にはなおさらだ。それでも花粉の化石は、ニュージーランドとジーランディア大陸のものも含め、過去の植物相を推測するうえで、決定的に重要な役割を果たしてきた。

植物の化石記録（その多くが花粉の化石記録）からは、古代のゴンドワナ大陸の植物相が執拗に存続していたようには見えず、さまざまな分類群がたえず変化し、入れ替わっていたことがうかがわれる。[20] むろんどの系統も、いつでもどこでもするように進化していたが、新しい系統が現れたり消えたりしており、その変化の速さは、仮に残存種の物語を信じていたら、かなり驚くべきものだった。たとえば現代ニュージーランドの主要な被子植物のグループの化石記録を対象とする二〇〇一年のある調査の結果（一九八〇年ごろまでに知られていたものとあまり違わない）によれば、年代順に並べると、白亜紀後期に最初に三グループ（ナンキョクブナを含む）、暁新世に三グループ、始新世《ししんせい》に一七グループ、漸新世に一二グループ、中新世に九グループ、鮮新世に三グループ、更新世《こうしんせい》に二グループが現れたという。[21] そのあいだに、アカシア、ユーカリ、数種類のヤシといった、熱帯あるいは亜熱帯の多数のグループを含む多くの系統が姿を消して二度と復活しなかった（少なくとも人間がその一部をあらためて導入するまでは）。この化石記録がおおよそ正しいとすれば、現代の被子植物の系統には、ニュージーランドで南極＝オーストラリア大陸からの分離までさかのぼるような切れ目のない歴史を持つものがほとんどないことになる。むしろ、もともとの系統（古いジーランディア大陸の「乗客」）のほとんどは絶滅してしまい、ほかの多くのグループがおそらく長距離の海洋分散で到着したようだ。

ジーランディア大陸の植物相の歴史を、もっと個人的で具体的なかたちで実感するために、私はニュージーランドの南島をほぼ縦断するサザンアルプスで妻のタラと訪れた場所を思い出した。私たちはこの山脈の中央にあるアーサーズ峠の近くに立ち寄り、幹線道路脇の短い環状の自然遊歩道を歩き、そのあと、更新世の氷河が刻んだ典型的なU字谷を登った。私たちは山麓の、ほとんど木のない区域にいたが、上には発育の悪いナンキョクブナの森が依然として見られた。タラは植物学者で、木の生えていない山の上方が大好きなので（彼女はロッキー山脈の高山ツンドラにおける実生《みしょう》について博士論文を書いた）、自然遊歩道のいたるところで立ち止まっては、クローズアップで写真を撮り、『ニュージーランドのアルプス植物野外観察ガイド（*A Field Guide to the Alpine Plants of New Zealand*）』(22)のページをめくった。谷を登るときには、多少は歩《ほ》が速まったが、遊歩道の起点から八〇〇メートルほど行ったところで、彼女は植物の魅力に抗《あらが》えなくなり、完全に足が止まってしまった。私は風景を眺めながら引き続き谷を登っていった。壮大な風景ではあったが、ニュージーランドにしては垢抜けしない。薄汚れた灰色の岩屑が転がる斜面、点々と雪が積もり、崩れかかった山の高み、麦藁《わら》色のタソックを背景に生えている赤みがかった茶色の低木、

4.4　ニュージーランド南島のアーサーズ峠に咲いていた，世界最大のキンポウゲ，マウント・クック・リリー（左）と，ケルミシア属のデージーの数多くの種の1つ，ラージ・マウンテン・デージー．この場所で著者が同定できた，この2つをはじめとする植物の系統の化石記録は，その祖先が海洋分散でやって来たことを示している．著者撮影．

暗い色の岩の上を流れる冷たい小川。途中で私は、自分が目にしているものを分析するのをやめようとした。しばらくは植物の分類法や太古以来の歴史から頭を解放しようとしたが、あまりうまくいかなかった。ニュージーランドでは、生物地理学がいつも私の思考の中に入り込んでくるのだった。けっきょく、この禅の修行のような試みは諦め、遊歩道を引き返して下っていくときには、あとで名前を確認するために、特定の植物の姿を頭に焼きつけるように努めた。

私はずっとのちに、撮影した写真と記憶を頼りに、二人がその日に目にした植物の一部を一覧表にまとめた。短い表だったが、分類学上は変化に富んでいた。鱗に似た葉をつけているのでビャクシンのように見える、ヘーベ属のオオバコ科の低木。中心が黄色で、白い大きな花をつけ、ユリのもののような長い尖った葉を持つデージーの一種、ラージ・マウンテン・デージー（*Celmisia semicordata*）（どういうわけか、ニュージーランドの植物は白い花をつけるものがやたらに多い）（図4・4参照）。これまたユリのような葉を持つもののユリ科ではなく、ニンジンの仲間である、アキフィラ属の草。これも花が白く、植物に詳しい人のあいだでは世界最大のキンポウゲとして有名なマウント・クック・リリー（*Ranunculus lyallii*）。いたるところに生えているタソックの一種*Chionochloa pallens*。背が高く毛の生えた茎に、やはり花弁が白い花を一輪だけつける小ぶりのラン（*Aporostylis bifolia*かもしれない）。そして、ごく狭い湿地に生えていた、ごく小さな二種類の植物──食虫植物のモウセンゴケ（*Drosera*）と、コーヒーノキの仲間で、雌花の萼《がく》から指のような長くて黄色いめしべが上向きに突き出ている、コプロスマ属の匍匐《ほふく》植物。

私は化石植物に関する文献にあたり、この一覧にある植物の系統のそれぞれがいつニュージーランドに最初に現れたかを突き止めた。これは植物相の大きなサンプルでも、任意のサンプルでもなかったが、それでもこれらの植物の化石記録がその由来について示していることには目を奪われた。ジーランディア大陸が南極＝オーストラリア大陸から分離した約七五〇〇万年前以前はおろか、それに近い時点にさえさかのぼるものは皆無だったからだ。コプロスマ属がいちばん古く、五〇〇〇万年前ぐらいだろうか、始新世にニュージーランドに現れたが、ほかの系統はすべて最初に見られたのは過去三五〇〇万年以内にすぎない。化石記録を額面どおりに受け取れば、あの日たまたま目にした（ただし、ありふれた）植物の一群のうちには、ゴンドワナ大陸の残存種は一つとしてないことになる。そのすべてが、海を渡って到着したように見えるのだ。

チャールズ・フレミングという名の古生物学者は、大陸移動説の正当性が立証される以前から、主に化石に基づいて、ニュージーランドの植物相（と生物相全体）について、このおおむね分散説と言える見解を提唱していた。[23] ニュージーランドの面積が漸新世後期と中新世前期に大幅に減少し、一部の植物グループの絶滅につながったと最初に主張したのが、このフレミングだった。また、ニュージーランドの海岸に、「起源の中心地／分散パラダイムの断片」が打ち上げられているとゲーリー・ネルソンが書いたとき、彼が念頭に置いていたのもフレミングだった。

分断分布説を支持する動きが最高潮に達していた一九八〇年代でさえ、ニュージーランドの生物相はゴンドワナ大陸の残存種であるという筋書きを買わないニュージーランドの学者は、フレミング以外にも数人いた。ニュージーランド地質調査所でフレミングの同僚だったダラス・ミルデンホールは、「現代の生物相を調べている古生物学者と生物学者のあいだには隔たりがあった[24]」と回想している。かなり少数派の古生物学者たちは海上分散を必要とする、系統の変化の歴史を考えていたのに対して、それ以外のほぼ全員は、ゴンドワナ大陸の残存種という筋書きを信じていた。ミルデンホールは花粉の専門家で、花粉の化石記録は、欠点はあるものの、ニュージーランドの植物系統の多くがのちにやって来たことを明らかに示していると考えている。彼は一九八〇年にこの点を主張する論文を発表し、ノトファガス属のナンキョクブナの歴史を語るときにも長距離分散が必要とされるかもしれないとさえ述べた[25]。そのころには、ノトファガス属はゴンドワナ大陸の分断分布の代表例の一つになっていたので、ミルデンホールは分断分布説を支持する動きの心臓部を直撃している可能性があったわけだ。

ところが私の見るところでは、ミルデンホールの論文は生物地理学の分野にはただちに影響を与えることはほとんどなかったようだ。一九八〇年代を通して彼の論文はかなり頻繁に引用されたものの、それはほかの古生物学者たちによるもので、その場合にさえ、ニュージーランドの生物相が分散に由来するという、この論文が提唱する全体的メッセージを伝える目的での引用ではなかった。ニュージーランドの現生生物学者（化石生物ではなく現生生物を研究する生物学者）にとって、すべては依然としてゴンドワナ大陸中心だった。

「ナンヨウスギ属には双幹のものがありますか?」[26] マイク・ポールという名のニュージーランドの高校生がいつも手紙でミルデンホールに投げかけていたのは、このたぐいの質問だった。これは一九七〇年代なかばから後期にかけてのことだった。ミルデンホールはいつも詳しい返事を送った。植物学と古生物学に対するこの子の熱意に水を差したくなかったからだが、おそらくそれは杞憂だっただろう。

マイク・ポールは九歳で植物の化石収集を始め、一〇代で古生物学マニアになって仲間たちと標本を交換し、ニュージーランドの化石研究には知識の大きな空白がいくつもあることに早くも気づいていた。まだ高校生だったときに、「ニュージーランドの生物地理学——古生物学者のアプローチ」と題するチャールズ・フレミングの一九六二年の論文や、「オーストラリア大陸東部の三畳紀の植生の再現」といった題の、ほかの学者の論文も読んだ。普通のティーンエイジャーが読むものとは言いがたい。ポールは当時すでに、植物化石を一生の仕事にしたいと、はっきり思っていた。

彼はまた、自分が研究したいのが具体的にはニュージーランドの植物相であることも承知していたので、生まれ育ったアレグザンドラから一一〇キロメートルあまり離れたダニーディンにあるオタゴ大学で学ぶことになった。ダニーディンでは指導教授で古生物学者のダグ・キャンベルと、時折キャンパスから教授の自宅まで歩いていき、昼食をご馳走になりながら生物地理学についておしゃべりをした。オタゴ大学で博士号を取得したばかりで、ニューギニア島の大学で教えている植物学者も、帰国したときにはこの二人に加わった。ニュージーランドの学究の世界は狭いのだ。この植物学者がマイケル・ヘッズで、のちに、長距離分散は何ら重要ではない、すべては「ありふれた」分散に続く分断分布だと主張することになる。[27] ポールは生物地理学について批判的思考をしはじめるうえで、キャンベルとヘッズに助けられたことを認めているが、ヘッズのクロイツァット流の見解の影響は受けなかった。

ポールは引き続きダニーディンで博士課程に進み、ニュージーランドの現代の森林に生えている木々の検索表〔生物の分類群を同定するための、特徴を記述した一覧表〕を準備しているときに、自分の博士論文の主題である化石が、現生のさまざまなグループの祖先でもなければ、近い仲間ですらないことがわかってきた。彼はゴンドワナ大陸の残存種という考え方に少なくともわずかには洗脳されていたが、フレミングとミルデンホールがすでに見て取ったことを、今や自ら発見していた。すなわち、過去六〇〇〇万年ほどのあいだにニュージーランドの植物の系統が大幅に入れ替わっていることを、化石記録は示していたのだ。

ポールは博士論文の中で、オーストラリア大陸とニュージーランドの過去の植物相を（花粉ではなく葉の化石を使って）比較し、それが非常に動的であり、両地に存在していた植物の系統がそのときどきの気候を反映していたことを強調した。[28] それが最も顕著だったのは、中新世初期から中期にかけて（およそ二〇〇〇万年前から一〇〇〇万年前に）ニュージーランドのいくつかの土地の植物相が、非常に「オーストラリア的」に見えるようになった点かもしれない。頻繁に火事になる森林に適応したアカシアやユーカリ、針葉樹のようなモクマオウ科の樹木といった被子植物が生えていたのだ。この時期やそのほかの時期におけるオーストラリア大陸とニュージーランドの植物相の類似は、タスマン海を越える比較的容易な植物の移動の結果だとポールは主張した。明らかにタスマン海は障壁だったが、それは多くの植物が克服できるものだった。おそらくユーカリのような植物はいつもタスマン海を渡っていたのだろうが、ニュージーランドの気候が十分「オーストラリア的」になったときに初めて、そこで生き延びることができた。そして、ニュージーランドの気候が再び変化して森林が燃えにくくなると、火災に適応したオーストラリア大陸の植物は姿を消した。つまり、ニュージーランドの植物相の性質は、もともとのゴンドワナ大陸に生息していた生き物たちではなく、長距離分散と気候に左右されていたということだ。

ポールはその後一九九四年に発表した論文で、ニュージーランドへの長距離進出の重要性を訴える主張をさらに充実させた。(29) 彼はダーウィンを思い出させるような議論をじっくり展開し、ニュージーランドでは海を越えた進出者ではなくゴンドワナ大陸の残存種と考えられている系統が、いくつかの海洋島では固有の植物の系統として存在している点に言及した。そのなかでも目を引くのがノーフォーク島のノーフォークマツ（*Araucaria heterophylla*）という針葉樹だ。うっとりするほど均斉のとれた三角形をし、濃緑の葉をつけたこの木は、室内用の鉢植え植物としてよく知られている。ノーフォークマツはナンヨウスギ科に属する。世界中の生物地理学に詳しい人なら、この名前を聞いたらすぐにゴンドワナ大陸を思い浮かべるだろう。ナンヨウスギ科のさまざまな種は、種子を分散させる特別な手段を持っていないので、長距離進出者としては不適格だと考えられている。したがって、南アメリカ大陸南部やオーストラリア大陸、ニュージーランド、ニューカレドニア島といった広範囲に生息している事実は、たいていゴンドワナ大陸の分断化によって説明されてきた。ところがポールは、ノーフォーク島が過去三〇〇万年以内に海中から出現した火山であることを指摘した。そして、ノーフォーク島はこの木の祖先にとって最寄りの起源である可能性の高いニューカレドニア島から七〇〇キロメートル離れていることにも触れた。理論的に言えば、ノーフォーク島の針葉樹はこの島にあってはならないはずだが、現に存在するので、その祖先は海洋分散によってやって来たに違いない。

ポールはこのたぐいの例をほかにも多く挙げた。海洋島には行き着けないはずなので「非海洋性」に分類されていた植物が、ノーフォーク島やロード・ハウ島、キャンベル島など、ニュージーランド周辺の島々で見られる事例だ。これらの島はみな、かつてジーランディア大陸の一部だった海膨《かいぼう》や海台の上にあるが、陸地として長い歴史を持っていることを示す地質学的証拠はない。大陸地殻に載っているかもしれないが、どれも新しい島のようで、ほとんどは過去数百万年間に火山として海面から顔を出したらしい。「非海洋性」の植物がこれらの海洋島に到達したのなら、それらやほかの類似の系統は、海を越えてニュージーランドにもたどり着けたはずだというのが、ポールの主張の核心だった。たとえば、ニュージーランドで唯一現生のナンヨウスギ科の木である巨大なカウリは、一般にはゴンドワナ大陸の残存種だと考えられているが、その祖先が筏となる自然物に乗った種子あるいは木としてニュージーランドに到達しなかったと、誰に言い切れるだろう。ようするにポールは、長距離の海洋分散の有効性に関するダーウィンの主張を繰り返していたのだが、ダーウィンとは違って、異なる陸塊で同じ生き物が創造されたという考え方に反論するのではなく、ゴンドワナ大陸の残存種であるという考え方を打ち砕くために、その主張を利用していたのだった。

典型的なゴンドワナ大陸の系統であるナンキョクブナがずっと生き延びてきたという説に、ポールもミルデンホール同様、疑問を抱いた。具体的にはこういうことだ。ノトファガス属には花粉によって区別できる三つの種があるが、白亜紀後期にジーランディア大陸が孤立した時期までさかのぼる化石記録があるのは、ニュージーランドではその三つのうちの一つである *Nothofagus fusca*（アカブナ）というグループだけだった。*Nothofagus menziesii*（ギンブナ）と *Nothofagus brassii* という残る二つの種は、花粉の化石から白亜紀後期に生息していたことが知られているが、それはニュージーランドではなく南アメリカ大陸とオーストラリア大陸でのことだった。* つまりこれら二つの種は、ゴンドワナ大陸に生息してはいたものの、ジーランディア大陸という船が港を出るときに乗りそこない、ニュージーランドが南極＝オーストラリア大陸から分離したあとに、ようやくそこに進出したというわけだ。かつてゴンドワナ大陸の一部だった陸塊に由来するという意味では、*N. menziesii* と *N. brassii* の両種はほかの多くの植物の分類群とともに、この南の超大陸のものかもしれないが、大陸分裂以来ずっと途切れることなくニュージーランドに存在してきた残存種ではないとポールは主張した。両グループは、分断分布説の世界観が示唆するような意味では、ゴンドワナ大陸のものではなかったのだ。ポールは自分の分散説の見解を推し進めるにあたって、フレミングやミルデンホールよりもなお先まで行き、ニュージーランドの全植物相が海を越えた進出者の子孫かもしれないと述べた。

近ごろは、マイク・ポールはモンゴル（そこでは「ゲル」というテントのような伝統的な天幕住居にしばしば滞在する）と、ボルネオ島のうちインドネシア領の部分であるカリマンタンでほとんどの時間を過ごしている。[30] かなり頻繁に洪水や猛吹雪、不正行為に直面したり、インドネシアの熱帯雨林で川の中を徒歩でさかのぼったり、ゴビ砂漠の星空の下で寝たりといった、冒険だらけの生活を送っている。アルフレッド・ラッセル・ウォレスが類縁種の地理的分布を使って進化説を支持する「新しい種の登場を調節してきた法則について」という論文を書いたサラワクもボルネオ島にあるが、ポールはウォレスの足跡をたどるためにそこにいるわけではない。本人によれば「暗い側《ダーク・サイド》」に転向し、今では探査地質学者として働き、

＊ ノトファガス属の化石化した花粉をこのように特定のグループに割り当てることには疑問があり、じつはここで挙げた三つの種のどれ一つとして、ジーランディア大陸の誕生時には存在していなかった可能性がある（Cook and Crisp 2005）。

石炭を探しているのだそうだ。私はそれを聞いて少しがっかりしたが、それは私が石炭を環境汚染《ダーティー》エネルギーだと考えているせいではなく、ポールは人の心をつかんで考えさせるような生物地理学の論文を書いていたからだ。私にとってとくに重要だったのが、ニュージーランドの植物相についての一九九四年の論文で、私は生き物がなぜ今の場所で見つかるのかに関する考え方に大きな影響を受けた。彼は自分のキャリアのうちでその部分を捨てたのかもしれないように私には思えた。

ところが、ポールはあいかわらず生活の一部をニュージーランドで送り、依然として時間を見つけては化石植物の研究をし、ニュージーランドの植物相の起源について今なお考えていることがわかった。ゲーリー・ネルソンに似て、彼はニュージーランドの生物相の起源を説明することが、全世界の生物地理学史を理解するカギだと考えている。(31) もちろん彼は、ネルソンは完全に見当違いだとも思っている。ポールの見るところでは、ニュージーランドは古代の分断分布ではなく、偶発的な、海を越えた進出の世界的な重要性を示しているのだ。

ポールは一九九四年の論文で、ニュージーランドの植物相は海洋分散を起源とすることを、それまでで最も強力かつ的確に論じた。それにもかかわらず、分断分布の世界観に傾倒する懐疑的な人々は、彼の主張にいくつも穴を見つけることができた。ポールは先輩のフレミングとミルデンホールと同じで、化石の出土に大々的に依拠していたが、よく知られているとおり、化石記録とは不完全なものだ。とくに、ジーランディア大陸誕生以来、ニュージーランドの植物相が大きく変化しているように見えるのは、理論上は、化石記録が断片的であるために得られた偽りの結果という可能性があった。ニュージーランドの植物の化石記録が脊椎動物の化石記録よりもはるかに優っていることは誰もが認めるが、だからといって、植物の化石記録が絶対的な意味で信頼できることには必ずしもならない。たとえば、多くの系統がずっと存続してきたものの、そのうちには化石記録がまったく残りそうにない狭い地理的範囲だけで生き延びた期間が含まれる可能性がある。そうしたグループはゴンドワナ大陸の残存種でありながら、のちにやって来たグループ、あるいはニュージーランドからいったん姿を消して、のちに再び進出してきた分類群としてポールに解釈されたかもしれない。

ノーフォーク島やロード・ハウ島のような火山島に予想外の進出を遂げた「非海洋性」のゴンドワナ大陸の植物としてポールが挙げた例もまた、ニュージーランドの植物相の起源について、確かなことは何ら示していない。海洋分散が起こりうるからといって、偶発性に頼るそのような説明を信じるべきであるということにはならない。より単純な説明、すなわちゴンドワナ大陸の分裂期間を通して生息しつづけたという説明でも十分事足りるからだ。多くの生物地理学者が信じていたように、もし分断分布をまず想定すべきだとすれば、より直接的な証拠（現に分断仮説を退けるようなもの）が必要だった。

ポールは一九九四年の論文で、明らかに自分の専門領域外ではあるものの、自分の長距離分散説の主張を支持する二組の研究に触れている[32]。それらの研究は、ナンキョクブナと走鳥類という、ゴンドワナ大陸の二つの代表的グループにかかわるもので、両グループの少なくとも一部の成員が比較的最近、海上分散でニュージーランドに進出したと主張している。たとえば走鳥類の研究論文の執筆者たちは、キーウィの系統は過去四五〇〇万年間にオーストラリア大陸からニュージーランドにたどり着いたとしている。それが正しければ、空を飛べないこれらの鳥は、タスマン海を渡らなければならなかったことになる。

ポールはこれら二つの研究を説明するときに、両者を完全に是認してはいないかのような言葉遣いをしている。彼が懐疑的だったのは、それらの研究論文の執筆者たちの全般的なアプローチに関係があるのかもしれない。彼らは「分子時計」を使って生物グループの進出の年代を推定しており、このようなアプローチの問題点はよく知られていたからだ。とはいえ、ナンキョクブナと走鳥類に関するこれらの研究は、問題を孕《はら》んでいようといまいと、来るべきものの前触れだった。言わば、土砂降り前の最初の雨粒だったのだ。

一八九二年七月、アメリカ合衆国北東の沖合の、フィラデルフィアほどの緯度で、最寄りの陸地から四八〇キロメートルあまり離れたところを、自然の浮き島が漂っているのが発見された[33]。この島は広さがおよそ八一〇平方メートルあり、高さ九メートルほどの木々が生い茂り、一一キロメートル以上離れたところから視認できたと言われている。この島は九月にも再び見られた。そのころには最初の場所からメキシコ湾流によって一九〇〇キロメートル以上も北東に押しやられていた。

II

TREES *and* TIME

進化樹と時間

第5章
DNAがもたらした衝撃

タイミングの問題

学校の歴史の授業でもきまって退屈なことの一つに、歴史年表の暗記、つまりすべて年代順に並んだ出来事とそれが起こった年月日のリストの暗記がある。ヘイスティングズの戦いが一〇六六年、コロンブスによる新世界の発見が一四九二年、独立宣言の署名が一七七六年七月四日――これらはみな、年表のおなじみの項目だ。そうした年月日を覚えるのは面倒かもしれないが、歴史を読み解き、なぜどのように物事が起こったかを理解するためには、年表の知識は明らかに欠かせない。出来事が起こった正しい順序がまったくわかっていなければ、どのような歴史的つながりを想像しかねないか考えてほしい。私たちは、マゼランはクック船長の地図を使って太平洋を横断する航路を計画したと想像したり、二〇〇八年の金融危機がヒトラーとナチスの台頭を促す一因だっただろうかなどと思ったりするかもしれない。

人類史、それも近年の人類史については、そのような例はばかげて聞こえる。年表はたいていしっかり確立されているので、私たちは順序をないがしろにするようなつながりを考えるのに時間を浪費したりはしない。とはいえ、歴史を最も一般的な意味で考えると、すなわち、宇宙論や地質学、進化生物学、言語学その他の領域まで含む歴史を考えると、出来事の絶対的タイミングと相対的タイミングが、事実の明白な集合にはなっておらず、確定するのが非常に難しい場合が多くある。たとえば、ビッグバン宇宙論を支持する最初の有力な証拠を出発点に、一九二〇年代には宇宙の年齢の推定が、約二〇億年から一三八億年へと段階的に膨れ上がった[1]*。同様に、人間の言語は私たちが進化の過程でチンパンジーの系統から分かれたあとで生まれたことは確かであっても、この決定的に重要な出来事のより正確な年代を裏づける証拠はなかなか得られずにいる。当然ながら、ビッグバンや人間の言語の起源についての文書記録などないし、これらの出来事の年代推定に役立つ証拠は解釈が難しい場合がある。その結果、因果の連鎖としてどのような可能性があるかも、はっきりしないことが多い。たとえば、言語が生まれた結果、より大きな脳が自然淘汰で選ばれるようになったという主張がなされてきたが、言語と脳の大きさの関係は推論の域を出ていない。一つには、正確にはいつ言語が発生したか（より厳密には、言語の進化における特定の段階がいつ起こったか）が不確かだからだ[2]。先ほどのヒトラーの例をまた取り上げれば、二〇〇八年の金融危機が第三帝国の前に起こったのかあとに起こったのかがはっきりわからないまま、作業を進めている場合が多いようなものだ。

歴史にかかわる学問分野がすべてそうであるように、歴史生物地理学もこの分野に関係のある出来事の年表が確立されればおおいにその恩恵を受けるだろう。より具体的に言えば、断片的な分布を適切に説明

＊　ある時点では、見かけの膨張率から推定した宇宙の年齢は、地球の推定年齢よりも大幅に若かった。二つの推定の少なくとも一方に深刻な誤りがあったということだ。実際、今日の知識に照らすと、両方とも若すぎたことになるが、宇宙の年齢の推定のほうが、はるかに若すぎだった。

するためには、進化上の分岐点の年代に関するそのようなタイミングの情報がぜひとも必要だ。そのような分布の多くでは、異なる時期に異なる作用を想定する説明が競合している。片や大西洋の誕生のような古代の分断事象、片や海洋などの障壁を越える生物の分散にまつわるもっと新しい事象、というのが典型的だ。だから、二つの系統（たとえば、南アメリカ大陸に住む齧歯類とアフリカ大陸の齧歯類）がいつ分岐したかがわかれば、古代の分断分布による説明を退けること、あるいは支持することができる可能性が十分ある。分岐の年代が新しすぎれば、分断分布では説明できないし、逆に分断分布仮説にふさわしいほど古いかもしれない。どの学派の生物地理学者も、生命の樹の枝が分岐するそれぞれの時点が正確にわかれば非常に有用であるという点では意見が一致している。いつがわかれば、どのようにを解明するうえで大きな進展があるだろうことには、誰もが同意している。これまでずっと彼らがはっきり意見を異にしてきたのは、現実の生物地理学研究におけるそうしたタイミング情報の実際的な役割だった。

マイク・ポールがニュージーランドの植物相の起源について考えをまとめていた一九九〇年代初期に、歴史生物地理学はこの問題をめぐって真っ二つに割れていた。二つの政党が激しく敵対し、かなりの数の人がどちらにつこうか迷っている国家のようなものだった。一方の側には、ゲーリー・ネルソンらの分岐学の支持者を含む、筋金入りの分断分布説支持の学者たちと、分岐図（関連する年代情報抜きのもの）あるいはトラックこそ根本的な種類の証拠としてそれに的を絞るマイケル・ヘッズのような汎生物地理学者たちがいた(3)。彼らは化石を使って進化上のグループに年代を割り振ることには関心がない点で際立っていた。その無関心は、化石記録はあまりに不完全なので年代推定に役立つ情報は得られないという彼らの信念に由来していた。彼らは極端そのもので、ハワイ諸島の生物相の起源やホモ・サピエンスの分布といったものさえも、古代の分断分布で説明するほどだった。彼らはたいてい、進化上の分岐点の年代を推定する唯一の有効な方法は、地殻変動その他による分断事象と結びつけることだと信じていた。たとえば、オーストラリア大陸とニュージーランドのナンキョクブナは、分岐図を眺めることで両者の分離がゴンドワナ大陸の分裂に起因することが立証されれば（私は「立証」という言葉を緩やかな意味で使っている）、およそ八〇〇〇万年前に分かれたのを「知る」ことができるという。この見方によれば、時間（分岐点の年代）は分散と分断分布を区別するためにはけっして使われず、分断分布で説明できるとすでに「わかっている」結果ということになる。

もう一方の側には、多くのグループが地球上（とその特定の場所）に初めて姿を現したのがいつか大まかにわかっていると考え、その情報を使って生物地理学史を解釈するのを厭わない人々がいた。地質年代に生命の歴史を重ね合わせた、教室用の大きな図を思い浮かべてほしい。最初の昆虫（「シルル紀」という言葉の隣を這いまわっている）、最初の哺乳動物（三畳紀）、最初の鳥（ジュラ紀）……という具合だ。この二つ目の学者のグループは、そのような年表を、少なくとも、事実に近いものとして受け入れていた。驚くまでもないが、彼らのほとんどが古生物学者か、化石記録に強い関心を抱く人々だった。彼らは、ジーランディア大陸の古植物学的記録に没頭していたマイク・ポールとダラス・ミルデンホールや、軟体動物やそのほかの殻を持つ無脊椎動物を研究していた古生物学者のアンソニー・ハラム、現生魚類と化石魚類の両方の研究をしていたジョン・ブリッグズのような人々だ。彼らは大陸移動の作用について無知だったわけではない。それどころかハラムとブリッグズはともに、プレートテクトニクスとそれが生物地理学的事象に与えた革命的な影響について本を書いているほどだ。[4] とはいえ彼らは全員、ウィリアム・ディラー・マシューやジョージ・ゲイロード・シンプソン、エルンスト・マイヤーらのニューヨーク学派の分散説支持者が何十年も前にしたように、一部のグループ（じつは、多くのグループ）がおそらく新しすぎて、古代の分断事象で分裂したはずがないことを化石記録が物語っていると主張していた。たとえばブリッグズは一九八七年の著書『生物地理学とプレートテクトニクス（*Biogeography and Plate Tectonics*）』で、アフリカ大陸と南アメリカ大陸で見つかるメダカ科の淡水魚の一グループは、大西洋ができてからはるかのちに現れたとしている。もしそれが正しければ、少なくともこの魚の一グループが、どうにかして塩水に耐え、海を渡ったに違いない。この学派に属するほかの学者たちと同様、ブリッグズも過去の事象を説明するときには分断分布説と分散説のどちらか一方を好むことはなかった。証拠に従うだけであり、彼にしてみればその証拠には各グループの年代についての情報も含まれていた。

当時、生物地理学にいくらか関心があった、あるいはあったかもしれない生物学者には、どちらの陣営にも属さない人も大勢いた。そのうちには、分断分布説の極端な見解を受け入れる気になれないものの、化石記録をあまり信頼しすぎるのをためらう人々もいた。ゲーリー・ネルソンの学問上の大胆さに魅了された植物学者のマイケル・ドナヒューもその一人だった。ドナヒューは分岐学の支持者として「育った」にもかかわらず、ネルソンとプラトニックの大著『系統分類学と生物地理学』に載っている要領を得ない無数の分岐図に嫌気が差した（彼はそれらを「ニワトリが引っ掻いた跡[5]」と呼んだ）が、ポールとミルデンホールに従って長距離分散は頻繁に起こると信じる気も起らなかった。一九九〇年代初期まで、ドナヒューは生物地理学に対して当初抱いていた関心をほとんど捨て、ほかのことに力を注いでいた。最初からあまり興味を掻き立てられることがなかった人もいた。生物地理学は大陸が移動することが判明して熱狂の渦に包まれたあとは、いくぶん停滞しているように見えたからかもしれない。だが、態度を決めかねていた人のほとんどは、生物地理学について少しでも考えているときには、分散説よりも分断分布説に傾いていたのではないかという気がする。分断分布説のほうが包括的で最先端を行っているように見えたからだ。

序章で述べたように、私は一九九〇年代には生物地理学についてほとんど知らなかったが、進化の講座でこのテーマについて講義しなければならなかったときは、主に海越えではなくゴンドワナ大陸の分裂について話すことにしていた。どうしても地球規模の分断のほうが、的を絞るのには「恰好良い」ように思えたのだ。ようするに、どちらかと言うと浮動票は分断分布説の側に傾きかけているようだった。

この趨勢を変えたのは（心を決めかねていた人にとってはとりわけ）、進化上の分岐点の年代を定める目的での分子年代推定データ、とくにDNAの塩基配列の利用だった。じつは分子年代推定は、これよりもはるか以前の一九六〇年代初期に始まっていたが*、そのような研究は一九九〇年代にそれまでとは比べ物にならないほど広まり、その上げ潮の傾向は今日まで続いている。多くの人の見るところでは、このアプローチは、進化の年代記の確立を突如として実現させた。長年の無知から打って変わって、ヒトラーが現に二〇〇八年の金融危機よりも何十年も前に権力の座に就いたことをようやく立証できるようになったようなものだ。

生物地理学にとっての分子年代推定の重要性を踏まえると、私たちが取り組むべき大きな疑問は、この方法によって推定された年代はほんとうに信頼できるかどうか、だ。驚くことでもないが、筋金入りの分断分布説支持者も含め、進化生物学者のなかには、分子年代推定は基本的に無価値で、したがってそれに基づく結論はいかなるものもやはり無価値であると、あいかわらず考えている人がいる。マイケル・ヘッズは二〇〇五年の論文に次のように書いている。「［ＤＮＡ塩基配列の］変異の程度は、進化にかかわる時間にとっても、その進化上の［分岐］事象の年代にとっても、目安とはならない(6)」し、分子時計を使ったアプローチは「生物地理学の問題を解決せず、たんに謎とパラドックスの泥沼へとつながるだけである(7)」。

＊　初期の分子年代推定研究は、ＤＮＡの塩基配列ではなくタンパク質中のアミノ酸配列に基づいていた。

今や引退したが、気の効いた言葉を吐くのが依然として得意なゲーリー・ネルソンも同様に、このアプローチと、生物地理学でそれを使うことを、むなしい「分子年代測定ごっこ」[8]と嘲笑ってきた。

分子年代推定研究を信頼するべきかどうかという厄介だが重要な点は第6章で取り上げる。だがその前に、多少個人的な好みからでもあるが、なぜこのアプローチがそのころに人気を博したかという疑問に取り組みたい。ある意味で、そのような疑問には完全な答えなどけっしてありえない。歴史的因果関係の長い連鎖をいくらでも前へとたどっていくこともできれば、主要な時点で起こったことを詳しく述べ立てることも、いつでも可能だからだ。分子年代推定の爆発的普及の場合には、DNAの構造の解明や、そのちの、DNA鎖に自己複製させる酵素の発見といった事柄の重要性を挙げることができる。エミール・ズッカーカンドルという名のオーストリアの生物学者と、ノーベル賞を受賞した化学者のライナス・ポーリングが一九六二年に提唱した分子時計という発想そのものと、一九七〇年代に発明された、長いDNA鎖を手に入れる方法もじつに重要だった[9]。とはいえ私はそれらをすべて背景と見なし、代わりにある学者が一九八〇年代初期に得た決定的な閃きに的を絞ることにする。だからといって、「偉人」という観点から歴史を眺めているわけではない。私は偉人の業績よりも、広範に及ぶ急速な効果を明らかに持っていた出来事を強調するまでだ。その出来事は、「帰還不能地点」と呼ばれる資格もあるかもしれない。つまり、避けようのない一連の作用を引き起こした出来事ということだ。私は問題の出来事が起こってから数年のうちに、その影響の一部を直接経験したので、それによっても見方が偏っているということもあるかもしれない。

そのような科学の転機は、それをもたらしている人々にとってさえ、いつも記憶に残るほど明確であるとはかぎらない。たとえば、ダーウィンが進化論を固く信じるようになった特定の時点があったかもしれないが、彼は進化論を長年にわたって温めてきた。[10] 彼がついに宗旨替えしたときには、すでに基本的な形を目にしていたパズルにいくつかピースをはめ込むようなものだった。とはいえ、これから説明しようとしている転機をもたらすことになった人の言葉をそのまま受け止められるならば、その転機はまさに雷撃のような閃きの瞬間に訪れたという。その閃き、その「発火点」の時と場所は厳密に特定できる。それは一九八三年五月のある晩、サンフランシスコの北のコースト山脈を走るハイウェイ一二八号線のマイル標四六・五八でのことだった。

連鎖反応の始まり

それは季節外れの暖かい晩で、カリフォルニアトチノキの花の甘い香りが濃厚に漂っていた。[11] キャリー・マリスは銀色の愛車ホンダ・シビックを運転して、アンダーソンヴァレーにある自分のキャビンに向かってバークリーから北に走っていた。助手席ではガールフレンドが眠っている。彼はＤＮＡの複製について考えていた。

マリスとガールフレンドはともに、シータスというベイエリアのバイオテクノロジー企業に勤務する化学者で、シータス社は事業の一環として、癌の治療法や、鎌状赤血球性貧血のような遺伝病の診断法を開発していた。もっともマリスは、白衣を着たお決まりの退屈な企業科学者とは大違いだった。実際彼は、危険をものともしない、折り紙付きの変わり者だった（し、今もそうだ）。ＬＳＤなどの幻覚剤も試してみたし、新しい化合物を自ら作っては自分を実験台にしてさえいた（マリスが博士号の取得を目指して勉強していたバークリーの研究室の教授は、かつて驚くべき自制を利かせながら注意したことがある。警察が来るといけないので、研究室の冷凍庫から向精神薬をすべて片づけてはもらえないか、と）。一度など、コロラド州アスペンで凍った道路の中央をスキーで下った。両側を自動車が猛スピードで走っていたが、どうやら気にならなかったらしい。いずれセコイアに激突して死ぬだろうと思っていたからだ。あいにく、アスペンにはセコイアはなかった。それに輪をかけておかしな経験もした。あるとき、笑気(亜酸化窒素)でハイになっているときに、タンクから伸びている管を口にくわえたまま気を失った。そして、見ず知らずの女性に救われたという。彼女は幽界で漂っているときに通りかかり、彼が倒れているのに気づいたそうだ。体を持たない彼女がどうやったのかはわからないが、氷点下の管をなんとかマリスの口から抜き取った。唇と舌の一部が凍傷になったものの、彼はこの事件を生き延び、ずっと後年あるベーカリーで、まるで運命の計らいであるかのように、自分の救い主が肉体化した女性に出会った。

そんな彼ではあったが、思索家で問題解決者であることは間違いなかった。バークレーからアンダーソンヴァレーまでのドライブには二時間半かかった。いつもその時間を活かして、自分の才能を発揮し、何に邪魔されることもなく難しい研究上の問題に注意を集中した。その晩、鎌状赤血球性貧血のように単一のDNA塩基対と結びついている病気を持っているかどうかを、より迅速に判定する遺伝子検査を考え出そうとしていた。どういうわけか彼は、短い塩基配列(シータス社の科学者たちが研究室で合成するのが非常に得意になったものだ)と、それを使って、相補的な塩基配列を持つ誰かのDNAの一部に結合させる(たとえば、合成したGTTCCCという配列を、その人のゲノム中のCAAGGGと結合させる)〔「G」は「グアニン」「T」は「チミン」、「C」は「シトシン」、「A」は「アデニン」という塩基で、GはCと、TはAと、それぞれ塩基対を構成する〕方法について考えていた。うまく結合させれば、そのあとその箇所からDNAに自己複製を開始させることができる。細胞が分裂するときにDNAが自己複製するのと同じやり方で、新しいDNAを生み出せるのだ。これはすでに知られている事実であり、実行可能なことだった。

ＤＮＡの研究をしている人は誰でもそうなのだが、配列を決定できる（Ａ、Ｇ、Ｃ、Ｔの順序を読み取れる）ほどの量を、遺伝物質の特定の範囲から得るのは楽でないことは、マリスも承知していた。標準的な手順では、狙いをつけたＤＮＡをバクテリアに挿入してから、ペトリ皿でバクテリアを増殖させ、挿入したＤＮＡを自分のＤＮＡとともに複製させていた。これは面倒な作業で、配列決定そのものよりもはるかに時間がかかった。言い換えれば、狙いをつけたＤＮＡを十分な分量だけ生み出す段階が、進行速度が最も遅く、それによって研究全体の進行速度が決まってしまう律速段階だったわけだ。ＤＮＡをすばやく大量に作り出す単純な方法を考案してこの問題を解決できれば、この手順における大躍進になることをマリスは知っていた。ＤＮＡの塩基配列の決定が格段に楽になるのだ。

マリスはハイウェイ一二八号線を走っていた。トチノキの淡い色の長い花房がヘッドライトの光の中に垂れ下がっていた。合成したＤＮＡ片のことで頭がいっぱいだったマリスは、突然、解決策を思いついた。それは典型的な閃きの瞬間だった。ウォレスがマラリアの熱に浮かされながら自然淘汰の仕組みに思い当たったときと同じだ。それはマリスが仕事中、型にはまらない思考をする傾向があったからかもしれない。おそらく数年前にＬＳＤを服用したおかげで、頭の中に新たな道筋が開けたと本人は言っている。いずれにしても、彼自身信じがたかった。まさか解決策が頭に浮かぶとは。彼は車を路肩に寄せ、ダッシュボードの小物入れから鉛筆と何かの封筒を出して、メモをとった。大きなトチノキが小さなホンダ・シビックにのしかかるようにそびえていた。ガールフレンドが眠りながら身じろぎした。車を停めたところには、白いハイウェイ標識があった。マイル標四六・五八だった。

マリスが気づいたのは次のようなことだった。ＤＮＡ鎖上であまり離れていない二つの領域に結合するような、合成した二つの異なるＤＮＡの塩基配列を使えば、狙いをつけたＤＮＡ（結合した二か所のあい

5.1　キャリー・マリスはポリメラーゼ連鎖反応法（略して PCR 法）を発明し，それによって生物地理学という科学も変えた．エリック・チャールトン撮影．

だの部分）を繰り返し複製するプロセスを開始させられるのだ。合成したＤＮＡ片の一つから複製を始めた新しいＤＮＡ鎖が、次の複製の段階で、もう一つの合成ＤＮＡ片が結合できる場所を提供し、それが今度は最初のＤＮＡ片が結合できる場所を提供するという具合に進んでいくのがカギだった。この複製の過程を十分繰り返せば、天文学的な数のお目当ての配列ができ上がる。マリスが真っ先に書き留めたのは、複製が起こるたびに増えていく、狙いをつけたＤＮＡの数にすぎない。一つの分子から始めて、一回目の複製が終わると二つになり、二回目で四個になり、八、一六、三二と増える。一〇回目には一〇二四に達し、その後も急激に増えつづける。これならうまくいく、と彼は思った。ハイウェイを少し進んで再び路肩に車を停めたときには、彼はすでにノーベル賞間違いなしと考えていた。

　マリスは自分が発見した新手法を、複製を引き起こすＤＮＡポリメラーゼという酵素にちなんで、「ポリメラーゼ連鎖反応法（略してＰＣＲ法）」と名づけた。だが、ガールフレンドを含め、シータス社の同僚たちにこの新しい手法を説明したときには、彼が画期的な発見をしたと思う者はほとんどいなかった。彼はいくぶん常軌を逸することで知られていたのが一因かもしれない（彼らはマリスの幽界の守護天使のことを知っていたのだろうか？）。比較的単純なものであっても新しい考えに対して覚えがちな抵抗もあったので、彼らはマリスが提唱した方法の重要性に気づかなかったのだろうと、本人は言っている。ともかく、七か月ほどが過ぎ、彼が研究室であれこれ試し、予備実験で有望な結果を出したときになってようやく、シータス社のほかの多くの科学者たちが騒ぎはじめた。ほかの科学者が加わり、そのなかにはマリスよりもはるかに緻密な実験科学者もいたので、ＰＣＲ法が実用的な手法であることがほどなく判明した。

その後マリスは、イエローストーン国立公園の温泉に生息するバクテリア *Thermus aquaticus*（略称「Taq」）がもつ酵素であるＤＮＡポリメラーゼの一種を使えば、複製過程の能率を上げられることに気づき、二度目の大躍進を遂げた。ＰＣＲ法では、ＤＮＡ複製の短い時間のあと、新たに形成された二重鎖を熱して再び引き離し、次の複製の段階が始まるようにしてやらなければならない。Taq 由来のポリメラーゼは、たいていの生物に見られる種類のポリメラーゼとは違い、熱しても影響を受けず、したがって、加熱段階のあと毎回試験管に補充する必要がない。ＤＮＡ鎖を加熱して引き離してから冷ましては、次の複製の段階を開始させるようにプログラムした、「サーマルサイクラー」と呼ばれる加熱ブロックと Taq を使えば、材料を放り込んで、あとは装置に任せておくだけで、狙いをつけたＤＮＡ片のコピーほんの数個が数時間後には何百万個にも増えるのだ。

あの晩、花咲くトチノキの下でノーベル賞を夢見ていたマリスは、誇大な幻想に酔っていたわけではない。彼は現に一九九三年、ノーベル化学賞を別の化学者と同時受賞した。彼が授賞式に参加するためにストックホルムにいたとき、スウェーデンの警察がホテルの部屋にやって来た。ライフル銃の照準器で使うような赤いレーザー光線が、彼の部屋の窓から出ているという通報に応じてのことだった。スウェーデンの犯罪率は低いが、一年ほど前にストックホルムでそのようなレーザー照準器を使った狙撃者に殺害された人がいたので、その赤い光線を目にして人々が不安になっていたのだ。警察の尋問を受けたマリスは白状せざるをえなかった。新しいレーザーポインターで遊んでいたのだという。眼下の通りを歩いている人々の近くを照らして、どんな反応をするか見るために。いかにもマリスらしい振る舞いだった。

PCR法が引き起こした大変革はたちまち進んだ。それはたまたま、私が分子年代推定を行なっている研究室で実際に研究に手を染め（放射線を浴び）ていた数年間と重なっていた。一九八七年、私は博士論文のための研究の一環としてガータースネークの系統樹を作成したかったので、必要な遺伝子データを得るために、リック・ハリソンという名の進化生物学者の研究室で研究を始めた。リックの研究室での一年目ぐらいだったと思うが、私は当時の標準的な方法だった「制限断片分析」と呼ばれるものであれこれ試していた。この手法には、ヘビのミトコンドリアからDNAを分離し（この手順で主に覚えていることと言えば、きわめて高速で高価な超遠心分離機の中でサンプルのバランスをとりそこなって、この装置を壊してしまいはしないかという懸念だ）、それから、特定の塩基配列（たとえばGAATTCとかAAGCTT）が現れるところでDNAを切断する酵素を使う、長い手順が必要だった。さらに数段階を経てから得られるのは、完全なDNAの塩基配列には程遠く、切断されたDNA片（それが「制限断片」だ）の塩基対をごく大ざっぱに示すゲル上の縞模様にすぎなかった。この作業は時間もかかるし複雑で、最悪なのは、結果をどう解釈すればいいのかがはっきりしない場合が多いことだった。ある意味では面白かったと言えるのだろう。込み入った手順をやり通し、本物のDNAの縞模様が現れるのを目にすると、いくらか満足感が得られたからだ。厄介なレシピに従って洒落たスフレを完成させるのにも似ていた。だが、スフレと同じで、成果は中身に乏しかった。この手法では、ガータースネークの妥当な系統樹を作成できるほどの、種どうしの違いに関する情報が得られなかったからだ。

幸い、一九八五年にPCR法の説明が公表されていた。(12) マリスをはじめとするシータス社の科学者たちが主な問題点を解決してしまうと、この方法が途方もない価値を持つだろうことが明らかになった。とくに、感染症や遺伝子疾患を診断したり、犯罪現場や凍結しているマンモスとネアンデルタール人の組織片、博物館の引き出しに収まっている絶滅鳥の羽毛などに由来する微量のDNAサンプルを分析したりするのに使える。いずれは人間の全ゲノムの塩基配列決定も可能にするだろう。当時の私は、こうしたことはまったく考えた覚えがない。私が知っていたのは、一群の科学者（PCR法に関する最初の論文では、マリスの名前は七人の執筆者の中ほどに埋もれていた）が発明してくれたこの手法は、（分子生物学に没頭する気などさらさらない）私のような人間が本物のDNAの塩基配列を手に入れるのを可能にするだろうということだった。

そして、実際そうなった。ベン・ノーマークという優秀な同輩大学院生が研究室で初めてPCR法を学び、私が知る必要のあることを数日をかけてすべて教えてくれた。最初の段階を見ただけでも、この手法の利点がわかった。PCR法では、狙いをつけたミトコンドリア遺伝子中の塩基配列だけを見つけて増やすので、ミトコンドリアのDNAを核DNAから分離する必要がない。* あのいまいましい超遠心分離機の中でサンプルのバランスをとる必要は、もはやなくなった。今や最初の段階には、それぞれのガータースネークの組織サンプルから、ミトコンドリアのものと核のものが混ざったままDNAをそっくり分離しさ

＊ 厄介なのは、人間を含めて多くの生物が、ミトコンドリアのDNAに由来して核のゲノムの中に取り込まれた、機能しない塩基配列を持っている点だ。そういう場合には、ミトコンドリアと核の両方のゲノムを含むDNAサンプルに対してPCR法を使うと、狙いをつけているミトコンドリアのDNAと、それに合致するものの狙っていない核DNAの、両方に由来する複製ができてしまうことが多い。よくあるように、核のほうのDNAがもともとのミトコンドリアのDNAと大きく異なっていると、結果がはなはだしく歪んでしまいかねない。

えすればよかった。これはかなりたやすい作業だった。そのあと私はDNAサンプルをTaqポリメラーゼや結合していない塩基、そのほかのものといっしょに小さな試験管に入れ、その試験管をパーキンエルマー・シータス・サーマルサイクラーに入れれば、数時間後には、最初と比べて途方もない数の、狙いをつけていた一続きのDNAが得られ、それだけあれば、塩基配列が決定できる。私は試験管の中で何が起こっているか理解してはいたものの、魔法のように思えた。

今日の大学院生は、自動的に塩基配列決定を行なう施設にPCR法用のサンプルを送るだけでいいが、私はDNAの塩基配列決定を自分でやらなければならなかった。そして、それがまた面倒だった。配列決定用の薄いゲルで何度も嫌な思いをしたことは、とくによく覚えている。ボール紙のようなフィルターの上に移すときに、このゲルは折れ重なってしまいがちだった。私はうんざりして、言うことを聞かないゲルを少なくとも一枚はゴミ箱に放り込んだ。数日分の苦労が無駄になった。とはいえ、この厄介な作業が終わり、ゲルが言うことを聞いてくれると、四つの塩基を表す四列の縞模様が写った画像が手に入り、そこから、AとGとCとTの実際の配列が読み取れた。この結果は、昔ながらの制限断片分析よりもはるかに役に立った。ガータースネークの種どうしの違いは紛れもなかった（一つの種は、ある特定の箇所にAがあるが、別の種はTだったりする）し、制限断片のデータと比べると、違いが多かった。その分だけ、進化上の関係を整理するのに使える情報が多いということだ。

新しい塩基配列がわかるたびに、研究室のコンピューターで「系統樹探し」プログラムを実行すると（自分のコンピューターはなかった。正真正銘の暗黒時代だったのだ）、点と線のネットワークが現れる。それがこのプログラムが想像しうる最善のガータースネークの系統樹だった。たとえば、ほっそりしたリボンスネーク（ガータースネーク属のヘビ）のうちの二種が互いにとって最も近い仲間（予想された結果）で、水中生活が非常に得意なメキシカンブラックベリーガータースネークは陸生種のグループに属する（多少、意外な結果）といったことが、このプログラムからわかった。ただし、今この系統樹を調べてみると、あまり出来栄えが良くないことは認めざるをえない。[13] もっと最近、研究仲間たちとやはりPCR法を使って行なった、はるかに大規模な塩基配列決定研究と比べると、私が作成した最初の系統樹は欠点だらけだった。間違っている場所もいくつかあったし、全体としても提供する情報が少なかった。だが、それが出発点だった。

私が初めてPCR法を試したのは一九八九年で、それはこの方法が最初に活字で説明された四年後のことだった。ちょうどそのころ、何百か所もの研究室で同じことが起こっていた。それほど急速にこの手法は普及したのだった。あっという間に、誰もがPCR法を使って微量のDNAを「増幅」し、塩基配列を決定できるほどの量を手にしていた。リック・ハリソンの研究室だけでも、コオロギ、アゲハチョウ、オオツノヒツジ、カニ、甲虫、さまざまな魚の塩基配列の決定に取り組んでいる人がおり、これはすべてPCR法の登場のおかげだった。ほかの研究室では、その他の無数の動物に加えて、植物、真菌、原生生物、バクテリアまでもが対象となっていた。

もっとも、これはDNAの塩基配列決定における最初の大発展ではなかった。分子生物学者たちは、さまざまな配列決定法が新たに発明された一九七〇年代に、そのような配列を頻繁に手に入れはじめていた。とはいえ、そうした研究はたいてい、医学的に重要な動物か、遺伝子はどのように働くのかといった分子生物学の基本的問題に取り組むのにとくに適した動物に的を絞っていた。調べる種は、キイロショウジョウバエ（研究室でよく使われるショウジョウバエ）や酵母菌、大腸菌、ハツカネズミ、ホモ・サピエンスといったもののことが多かった。マリスの発明がその手の研究に役立ったことは間違いない。だが本書にとって肝心なのは、PCR法によって進化生物学者（生物の多様性に関心があるものの、難しい分子的手法を学びたいとは通常あまり思っていない人々）が、コオロギであれ、ガータースネークであれ、カエデであれ、お好みのグループのDNA塩基配列を突き止められるようになった点だ。というわけで、PCR法のおかげで、生命の樹全体の多くの枝から得られる、この最も基本的で明確な種類の遺伝子データが爆発的に増えた。

私がガータースネークの系統樹に関する章を含む博士論文を書いたときには、分子年代推定分析は断然はやらなくなっていた。これはズッカーカンドルとポーリングが分子時計について最初に記述してからほぼ三〇年後のことで、そのころには遺伝的な変化のペースが系統ごとに大きく違いうることがはっきりしていた。分子時計は一定の速さで時を刻みはしない。[14] たとえば、哺乳動物の時計は速く、サメの時計は際立って遅い。哺乳動物のなかでは、齧歯類の時計が群を抜いて速い。このようにまちまちなので、分子時計という考え方は恐竜のように時代遅れのものと思われ、いったん別のデータが手に入れば、捨て去るべきものと見なされた。発想としては面白いが、うまくはいかなかった。私は自分の博士論文を書くにあたっては、系統樹の分岐点に年代を割り振るためにガータースネークのDNA塩基配列を使うことなど、考えもしなかった。だが、このような態度は変わろうとしていた。分子時計がほどなく返り咲くことになったのだ。

瓶の山

ライオライトというネヴァダ州のゴーストタウンには、古い瓶ばかりをモルタルで固めた家がある。[15] この家は芸術的傑作ではないが、使われている瓶の数には舌を巻く。約三万本だそうだ。一九〇〇年代初期にライオライトが金採鉱で栄えていたとき、町には材木が乏しかったが、酒場が五〇軒以上あったので、ビールとウィスキーの瓶には事欠かなかった。そこで町の人々が雑談していたときに、「木はないけれど、瓶はうんざりするほどあるじゃないか。これで家を建てられるぞ」と言っている姿が目に浮かぶ。その自称建築家たちはきっと素面《しらふ》ではなく、ビールを飲みながら、（そこそこ）慎重に空瓶を積み上げていったのだろう。いずれにしても、瓶の家というアイデアは、どんなふうに浮かんだのかはともかく、妥当に思えたので、ライオライトの人々はけっきょく三軒建てたが、今も残っているのはそのうちの一軒だけだ。

分子年代推定の爆発的普及についても、私は同じような始まりを想像する。ただし、にわか景気に沸き立つ砂漠の町の荒くれ者たちではなく、自家製ビールを飲ませる酒場でジョッキを手にした進化生物学者のグループがこんなふうに話しているところを。「おい、DNAの塩基配列はうんざりするほどあるじゃないか。きっと何かの役に立つに違いない。これを使って古い分子時計の発想を復活させられるかもしれないぞ」。実際には、そんなふうに始まりはしなかった。私の知るかぎりでは、分子時計への関心を再燃させるような特定の集まりはなかった。とはいえ、その爆発的普及につながったのはたしかに、コオロギやザリガニ、テンジクネズミ、ワニ、マッシュルーム、モクレンなどのDNA塩基配列という、厖大な資源だったように見える。そうした塩基配列の決定は、複数のグループが互いにどう関係しているかを突き止めるためであることが多かった。動物は植物のほうに近いのか、それとも真菌に近いのか（文句なく、真菌に近い）、クジラは哺乳動物の系統樹のどこに収まるか（カバのすぐ隣）といった具合だ。だが今や、マウスをクリックするだけで誰でもアクセスできる「ジェンバンク（分子配列のデータベースで、PCR法のおかげで爆発的に増大したDNAデータの最も顕著な表れ）」のようなデータベースのDNAの塩基配列が利用可能になったので、時間に関する昔からの疑問が徐々に人々の頭に浮かびはじめた。この「瓶の山」はあまりに大きくて、誰も無視できなかったのだ。

分子年代推定に興味のある人にとっては、塩基配列データの山は大きいばかりでなく、ほかの種類の分子年代推定データとは違うかたちで魅力的でもあった。一つには、すでに述べたとおり、種どうしの塩基配列の違いは非常に明確で数えることができる。たとえば、ブラックネックガータースネークのシトクロムb遺伝子は、チェッカーガータースネークの同じ遺伝子にあるヌクレオチドと九二か所で違っているというように、厳密な結果が得られる。それとは対照的に、ほかの推定法のうちには、間接的で、ときに非常に不正確なDNAの違いの推定に基づいているために、種間の遺伝的距離がはるかに曖昧になってしまうものがある。たとえば「DNA＝DNAハイブリダイゼーション」を考えてほしい。これはたしか、一九八〇年代初期に最先端の技法だった。この方法では、たとえばフィンチとカラスのように、二つの種に由来する遺伝物質を混ぜ合わせ、一方のDNA鎖が一方の種、それに対応するDNA鎖がもう一方の種のものという、二本鎖DNAを形成する。それからこの「ハイブリッド」DNAを熱し、たとえばその五〇パーセントが分解してフィンチとカラスのもとの一本鎖になったときの温度を記録する。すると、その温度が二つの種の遺伝的類似性の目安になる。双方のDNA鎖が似ているほど両者は強く結合するので、分解するのに必要な温度が高くなる。それは一つの目安ではあったが、およそ正確な目安とは言えなかった。その分解温度は、たとえば塩基配列の類似のパーセンテージだけではなくDNA鎖の特性にも左右された。そのうえ、まったく同じ個体に由来するサンプルを使ったときにさえ、結果は研究室ごとに変わりうるし、同じ研究室であっても、やるたびに変わることさえあり、厄介だった。ほかの遺伝的距離の推定法にも、同様に曖昧なものがあった。分子時計を使って研究の精度を高めるにはどうしたらいいか頭を悩ませていた進化生物学者は、DNA塩基配列の違いの完璧な正確さに、胸のすく思いだった。象形文字に基づく歴史記録から、大きな辞書のある真の書き言葉に移行するのにも似ていた。

DNA塩基配列の違いの明確さ（たとえば、ある種ではA、別の種ではT）にDNAのほかの特性を組み合わせると、数理モデルを使って進化を記述したいと望んでいた生物学者にとってこの手のデータは夢のようにありがたいものとなった。そして、モデル化へのこの適性が、分子年代推定に不可欠であることがやがて判明する。[16] モデル化を行なう人々は、DNAの明確な違いが気に入った。そのおかげで進化の過程を単純な確率として扱えるからだ。たとえば、Aが一定期間ののちにTあるいはGあるいはCに変化する確率だ。彼らがDNAに惹かれたのは、その変化が進化の作用の仕方における違いを反映するかたちでかなりきちんと分類しうるからでもあった。たとえば、突然変異のうちには起こりやすいものとそうでないものがある（一例を挙げれば、AからGへの変化は、AからCあるいはTへの変化よりも頻繁に起こる）。塩基配列中の変化のなかには、でき上がるタンパク質中でそれに呼応するアミノ酸を変えるものもあれば、変えないものもある。遺伝子の内部には、タンパク質のとりわけ重要な箇所（アミノ酸がどのように変化しようと、ほとんどの場合その箇所にとって有害になる）をコードする部分もあれば、それほど重要でない箇所（アミノ酸が多少変わっても害がない）をコードする部分もある。DNAの変化をこうしたカテゴリーやそのほかの多くの論理的カテゴリーに分けられるのだから、モデル化をする人々には試せることがたっぷりあった。ようするに彼らはDNAの塩基配列のおかげで、明快な結論が引き出せるうえに十分複雑でもある研究ができるようになったのだ。

DNAの変化のこうしたモデル化は、じつはPCR法の発明以前に始まっていた。では何がPCR法の功績かと言えば、それは、しだいに複雑になってきたモデルが応用できるだけの厖大な数の塩基配列をもたらしたことだ。分子年代推定にとってモデルが重要なのは、モデルのおかげで二つの種を隔てている遺伝子変化の実際の総数、あるいはもっと一般的には、進化樹の枝に沿った変化の総数がより正確に推定できるからだ。これは直観に反するように思えかねない。二つの種を隔てている進化上の変化の総数は、両者のあいだに見られるヌクレオチドの違いの総数だと考えている人がいてもおかしくない。たとえば、例のブラックネックガータースネークとチェッカーガータースネークのあいだで見られるシトクロムbの九二か所の違いだ。ところが、これは必ずしも変化の総数ではない。具体的には、「ヌクレオチド置換」(生物学者たちはこの用語を好む)が頻繁に起こっていると、配列上には、二つの系統をつないでいる進化の道筋で複数回変化した箇所も出てくる。言わば、変化の上に変化が積み重なるのだ。どの箇所をとっても、ヌクレオチド置換が何回起こったかは知りようがない。一方の種がA、もう一方の種がTになっていたとすると、両者の祖先はAだったのが、後者の系統でTに変わったのかもしれないし(一回の置換)、祖先はAで、前者ではそれがGに変わってからAに戻り、後者ではCに変わってからTに変わったかもしれないし(四回の置換)、理論の上では可能性は無限にある。少なくとも一回変わったことはわかるが、その箇所における、いわゆる「マルティプル・ヒット」の可能性を除外することはできない。何年も見かけなかった友人に出くわし、以前は茶色だった髪が緑色になっていたとしたら、茶色から緑色に変えただけなのか、茶色、金色、オレンジ色、ピンク、緑色というもっとさまざまな色を経た変化だったのかわからないのと同じだ。

モデルは、割り増し分の「ヒット」、すなわち、あなたの友人が経てきたかもしれない複数回数の色の変化のように、直接観察しえない変化の回数を、知識に裏づけられた推測（じつは、確率に基づいた計算）を行なえる点が肝心だ。多くの場合（遠縁種を扱うときにはとくにそうなのだが）、そうした回数はそうとう多くなりうる。実際、種のあいだでは、特定の塩基配列に隠されていると推測される置換の回数は、観察された違いの総数よりも多いことがある。隠れたヒットが数多くあるという点に関して、モデルが正しいことはほぼ確実だ。そしてそれは、種のあいだの違いをただ数え上げるよりも、モデルからのほうが進化樹の枝に沿って現に起こった変化の総数の、より正確な推定値が得られることを意味する。そして、モデルが進化のほんとうの複雑さをますます考慮に入れて現実的になるにつれて、その推定値の精度がいよいよ向上していることも、ほぼ確実だ。[17] これらすべてが分子年代推定研究にとって望ましい。私たちは遺伝的変化を時間に関連づける方程式の片側を、以前よりはるかにうまく扱えるようになったからだ。

今ではライオライトの瓶の家は、鍵が掛かっていて空っぽだ。デスヴァレーに行く人あるいはそこから帰る人が主体の観光客は、家のまわりを回って、砂漠の焼けつくような日差しの下で写真を撮る。だが、その家はたんに珍奇な建築物として建てられたわけではない。数年間は実際に住まいとして、またその後は小間物屋として機能した。これらのビールやウィスキーの瓶はほんとうに役に立ったのだ（ビールやウィスキーを入れておくため以外にも）。DNAの塩基配列の大きな山から出てきた意外な情報についても同じことが言えるかもしれない。そしてキャリー・マリスの閃きの結果（や、ワトソンとクリックによるDNAの構造の解明、フレデリック・サンガーによる効率的なDNA塩基配列決定法の発明、そのほか無数の人々の業績）についても。塩基配列の山と、それらの配列を遺伝子変化の総数に変換する進化モデルによって、厖大な数の分子年代推定研究が始まった。生物地理学にとってこれらの研究は決定的に重要で、タイミングの証拠、つまり、いつ何が起こったかという証拠を提供しつづけてくれている。私の見るところでは、このような証拠はこれまで、分断分布学派が生み出した学問上の袋小路から生物地理学を救い出すカギだった。

それでも、前に述べたとおり、多くの学者は分子時計分析の妥当性にあいかわらず疑問を抱いているし、その全員が分断分布説の支持者なのではない。たとえば、友人で、私が穏健で思慮分別があると思っている進化生物学者は、その手の分析を「でたらめ」の一言で切り捨てる。生物地理学の新たな見解の基礎にするのなら、「でたらめ」ではあまりうまくいかない。というわけで、先に進む前に分子年代推定に対する批判に立ち向かう必要がある。分子年代推定分析の結果は、割れたガラスの危険な山ではなく、きちんと機能する瓶の家であることを立証しなければならない。

二〇〇四年一二月二六日日曜日の午前八時ごろ、インドネシアのスマトラ島にあるバンダ・アチェで、リザル・シャプトラほか数名の労働者がモスクの基礎を造っていたとき、強烈な震動を感じ、それに伴う音が聞こえた。ほどなく、一人の男の子が駆け寄ってきて、大きな波が押し寄せてきているから、安全な場所に身を隠すように警告した。だが、遅すぎた。迫りつつあった津波は最高三〇メートルあまりの波からなり、史上屈指の自然災害を引き起こし、二〇万人以上の命を奪うことになった。水はどっと襲いかかり、シャプトラらは海へ押し流されていった。

波間に漂ううちに、シャプトラら多くの人が、木が一本浮いているのを見つけ、泳いでいってしがみついた。それから何日も過ぎた。シャプトラの道連れは一人また一人と弱って海の中に吸い込まれ、ついに彼だけが残された。死体がいくつもあたりを流れていった。彼の知っている人の死体もあった。彼は雨水を飲み、水面に浮かんでいたココナッツやパック入りのチョコレート飲料の粉末を食べた。クルアーン（コーラン）の言葉を唱えた。ついに、コンテナ船が近くを通りかかり、狂ったように手を振る彼の姿を船員が見つけた。救出されたときには、木の「筏」で漂流を始めてから八日が過ぎており、バンダ・アチェからは一六〇キロメートル以上離れていた。

メラワティという名前でのみ知られている女性も同じような経験をした。津波に襲われたあと五日間、一本のサゴヤシにしがみついて海を漂った。彼女はヤシの樹皮と果実を食べて生き延びた。人間あるいはそれ以外の霊長類がありそうもない海の旅のあと、どのように新しい個体群を確立しうるかを示唆する例として、彼女の経験はとりわけふさわしい。なぜなら彼女は妊娠三か月で、胎児はこの厳しい試練を乗り越えたからだ。[18]

第6章
森を信じよ

「とんでもなくいいかげんな代物」

私が初めて分子時計に正面から向き合うことになったのは、寄生虫のせいだ。具体的には、人間の腸内に寄生するサナダムシで、この生き物は一生のある時期には家畜の筋線維に寄生する。それは興味深いながらも、厄介な研究だった。なぜなら、分子時計に頼らなければならなかったからだ。

歴史を振り返ると、人間は牛やブタを家畜化する過程でサナダムシに感染したというのが定説になっている。この見方によれば、牛とブタの祖先である野生動物たちはもともとサナダムシに寄生されており、人間はそれらを家畜化して日常的に食べはじめたために感染したということになる。ところが、私たちの研究の筆頭科学者であるエリック・ホバーグという名の寄生虫学者は、じつは話は逆だったと考えていた。私たち人間のほうが大昔からサナダムシに寄生されていて、それを家畜に感染させたというのだ。こちらの筋書きでは、牛やブタが宿主となったのは、人間とかかわりを持ったため、人間の排泄物に混じったサナダムシの卵で汚染された食物を食べるようになったからということになる。

この研究における私の役割は、ジェンバンクからダウンロードしたサナダムシのDNAの塩基配列を使って分子時計分析を行なうことだった。[1] 具体的には、人間に寄生する二つのサナダムシの種が分岐した年代を割り出すのが目的だった。この二種の共通の祖先も人間に寄生していたという合理的前提に基づけば、その分岐年代はサナダムシが人間とかかわるようになった、考えうる最も新しい年代を示すはずだからだ。その年代から、人間が牛やブタを家畜化した約一万年前よりも前にサナダムシに寄生されていたかどうかがわかる。

この研究は一九九〇年代後期のものだったが、その当時でも分子時計分析の方法は多数あった。私はさまざまな可能性を天秤にかけ、これぞと思うアプローチをいくつか選び、数種類の分析を試みた。だが、おおいに自信を持てるようなものはなかった。何と言ってもDNAの塩基配列が短かったし、エビやネズミやサメなど、サナダムシとは遠いつながりしかない生物からほかの生物学者が割り出した数値の範囲内に、サナダムシの時計の速度も入ると仮定せざるをえなかったからだ。とはいえ、算出された年代からは意外な筋書きが浮かび上がってきた。サナダムシが分岐した年代は、考えうるうちで最も新しいものでさえ、牛やブタが家畜化されたと思しき時期よりも古かったのだ。エリック・ホバーグが正しくて、従来の説は間違っていたようだった。つまり、人間が牛やブタにサナダムシを寄生させたのであって、その逆ではないということだ(ある意味で、この結論はダーウィンに端を発する重要なテーマ、すなわち、本来人間は他のすべての種と同様、自然の支配者でも犠牲者でもなく生物界の一員にすぎないというテーマを裏づけるさらなる根拠と見ることができた。少なくとも、私はそう考えた)。

私はこのサナダムシの研究を行なってみて、分子時計の威力にあらためて感心したが、そうした分析に対する疑念も消えなかった。自らのアプローチを過信しないようにかなり用心してはいたものの、新たな証拠が見つかって私の推定値がすべて間違っていることが明らかになるかもしれないという気持ちは拭い切れなかった。たとえばサナダムシの時計は、私が較正のために使った最も速い時計（テッポウエビの時計）と比べてさえずっと速く時を刻むことを、誰かが発見するかもしれない。また、異なる遺伝子を使えばまったく違う結論が出てくることもありうる。人間と家畜に寄生するサナダムシの由来について私たちが下した結論は、分子時計の結果しだいであり、そうした結果には議論の余地が残っていた。

一抹の懸念を抱えたまま分子時計分析を利用してきたのは、むろん私一人ではない。たとえば、マイケル・ドナヒューは私にこう打ち明けた。「私はずいぶん年代分析に携わってきたが、大部分はそうとう怪しい気がする。文献を読んでいると、みんながやっている［分析］にちょっと呆れるね(2)」。ドナヒューは、分子年代推定のさまざまな新手法が出てきて状況が改善していると思ってはいるものの、将来人々が過去を振り返って次のように考えるのではないかと想像している。「私たちはBEAST［広く使われている年代決定プログラム］を使った研究に一〇年ほどをみっちり費やしたところだ……が、じつはその多くがとんでもなくいいかげんな代物であることに今ごろ気づいたよ」

とはいうものの、ドナヒューはほかの大勢の生物地理学者同様、こうも考えている。分断分布説の支持者たちは分子年代推定による証拠を無視しているが、それは狂気の沙汰だ。彼らがこうした証拠を退けるのは「見当違い」で、「現実から目を背ける」行為だとドナヒューは見ている。だとすれば、少し一貫性を欠いているようだ。どうすれば一方で分子年代推定は「そうとう怪しい」「とんでもなくいいかげんな代物」だとしながらも、他方でこの情報は無視できないと考えることができるのか？　本章の目的は、分子年代推定から得られる証拠は全般的に事実から大幅にかけ離れたものではなさそうであり、それが生物地理学史について語っている内容はとりわけそうであるのを明らかにし、それによって、この外見上の矛体を頓挫させるものではないことが明確になるはずだ。

盾を解明することだ。それは、病に冒された特定の木々に固執するのではなく、森全体が私たちに語っている話を信じるということだ。とはいえ、そこまでたどり着くにはまず、具体的な問題、すなわち木が病気になった理由に取り組み、分子年代推定になぜこれほど大きな疑念がつきまとうかを理解すれば得るものが大きいだろう。問題は現実の、かなり大きなものではあるが、最終的には分子年代推定による研究全体を頓挫させるものではないことが明確になるはずだ。

二つの問題とその対処法

分子時計は、生命の樹のあらゆる枝で同一の速度で時を刻み、完璧に較正でき、それによってその速度が正確にわかるものが理想的だ。そのような時計と適切なＤＮＡの塩基配列があれば、生命の樹のどの分岐点にも、（誤差範囲も示しつつ）自信を持って年代を記すことができるだろう。言い換えれば、理想的な分子時計があれば進化上の各系統の分岐の時期に関する信頼できる年代記（いつ何が起こったかの記録）を作れる。そして、人間がいつチンパンジーから分岐したかや、オーストラリア大陸のバオバブの木がいつマダガスカル島のものから分岐したか、アフリカ大陸の肺魚がいつ南アメリカ大陸のものから分岐したかが、非常に正確にわかるだろう。また、こうした進化の過程における分岐を、大西洋の誕生や更新世の氷河期といった地質学上の事象や気候上の事象と結びつけることができるだろう。

あいにく、そのような理想の時計は存在しない。その理由を煎じ詰めると二つある。化石の問題と、分子の問題だ。これら二つの問題は重大かつ根本的なものであり、ゲーリー・ネルソンやマイケル・ヘッズのような人物に言わせれば、解決不能となる。とはいえ、そこまで悲観せずにその解決を目指してきた学者たちもいる。

一つ目の問題は、較正点に年代を割り振るには通常、化石が必要であるという事実と直結している。較正点とは遺伝子変化の速度を算出する、すなわち分子時計がどのぐらいの速さで時を刻むかを割り出すのに使われる進化上の特定の分岐点だ。この場合、手順としてはまず、その分岐点と結びつけられるのがわかっている時代の化石を見つけることだ。ある化石を生命の樹の中のどこに位置づけるべきかを突き止める、つまりその化石が属している枝を推測するだけでも難しいことがある。とくに化石は不完全な標本で、たいてい骨格や殻などの硬い組織が部分的に失われており、ほとんどの場合、解剖学的構造のうちで柔らかい部分のはっきりした痕跡も欠いている。たとえば、非常に不完全な化石からしかその存在が知られていないある類人猿[4]の場合、チンパンジーとヒトとの進化上の分岐点に近いあたりに来るのだが、それ以上は確信を持って生命の樹の中に位置づけることはできない。その類人猿はチンパンジーの側に入るかもしれないし、ヒトの側に入るかもしれない。あるいは両者の祖先かもしれないので、それらの化石が厳密にはどこに位置づけられるかで、較正における扱われ方が変わってくる。それに加えて、化石の年代は正確に決められないことも多い。大多数の化石は、見つかった地層をもとに年代が定められる。つまり、数百万年という幅でしかその年代を「知る」ことができない場合があるわけだ。たとえ化石の年代が放射性年代測定法(ある同位元素が放射性崩壊して別の同位元素になる速度を利用する手法)によって得られたとしても、状況しだいではその推定値の誤差はかなり大きくなる可能性がある。

だが化石を使った較正に付随するほんとうに重大な問題は、個々の化石が生命の樹のどこに位置づけられるべきか、あるいはどれほど古いかということではない。では何が障害になっているかと言えば、それは化石記録が、これまでに存在したあらゆる生物の連続した年代記となるほど密に連なる状態からは程遠く、むしろところどころでスナップショットを撮ったようなもので、密集している時期もあれば、ひどくまばらな時期もあるという事実だ（実際のところ、化石記録が完全であれば分子年代推定など不要になる）。このように化石記録は断片的でスナップショットのようであるため、たとえこれまでに発見された化石がすべて正しい進化上のグループ内に位置づけられ、またあらゆる化石に完璧に正確な年代が割り振られたとしても、較正に伴なう最大の難問は解決されずに残る。とくに問題となるのは、あるグループの化石記録が初めて出てきたとき、それはそのグループが誕生した年代の候補のうちで最も新しい年代を示しているにすぎない点だ。実際の年代はほぼ確実にもっと古く[5]、はるかに古い場合も多い。たとえばハチドリの最も古い化石はおよそ三五〇〇万年前の始新世後期のものだが、このグループにはそれよりも格段に長い歴史があって、今のところ私たちにはその歴史が見えていないだけの可能性が高い[6]。したがって、もし私たちがハチドリとそれに最も近い仲間であるアマツバメとの分岐年代として三五〇〇万年前という時期を使えば、おそらくその較正ははなはだしく的外れのものとなるだろう。その結果私たちは、分子時計は実際よりもずっと速く進んでいると思い込んでしまう。化石として残りにくい繊細な部位を持つハチドリのようなグループには、こうした較正の誤りがとくに起こりやすいが、この問題はどのグループにも当てはまりうる。化石記録の不完全さに起因するこの手の不正確さは、化石を使って分子時計を較正する際の根本的な弱点だ。

明らかな解決策としては、化石記録のうちでも古生物学者が確かだと考えるものに基づいた、とりわけ信頼性の高い較正点だけを使うという方法がある[7]。何をもって「とりわけ信頼性の高い」とか「確か」とするかは主観の問題だが、なるほどと思える事例もある。たとえば、鳥類の分子時計を較正するのにしばしば使われてきた鳥類の系統とワニ類の系統との分岐点について考えてみよう（図6・1参照）。この場合、カギを握る化石は「アリゾナサウルス」と呼ばれる生物のもので（当然ながらアリゾナ州で発見された化

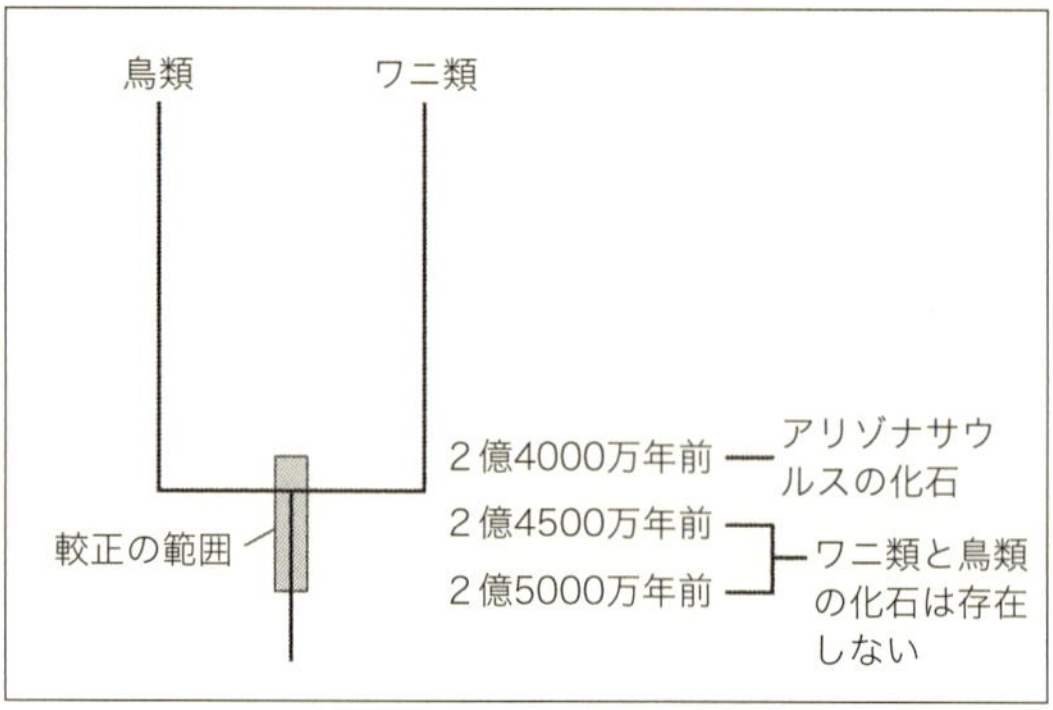

6.1　鳥類とワニ類の分岐点の，化石を使った較正．2億4000万年前のアリゾナサウルスはワニ類の枝に位置づけられており，その年代までにはすでに鳥類とワニ類の分岐が起こっていたことを示している．2億5000万年前から2億4500万年前のあいだには，鳥類とワニ類に近い仲間の化石は多数あるが，鳥類とワニ類の系統そのものに属すると思われるものは皆無のようで，両者が当時は存在しなかったことを示唆している．したがって，鳥類とワニ類の分岐は2億5000万年前から2億4500万年前のあいだのどこかで起こったと推定される．

石だが、テキサス州でも見つかっている)、これは約二億四〇〇〇万年前の三畳紀中期の初頭にさかのぼるものだ。アリゾナサウルスは体長約三メートルの堂々たる肉食恐竜で、背中には長く上へと伸びた脊椎骨からなる帆のような突起が生えていた。アリゾナサウルスはこの帆のせいで、やはり帆を持つはるかに古い爬虫類で哺乳類とつながりのある生き物*と見た目がよく似ているが、解剖学的構造の細部を見ると、ワニ類に属しているらしい。もしそうであれば、それは鳥類とワニ類の分岐後の化石としては既知のもののうちで最古となり、この化石によって、鳥類とワニ類の分岐点の候補として最も新しい年代が定まる。**さらにもう少し時間をさかのぼると、約二億五〇〇〇万年前から二億四五〇〇万年前にかけての、鳥類／ワニ類グループに近い仲間の化石は世界中に数多く存在するが、このグループ自体の化石はない。言い換えれば、その当時はまだ鳥類／ワニ類グループは存在しなかったことが示唆される。したがって少なくとも、鳥類とワニ類の分岐は二億五〇〇〇万年前以前に起こったはずがないと結論することが可能だ。鳥類とワニ類の分岐に関して、いちばん新しい年代（二億四〇〇〇万年）といちばん古い年代（二億五〇〇〇万年）のあいだをとって、二億四五〇〇万年という較正年を導き出してもいいかもしれない。分岐点は脊椎動物やそれ以外のグループにも多数あり、それらに対しても同じように妥当な年代を定めうる。

この鳥類とワニ類の例からは、較正の問題に対処する際の別の一面が浮かび上がってくる。すなわち分岐点の年代の曖昧さを分析に組み込むという側面だ。[8] 鳥類とワニ類の事例では、較正点はぴったり二億四五〇〇万年前ではなく、二億五〇〇〇万年前から二億四〇〇〇万年前のあいだという範囲を丸ごと組み込むことができる。特定の年代を使うのではなく、年代に幅を持たせることで、分子時計を較正する際の正確さは損なわれるものの、妥当性は増す。目的地まで自動車で何時間かかるか推定したいのだが、運転するのがどんな人か知らない場合、特定の速度ではなく、考えうる速度の幅に基づいて時間を計算するのが賢明なのと同じだ。近年の研究の多くでは、較正点の計算にはそうした不確かさがきちんと組み込まれている。*** また、いくつか、あるいは多数の較正点を使い、大きく外れているもの（他の較正点と見比べて、時計を著しく速めたり遅らせたりするような値）を見極め、最終的にそれらの値を除外する研究者もいる。[9] こうしたさまざまな改良によって較正の問題は解決されるのだろうか？　いや、完全には解決されない。

* 帆を持つこれらのより古い爬虫類のなかで最も有名なのはディメトロドンで、有史以前の動物のプラスティック製玩具で遊ぶ子供たちにはよく知られている。

** ワニ類と鳥類の両方で、ほぼ同じぐらい古い化石がほかにも見つかっている。したがって、この年代推定の根拠はアリゾナサウルスだけではない（Benton et al. 2009）。

*** 広く使われているＢＥＡＳＴというプログラム（Drummond and Rambaut 2007）では、曲線のかたちで較正点を入力することによって年代の不確かさを組み入れられるようになっている。その曲線は、ある年代の範囲全体（たとえば前述の例では、二億五〇〇〇万年前から二億四〇〇〇万年前）のそれぞれの年代が分岐点の実際の年代である確率を特定するものだ。

不適切な較正が紛れ込むことがありうるし、また一群の較正点が互いに一致してはいるが、みな正確でないということさえ考えられる。犯罪の目撃者は一人ではなく複数いるのに越したことはないが、目撃者が全員嘘を言っている場合もありうるのと同じということだ。とはいえ、「とりわけ信頼性の高い」較正点を使い、大きく逸脱した値を除外している研究では、現実とかけ離れた較正点はほとんどないだろう。

もう一つの大きな論点である分子の問題は、分子時計の時計らしからぬ性質で、これには十分な裏づけがある。つまり系統が違うと遺伝子変化の速度もそれぞれ違ってくるという事実だ。* 基本的には、分子時計の動きのむらが大きく、予測がしにくくなればなるほど、分岐点の年代の推定はますます難しくなるのだが、分子時計の動きには現に大きなむらがある。[10] 第5章で触れたように、時計は哺乳類では速く、サメでは極端にゆっくり進む傾向があるし、哺乳類のなかでも齧歯類ではとくに速く進む（ネズミの時計は人間の時計のおよそ一〇倍も速い）。これはまさに氷山の一角であり、多くのグループを扱う研究では、時計がすべての系統でほぼ同じ速さで進んでいると判明することはほとんどない。

このように時計が時を一定の速さで刻まない理由は複雑であり、部分的にしかわかっていない。[11] 世代間のサイクルが短い系統の時計は速く進むことが多い。それはおそらく、突然変異の大半はDNAの複製のときに起こり、世代間のサイクルが短ければ一定の時間内の複製回数が多くなるからだろう。たとえば、齧歯類の時計が人間やサイやゾウの時計より速く進む理由は、それで説明がつくかもしれない。また、紫外線を浴びると突然変異が引き起こされるので、吹きさらしの、日当たりの良い場所に生息する植物の少なくとも一部の時計が速く進む原因もそこにありうる。さらに、自然淘汰の影響は系統間で異なり、遺伝子変化の全体的な速度に影響を与える場合があることは確かだ。たとえば、寄生虫では自然淘汰の影響が多少弱まることがあるが、それは寄生虫の生理的機能の一部を宿主が行なうからであり、これは、寄生虫以外の生物では排除される多くの突然変異が寄生虫の個体群では広がりうることを意味する。その結果、時計は速まる可能性がある（私はサナダムシの研究ではそれを懸念し、自然淘汰によって影響されたはずのないDNAに含まれる遺伝子変化だけを使うことで、この問題を回避した）。同様に小さな個体群では、主として遺伝子変化を抑制するために働く自然淘汰の影響に比べて、DNAの塩基配列のランダムな置き換え（遺伝的浮動）の影響のほうが圧倒的に優る。これによっても変化の速度が速まることになる。

とはいえ肝心なのは、こうした要因や、分子時計を速めたり遅らせたりするほかの多くの要因のいずれも、特定のグループの時計の速さを予測するために依拠できるような、明快で一貫した影響力を持っていない点だ。したがって分子年代推定を行なう場合、時計の速度を変える可能性のある要因についてのこのような見識のどれ一つとして、実際にはあまり役に立たない。私たちは、変わりやすくて気まぐれで予測のつかない時計と向き合っていることに変わりはないのだ。この不安定さは以下のことを意味する。すなわち、たとえ正確な較正点がわかっていたとしても、年代を算出しようと試みている部分を含め、生命の樹のほかの部分における時計の速さを、確実に知ることはできないということだ。極端な言い方をすれば、自分が馬車に乗るのか、自動車に乗るのか、飛行機に乗るのかもわからずに、何時間後に到着するのかを予測しようとするのに等しい。

気まぐれな時計は分子年代推定にとって、化石の較正にまつわる問題に輪をかけて重大な泣き所と見なされてきた。そして、DNAの塩基配列の大洪水（例の空き瓶の山）を利用するためには、この問題に取り組まなければならないことに誰もが気づいた。その結果、この一〇年ほどというもの、いわゆる「緩和

＊ 分子時計は、異なる遺伝子どうし、あるいは遺伝子の部分どうしでも、それぞれまったく違う速度で動いているが、これらの問題は系統間のばらつきより対処しやすい。

型分子時計（relaxed molecular clock）法」のさまざまな手法の開発がおおいに進められてきた。[12] それは、時計は不変であるという前提には立たず、いつどれだけ変化するかを推定するものだ。これらの方法は、一世代のサイクルや紫外線放射への露出などを使わない。むしろ数学的な問題解決装置に近く、手元のデータ、すなわちさまざまな系統のＤＮＡの塩基配列や数々の較正点に最も適合した一連の遺伝子変化の速さを探すものだ。突き詰めれば、これらの方法はどの系統が馬車で、どの系統が飛行機か（あるいは何であれ両者のあいだにある乗り物）を割り出し、それに応じて年代を算定するようになっている。

　コンピューター上で、模擬のＤＮＡの塩基配列を模擬の進化樹の枝に沿って進化させるプログラムを作り、それを使ってそうした緩和型分子時計法を試してみると、たいてい非常に正確な年代を示す。[13] もちろん、シミュレーションは現実のものとは違うし、そのようなコンピューター上のシミュレーションは、実際の進化過程の何かしら重要な側面を考慮していないと主張することはいつでも可能だろう。それでもこれらの方法は、時計が一定の速さで時を刻むことを前提とした従来の方法より進歩しているように見える。*いくつかの異なる緩和型分子時計法を、研究対象の進化樹のいたるところに散らばる大量の較正点とともに、厖大なデータ（つまり、多くの遺伝子やサンプルとした多くの分類群）に適用すれば、その結果は説得力を持つものになりうる。

　例として二〇一一年に、ロバート・メレディスという哺乳類学者の率いる進化生物学者チームが行なった、哺乳類全体の「時系樹」を作る研究について考えてみよう。[14] この研究チームは、二六の異なる遺伝子のさまざまな部分（サンプルを採集したそれぞれの種について、合計すると約三万五〇〇〇の塩基対というかたちの情報）を分析した。彼らは哺乳類のすべての目《もく》と、九七パーセント以上の科を代表する動物を調べた。このチームの一員で、私の友であり研究仲間でもあるジョン・ゲイツィーは次のように語った。異なるグループ（たとえば、クジラだけのグループや齧歯類だけのグループ）の較正点を使うと、時系樹全体の分岐点の年代に大きなばらつきが出る。哺乳類のような大きなグループにこの手の問題が生じることは当然予期され、それは時計が一定でないことを反映している。だが、この研究チームは一つ、あるいは少数の較正点だけを使ったわけではなく、哺乳類の進化樹全般に散らばる八二の較正点を組み入れた。しかも、それぞれ単一の年代としてではなく、考えうる年代の分布として入力した。そのうえで、進化の過程に関してそれぞれ異なる前提を設けた数種類の緩和型分子時計法を使い、データを分析した。彼らは基本的に、まさに分子年代推定研究のお手本のように、当然するべきことをした。多くの種、多くの遺伝子、多くの化石較正点を使い、それらの較正年代や遺伝子変化の起こり方にまつわる不確かさを組み入れたのだ。おそらく近い将来、より多くの種や遺伝子や化石に基づく較正点を使い、進化の複雑さをさらに考慮した、今後発明されるであろう方法を使って、この研究を発展させる人が出てくることは間違いない。とはいえ、この研究ででき上がった哺乳類の時系樹がひどく歪んでいたとしたら驚きだ。もし、それが真実とかけ離れていたとしたら、意外としか言いようがない。

最先端の手法を駆使して作ったこの哺乳類の時系樹がここで重要な意味を持つのは、それが本書ですでに取り上げたあらゆる哺乳類の事例の生物地理学的結論を裏づけていることが判明したからだ——それらの先行する結論が、ゲイツィーらの研究より粗削りな方法とはなはだ乏しいデータを使った初期の研究に

＊　一定の速さで時を刻むという前提条件が現に満たされている場合には、従来の方法のほうが緩和型分子時計法よりも正確な年代を示しうることには留意するべきだ。

基づいているという事実にもかかわらず。哺乳類以外のグループには、そのような比較ができる基準がない。とはいえ、「生命の時系樹（Timetree of Life）プロジェクト」と呼ばれる、分子年代推定結果の大がかりな調査によれば、大多数のグループに関する近年の研究のあいだには全体的な符合が見られるという。私にとって最もなじみ深い分類群であるヘビについて言えば、二つのきわめて有力な研究が、それぞれ異なる遺伝子のセットを使ったにもかかわらず、驚くほど近い分岐年代を導き出している。[15] このように分子年代推定の結果に全体的な符合が見られることが、森、すなわちこの手の研究が描き出す全体像を信じる理由の一つだ。たとえ公表された研究の一部が、個々には依然として「そうとう怪しい」としても。

化石が分子時計について語ること

同じグループを対象とする異なる分子研究間の比較だけが、分子年代推定の結果を評価する唯一の方法ではない。分子に着目するアプローチから得られた年代推定と、化石記録に基づく年代推定との比較に焦点を当てるべきだという意見もある。ここで大事なのは、鳥類とワニ類との分岐のような、化石記録から年代が正確に定まるはずの分岐点だけに比較を限定することだ。そうすれば、こうした化石に基づく年代は、分子年代推定がどの程度うまく機能しているかを判断する基準の役を果たせる。

こうした比較を行なうと、分子による年代推定値は、約四億年前の分岐年代までは化石に基づく年代推定値とぴったり符合していることがわかる。[16] その年代まで、得られたデータ（分子による推定値と、それに対応する化石の年代を関係づける各点）は、これら二種類の推定値のあいだの完璧な一致を表す線から、たいていあまり外れてはいない（図6・2参照）。この結果を最も簡潔に解釈するならば、このデータには不適切な値が相当数含まれるとはいえ、分子と化石は事実に収束している、つまりこれら分岐点の真の

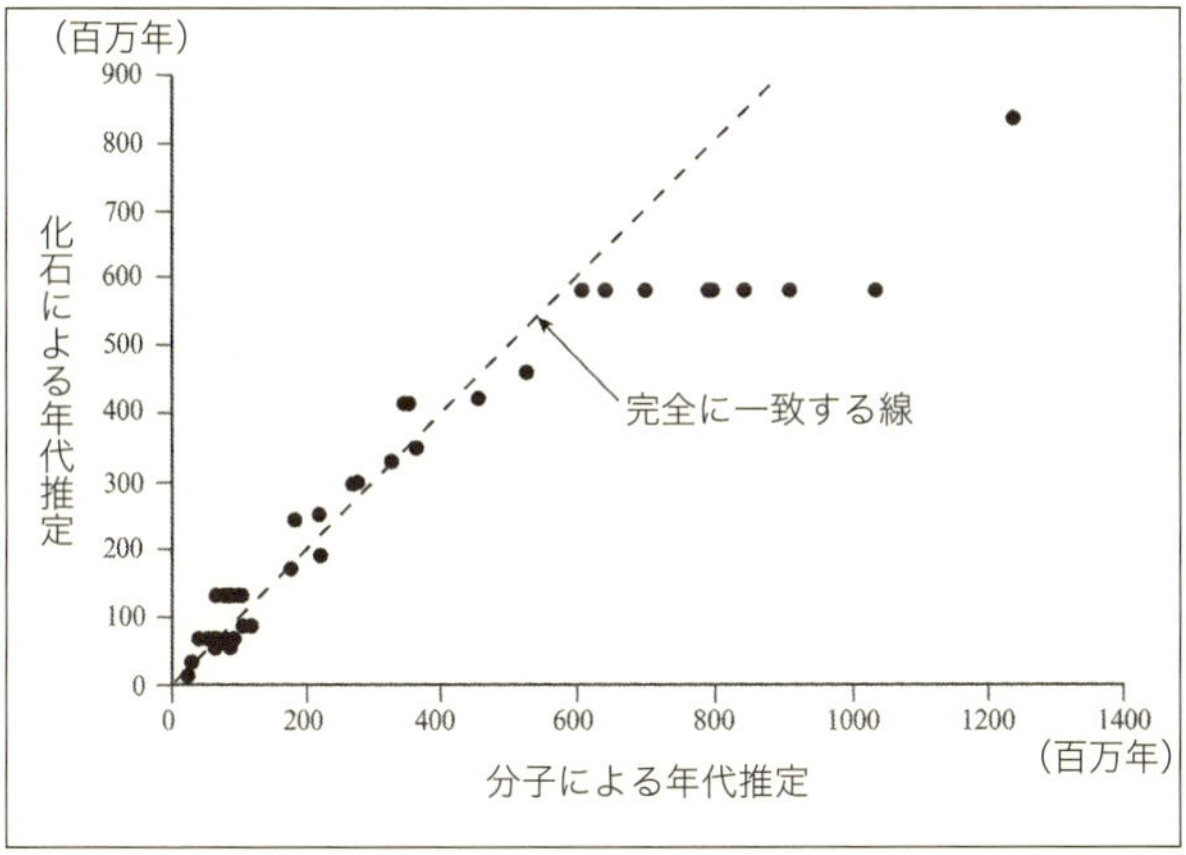

6.2　同じ進化上の分岐点について，分子による年代推定と化石による年代推定とを比較したグラフ．化石による推定値は，比較的信頼性が高いと思われるものを選んだ．Hedges and Kumar（2009b）を複写・修正したもの．

年代に収束しているということになる。それに代わるものとしては、化石による推定値も分子による推定値もともに間違っているが、何らかの未知の理由で両者は偶然同じ方向に、同じ程度に外れているという解釈が考えられる。もしそうなら、なんとも奇妙な偶然の一致であり、したがって、ありそうもないように思える。また図6・2のグラフでは、分子による推定値に大幅に新しい年代が出るバイアスがかかっている（各点が、双方の年代が完全に一致するラインの下ではなく上に位置する傾向として現れる）ようにはほとんど見えないことも重要だ。このように、バイアスがないことが肝心だ。なぜなら、たとえ分子による推定値がずれていても（たしかに、そうに違いない場合もある）、実際より新しい誤った年代推定が出て、海洋分散説が全般的に裏づけられてしまう傾向はないからだ。誤りはどちらの方向にも起こる恐れがある。比較的新しい時代に分散が起こったとする立場を誤って強めてしまうこともあるが、間違って弱めてしまうこともまたよくある。いずれにしても、もし分子年代推定によって海越えが概して非常に重要だったことが示される結果となれば、それはおそらく海越えが現実に非常に重要だったからだろう。

ところで、四億年前以前の点について、グラフを一瞥すると奇妙なことが起こっているのがわかる。これらの点は動物門〔「門」は生物の分類階級の一つ〕どうしの分岐、あるいは動物門のグループどうしの分岐という出来事を表しているのだが、この範囲では分子による推定値は化石による推定値よりも一貫して古くなっており、なかにははるかに古いものもある。[17] この不一致は非常に古い分岐点にかかわる化石記録が極端に乏しいせいだと主張する学者もいる。一方、それは多細胞生物の歴史の初期に遺伝子変化の過程で生物全体に起こった一度限りの変化に由来すると主張する学者もいる。とはいえ本書にとって、グラフの当該部分のせいで分子年代推定の重要性が無に帰することはない。一つには、本書で扱う肝心な生物地理学研究はすべて、四億年前という境界よりずっと新しいグループや出来事にまつわるものだからだ。四億年前にはパンゲアはまだ形成されてさえおらず、ゴンドワナ大陸の分裂などまだ遠い未来のことだった。また、もし化石がほんとうに正確なら、グラフに記された変則的な点は、分子による年代推定値が古すぎる傾向を反映している。そして先ほど述べたように、そうした方向への偏りは、実際より新しい時代に分散が起こったと解釈してしまう可能性を排除することにつながるのであって、解釈の誤りが広く受容されることへと導くものではないだろう。このほかにも、鳥類と哺乳類の初期の進化的な放散〔生物が生息環境に合わせて生理的・形態的分化を起こし、多様な系統に分かれること〕を含む二、三の注目すべき事例がある。それらの事例では化石による年代推定値と分子による年代推定値が一致しないが、どちらかと言えば、この場合も分子による推定値のほうが古くなりすぎている。つまるところ、仮にこのように年代を古く見積もりすぎるバイアスが実際にあるとして、それでもやはり比較的新しい時代に分散があったという動かしがたい証拠が出てくるなら、私たちはその結論にいっそう自信を持っていいはずだ。

混沌としてはいるが、有用な科学（あるいは、ダーウィンだったらどうするか？）

分子時計は欠点が目につき、人好きがしない。だからこれらの分子時計を使った研究にはあらゆる軽蔑の言葉が投げつけられる。最もありふれているのが、「そうとう怪しい」、あるいはむなしい「分子年代測定ごっこ」、はたまたずばり「でたらめ」といった言葉だ。たしかに批判が正しいと思える場合もある。ごくわずかなDNAの塩基配列にしか基づいていないものや、信頼できない較正点をたった一つか、あるいは二つ三つしか使わないものなど、眉をひそめたくなるような研究が今なお見られる。とはいえズッカーカンドルとポーリングが分子時計は一定の速さで時を刻むものと考えていた初期のころ以来、分子時計を使う方法には大幅な改善が見られたし、新たな方法を応用できるDNAの塩基配列データが爆発的に増加したことは言うまでもない。さらに、分子による年代推定値と化石に基づく信頼性の高い年代推定値とが全体的に符合していることから、たとえ一部の研究が妥当性を欠いていたとしても、分子に依拠したアプローチは総じて言えば妥当であることがわかる。そして最後になるが、分子年代推定にバイアスがあるとしても、それは誤って古い年代を示す傾向にあるらしい。これは、どちらかと言えば海洋分散の発生頻度を少なく見積もることにつながるだろう。お粗末な分子年代推定の研究（つまり病気にかかった木）はことさら目につきやすいため、研究全体が破綻していると判断しがちだ。だが、それは間違っている。生物地理学を正当に評価するには、森全体からのメッセージに目を向ける必要があるのだ。

森を信じるべきだという考えは、黒白のはっきりした科学を望む分断分布説の生物地理学者について私が第3章で書いた点と通じる。この分子年代推定という代物は混沌としている。あくまで統計学的なもので、それはつまり絶対的な答えではなく確率を提示してくれるということだ。また、較正点やDNA塩基配列の進化の仕方に関する仮定に依存しており、そうした仮定が特定の事例について正当化できなくなることはどんな場合にも起こりうる。この手の混沌とした状況に嫌悪を催し、まるごと退ける以外に解決策はないと考える人々もいる。こうした「反分子年代推定」の学者たちは、分子年代推定という方法は大局的に見れば非常に有益であるということがわかる地点まではとうていたどり着けない。彼らにはどうしても森が見えないのだ。

より一般的には、明らかに欠陥があったり、誤解を招く可能性があったりする情報から結論を導き出すのが、進化生物学者や歴史に携わるほかの学者の仕事であるとも言っておこう。歴史的証拠、とくに太古の出来事にかかわる証拠とは、まさにそういう情報なのだ。証拠は時とともに劣化し、何百万年もの歳月を経ればその大半は完全に消失する。だからこそ深遠な歴史をひもとくには、化石となった顎の骨の断片のような不完全な遺物を調べたり、進化樹を作るために現存する種のDNAの塩基配列を使うときのように間接的な証拠を調べたりするしかないのだ。多様な情報源に基づく推測が一つに収束したときに初めて、ある進化の筋書きが正確であることを確信できるという場合が非常に多い。たとえば私たちは、化石とDNAと地質学の裏づけが互いにぴったり嚙み合ったときにようやく分断分布説の説明に納得できるのかもしれない。

歴史的証拠の性質を考えれば、優秀な進化生物学者が、さまざまな情報を吸収し、篩《ふるい》にかけ、組み合わせるのが得意なのは意外ではない。その典型がダーウィンだ。ダーウィンは進化についての自説を打ち立てるために、分類学、動物の育種、解剖学、発生学、地質学、化石記録、そして(もちろん)生物地理学に関する百科全書的な知識を吸収した。だが、完全に納得できる証拠の断片など一つとしてなく、たとえば化石記録にさまざまな門の動物がいきなり現れたように、証拠の一部は自分の見解とは矛盾したようだが、そのせいで全体像を見失うことはなかった。近年の進化論者たち、なかでもエルンスト・マイヤー、ジョージ・ゲイロード・シンプソン、スティーヴン・ジェイ・グールドなどは、その伝統を受け継いでいた。この三人もみな、多様な知識を吸収し、篩にかけ、組み合わせた。

こう考えてくると、DNAの塩基配列から推定されるさまざまな系統の年代に、ダーウィンだったらどのような判断を下しただろうかと思わずにはいられない。彼ならきっと、歴史に関するすべての証拠と同様、分子年代推定の証拠を鵜呑みにするわけにはいかないことを悟っただろう。とはいえ私はこうも思う。ダーウィンがこの問題についてもっと検討を重ねれば、この年代推定の証拠は問題を解き明かす可能性を秘めており、それを信用するとおおいに誤解が生じるというのは筋が通らないことを見て取っただろう。そして、ハトの品種の多様性から目の解剖学的構造まで、さまざまな情報に対してしたことをしたはずだ。ダーウィンは分子年代推定も利用しただろう。

研究者たちは三匹のイリエワニ（*Crocodylus porosus*）を人工衛星で追跡した。[18] ワニたちはオーストラリア大陸北東部の近海をそれぞれ少なくとも約五五キロメートル、四一〇キロメートル、五九〇キロメートル移動した。三匹のなかで最も速いワニは、一日に二二キロメートル以上移動した。ワニ類にはそれほど持久力はないが、この三匹の動きは潮の流れの向きとずっと同じだった。まるで、鱗に覆われたメッセージ入りの瓶のように、ただ流れに身を任せていたのだろう。一匹は、潮の流れ

が急に緩やかになったときは二日ばかり浜辺に上がり、潮が再び勢い良く動きはじめるとまた海に戻ったのだった。

研究者たちは、イリエワニはこのやり方で長い距離を移動するかもしれないと述べている。というのも、イリエワニは体が非常に大きくて代謝率が低く、余分な塩分を鼻孔の腺から排出できるからだ。体重一〇キログラムのイリエワニは何も食べずに海中で最長四か月間もちこたえることができるので、およそ九〇キログラムから一八〇キログラムある大人のワニなら、何か月もの海の旅を生き延びられるだろう。実際、化石の研究と分子遺伝学研究から、ワニは過去に何回か大海原という障壁を越えて分散したことがわかっている。たとえば、過去数百万年のあいだに、一つの種がどうやらアフリカ大陸から大西洋を渡り、新世界の四つのワニの種を生み出したようだ。

分子時計と極論の落とし穴

化石記録の不完全さゆえに、一部の生物学者は化石の乏しい特定のグループのために、あるいは全般的に、分子時計を較正するための別の拠り所へと目を向けるようになった。具体的には、これらの研究者たちは、大陸移動や海水面の上昇によって陸塊が分離するといった分断事象を利用して、時計の速度を設定してきた。これは、進化上の分岐点がそうした地質学的現象や気候現象によって生じた、つまり分断分布によるのであれば、分岐点と物理的分断の年代は同じでなければならないという発想に基づいている。もし研究の目的がある特定の分断事象がほんとうにあったのかどうかを検討するためのものなら、この種の較正は証明すべき結論を前提とした循環論法に陥るだろうが、その方法は別の目的に役に立ちうる。たとえば、ある日本人研究者のチームはシクリッド科の魚の化石で較正した時計を使い、このグループに見られる進化上の太古の分岐がゴンドワナ大陸の分裂によって生じたことを示した[1]。さらに彼らは、こうした太古の分岐は、将来の研究で化石を使った較正に取って代わったり、あるいはそれに加えて較正点として使ったりできると主張した。これはすべて妥当そのものに思える。とはいえ、研究者が分断分布を前提とした較正に全面的かつ無批判に頼る事例もあり、そうしたアプローチからは、さまざまなグループの奇怪千万な年代推定値が生み出されてきた。じつのところ、それらの年代は通常の値からかけ離れているため、あまり安易に分断分布説を受け入れてはいけないという強い警告となっている。

たとえば、二〇〇四年のミミズトカゲの研究を見てみよう。(2)ミミズトカゲは脚を持たない、あるいは二本脚の、地中で生活する爬虫類で、特大のミミズのような外見をしているため、その名がある。分子年代推定の分析結果を較正するために、研究者たちは南アメリカ大陸のミミズトカゲのグループがアフリカ大陸にいる仲間から分かれた分岐点を選び、分岐年代を八〇〇〇万年前に大西洋が誕生した時期とした（この地質学的事象の年代は実際のところ新しすぎるのだが、より正確な年代を使えばこの例がますます極端になるだけだ）。ようするに彼らは、ミミズトカゲの系統樹におけるこの南アメリカ大陸とアフリカ大陸のグループの分岐は、ゴンドワナ大陸の分裂によって引き起こされたと考えていたわけだ。そして、その較正点を使い、フタアシミミズトカゲと呼ばれる属（ミミズトカゲのなかで脚が二本ある唯一のグループ）内の一部の分岐年代を推定した。これらの推定年代は、非常によく似た外見を持つ種の分岐にしては驚くほど古いと思われる。ある分岐点は六九〇〇万年前と推定されたが、それは恐竜の絶滅より前なのだ。だがフタアシミミズトカゲ属には、こうした推定年代と矛盾するような化石はまったく存在しない。とはいえこの分析は、ミミズトカゲ全体の中で最も古い分岐は二億年以上前に起こったことも示していた。その分析結果は明らかにおかしい。ミミズトカゲはトカゲのグループの中では、進化上とくに早く分岐したものではないのに、二億年以上前というのはほかのいかなるトカゲの化石よりも格段に古い。トカゲの化石記録は数が多いので、これは困ったことになった。どの種類であれ既知の最古のトカゲよりもミミズトカゲが古いことを発見するというのは、あなたがあなたの祖母よりも年上であることが判明するようなものだ。ここでの問題は、トカゲの化石記録ではなく、大西洋の誕生を基準とした較正点にあることはほぼ確実だろう。言い換えれば、古代の分断分布を前提としたことに問題があるのだ。

なおさら目に余る例を紹介しよう。マイケル・ヘッズによるものだ。彼は、自らがおよそ信頼できないと考えている化石による較正点に代えて、地殻変動などによる分断事象を較正点として使うべきだと明言してきた。[3] ヘッズは、テンレックと呼ばれるハリネズミに似た哺乳類の分子年代推定の研究を批判するなかで、アフリカ大陸からマダガスカル島が分離した一億六五〇〇万年前から一億二〇〇〇万年前に分岐点を設定して、マダガスカル島のテンレックとアフリカ大陸のテンレックとの分岐の分析を較正することを推奨した。ミミズトカゲの場合と同じで、この較正は断片的な分布の原因として分断分布を前提にしており、それが同様の矛盾へとつながっている。つまり、テンレックは胎生哺乳類のなかでは初期に分岐したものではないにもかかわらず、テンレックのなかでのこの較正年代は、胎生哺乳類の既知の最古の化石より少なくとも五五〇〇万年古いことになってしまうではないか！ これを別の角度から見ると、もしテンレックがヘッズの言うほど古い生物なら、胎生哺乳類は全体として約二億年前までさかのぼる生物とならざるをえず、胎生哺乳類の最も古い既知の化石の三倍以上も古いことになる。哺乳類の化石記録に詳しい人ならおそらく、そんな可能性は毛一筋ほどさえないと思うに違いない。何が問題かと言えば、それは分断分布説と、それに関連した、分子時計の較正には地殻変動事象を使わなくてはならないという考え方を無批判に受け入れてしまうことだ。

III

The IMPROBABLE, *the* RARE, *the* MYSTERIOUS, *and the* MIRACULOUS

ありそうもないこと、稀有なこと、不可思議なこと、奇跡的なこと

第7章 緑の網の目

失われた世界、発見

上で立ち往生したら、下りようとだけはしないこと。それが、テプイの頂上で調査を行なう生物学者への基本的なアドバイスだ。「テプイ」というのは、ベネズエラ南部とそれに近いブラジル、コロンビア、ガイアナ、スリナムの一部地域のサバンナに点在するテーブル状の山々のことを言う。地元のペモン・インディアンの言葉で「神の家」を意味するテプイは、ゴンドワナ大陸の分裂やパンゲアの誕生よりはるか昔の、一〇億年を優に超える昔に形成された砂岩台地の巨大な名残だ。[1] それよりはずっとのちの過去七〇〇〇万年間に、この台地は風雨によって少しずつ削られ、耐久力に優る岩で覆われた部分だけが頂上の平らな山々としてひときわ高く残り、砂岩の断崖は今や周囲の土地から一〇〇〇メートルから数千メートル上までそびえ立っている。テプイの頂上に広がるのは、靄《もや》がかかって水の滴る丈の低い森の景色で、小川が何本かピンク色の砂地を流れ、岩層が奇妙にねじれた形に浸蝕され、児童文学作家ドクター・スースの絵本を思わせる、葉のない茎の先が房状になった植物が一面に広がる。こうした場所の形容には、「別世界のような」という言葉がしばしば見られる。探検好きな旅行者や学者はヘリコプターでテプイの頂上に降ろしてもらえるが、雲や霧のせいで予定どおりに迎えに来てもらえないこともよくある。そんなときは迎えが何日遅れようと待つしかない。無理に断崖を下りようとすれば、道に迷ったり、途中で動けなくなったり、うっかり墜落したりしがちだからだ。

テプイは別世界のようで近寄りがたいところだが、だからこそ生物学者が惹きつけられる。人間が上り下りできない断崖はほかの生き物にも障害になる。多くの生物学者にとってそれは、テプイの上に生育する生き物が、何百万年、何千万年とも知れないほど長く孤立状態で進化してきたことを意味していた。そもそもテプイに太古の残存種が生息するという発想は、ヨーロッパ人がそこに足を踏み入れてもいない一八六〇年代に西洋に根づいた。(2) 一九〇〇年代の初期にはアーサー・コナン・ドイルが『失われた世界』を書き、恐竜や翼竜や猿人といった有史以前の生物に満ちたテプイを想像したことはよく知られているが、このとき彼は、テプイの生物相の風景を一から創作したというよりは、むしろ世間の抱くイメージを空想の限りまで膨らませていたにすぎない。大型動物相の存在を想定する人はさすがにもういないが、そのような考えは今も生きつづけている。たとえば一九八〇年代後期には、ヴィッキ・ファンクとロイ・マクディアミドというスミソニアン研究所の生物学者たちがいくつかのテプイの頂上を探検し（そして一〇日間、その一つで立ち往生した）、テプイの生物は「南アメリカ大陸とアフリカ大陸が一つの陸塊だった何百万年も前の、太古の生物相の生き残り(3)」かもしれないと推測した。言い換えれば、テプイの生物相は、昔のゴンドワナ大陸の孤立した断片と同じで、人々がニュージーランドやニューカレドニアといった島々について想像してきたものを連想させる。同じように、ベネズエラの爬虫両生類学者ヘスス・リバスも、テプイのことを「時間が止まったような場所だ(4)」と言っている。

だが、そうはいうものの、違うかもしれない。

「セロ・デ・ラ・ネブリナ（霧の山）」と呼ばれるテプイ（この名は、たいていのテプイに当てはまる）の、沼沢の多い台地には、動物を糧にする矮小《わいしょう》化した植物が生息している。*Drosera meristocaulis* という種だ。一般に「ピグミードロセラ」と呼ばれるモウセンゴケで、赤いスプーン状の葉は小さな突起で覆われ、そこから出る粘液滴で昆虫を捕らえる。じつは、テプイの上にはこうした食虫植物がいくらでもいる。[5] テプイは土地が痩せているので、虫やほかの小さな生物を捕らえて消化することで土壌からの栄養不足を補える植物種には適しているのだ。テプイの植物には、原生動物〔単細胞の下等な動物〕を食べることに特化したらしいものさえある。そうした食虫植物は、根のような地下葉のらせん状の構造でこの動物を捕らえる。だがピグミードロセラに関して、本書にとって真に重要なのは、この植物が何を餌にするかや、ほかに何をするかではなく、どこから来たか、だ。

ドロセラ属は大きな属で、二〇〇ほどの種があって南半球に集中しているが、南極大陸以外のどの大陸にも少なくとも数種は見られる。適当な沼地が見つかれば、モウセンゴケが何種か生息している見込みはおおいにある。だが分布域が広いとはいえ、種子の特性のせいで、長距離分散に優れているとは考えられていない〔モウセンゴケは「ゴケ」という名前がついているものの被子植物で、分散能力が高いと見られるコケ類ではない〕。種子は水に浮かないし、海水に浸かれば駄目になる。風に乗るための翼や綿毛はないし、動物の柔毛や羽毛に引っかける鉤状の突起もない。鳥などの動物に食べられ、遠い場所に運んでもらうようにできた果実に入っているわけでもない。[6] モウセンゴケの種子は基本的に、そのまま地面に落ちるか少しだけ吹き飛ばされ、たいてい親植物の近くにとどまる。世界中に分布していることからわかるように、この属の仲間が長い年月のあいだにたいへんな距離を移動したことは明らかだが、それは大きな跳躍の繰り返しではなく、小刻みな移動の積み重ねの結果と考えられている。

モウセンゴケの進化樹には、分散能力が限られている証拠が表れている。具体的には、モウセンゴケの系統発生には地理的構造がはっきりと見られるのだ。「地理的構造」などというとたいそうな用語のようだが、近縁の種は互いの近くに生息する傾向があるという意味にすぎない。(7)* だからたとえば、オーストラリア大陸西部のモウセンゴケに最も近い仲間は、同大陸西部のほかのモウセンゴケであることが多く、アフリカ大陸南部のモウセンゴケに最も近い仲間は、たいてい同大陸南部のほかのモウセンゴケだ。とはいえ、際立った例外もいくつかある。たとえばアメリカ大陸東部に見られる二つの種は、ある南アメリカ大陸の種のグループに分類され、それらの祖先が同大陸から分散してきたことを示している。

だがモウセンゴケの場合、地理的構造の原則の例外として最も不可解なのは、セロ・デ・ラ・ネブリナのモウセンゴケ、先述のピグミードロセラだ。(8) テプイ地域周辺に生息する数種を含め、南アメリカ大陸にはほかにも多くのモウセンゴケの種があるが、最近のあるDNA塩基配列研究によると、それらはどれもピグミードロセラの最も近い仲間ではないという。むしろ、この植物はオーストラリア大陸のモウセンゴケのグループに入ることが分子年代推定データによって確定的だ。そうしたオーストラリア大陸の種も、たまたまピグミードロセラのように矮小化しており、とくにこのテプイの種と、花粉と葉毛の一風変わった特徴を共有する。言い換えれば、DNAと解剖学的構造の両方から、ピグミードロセラとオーストラリア大陸のモウセンゴケは進化上の関係が近いことがうかがわれる。

＊ アルフレッド・ラッセル・ウォレスが「サラワク論文」で、分類学的に類縁性の強い種はたいてい地理的に近い場所に見つかると論じたとき、基本的には地理的構造を使って進化説を唱えていた。第1章参照。

南アメリカ大陸とオーストラリア大陸はどちらもかつてはゴンドワナ大陸の一部だったので、この新熱帯区の種とオーストラリア大陸の種の関係を説明するのに、大陸移動の筋書きを想定することはできる。ところが分子年代推定を行なうと、そういう説明は仮に不可能ではないにせよ、きわめて考えにくいものとなる。分子年代推定の推定値によれば、ピグミードロセラがオーストラリア大陸の仲間から分岐したのは、ゴンドワナ大陸の分裂よりはるかあとの、過去一三〇〇万年前から一二〇〇万年前のことにすぎず、したがってその祖先は、海洋分散によって南アメリカ大陸に到達したに違いないことになる。たしかにテプイのモウセンゴケは今、ほかのどの近縁種とも隔たっているが、けっして太古からの残存種ではない。深遠な時間に比べれば、昨日やって来たばかりの移入種なのだ。

それならば、モウセンゴケは、これといった明確な海上分散の手段を持たないのに、種子としてか個体全体としてか、ともかく何らかのかたちでオーストラリア大陸から東に向かって太平洋を渡ったか、西に向かってかなりの遠回りをし、インド洋と大西洋の両方を渡り、そのうえでセロ・デ・ラ・ネブリナの見上げるような断崖をよじ登り、テプイの上まで到達してのけたということになる。この結論は、ダーウィンの常套句を使えば、「極度に不合理な」ように見える。このモウセンゴケ研究の論文執筆者たちは、種子が鳥の足先に付着するというダーウィンの挙げたおなじみの現象が、一つの移動手段としてありうるとしながらも、鳥の渡りルートでオーストラリア大陸と南アメリカ大陸北部を結ぶものは知られていないことも指摘した。とはいえ、何らかの偶然の出来事から鳥が通常のルートを外れ、バードウォッチャーの言う「迷鳥《めいちょう》」になることはある。このモウセンゴケの話から、たとえば次のような思い出が頭に浮かんだ。

かつて私は（ほかの数十人のバードウォッチャーたちと野外観察用の小型望遠鏡をずらりと並べていたときに）、一羽のズグロエンビタイランチョウを目にした。この種は普通メキシコの熱帯地方ぐらいまでを北

7.1　長距離を旅するモウセンゴケ．セロ・デ・ラ・ネブリナというテプイのピグミードロセラ．フェルナンド・リバダビア撮影．

限とするが、そのときはニューヨーク州ロチェスター近くのある農家の畑の上で虫を追っていた。この鳥はおそらく、南アメリカ大陸の南部から北部へ渡りをしていて、どこかで止まる目印を見落とし、数千キロメートルも行き過ぎてしまったのだろう。こうした間違いから、鳥が通常のどの渡りルートにも入らない場所や、ひょっとすると地球の反対側にまで種子を運ぶこともありうる。

しっかりした根拠が何もないところまで話が来てしまったことは認めよう。だがそれこそ核心の一部なのかもしれない。つまり、それらしい手段がまったく見えてこなくても、私たちは多くの場合、長距離分散はたしかに起こったと推断しなければならないということだ。たとえどのように起こるかはついに知りえなくても、稀有で不可思議で奇跡的なことが起こるのは間違いない（この点については、第8章でもっと詳しく取り上げる）。だがここで重要なのは、もしモウセンゴケに、オーストラリア大陸から南アメリカ大陸北部のテプイの頂上まで大半は海越えとなる何千キロメートルもの旅ができるなら、もっと長距離の旅に適した手段を持つ植物をはじめ、ほかの多くの植物も似たような旅をしたと考えるべきであるということだ。そしてそういう植物の分散事象の軌跡を地球上に描けば、無数の線が四方八方へと驚くほど込み入ったかたちで伸び、世界の陸塊をつなぐ緑の網の目になると考えるべきではないだろうか。

五一種のマメ科植物

私は、モンタナ州立大学教授のマット・ラヴィンという植物学者と電話で植物の地理的分布について話していた。互いに面識はなかったが、写真からすると、彼は骨ばった痩せ型で、髪は少しぼさぼさして白いものが交じった人物だった。彼の話しぶりは学者にしてはざっくばらんで気取りがなく、カウボーイのように母音を伸ばす癖が多少ある。「ing」で終わる単語の「g」を落としがちだ。私が、生物学に興味を持つようになった経緯を尋ねると、彼はこう答えた。「親父が林野部〔農務省の一部門で、国有林の管理や保護などを行なう〕にいたから、西部中を転々として育ったんだ。二年ごとの移動だったから、アイダホ州南部、ワイオミング州西部、ネヴァダ州北部と、いろいろな場所に住んだよ。だからヤマヨモギの生えている土地に住んで、ヤマヨモギの中に出ていったり……その隣の森林地帯にも出かけたりして、植物を学んだようなものだね(9)」。そういう生い立ちだから、話し方に西部の田舎のものらしい癖があり、研究のかなりの部分がヤマヨモギの生えている土地を扱うものなのかもしれない。とはいえ、ほんとうに意見を交わしたかったのは、彼のもう一つの主要な研究対象であるマメ科植物の世界的分布を扱う部分についてだった。

マメ類はもちろん、きわめて重要な食用植物だが、生物多様性という点から見ると、この植物はそれよりはるかに意義深い。マメ科は全世界に分布するグループで、被子植物では三番目に大きな科だ。記述された種は二万近くにのぼる（それに比べ、哺乳類の既知の種は約五四〇〇）。世界の温暖な地方では、この科は主として草本植物〔いわゆる「草」〕（ハウチワマメ、ヤハズエンドウ、ロコ草など）に代表されるが、熱帯や亜熱帯の乾燥地帯でいちばんよく見られる大型植物は、アカシア、ハリエンジュ、メスキートといった木《もく》本《ほん》マメ科植物〔マメ科の樹木のこと〕であることが多い。北アメリカ大陸のソノラ砂漠と言えば、最初に頭に浮かぶ植物はハシラサボテン（ベンケイチュウ）だが、じつはこの砂漠ではマメ科のさまざまな種類の木や低木のほうが優勢だ。暖かくて乾燥した気候ではっきりした雨季のある、世界の多くの地域でも同じことが言える。

マット・ラヴィンは一九八〇年代に、メキシコや大アンティル諸島、アルゼンチン、ベネズエラまで行って標本を集め、コウルセティアという木本マメ科植物の属内の進化上の関係について博士論文を書いた。そのあいだに、マメ科の木や低木一般に興味を持つようになった。一九九〇年代のなかばから後期にかけては、大西洋の両側に種がある木本マメ科植物のさまざまな分類群について思いをめぐらせていた。具体的には、北アメリカ大陸北東部とヨーロッパ大陸を折々につないでいた新生代の陸橋によって、そういう分布が可能になったのかどうか考えていた。つまりそれは、次のような考え方だ。気候が比較的温暖だったとき、熱帯や亜熱帯の植物は北へ広がり、それから通常のありふれた分散によってそうした陸橋を渡り、旧世界から新世界へ、あるいは新世界から旧世界へ移動しえた。そして気候が寒冷化したときには、温暖な気候を好む植物は再び南への移動を余儀なくされ、旧世界と新世界の系統は遠く隔絶された。分断分布の典型的な例だ。* ラヴィンと共同研究者たちは二〇〇〇年に発表した論文で、マメ亜科の中の

* 陸橋そのものもやがて海中に消えたが、木本マメ科植物のような温暖な気候に適応した植物は、気候が変化したことで旧世界と新世界の生息域が分離され、そのあとで実際の陸のつながりが断たれたのだろう。

Dalbergioid と呼ばれるグループにはこの筋書きが当てはまると主張した[10]。同じ論文で、「海を越える［つまり大西洋を渡る］分散説を持ち出せる事例は比較的稀にしか」発見できなかったとも述べている。

そのころは完全に分断分布だけに的を絞っていたのかと尋ねると、ラヴィンは「ああ、そうだよ。断然、そうだ[11]」と答えた。それは彼が、当時のほかの多くの人々（もっとも、けっして全員ではない）と同じように考えていたということだ。分断分布説を鵜呑みにしていた多くの学者の例に漏れず、彼は共通パターンを見出すことに関心があったので、研究範囲を広げ、マメ科の木全般を「こつこつ調べた」。新生代中期の寒冷化した気候によって生息域が南に押しやられ、その結果、生息域が分断されるほど、とりわけ古いと考えられるようなグループを探したのだ。彼はいくつか有力な候補を見つけた。たとえば、所属するすべての種の生息域がマダガスカル島かメキシコかカリブ海域諸島に限られているような、複数の大きな下位分類群を持つグループだ。そんなふうに地理的に限定されているのは、それらの植物があまり移動しないことを示しているように見えた。そしてそれは、偶発的な長距離分散をした可能性がとりわけ低いことを意味した。これらの分類群に含まれる種の多さも、そうした植物が長いあいだ存続していたことを示しているようにラヴィンには思えた。彼はそれらのグループについて熟考しながら、「ああ、こいつらは間違いなく古いぞ。文句なしに古い」と思った。

ラヴィンはもっぱら分断分布に関心を向けていたが、同分野の研究者の一部とは考えを異にしていた。グループどうしの進化上の分岐関係を示す分岐図が、歴史生物地理学で唯一決定的と言える種類の証拠（分断分布を否定あるいは肯定するのに使える唯一のもの）だとは考えていなかったのだ。とくに、分子年代推定は役に立ちうると思っていた。緩和型分子時計法（一定した時を刻む分子時計を想定しない方法）がすでに開発されていたのだからなおさらだった。そこで彼は、マメ科植物からＤＮＡデータを取り出し、それを新しい緩和型分子時計法のプログラムの一つにかけて、旧世界の系統と新世界の系統との分岐年代を推定した。すると奇妙な結果が出た。

年代がどれも新しすぎたのだ。ラヴィンは言う。「私たちはバイアスをかけて、年代を古くしようとしたんだ。……〔分子時計の較正に使う〕化石をステム・ノード〔当該の分類群と他の姉妹群の最も新しい共通祖先を表す分岐点〕ではなく、クラウン・ノード〔当該のクレードの最も新しい共通祖先を表す分岐点〕にしたり……矛盾さえしなければ、その化石にとって考えうる最新の年代幅のうち、できるだけ古い年代を採用したりしてね[12]」。言い換えれば、データが分断分布の筋書きを裏づけるように、ラヴィンらは化石の較正点を操作し、年代ができるだけ古くなるように、おそらく非現実的なまでに古くなるようにしたのだ。だがそれもむなしかった。分断分布の観点に立てば、何をやっても効果がなかったからだ。彼は続けて言った。「ほとんど古くすることはできなかった。二〇〇〇万年前ぐらいがせいぜいだったね」。それは、想定されていた「陸橋プラス気候の寒冷化」が原因になるほど、進化上の分岐は古くないということだった。

二〇〇四年、ラヴィンはマメ科植物を研究するほかの八人の植物学者とともに、広範な分子年代推定研究の結果を発表した[13]。その結論は、マメ科に関する彼の前の論文とおよそ正反対のものになった。海によって分布域が分断された（たとえば、アフリカ大陸と中部アメリカに生育する）マメ科の五九グループのDNAデータのうち、陸橋を介して広がりえたほど古いものは八つしかなかったのだ（分断前のゴンドワナ大陸での拡散など考慮するまでもない。それはどのグループにも無関係だった）。残る五一グループは、大小の海（大西洋やカリブ海、アフリカ大陸とマダガスカル島のあいだにあるモザンビーク海峡など）を渡って一方の地域からもう一方の地域へ分散したようだった。つまり、先ほどの緑の網の目を形作る線のうちの五一本というわけだ。ラヴィンはたった数年で、木本マメ科植物には「海を越える分散説を持ち出せる事例は比較的稀」という考えから、分布域が海洋に分断されている事例の大半では、海を越える分散で説明するしかないという結論に変わっていた。それは彼にとって、長年研究してきた植物群に対する考え方の一大転換だった。

もっと広い意味では、生物地理学についてのラヴィンの考え方全体が一変したのであり、突き詰めればそれは分子時計のせいだった。以前は「断然」分断分布の立場で考えていたものを、今では基本的にすべては分散の速度の問題だと見ているのだ。しかもその速度は多くの場合、人々がそれまで想像していたよりもずっと大きかった。分断生物地理学は「長くゆっくりとした死を迎える」[14]と彼は予想する。そして自分が新たに取り入れた分散説志向の見方は、すべてのパズルピースが収まるべきところに収まったものであると、はっきり見なしている。たとえば、こんなことがあった。彼はマメ科植物の大々的な調査を終えたあと、エディンバラの王立植物園に行き、ナンヨウスギ科に関するある非公式な講演を聞いた。ナンヨウスギ科は針葉樹の一グループで、南半球のいくつかの陸塊に生息し、ゴンドワナ大陸の分裂に起因する分断分布の好例と考えられている。講演者はそのグループの進化樹を見せていたが、ラヴィンはその進化樹の枝にはかなり短いものがあることに気がついた。それは、そういう部分では遺伝子変化がほとんどなかったことを意味する。彼以外の聴衆は、それを分子進化速度が極端に遅くなったと解釈したいようだった。けっきょくそう考えなければ、進化上の分岐点を大陸移動の影響を受けるほど深遠な過去まで押し戻せないからだ。ところが、ラヴィンは完全に異なる説明を考えていた。もしゴンドワナ大陸の分裂による分断分布という考えに固執しなければ、遺伝子変化の速度が急激に落ちたと考える必要はない。むしろ、この進化樹の分岐点のいくつかは比較的新しいものだと推測できる。その場合、ナンヨウスギ科の針葉樹は、ラヴィンが調べた木本マメ科植物のように、地球やその環境が分断されるあいだ同じ場所にとどまっていただけではなく、これまでときどき海洋という障壁を乗り越えてきたことを、このデータは物語っていた。

ラヴィンらが発見した、海を渡ったこれら五一種のマメ科植物はけっきょく、「海洋に分断された分布をどう説明するか」という生物地理学上の大問題の解明にかかわる、証拠（ほとんどが分子年代推定研究による）の大洪水のほんの一部でしかなかった。[15] 一九九〇年代初期以降、海洋分散を裏づける研究が続々と出てきた。草原や砂漠、乾燥した低木地、温帯林、熱帯ジャングルの植物による海洋分散。イネ科植物や草本類、低木類、背の高い林木による海洋分散。何十種類もの多様な科の、さまざまな大きさの種子を持つ植物が、風や水、動物の力を借りて行なう分散などだ。とくに研究成果の多いスザンネ・レンナーというドイツの植物学者は、分子年代推定研究を単独でも、同分野のほかのさまざまな研究者とも行ない、植物が海越えした何十もの事例を明らかにした。とくに際立つ二〇〇九年の研究では、ハンノ・シェーファーとクリストフ・ヘイブルとレンナー（当時は三人ともミュンヘン大学所属）が、ウリ科（キュウリやカボチャやその仲間）という一科だけでも四〇回ほどの海越えがあったという証拠を発見した（図7・3参照）。ウリ科には水

7.2　マット・ラヴィン．マメ科植物と分子時計によって，生物地理学史に対する彼の見方が変わった．

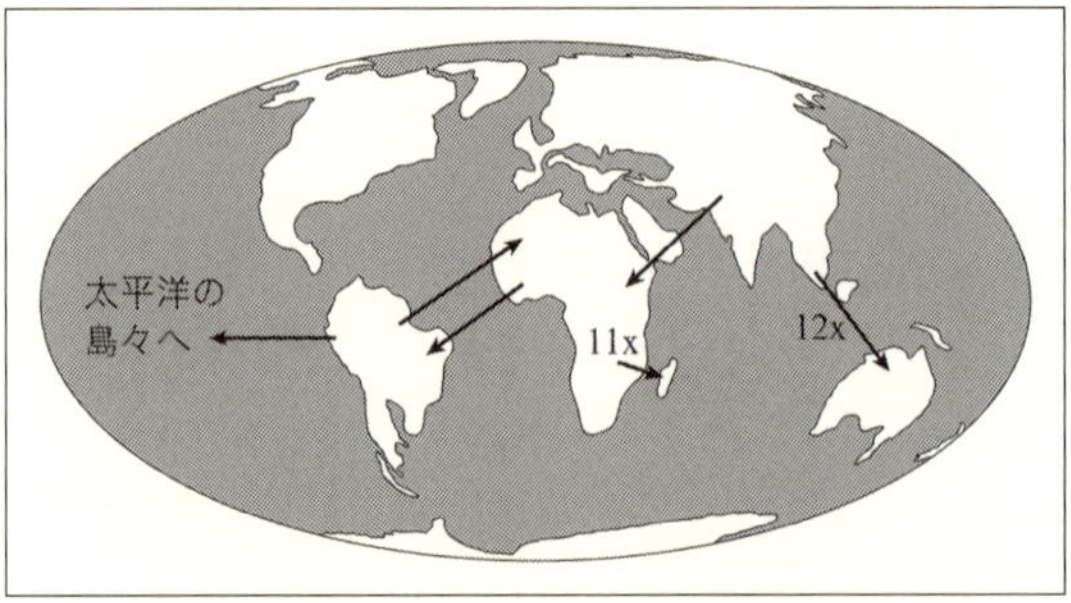

7.3　海を越えた多くの進出のうちの数例．ウリ科の時系樹から明らかになったもの．陸地の配置は約1400万年前の中新世中期のもので，ここに見られる進出はみな，中新世かそれ以後に起こったと推定される．なお，「11x」と「12x」は，別個の分散事象がそれぞれ11回と12回あったことを示している．Schaefer et al.（2009）を複写・修正したもの．

に浮かぶ果実が生《な》るものが多く、それが海上移動の手段になることは明らかだし、鳥の羽毛に引っかかるような逆棘《さかとげ》のある果実をつけるものもあるから、ウリ科が海洋という障壁を乗り越えることを得意としていても不思議はない。それでもこの研究以前に、ウリ科の植物が四〇回も長距離の海の旅に成功したなどと推測しえた植物学者はほとんどいなかっただろう。

最近の研究ではまだ世界の植物グループのほんの一握りしか取り上げられていないが、それにもかかわらずそこから首尾一貫した全体像が現れつつある。それをもっと明確に見るには、生物地理学研究の中心であるニュージーランドから始め、そこからゴンドワナ大陸のほかのあらゆる断片を見ていくのが順当だろう。

「ニュージーランドの説明がつけば……」

ニュージーランドの話を中断したのは一九九四年の時点で、ニュージーランド固有の植物は一般にゴンドワナ大陸の残存種ではないとマイク・ポールが主張して分断分布の思潮に逆らったときだった〔第4章の最後を参照〕。ポールは、ニュージーランドの植物種はほとんど（全部ということさえありうる）、海を越えてやって来た祖先に由来し、それらの祖先の大半は、ジーランディア大陸が南極＝オーストラリア大陸から分離したずっとあとで到着したと論じていた。むろん、植物はニュージーランドからほかの陸塊に分散した可能性もある。ポールの考え方を海洋による生息域の分断という問題全般に当てはめると、ニュージーランドやその他の場所に見られる植物の分類群がそのような断片的分布をしているのは、ニュージーランドから、あるいはニュージーランドへと（あるいはその両方向に）海を越えて旅をしたからということになる。すでに見たように、彼の結論は主として次の二つに基づいていた。すなわち化石記録ではニュージーランドの植物のグループが大幅に入れ替わっていることと、海上分散によってしか進出できないようなノーフォーク島やロード・ハウ島といった海洋島に、現生の「ゴンドワナ大陸由来の」植物が存在していることだ。第4章で述べたように、ポールはたしかに自らの主張を裏づける分子年代推定研究に言及したが、当時そうした研究は非常に数が少なかった。とはいえそれ以降、第5、6章で説明したように分子年代推定研究は爆発的に増え、そのうちの不釣り合いなまでに多くがニュージーランドを対象としてきた。それはおそらく、ニュージーランドの説明がつけば、それを中心として世界の生物地理学が首尾よく理解できるという思い込みが残っているせいでもあるだろう。

　ニュージーランドの植物相について、分散と分断の重要性を比較・評価するには、基本的に二つのリストが必要になる。一つは、ニュージーランドの系統とほかの陸塊の最も近い仲間との分岐が、あまりにも新しい年代に推定されるため、大陸移動では説明できない事例のリスト。もう一つは、ゴンドワナ大陸が分断された時期かそれ以前に分岐が起こった可能性のある事例のリストだ。前者は海を渡ったグループ（少なくとも一度はニュージーランドへか、ニュージーランドからの海の旅をしないと、それらのグループの分布が説明できないもの）のリストであり、後者はゴンドワナ大陸の残存種のリストと考えればいい。ニュージーランドで研究を行なっている生物地理学者グレアム・ウォリスとスティーヴ・トレウィックは最近、公表された分子年代推定研究に基づき、まさにこの二つのリストを作成した[16]。リストの数字は驚くべきパターンを見せている。

第一のリストには四一の事例が載っており、ニュージーランドへか、ニュージーランドからの海の旅が最低でも四一回あったことを示している（実際は、この数はもっと大きいと考えられる。こうした事例のなかに、複数の分散事象を一回と数えているものがあるからだ）。ほとんどの事例では、年代の推定値から海上分散が強く支持される。それらの推定値が、ゴンドワナ大陸の分断で説明するにはやや新しすぎるどころか、はるかに新しすぎるからだ。大多数の年代は過去三〇〇〇万年以内に入るが、それはジーランディア大陸が南極＝オーストラリア大陸と分離してから約五〇〇〇万年あとになる。そのうえ、ほぼすべての事例はニュージーランドからではなくニュージーランドへの分散を示しており、大部分はオーストラリア大陸の種が進出してきたものだ。

この海を越えた進出者のリストには、ニュージーランドで最も豊富で最も目立つ植物分類群の多くが載っている。それらは、主に野鳥を観察していた私の目にも入った覚えのある植物群だった。そこに含まれるのは、トベラ属のさまざまな低木や小高木、マキ科の針葉樹の二系統、キンポウゲで世界最大の種（タラと私が、南島のアーサーズ峠で見たもの）、それにニュージーランドのほかのあらゆるキンポウゲ、ケルミシア属のデージーの多くの種や、どこにでも見られる鱗片状の葉をしたヘーベ属の低木、鮮やかな黄色の花をつけるクララ属のマメの木、そしてナンキョクブナ（ノトファガス属）の二系統だ。基本的に、ニュージーランドで固有の植物が多い場所にはどこも、この長距離進出者のリストに載った分類群がふんだんに生育している。

さらに、被子植物に関するより全般的な分子年代推定研究によれば、海を渡った植物のリストには、ほかの多くのグループも含めなければならないようだ。というのも、こうした年代推定研究から、ニュージーランドの固有種を含む、多くの植物の科全体が年代的に新しすぎて、ジーランディア大陸が誕生したころには存在していたはずがないことがわかっているからだ。[17] これはつまり、これらのグループがニュージーランドに行き着くにはタスマン海か太平洋のほかの海域を渡る必要があったということだ。控えめに言っても、海を越えた科は三〇以上あり、それには合計すればおそらく何百回もの海洋分散の事例が含まれるのだろう。そんな新しいグループに入るキク科は、文句なしにニュージーランドで最も多様な植物の科であり、この科だけでも海を越えた進出を数十回は行なっているかもしれない。海を越えた植物のリストにウォリスとトレウィックが載せたのは、そのごく一部にすぎない。この事例を別の角度から見てみよう。ニュージーランドのキク科には、二四の固有の属と二四〇ほどの固有の種があるのに、どれ一つとしてゴンドワナ大陸の残存種ではないことを考えてほしい。それらはみな、とにかく新しすぎるのだ。同じことが、アブラナ科、ナデシコ科、リンドウ科、シソ科、アオイ科など、ほかの多くの科に属するあらゆる種にも言える。

海を越えた植物のリストには、「明らかにゴンドワナ大陸由来」と見られてきた二つのグループの成員さえ含まれる。[18] マキ属の針葉樹とナンキョクブナだ。こうしたゴンドワナ大陸の象徴のような樹木でさえ残存種でないなら、いったいニュージーランドのどんな植物の系統が第二のリスト、つまり大陸移動のせいで分布域が断片的になった植物リストに入るのか、誰しも不思議に思うのは当然だろう。じつはウォリスとトレウィックがまとめたリストには、マキ科の一系統や、ゴンドワナ大陸のもう一つの象徴である巨大なニュージーランド・カウリ（ナンヨウスギ科に属するニュージーランドで唯一の木）など、四つの系統が入っている。もっとも、ニュージーランド・カウリの年代にはかなりばらつきがあり、分断分布の時期と一致するのは、異論の多いある化石較正点が使われたときに限られる。いずれにしろこれまでの研究によれば、ニュージーランド・カウリを残存種に数えたとしても、海を越えて進出した植物の系統はゴンドワナ大陸の残存種の系統の約一〇倍はあることになる。そのうえこの差は、今後いっそう拡大しそうだ。従来の研究の対象は古い系統に極端なまでに偏っていた可能性が高いからだ。ようするに、分子年代推定による証拠は、ニュージーランドの植物相は長距離進出者に由来するものが圧倒的に多いというマイク・ポールの主張を明らかに裏づけている。

　この結論は驚くべきものだ。ニュージーランドは分断分布が主であることを示す恰好の例（ことによると最適の例）だと信じられてきたからだ。ニュージーランドは言わば「モアの方舟」〔飛べない鳥モアの祖先が乗ってやって来た、のちにニュージーランドになる陸塊〕であり、ゴンドワナ大陸にいた系統はその方舟に乗り、海洋底拡大の力で運ばれたとされていた。そのことを考えていたら、私はふと二〇〇六年から二〇〇七年にかけてニュージーランドを訪れたときのことを思い出した。ある晩、船でスチュアート島のオーバンという町から人里離れたある半島に向かった。私たちはそこで、一羽のキーウィが砂浜でハマトビムシ（端脚目の甲殻類）をついばむのを目にすることになる。船では、私たちを含めて一〇人ほどが暗闇の中、船長のすぐ後ろの木製ベンチに窮屈な思いで座っていた。その乗客のなかに一組の夫婦がいた。どちらも首都ウェリントンにある大学の水産学者であり、明らかに頭の切れる人たちだった。途中、二人はニュージーランドの森が原始からのもの、つまりゴンドワナ大陸の名残だという話を始めた。私はよそ者だから、わざわざ彼らを正すのも気が引けて黙っていた。それに当時は、自分でもあまり自信がなかったせいもあるかもしれない。だが今なら確信している。ニュージーランドの生物相が、太古から続くゴンドワナ大陸由来のものだという見方は、少なくとも植物に関しては明らかに間違っている。むしろニュージーランドは、かなり最近にあった海越えルートが描き出す網における、長距離移動の明確な終着点（そしてまた、それより頻度は低いが出発点）と考えればもっと辻褄《つじつま》が合うのだ。

「……それを中心として全世界が首尾よく理解できる」

たいていの学者は発表された論文（や発表される前の原稿）を読むのにかなりの時間を費やすが、彼らの多くにとって、それはある時点から喜びであるのと同時に負担にもなる。するとさまざまな症状が出る。論文全体を読むことがしだいに少なくなり、要約にざっと目を通すだけになる。原稿を査読するように頼まれても断る。私のように制度や組織を嫌う傾向がある人は、専門誌の購読を打ち切る（どのみち、今ではほとんどがオンラインで読める。だがどういうわけか、いつでも読めるとなると読む量は増えるどころかむしろ減る）。そして何より、大半の論文の肝心なメッセージでさえ、短期記憶と長期記憶を結ぶほの暗い神経経路のどこかで、いつの間にか迷子になっている。

それでもたまには、そんな倦怠感の泥沼から浮かび上がり、人をうたた寝から呼び覚ますもの、足元の地面を揺るがすようなものを読むことがある。そういうときは、要約を斜め読みして、ページをめくった途端にその内容を忘れるのではなく、論文を最後まで読み、それから思わず何度も読み返して、前には気づかなかった細かいニュアンスを汲み取るものだ。私が隔離分布というテーマを研究するうち、そんな論文や文章にいくつか出合えたのは幸運だった。例を挙げれば、ユスリカに関するラーズ・ブランディンの論文の長い第四章や、分散の仕組みに関するジョージ・ゲイロード・シンプソンの論文、ニュージーランド植物相の起源に関するマイク・ポールの論文だ。

7.4　イサベル・サンマルティン．フレッド・ロンキストとともに行なった南半球の生物地理学の研究は，分断分布説の世界観に大きなほころびを生じさせた．

もう一つ、イサベル・サンマルティンというスペインの若い生物地理学者と、スウェーデンの科学者フレッド・ロンキストが書いた論文がある。二人は、生物地理学の定量的な方法を考案したことで知られている。過去二〇年間に書かれた生物地理学の全論文中、二〇〇四年に発表されたこの論文ほど人々を愕然とさせたものはなかったかもしれない[19]。

サンマルティンとロンキストのアプローチの詳細は複雑ではあるが、この二人は基本的に、南半球の分類群の進化樹における分岐の順序とゴンドワナ大陸の陸塊の分裂の順序が合致するかどうかを確かめようとしていた*。その意味では彼らは、ラーズ・ブランディンが一九六〇年代にユスリカで行なったことや、ゲーリー・ネルソンらが生命の地理的歴史に取り組む唯一の方法として一九七〇年代と八〇年代に提唱したことをしていたわけだ。二人はできるだけ多くのグループを含めることで、レオン・クロイツァットのやり方を踏襲してもいた。クロイツァットはあれほど常軌を逸していたにもかかわらず、一つの分類群の歴史だけに的を絞らず、一般性を探し求めるという考えを推し進めたのは見事だった。だがサンマルティンとロンキストは、ある重大な点でネルソンやクロイツァットと一線を画していた（し、今もそうしている）。すなわち、長距離分散は重要でありうるという考えを受け入れていたのだ。そして南半球のグループの進化樹がほんとうに意味しているものを解明したいと思っていた。

サンマルティンとロンキストは植物に関して、南半球のグループの進化樹はおおむね、ゴンドワナ大陸の断片化の順序と合わないことを発見した。たとえば、オーストラリア大陸の植物は、最も近い仲間がニュージーランドで見つかる傾向にあるが、大陸が分裂した順序からすれば、南アメリカ大陸南部の植物にいちばん近いはずだ。同様に、マダガスカル島の植物は、最も近い仲間がアフリカ大陸に生息していることが多いが、この二つの陸塊はじつはごく早い時期に分離したので、分断分布説に従えば、双方に見られるグループには遠い類縁関係しかないことになる。マダガスカル島の植物はインドの植物により近いはずだし、アフリカ大陸の植物は南アメリカ大陸の植物により近いはずなのだ。ようするに、彼らの研究結果は、ゴンドワナ大陸由来の分断分布の説明が植物に関する妥当な一般論であることを裏づけていない。つまり、植物の大部分には、予期されていたような進化上のつながりはないのだ。そこでサンマルティンとロンキストは、海洋分散は頻繁にあったと結論している。オーストラリア大陸とニュージーランドのあいだのタスマン海や、アフリカ大陸とマダガスカル島のあいだのモザンビーク海峡ではとくにそうで、ときにはインド洋や太平洋の全幅といった、はるかに長い距離に及ぶ事例さえあったという。それにどちらかと言えば、彼らの結果にはいくぶん分散を見つけにくいバイアスがかかっていた。なぜなら彼らは、南北両半球で広く見られるさまざまな植物のグループ、つまり長距離移動をする可能性が最も高い植物の種類を除外していたからだ。言い換えれば、おそらく初めから分断分布の裏づけが見つかるような設定になっ

* ようするに彼らは、さまざまな系統の分断分布（土地の分裂による系統の分岐）と分散と絶滅の最適な組み合わせを見つけ出し、グループごとに、今のような地理的範囲に種が見つかるような進化樹がどのように生まれえたのかを説明しようとした。分断分布、分散、絶滅の事象のそれぞれにはコストが割り当てられ、その事象の組み合わせのうちで、進化的／地理的パターンが説明でき、かつ、コストの合計が最も小さいものが「最適」と考えられた。だが彼らの方法には、分散の筋書きより分断分布の筋書きを選択するバイアスがかかっていたかもしれない。分断事象には分散事象よりずっと小さいコストが課されたため、結果として、分断分布に頼る筋書きが選ばれる傾向にあったからだ。

ていたにもかかわらず、この仮説は成り立たなかったのだ。

サンマルティンとロンキストの研究は、クロイツァットを思い出させるような一般性を持っていた点と、実質的には分断分布説を支持する学者のアプローチを採用して分断分布説を論破した点で意義深かった。二人は分岐学の支持者と同じで、進化樹における分岐の順序だけを使い、分岐年代は考慮しなかった。そこが肝心だった。なぜならそれは、分子年代推定に納得していない人々さえその結果を信じられることを意味したからだ。ようするにそれは、ゴンドワナ大陸由来の陸塊の生物地理学に関する幅広い研究であり、ほとんど誰もが真摯《しんし》に受け止めざるをえないものだった。もしこの分野における思考の転換点となる画期的瞬間を告げる論文があったとすれば、まさにこれだった。マイケル・クリスプという名のオーストラリアの植物学者は、ナンキョクブナをはじめとする南半球の植物について重要な生物地理学的研究をいくつか行なっていたが、サンマルティンとロンキストの研究については、「分断分布説のパラダイムが大往生を遂げようとしている[20]」ことを知らせるものだと評している。

クリスプと研究仲間のリン・クックは、オーストラリア大陸の植物相に関する二〇一三年のレビュー論文で、分子年代推定研究から得られた、南半球の植物の由来に関する補足的な証拠を挙げた[21]。興味深いことに、オーストラリア大陸の植物のうち、最も近い仲間が南アメリカ大陸に生息している少数のグループについては、ゴンドワナ大陸分断分布を示す強力な証拠を二人は見つけた。具体的には、その条件を満たす二一のグループのうちの一四は分岐点が十分古く、およそ三〇〇〇万年前に南極大陸を介してつながっていた南アメリカ大陸とオーストラリア大陸が分断される前からこの二つの地域で生息していたことがうかがわれたのだ（植物学の文献を読み漁っていた私は、じつはこのときこれほどはっきりしたゴンドワナ大陸の残存種の証拠を目にして大きな衝撃を受けた）。とはいえ、それ以外のオーストラリア大陸の植物相は、ニュージーランドの植物相やマット・ラヴィンのマメ科植物のような筋書きを反映していた。ゴンドワナ大陸のほかの断片に姉妹群を持つオーストラリア大陸の植物分類群は二八あったが（ニューカレドニア島に六、ニュージーランドに八、アフリカ大陸に一四）、そのすべての分岐年代が新しすぎて、ゴンドワナ大陸の分裂では説明できなかったのだ。

以上をまとめると、サンマルティンとロンキストの研究にあったような進化上の分岐パターンや、急増する分子年代推定研究からわかるように、一般に、ゴンドワナ大陸の分断化と分断分布では、海洋に分断された大半の植物の分布を説明できない。むしろ、地球の植物相全体が何千万年にもわたって海洋という障壁を行きあたりばったりに飛び越えてきたことがしだいに明らかになっている。おそらく多くは種子のかたちで、風に吹かれたり、鳥の羽毛や足先について、あるいは消化管の中に呑み込まれて運ばれたり、植物の筏に乗ったり、あるいはたんに水に浮かんで漂流したりしたのだろう。数々の植物の系統が、タスマン海のように小さめの障壁なら、どうやら何千回とは言わないまでも何百回も乗り越えているし、大西洋や太平洋のような巨大な障壁さえ首尾よく渡り切っている。

マット・ラヴィンの目から見れば、多くの植物は数千年から数百万年与えられれば、一見、地理的障壁に見えるものにも妨げられず、地球上をかなり簡単に動きまわれる。「私は、山脈や河川の形成も、大陸の分離も……その手の歴史的な出来事が植物の移動にとっていかなる種類の障壁になるとも思っていない」[22]と、彼は以前なら縁がなかったような見解を口にする。「植物は動きまわるようだ。新たに上陸した地域で生き延びる機会が見つかるかどうかの問題だね」。新しい土地には、かなりの頻度でその機会が存在した。木本マメ科植物の多くの場合もそうで、それらは大小の海を渡ったあと、はっきりした雨季のある暑く乾いた地域、つまりもともと生息していた地域に似た環境をうまく見つけることができた。そうした進出が繰り返されれば、やがて世界は緑の網の目のようになる。分断分布説の視点で考えはじめたなら、それは天地が覆ったような世界だ。

植物の分散の道筋

分子年代推定の結果が積み上がるにつれ、マット・ラヴィンが経験したように、分断分布説から分散説へ宗旨替えするのは、植物学者にとってはありふれた成り行きになった。とはいえ、そういう方向転換がほぼ万人に起こったかのように言えば誤解を招く。たとえばマイケル・ヘッズのように、新しい研究結果にまだ納得せず、あくまでも分断分布説の見方に固執している植物学者がいる。さらに、かなりの数の植物学者には、長距離分散が非常に重要であることを納得させる必要がなかった。彼らはすでにそれを確信していたからだ。これらの学者は、生物の地理的分布を進化の観点から捉えはじめた原点、つまりダーウィンその人にもとをたどれる学問上の伝統の一部を形成していた。

「分布の不測の手段と呼ばれているが、より正確には散発的手段と呼べそうなものについて、私はここで少々述べておかなくてはならない」[23]。これはダーウィンの『種の起源』の、今なら偶発的長距離分散と呼ぶだろうものに関するくだりの導入部分だ。だが、空を漂うクモや筏に乗るイグアナや泳ぐゾウの話を期待していた読者は拍子抜けするだろう。おそらくダーウィンは、ほんの数例をざっと説明するだけなら、懐疑的な読者が突飛だと思わないもの、彼自身も説得力があると思ったものに終始するのが最善だと考えたのではないか。だから彼は、「ここでは植物に限って述べることにする」と続けた。そして実際、ダーウィンはほとんど種子の話にとどめている。それに続いて、小さな種子が鳥の足先に付着して運ばれる可能性があることや、浮き木の根に挟まった石の裏に種子が見つかること、鳥の糞から採集した種子が発芽すること、種子は氷山に乗って海洋分散しうることを説明し、そしてもちろん、種子を海水に浸けるあの有名な実験のことも述べている。

　長距離分散の例として植物を強調するというダーウィンの姿勢は、学問の系譜の一部として完全に途切れることなく現在まで脈々とつながっている。基本的にはダーウィン以後、植物が海越えなどの長距離移動にたびたび成功してきたと考える人はつねにいた。その考え方は、時代の思潮に反するときにさえ根強く残った。それが、植物学の知識からかなり明白なかたちで導かれたものだったからかもしれない。

　その信念の一部は、植物の特性、とくに種子の特性を考えるだけで得られた。そういう特性があれば、植物は、たとえば飛べない脊椎動物より長距離分散がはるかに得意なはずだ。空を飛べない脊椎動物は真水を必要とし、風雨や暑さ寒さに過度にさらされると命が危うくなり、溺れやすくもあるので、その多くは広大な海を越えるために、たいていかなりの大きさの筏を必要とする。アルダブラ諸島からアフリカ大陸の海岸に漂着したと思われるリクガメ〔序章の最後を参照〕は大きな例外であり、けっして標準的ではない。それとは対照的に、種子の多くは自然淘汰により、風や鳥や水そのものに運ばれるように形作られてきた。空気の入った果実や蒴果《さくか》〔ホウセンカなどの果実で、乾燥して種子を弾き出すもの〕をつける、ウリ科を含む植物がその好例だ。また、これはきわめて重要なのだが、広く分散することにとくに適応していない種子でさえ長いあいだ休眠でき、適切な条件に巡り合えば「目覚めて」発芽できる。種子は基本的には仮死状態にあるので、さまざまな方法で首尾よく長距離移動できるのだ。[24] ある程度は、節足動物の卵（多くは秋に産み落とされ、休眠状態で冬を越す）にも同様の利点があるが、それらは植物の種子と比べると一般に、乾燥したり暑さや寒さにさらされたりすることに弱い。節足動物の卵でも、長く休眠できるように——長年袋に入れっぱなしでも、塩水に浸ければ復活させられる「シーモンキー」（ブラインシュリンプの一種）の卵のように——うまくできているものはかなり珍しい。植物では、この手の休眠状態はごくありふれている。だからこそ、地元の園芸店でさまざまな種子の袋を買い、何か月も何年も放置してから植えるのが、特別変わったことには思えないのだ。ダーウィンやのちの研究者たちが行なった種子の耐久性実験の結果は、この特性が分散を容易にしうることを鮮やかに証明していた。

種子の持つこの明白な特性のほかにも、ダーウィンやその学問上の後継者に、植物による偶発的な長距離分散がごくありふれたものであることを確信させる所見があった。まず、海洋島には植物のほうが動物より容易に定着してきた。たとえば世界の植物系統のうちで遠く離れたハワイ諸島に進出したものの割合は、陸生動物のどのグループの割合をもはるかに上回り、昆虫さえ凌ぐ[25]（ただし、ハワイ諸島に達した昆虫の系統数は植物の系統数よりやや多い。だがそもそも世界には、進出者の候補は昆虫種のほうが植物種より断然多いのだ）。さらに、海洋に分布域を分断された被子植物のグループの多くは年代が新しすぎて、ゴンドワナ大陸の分裂のような太古の出来事を経験したはずがないことを化石記録が示しているので、かなり最近になって海を越えたことになる。[26]グループの年代が新しすぎるというこの所見は、今や分子年代推定データに基づいており、今日きわめて重要であることは明らかだが、分子年代推定研究が爆発的に増えるよりはるか以前にも、化石証拠を使って同じ主張がなされていた。

植物による長距離分散が重要であるという認識は、陸橋説が台頭すると弱まり（だが完全には消滅しなかった）、ニューヨーク学派の分散説の考えが一般に広まると強まった。[27]それから革命が起こった（大陸移動説が正しいことが確証され、分断生物地理学が盛んになった）が、それでも植物学者の多くは依然として、海越えなどの分散事象にはきわめて大きな意味があると主張していた。たとえば、プレートテクトニクスも分断生物地理学もすでにしっかり確立されていた（とはいえ、分子年代推定研究が一気に増えるようになる前の）一九九〇年代初期に、『アフリカ大陸と南アメリカ大陸の生物学的関係（*Biological Relationships Between Africa and South America*）』という本に寄稿した植物の専門家たちは、これら二つの大陸間の海越えを頻繁に引き合いに出していた。その植物学者のなかにプレートが動くことを否定する人は一人もいなかったが、どうやら彼らは、大陸移動と分岐図のせいで自らの世界観をそっくり変えざるをえないとは思っていなかったようだ。

ようするにダーウィンの時代以来、多くの植物学者は植物の特性や分布域に関する知識や化石記録の知識さえあれば、植物の長距離分散が頻繁に起こることにも、それが重要であることにも十分納得できたのだ。過去一五年から二〇年のあいだに、宗旨替えする必要がなかったのはそういう人々だった。すでにその考えに至っていたから、宗旨替えする必要がなかったのだ。その一人がスザンネ・レンナーで、おそらく近年では、植物の分散がいたるところで起こっていることを広く認めてもらううえで最も大きな功績をあげた人物だ。レンナーが大学院生だったときの指導教授クラウス・クビツキーは、長距離分散の重要性を強く確信しており、彼女もその信念を受け継ぎ、けっして棄てることはなかった。彼女は一九八〇年代にスミソニアン研究所のポスドク研究者だったころに、反対の立場にある分断

7.5　スザンネ・レンナー．彼女は分散の重要性を信奉する方向へと宗旨替えさせられる必要はなかった．すでにその重要性を確信していたのだ．ピエール・タベレ撮影．

生物地理学者たちと交流があったが、いつも彼らの極端な考え方を「独断的で少しばかげている[28]」と思っていたという。レンナーらにとって分子年代推定は、すでに自分たちが真実ではないかと強く思っていたものに最後の裏づけを与えてくれたにすぎなかった。植物の分散に関しては、ダーウィンの息の長い影響力はたとえときに弱まることはあっても、消し去られる気配を見せることすらなかった。

次は動物へ

イサベル・サンマルティンとフレッド・ロンキストは動物のグループ（大部分は脊椎動物と昆虫）も調べており、動物では事情は大違いだった。動物の進化樹はゴンドワナ大陸の分裂と一致する傾向にあったのだ[29]。たとえば、あるグループがニュージーランドとオーストラリア大陸と南アメリカ大陸南部に見られた場合、ニュージーランド側の進化樹の枝は、オーストラリア大陸側の枝と南アメリカ大陸側の枝の両方を含む系統には入らない傾向があった。それはおそらく、オーストラリア大陸と南アメリカ大陸がもっとあとの時代まで地続きだったことを反映している（それこそ、はるか以前の一九六〇年代にラーズ・ブランディンがユスリカについて発見したパターンだ（図2・5参照）。実際、ブランディンの研究は、サンマルティンとロンキストの集めたデータに含まれている）。

だがこうした結果から、南半球の動物の断片的な分布に対してゴンドワナ大陸の分断分布が一般的説明として妥当であると、一足飛びに結論づけることには問題がある。まず、サンマルティンとロンキストの研究では、両半球に広く見られるグループが除外されていたことを思い出してほしい。その結果、分散が得意な動物、つまり、まさに海を越えそうな種類の動物が対象から外されたかもしれない。ほかにも方法論の問題がある。二人が使ったアルゴリズムには分散説より分断説を裏づけるバイアスがかかっていたかもしれないし、分岐点の年代が使われなかったのだから、分断分布説に合うように見える事例にもじつは合わないものが含まれている可能性がある。それにまた、分断分布のパターンには顕著な例外がいくつもある。たとえば、ニューカレドニア島とニュージーランドは最近までジーランディア大陸の一部として地続きだったにもかかわらず、この二つの地域の動物系統はたいてい近い関係にはないのだ。

それでもこうした結果からは、動物の分布域のほうが植物の分布域よりもゴンドワナ大陸の分裂に由来する分断分布をよく反映していることがたしかにうかがえる。植物も動物も、移動するゴンドワナ大陸の断片に乗って運ばれたのは明らかだ。両者の違いは、植物では大陸移動の特徴的な痕跡がその後の海越え（と絶滅）によって見えにくくなったのに対し、動物では原形により近いかたちで残っている点にあるらしい。ようするに、植物では分散ルートの軌跡である緑の網の目が、太古の大陸分裂パターンを上書きしたわけだ。その後の研究からは、この違いが北半球にも当てはまることがわかっている。(30) ユーラシア大陸と北アメリカ大陸とのあいだの移動は、動物より植物にはるかに多く見られるのだ（もっとも、こうした大陸間の移動には、陸橋を渡る自然分散かもしれないものもある）。

動物はとても植物ほど簡単には動きまわらないという結論は、驚きに値しないにせよ、根本にかかわる推測だ。* だがそれは、動物が偶発的分散の筋書きの中でろくな役割を担っていないということではない。植物は圧倒的な数の多さで長距離移動の重要性を示しているが、動物に関する最近の研究から学ぶべきこともある。次の二つの章で述べるように、進化の長い時間の中ではじつに思いがけない出来事が起こるこ

＊ 植物と動物をこのように区別するのは、明らかに過度の単純化であり、そのせいで両グループ内の分散能力の多様性が見えにくくなってしまう。たとえば、トンボやクモや鳥といった動物のなかには、長距離分散に非常に長けた者がいる。だからその意味では、それらは「植物に近い」と言える。

とがそうした研究から明らかになる。五一種のマメ科植物による海越えよりも、さらにはオーストラリア大陸のモウセンゴケによる南アメリカ大陸のテプイへの進出よりもなお意外な出来事が。つまるところ、こうなる。動物たちは、生物の歴史がはなはだ偶然に左右されやすく、予測しがたいものであることを、紛れもないかたちで示しているのだ。たとえば、カエル一匹にしても、なぜカエルがと首をひねりたくなるような旅をする可能性がある。

これまでにゾウの化石は、マルタ島、クレタ島、キプロス島、スラウェシ島、フローレス島、ティモール島、沖縄、カリフォルニア州沖の北チャネル諸島など、多くの島々で見つかっている。[31] 一九七〇年代を通して研究者の多くは、ゾウの化石があるなら、これらの島はある時期に陸橋で大陸とつながっていたに違いないと考えていた。そうでなければ、ゾウのように体の大きな動物が島にたどり着けるわけはない、と。* 地質学的な記録に陸橋の存在を示すようなものがいっさい見つからないときでさえ、そうした陸のつながりの存在が想定されることもあった。

ところが一九八〇年、ドナルド・ジョンソンという生物学者が、自らの博士論文の一環として、アフリカゾウもインドゾウも泳ぎがじつに達者であることを示す報告を収集すると、大量に集まった。そこで彼は、陸橋を想定しなければ島に固有種がいる理由を説明できないという考えに疑問を呈した。ゾウは鼻をシュノーケルとして使い、ネズミイルカのように体を上下させて泳ぎ、その動作を一度に何時間も続けられるようだ。ある目撃者は、使役用に狩られていたゾウたちがカンボジアの湖で、

「黒光りする頭や体をマッコウクジラのように水面に出しながら、四方八方へと凄まじい勢いで」泳いでいった様子を詳しく述べ、数時間かそれ以上も泳げることを指摘した。このゾウたちは耳を銛《もり》で射貫かれ、それに結ばれたロープで水面から出た木の先端部につながれた。そして最後に、「広範にわたって湖面から出た木という木のまわりで輪を描いて泳ぐゾウ」の一大スペクタクルが見られたという。

ジョンソンは、ゾウがアフリカ大陸東部やスリランカで海岸に非常に近い島々まで泳いだという現地報告を数多く見つけた。また、相当の幅のあるガンジス川の何か所かを七九頭のゾウが渡ったという報告もあった。途中、ゾウたちは六時間泳いでから砂州で休憩し、その後また三時間泳ぎつづけたという。ジョンソンは、ほかの複数の報告にあったゾウの泳ぐ速さに基づき、この七九頭は、ガンジス川の旅のうち六時間の部分で八キロメートル以上を泳いだと推定した。ゾウの遊泳／漂流の最長記録はそれより大幅に長い。サウスカロライナ州の海岸沖で船から落ちたあるゾウは、ひどい暴風に遭いながら、五〇キロメートルほど離れた陸地になんとか泳ぎ着いている。

＊　こうした島のゾウの大半は矮小種で、おそらく島に進出してから進化して小型になったのだろう。そういうゾウは、島ではネズミのような小型の哺乳類は大型化しやすく、ゾウのような大型の哺乳類は小型化しやすいという「島の法則（島嶼化）」の実例だった。

第8章
あるカエルの物語

サントメ島の「黄色いヘビ」

ジョン・ミーズィはサントメアシナシイモリ（*Schisiometopum thomense*）を探していた。[1] 一九〇センチメートル近い長身を折り曲げ、膝をハンドルにぶつけそうにしながら、一二五ccの小さなバイクにまたがり、アフリカ大陸西岸沖にある、サントメ島の熱帯雨林やカカオ農園の中を走りまわっていた。そこは楽園のような場所だった。息を呑むほど美しい、樹木の生い茂る山々や、ターコイズ色の海に面した砂浜があり、彼のポルトガル語が怪しげでも（しかもそれはブラジルのポルトガル語で、この島で話されるポルトガル語の混成語とはかなり違っていた）、夜遅くまで彼を相手に哲学談義に興じる心優しい住民がいた。そして何より、一匹どころか相当数のサントメアシナシイモリが見つかる可能性があった。いや、ボブ・ドルーズによれば、見つかるのは確実だった。

これより前の二〇〇二年四月、パリのフランス開発研究所（ＩＲＤ）に勤務するイギリスの若い生物学者ミーズィは、ケニアのとある科学会議でドルーズと言葉を交わした。ドルーズは、サンフランシスコのカリフォルニア科学アカデミーで三〇年以上も爬虫両生類学の学芸員をしているが、職場の所在とは裏腹に、アフリカ大陸の爬虫類と両生類に関する世界屈指の権威だ。当時、ギニア湾の島々、とくにサントメ島とプリンシペ島（この二島で、両者の名前を合わせた「サントメ・プリンシペ」という名の国を形成している）を対象とする大規模プロジェクトに着手したばかりだった。両生類、爬虫類、魚類、哺乳類、昆虫類、クモ類、ウミウシ類、サンゴ類、フジツボ類、棘皮《きょくひ》類、菌類、珪藻《けいそう》類、植物の専門家を呼び集め、この二島の生物相を分類し、その後その進化について研究するというプロジェクトだ。[2] サントメ島とプリンシペ島は、世界最小のトキから世界最大のベゴニアまで、独特の種の多様さではガラパゴス諸島に匹敵する。ところが、どれだけ研究されてきたかという点では同諸島に遠く及ばない。ドルーズらが研究を始めるまで、この二島の生物相に関する研究は、一九世紀以来、ほとんどなされてこなかった。この手落ちを正すことがドルーズの生き甲斐になっていた。「神に与えられた使命[3]」だと、彼は言う。

8.1　ジョン・ミーズィ．「サントメアシナシイモリ」と呼ばれる，脚がなく地中で生活する両生類に惹かれ，サントメ・プリンシペにやって来たが，やがて偶発的な海上分散の研究をするようになる．

ケニアでその会議があったとき、ドルーズはホテルのプールのそばでビールを片手にくつろぎながら、サントメ島がどんなところか、そこでサントメアシナシイモリを見つけるのがどんなにたやすいかを延々と語り、伝道者のような熱意の一部を注いで、その島を訪ねるようにミーズィを口説いていた。サントメアシナシイモリは、サントメ島で使われるポルトガル語の混成語、フォロ語では「黄色いヘビ《コブラボボ》」というが、

8.2　ボブ・ドルーズ．サントメ・プリンシペの独特の生物相に関する大規模な調査の指揮者．サントメアシナシイモリを手にしているところ．ドング・リン撮影．カリフォルニア科学アカデミー提供．

じつは、地中で生活する脚のない両生類のアシナシイモリだ。そこにこそつけ入る隙があると、ドルーズは当てにしていた。ヘビではミーズィをサントメ島まで引っぱり出せなかっただろうが、アシナシイモリとなれば話はまったく違ってくる。ミーズィはアシナシイモリをこよなく愛し、この知名度の低い両生類の研究を専門とする、世界でもほんの一握りの生物学者の一人なのだ。

会議が終わってからも、ドルーズはサントメアシナシイモリのことを電子メールに書き、ミーズィに攻勢をかけつづけた。最後には（必然的だったかもしれないが）、ミーズィが根負けし、サントメ島行きの航空券を手配した。こうしてケニアで会議のあった半年後、サントメ島にミーズィはいて、彼にとっては小ぶりのバイクで走りまわったり、森の中をあちらへこちらへと長時間歩いたりしていたのだ。そして若干の苦難にも見舞われた（とりわけ重いマラリアに倒れたし、野外研究の助手が公務執行妨害でしばらく捕まった）が、それでも行った甲斐があった。ほとんどどこへ行ってもサントメアシナシイモリが見つかった。その体は目の覚めるような黄色で、黒っぽい土によく映えた。たいていの人には巨大なミミズのように見えるだろう。珍しいのは確かだが、おそらくわざわざ見に行くようなものでもない。ところがミーズィときたら、恋に浮かれた少年のように、「ほかのものなど目に入らなかった」[4]と言う。サントメ島には、*Ptychadena newtoni* という種名の付いた、この島ではよく見かけるカエルがおり、のちに重大な理由があって彼には忘れられない存在になるのだが、このときの旅では、そのカエルもそれ以外の両生類もほとんど記憶に残らなかった。

ミーズィは土を入れた袋をいくつも用意し、そこに何匹かのサントメアシナシイモリと地中に棲む無脊椎動物を入れ、アシナシイモリが餌食の個体群に与える影響を確かめようとしたが、アシナシイモリは一匹を残してみな逃げてしまい、実験は失敗に終わった。それでもミーズィはあまり気にかけなかったようだ。これほど多くのサントメアシナシイモリを見られただけで十分だったのだ。

パリに戻ったミーズィは、あることが頭から離れなくなった。黒っぽい土の上を這う何十匹という鮮やかな黄色のミミズのような両生類の姿ではない。いや、少なくともそれだけではなかった。それは、そもそもサントメ・プリンシペにサントメアシナシイモリを含めた両生類が存在するという事実だった。彼らはいったいどうやってそこにたどり着いたのか？

ミーズィがこの疑問に魅了されたわけを理解するには、まず、ギニア湾の島々の深遠な歴史と地理について考えてみなければならない[5]。その歴史は「カメルーン火山列」という一連の火山に始まる。カメルーン火山列は、ほぼ南西から北東へと走り、赤道とアフリカ大陸の西海岸を突っ切っている。これらの火山は過去八〇〇〇万年にわたり、この列に沿うさまざまな地域で、今はここ、次にここというように溶岩を吐き出してきた。アフリカ大陸では、その溶岩が不連続な弧を描く高地を形作る（その一部にはまだ活火山がある）一方、ギニア湾では、それが堆積して点々と並ぶ四つの島ができた。そのうち最大・最北で、アフリカの海岸に最も近いのがビオコ島だ。そこには何種類かの両生類が暮らしているが、それ自体はたいして不思議ではない。ビオコ島を大陸と隔てる海峡は深さが六〇メートルもないため、さまざまな氷河

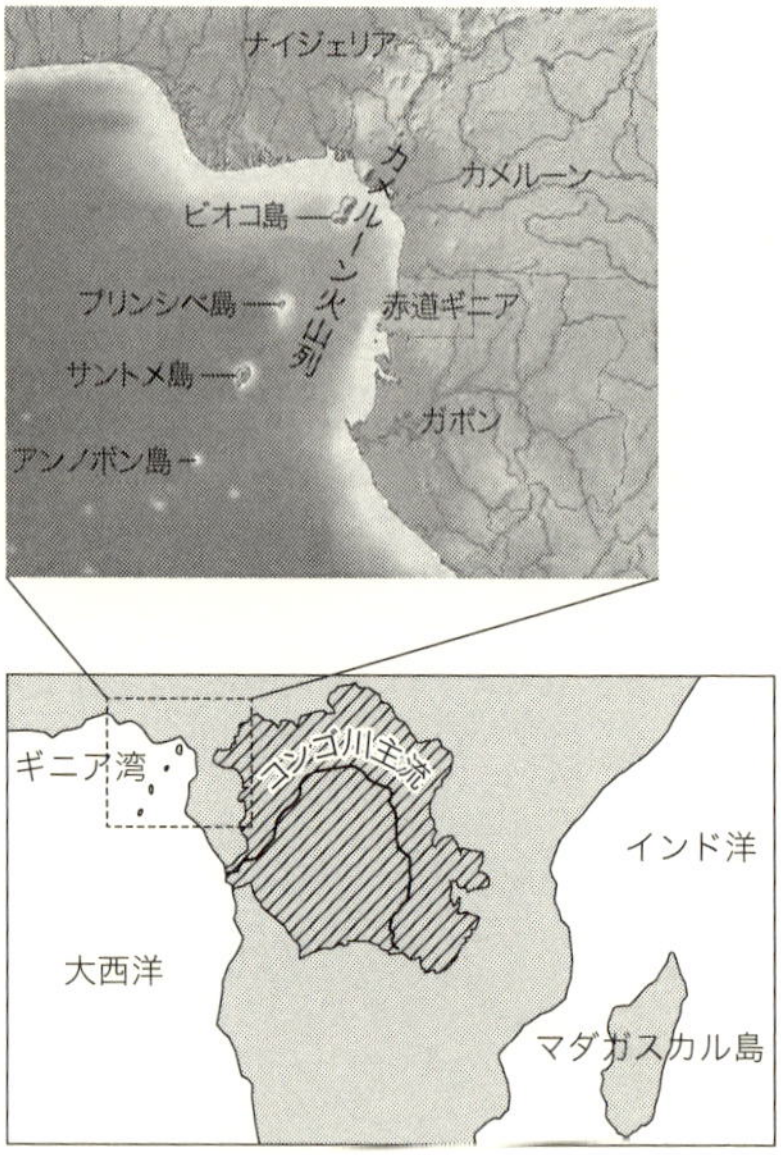

コンゴ川流域

期に海水面が下がって島と大陸がつながることがあったので、そういう時期に両生類は歩いたり、跳ねたり、這ったりして島に渡ることができただろう。この火山列の南西の端にあるアンノボン島も、両生類の分散に関して問題はない。両生類がまったくいないからだ。

　両島のあいだにあるプリンシペ島とサントメ島が、ミーズィを含めた両生類生物学者にとっての謎だ。この二島はアフリカ大陸の海岸から二〇〇キロメートル以上離れており、深さが一六〇〇メートル以上もある海で大陸と隔てられている。二島は正真正銘の海洋島だ。つまり、海から出現して以来（プリンシペ島の場合はおよそ三一〇〇万年前、サントメ島の場合はおよそ一三〇〇万年前から）、大陸とは一度もつながったことがないのだ。両生類がこの二島にたどり着くには、海水という障壁を乗り越えなくてはならず、問題はそこにある。両生類は、海を渡ってそれほど遠くまで分散できないはずなのだ。少なくともギニア湾の島々の両生類に出会うまで、ミーズィはそう考えていた。そして、それはほかならぬチャールズ・ダーウィンも考えていたことだった。

ダーウィンは『種の起源』の中で、「両生類（カエルやイモリ）は、大海に散らばる多くの島々のどこにも見つかっていない」[6]と述べている。彼がそう言い切った時代、イギリスの知識人の多くは、ノアの方舟の物語（と、あらゆる種はアララト山から分散したという含み）を否定し、神はそれぞれの種を固有の生息域、つまりその種が生きるのにとくに適した地域に配置なさったと信じていた[7]。バイソンは北アメリカ大陸の平原を歩きまわるのに適し、トラはアジアのジャングルを忍び歩くのに適し、両生類はと言えば、まあ、どの種も自然に生息している場所ならどこであれそこで生きるのに適している。その考え方に従えば、海洋島に両生類がいないのは矛盾しているとダーウィンは論じた。たとえば、なぜ大陸の熱帯雨林にはカエルの種があふれているのに、見た目がよく似た島の森林には固有のカエルがまったくいないのか？　カエルの種の多くは島に持ち込まれるとよく繁殖したので、島の環境がカエルに合わないとは誰にも言えなかった。そこで人々は、「特殊創造説（聖書の記述どおり、万物は現在と本質的に同じ姿で神に創造されたとする説）」を窮地から救うために、神は気まぐれなので、大陸ではいたるところに両生類を出現させながら、離れ小島にはふさわしくないことに決めたと考えるしかなかった。ところが、海洋島に両生類がいないのは、そういう島にはもともと生物がおらず、さまざまな大陸から自然に進出してくることが必要だったとすれば、申し分なく筋が通る。両生類が海洋島にいない理由は単純で、つまりそこに行けないからだ。それは、生き物の分布域を唯物主義的に説明する、説得力のある主張だったし、今でもそうだ。それはまた、進化論を強力に支持する際の一段階でもある。なぜなら島の生物（両生類以外のありとあらゆる生物）がもともと大陸に由来するのに、どの大陸の種とも明らかに違うなら、それは島の生物か大陸の生物、あるいはその両方の「変化を伴う由来」を意味するからだ。

話が脱線してしまったが、それもいたし方ない。両生類に関するダーウィンの所見を、背景を説明せずに引用するには無理があるからだ。ここで私たちがほんとうに関心を持っているのは、進化論を支持するダーウィンの主張ではなく、その前提の一つ、すなわち、両生類には海の旅は望みようもなく、彼らは悲しいほどその能力に欠けるため、「大海に散らばる多くの島々」のどこにも到達できないという見解だ。ダーウィンが『種の起源』でこの前提の説明として述べたのは、「これらの動物とその卵は、海水に浸かるとすぐ死ぬことが知られている」(8)ということだけだった。この説明は厳密に言えば正しくないが、彼の目的には十分かなうものだった。たんに海に漂うだけなら、西アフリカの海岸からサントメ島やプリンシペ島などへ生きて到達できる両生類はおそらくいない。それでも、海洋分散の苦手な両生類については、もう少し述べておくべきことがある。

簡単に言ってしまえば、問題は、両生類の皮膚がたいてい水の透過性に優れている点にある。私の大学院での指導教授であり、爬虫両生類学者で生理学者でもあるハーヴィー・ポウは、好んでこう言った。テーブルに置いたカエルは、覆いをしていないボウルに入った水と同じぐらいすぐに干上がるものだ、と。それは大半の両生類にとっては、乾いた筏での長旅など問題外ということだ。(私と兄たちがそうだったように)カエルやサンショウウオをペットとして飼う子供の多くは、彼らの弱さを実体験から知っている。たっぷり水のある飼育器から逃げ出すと、ほんの二日もすれば干からびた姿で見つかることが多いものだ(カリフォルニアイモリの哀れな日干しはとくに私の記憶に残っている)。カエルが海そのものに漂うのも、筏に乗って波をかぶるのもよろしくない。大半の両生類は海水に浸かると、皮膚全体の浸透作用によって急速に体内の水分を失うからだ。言い換えれば、大気によってと同様、海水によってもすぐに脱水状態になるのだ。

島にもたしかに両生類がいるが、それらはほとんどの場合例外であり、両生類は海を渡るのが苦手な生き物であるという原則が正しいことを証明しているように思える。その両生類が島固有のものなら、その島はマダガスカル島やボルネオ島やセーシェル諸島のように、かつてはどこかの大陸とつながっていたからだ。もし大陸と一度もつながったことがないのなら、移入種であることが判明する。たとえば、ハワイ島にはミドリヤドクガエルやオオヒキガエルと、ほかにも一握りの両生類種がいるが、それらはみな、一部は昆虫の数を制限するために、一部は偶然に、人間が持ち込んだものだ。ようするに、島に両生類がいても普通は、自然による信じがたい海越えの旅を持ち出すまでもなく、それらが島に行き着いた経緯は簡単に説明できる。

ところがジョン・ミーズィが知ったように、サントメ島とプリンシペ島は例外中の例外のようだ。大陸とは一度もつながったことがないにもかかわらず、明らかに固有の両生類種がいるのだ[9]。そういう種がいるとなれば、ダーウィンの自信に満ちた主張と食い違う。海洋島の一部には、固有の両生類がいることになる。本書の内容との直接的な関連でさらにはっきり言えば、この二島は分断生物地理学者たちの顔に泥を塗る存在だった。なぜなら分断生物地理学者たちは、両生類や海洋分散など望むべくもないほかの生物を、分断分布が起こったに違いない証拠として使ってきたからだ。具体的には、分断説では、海に隔てられた陸塊に類縁の固有の両生類がいたら、それらの地域はかつて地続きだったと考えられる。陸塊の接続と分離の歴史は、構造プレートの移動と関連しているかもしれない（だからセーシェル諸島には、インドに仲間を持つカエルやアシナシイモリがいる）し、海水面の上昇と関係があるかもしれない（だからボルネオ島には、東南アジアの本土に仲間を持つカエルやアシナシイモリがいる）が、どちらにしても、以前は連続していた分布域が、海が形成されたか拡大したために分断されたのだ。言い換えれば、こうした事例は海洋分散ではなく分断分布で説明される。ところがほんとうにカエルやアシナシイモリ、サンショウウオがときに塩水という障壁を乗り越えるのであれば、分断分布という仮説は、これほど型どおりに見える事例においてさえ、完全に信頼できるものではない。これまた分断分布の世界観への打撃となるだろう。ミーズィは図らずも、分散か分断分布かという議論における一つの重大な事例について考える羽目になったのだった。

両生類がサントメ島とプリンシペ島へ自然分散したという主張には、その時点ではまだ絶対的な説得力はなかった。ある意味で、この事例の極端さが強みでも弱みでもあり、だからこそそれを否定することも完全に信じることもできなかった。どこが極端かと言えばそれは、関係する両生類、つまりカエル六種とサントメアシナシイモリという種の数だ。これらの種はすべてこの二島に固有であり、それには別個の進出が合わせて五回必要だった〔カエルのなかには近縁種が含まれており、島にやって来てから分かれたと考えられるため、現在の六種が存在するためには六回ではなく五回の進出で足りる〕。それは強みだった。これらの種がすべてアフリカ大陸にいながら発見されずにいるとは考えにくく、したがって全部が大陸から人間によって持ち込まれた可能性は低かったからだ。とはいえ、両生類が一種でも自然にこの島々に到達できることが信じがたいとすれば、そんな分散が四、五回にせよあったなどと言うのは笑止千万に近い感があった。ミーズィは初めから、海越えの自然分散が答えだと考えていたが、それを補強する証拠がもっと必要なこともわかっていた。

サントメ島から帰ってほどなく、ミーズィはパリのフランス開発研究所で食堂の昼食の列に並んでいたとき、ボンディにある同研究所のオフィスのディレクター、アラン・モリエールを相手にこの島への旅の話を始めた[10]。ミーズィはまず（今度は怪しげなポルトガル語ではなく、怪しげなフランス語で）、二つの島に両生類が分散したこと、とくにサントメアシナシイモリのことや、近くの西アフリカの海岸ではこの種に近い仲間はまったく知られていないという興味深い事実を語った。同じワレビタイアシナシイモリ属のほかの個体が見つかっている最寄りの場所は、コンゴ川流域の東部であり、大西洋よりインド洋に近かった。地中で生活する両生類が、どうしたらコンゴ川の東部流域からギニア湾の島々まで行けるのか想像もつかないと、彼は打ち明けた。モリエールは海洋学者で、偶然にも、サントメ島の南岸沖にあるロラス島という小島を研究したことがあった。簡単なことだよ、と彼は言った。コンゴ川から流れ出た水塊が大量の流送物をギニア湾まで運ぶんだ、と。その瞬間、ミーズィの瞳孔は不意に大きく開いたことだろう。それだ！　と彼は思った。サントメアシナシイモリなどの種がどうやってサントメ島やプリンシペ島に渡ったかという謎を説明するもの、あるいは少なくともその糸口が見つかったのだ。コンゴ川の土手からはがれ落ちた土や植物の塊だろうか、筏となる自然物が下流に運ばれて海に達し、そこから卓越流に乗って北上し、最終的にギニア湾の島々に漂着した可能性がある。

ミーズィが自分のオフィスに駆け戻り、この二島への両生類の分散に関する論文の執筆にただちに取りかかる姿を、誰もが想像できるだろう。だが事実はそうではない。彼はそうするかわりに、コンゴ川の水塊やアフリカ大陸西岸沖の海流については自分より詳しいとモリエールから聞かされた数人の海洋学者に電子メールを送った。そして返事を待った。何の反応もなかった。誰も返信しなかったのはおそらく、海洋学者は一般に、サントメアシナシイモリやカエルたちが二島に行き着いた経緯になどまったく関心がなかったからだろう。

一時的に行き詰まったミーズィは再び、アシナシイモリが餌とする土壌生物に与える影響について考えることにした。

アフリカ大陸の東側では、ミゲル・ベンセスという、スペイン人とドイツ人の血を半分ずつ引く生物学者が、マダガスカル島やセーシェル諸島など、インド洋にある島々のカエルを調査していた[11]。ベンセスは、あまりに多くの研究に参加しているため、いつ眠るのかとまわりに不思議がられるようなたぐいの学者だ。彼と研究仲間たちは数々の成果をあげたが、とくにこの二〇年間では、マダガスカル島にいるカエルの新種を三〇〇種ほど発見した（だがそんな彼にも限界はあるようだ。これまで科学論文で正式に記述されたカエルの新種は、そのうち一〇〇種ほどにすぎないのだから）。

ベンセスは、ドイツのボンにあるライン・フリードリヒ・ヴィルヘルム大学で、自らの博士論文のため、インド洋一帯にいるカエルの地理上の起源を研究した。その研究に取りかかったころ、彼の頭にあったのは、生物地理学者ならほぼ全員がマダガスカル島やセーシェル諸島というゴンドワナ大陸由来の島のカエルに対して考えただろうことだった。すなわち、カエルは海を渡れないから、これらの島々の種はゴンドワナ大陸の残存種に違いないということだ。彼の目的は、カエルたちの分断分布の起源を詳細に突き止めることだった。彼は海上分散は考えてもいなかった。だがその後、奇妙なことが起こった。過去二〇年ほどのあいだに多くの生物地理学者にも起こっていることだ。カエルを調査し、ＤＮＡの塩基配列を決定しはじめると（つまりデータを集めだすと）、カエルは異なる筋書きを語ったのだ。実際、それは複数の筋書きだったが、どれも基本的な結論は同じだった。

それが最も端的に表れたベンセスの研究は、かつてのゴンドワナ大陸の断片にいるカエルではなく、マヨット島にいるカエルに焦点を当てていた[12]。マヨットは、白い砂浜と青緑色の海とフランスの雰囲気が漂うことで有名な島だ（マヨット島はフランス領）。マダガスカル島の北端から三〇〇キロメートルあまり西に位置し、地質学的にはコモロ諸島に含まれる。コモロ諸島は火山島で、おそらくソマリアプレートが、地球のマントルから湧き上がるマグマの上昇流、「ホットスポット」の上を東に移動したときにできた（ハワイ諸島が形成されたのと同じ過程）、一連の島からなる。コモロ諸島の島はすべて過去九〇〇万年間に形成されたと考えられているが、サントメ島やプリンシペ島と同様、かつてどこかの大陸とつながっていたという証拠はまったくない。この場合、肝に銘じておくべきなのは、大陸島であるマダガスカル島とは一度もつながっていたことがない点だ。

8.3　1991年，何度も訪れることになったマダガスカル島への最初の旅で，カエルを探すミゲル・ベンセス．当時，彼の生物地理学に関する考えは分断分布が中心だったが，それが一変する．カタリーナ・ウォーレンベルグ＝ヴァレロ撮影．

マヨット島には二つの種のカエルがいる。両生類は自力では海洋島にたどり着けないとされているので、これらも外から持ち込まれたものとばかり考えられていた。実際、マヨット島のカエルを記述した生物学者たちの結論によれば、この二種は、*Boophis tephraeomystax* という薄い灰緑色のアマガエルと、*Mantidactylus granulatus*（この種は現在では、*Gephyromantis granulatus* として知られる）という目立たない小さな茶色のカエルで、どちらもマダガスカル島では一般的な種とのことだった。これらは、マダガスカル島からの船に偶然潜り込んでマヨット島に到達したのかもしれないし、子供がペットとして持ち込み、のちに島に放したのかもしれなかった。

ところがミゲル・ベンセスらがマヨット島のカエルを調べてみると、この筋書きには問題があることがすぐにわかった。じつは、これらのカエルは本来の種なら当然とるべき外見をしていなかったのだ。マヨット島の *B. tephraeomystax* は、マダガスカル島のそれより体が大きく、目の色が異なり、皮膚の凹凸が多かった。マヨット島の *M. granulatus* はいっそう違っていた。マダガスカル島の「同」種に比べると体が小さく、鳴嚢《めいのう》は黒っぽいものが二つあるのではなく、白いものが一つあるだけだった。求愛音はとくに異なり、マダガスカル島の「同」種のような落ち着いた声ではなく、ショウドウツバメの何かを引っ掻くようなせわしない鳴き声に近かった。[13] 鳴嚢の解剖学的構造と求愛音の違いは、とりわけ有効な手がかりだった。カエルのメスは、自分の種とは鳴き声の異なるオスには惹かれない。したがって、鳴き声が似ていないカエルの個体群どうしは、ほぼ確実に種が異なる。マヨット島の二つのカエルの種は、マダガスカル島に何百といるほかの種のどれとも違っていた。だからベンセスはかなり明白な体の特徴と行動を見ただけで、マヨット島のカエルはこの島に固有の種だと考えていた。*

ベンセスらは、マヨット島のカエルと、それと類縁のマダガスカル島の四五の種のカエルを対象に、遺伝子の一部（細胞核のもの一つと、ミトコンドリアのもの三つ）の塩基配列決定も行なった。それらの遺伝子配列から進化樹を作ると、マヨット島のカエルと同種のはずだったマダガスカル島の種は、最も近い仲間ですらないことがわかった。だがそれより重要なのは、マヨット島の種は、サンプルとしたほかのすべての種と遺伝的に異なることもわかった点だ。このように解剖学的構造も遺伝子も同じ結論を示していた。マヨット島のカエルの種は二つとも、まさにこの島にだけ見られる新種であるということだ。進化樹からすれば、祖先は（たとえばアフリカ本土ではなく）マダガスカル島から来たことは明らかだが、その祖先による海の旅は、解剖学的構造や遺伝子配列が進化によって今のような差異を生むだけの遠い昔に行なわれたに違いない。これらを考え合わせると、そうした海の旅は、誰かが船の作り方を知るよりもはるか前になされたのだから、人間が手を貸したものではありえないということになる。それどころか、人間がホモ・サピエンスに属するものを指すとすれば、そもそも人間というものが存在する前にその旅が行なわれたことはほぼ間違いない。ようするに、ダーウィンに海の旅など望むべくもないとされた両生類は、マダガスカル島とマヨット島のあいだで少なくとも二回（*B. tephraeomystax* が一回、*M. granulatus* が一回）、自然に移動をしていたのだ。

なんとも奇妙な話だが、このマヨット島のカエルの来歴を考えると、私はタラと数年前に育てた一羽のウズラのことを思い出す。子育て本能のうずきからだろうか、私たちは通信販売でカンムリウズラの卵を十数個買い、それらを爬虫類用の孵卵器に入れた。予想どおり大半は孵化しなかったが、一羽は孵《かえ》って育てることができた。私たちはそのヒナをファイヴァーと名づけた。ある日、熟練したバードウォッチャー

＊　マダガスカル島のカエルの新種が、信じられない速さで続々と発見されつつあるなら、どうしてベンセスは、マヨット島のカエルがマダガスカル島の未知の種に属するものではないと確信が持てたのか？　それは主として、マヨット島に固有のカエルは再生林で見つかる低地の種であるのに対し、マダガスカル島の新種はほとんど、手つかずの山林に生息する種だからだった。マダガスカル島の低地の再生林は徹底的に調査されてきたが、マヨット島の二つの種と同じである可能性のあるカエルは見つかっていない。

である友人のジャネット・ベアがわが家を訪れた。私たちは、カンムリウズラのファイヴァーを見せた。ファイヴァーはすでに成鳥になり、人にもよく馴れ、肩に跳び乗ったり、食卓の食べ物をついばんだりしてみんなを楽しませたものだ。前述のように私もバードウォッチャーだから、専門家ではないにしても、少なくとも、時折オーデュボン協会をはじめとする団体のために野鳥観察会の案内役を務める程度の鑑識眼はあると自負している。それはさておき、ジャネットはファイヴァーを見るなり、「カンムリウズラじゃないわ」と、言った。私は初めて見るような目でファイヴァーを見た。そしてジャネットが正しいことに気がついた。私たちの「カンムリウズラ」は、喉が白く、顔の横に太い錆色の縞模様があった。この種の鳥にはありえない配色だった。私たちは図鑑を何冊も調べ、ファイヴァーはおそらくズアカカンムリウズラとコリンウズラの交雑種だろうと判断した。ウズラ飼育場の卵からこういう鳥が孵るのは、そう珍しいことではなかった。

この話の眼目は、これがカンムリウズラの卵ですと言われて、ファイヴァーはカンムリウズラだと私が鵜呑みにしてしまったことにある。そうではないことを示す明らかな証拠を目にしていながら、そして、私には長年のバードウォッチングの経験があったにもかかわらず、だ。同じように、最初にマヨット島のカエルを記述した生物学者たちも、両生類が自力でこんな火山島にたどり着けたはずがない、したがって人間が持ち込んだに違いないと考え、目が曇ってしまったのだと私は思う。そうした生物学者たちがマヨット島のカエルをマダガスカル島の種だと見なしたのは、体の特徴からは明らかに別物だとわかるのに、同種のはずだと思い込んでいたからではないだろうか。

先入観のために物が見えなくなるのは科学に限らず、どんな人間の営みにもよくあることなので、惑わされた人がいても責められはしない（だからこそ、私もそう恥じ入ることなく、ファイヴァーの話ができるのかもしれない)。とはいえ、分散の苦手な生物の歴史に取り組むうち、私たちはH・G・ウェルズの『盲人の国』ばりの、はなはだ現実離れした領域に入り込んでしまった。海洋分散の可能性さえも端《はな》から除外してしまえば、残る選択肢、すなわち人間が持ち込んだか、分断分布(何らかのかたちで以前は地続きだったことを想定する)かのどちらかに証拠を無理やり合わせるしかなくなる。あるいは遠い昔なら、同一の種が別々の場所で創造されたという選択肢に。ダーウィンは種子の実験をしたとき、ある意味で、まさにこの先入観を、つまり現生の陸生生物は広大な海を渡れないという考えを克服する必要性を念頭に置いていた。この戦いは、見かけこそわずかに変わったものの、今日もなお続いている。

ミゲル・ベンセスらは、マヨット島のカエルの事例以外にも、両生類が自然に海を渡り、インド洋の島々に進出した例を二つ発見した。いずれもクサガエル科のアマガエルによるものだ[14]。これらの場合、島の種ははっきり異なることが知られていたので、誰も持ち込まれたとは考えなかった。代わりに、それらがどうやって島々にやって来たかの説明として受け入れられていたのは大陸移動だった。すなわち、これらのカエルの祖先はもともと同じ陸塊に乗っており、のちにそれらの地域が島になったとされたのだ。

ベンセスは緩和型分子時計法(つまり、時計が一定の速さで時を刻むとは見なさない方法)を使った分子年代推定を通じて、この二つの事例を検討した。すると一方の事例では、マダガスカル島のアマガエルの一系統が、アフリカの最も近い仲間から三〇〇〇万年前と一九〇〇万年前のあいだのある時点で分岐していたことがわかった。もう一方の事例では、セーシェル諸島のアマガエルの一種が、マダガスカル島の最も近い仲間から二一〇〇万年前と一一〇〇万年前のあいだに分岐していた。カエルの進化樹におけるこうした分岐点の年代は、大陸移動で説明できるような古い年代には程遠い。アフリカ大陸とマダガスカル島は分離してから約一億三〇〇〇万年になるし、マダガスカル島とセーシェル諸島は分離して八〇〇〇万年以上もたっている。言い換えれば、当の二つのカエルの種がマダガスカル島やセーシェル諸島に達したころ、これらの陸塊はすでにはるか前から島だったわけだ。

ベンセスは、分断分布だけを念頭にインド洋で調査を始めたものの、カエルが海を渡って島から、あるいは島へと移動した別個の事例を四つ見つけた。そしてマット・ラヴィンとマメ科植物の場合と同様、証拠（カエルの研究では、解剖学的構造、行動、ＤＮＡの塩基配列）によって、自らの考えを改めざるをえなくなった。

カエルと浮き島について

ベンセスらは、『ロンドン王立協会紀要』に掲載された「両生類における複数の海上分散（*Multiple Overseas Dispersal in Amphibians*）」という二〇〇三年の論文で研究結果を報告した。私はこの論文をよく覚えている。カエルがインド洋の島から、あるいは島へと一回だけではなく四回も分散していたという発見は、生物地理学という学問にただならぬことが起こっていると思うきっかけを作った重要な研究成果の一つだった。そのころ、タラと私はイーライという、ネヴァダ州東部にある銅山の町に住んでいた。その町には、さまざまな理由から長距離の旅について考えさせられることが多かった。まず、イーライはアラスカとハワイを除くアメリカ四八州のなかでもとくに隔絶されたコミュニティで、それはつまり、私たちが飛行機に乗るときはいつも、どこか空港に行くだけで最低三時間半は車を走らせざるをえないということであり、大きな空港となると、ソルトレイクシティのものが最寄りだった。この地域における人間の歴史の多くにも、想像を絶するような過酷な旅が絡んでいた。たとえば、イーライの約六五キロメートル北に位置するシェルボーンには、その昔、ほとんど休みなく走り続けるポニー・エクスプレス（早馬便）の駅があったし、さらに一二〇キロメートルあまり北には、移住者の幌馬車隊の「近道」とされたヘイスティングズ・カットオフという道がある。この道を選んだドナー隊は進行が大幅に遅れ、ついにシエラネヴァダ山脈の雪の中に閉じ込められることになった。そしてまた、盆地《ベイスン》と山脈《レンジ》が交互に果てしなく続くように思える、広大で荒涼としたベイスン・アンド・レンジの景色を見ていると、動植物の長距離分散のことが頭に浮かんだ。

私は多くの時間を山歩きに費やしたし、ときにはスネーク山脈とシェル・クリーク山脈という近くの二つの山脈で、拙《つたな》いながらクロスカントリースキーもした。両山脈は、五億年前の浅い海に堆積した砂や貝殻でできた高い山々だ。私は風光明媚な場所の典型のようなシエラネヴァダ山脈を何度も訪れながら育ったので、それに比べると、植物がみすぼらしく湖が少なく川もない、グレート・ベイスン〔ベイスン・アンド・レンジの北端部〕のこれら二山脈は、初めは見劣りがしたが、ほどなくその繊細な美しさに愛着を持つようになった。そして互いにも、東西両側に並ぶ各山脈とも砂漠の盆地で隔てられた二山脈を歩きまわりながら、生物学の無数の先人のように、山脈は生態学的な孤島だと思った（もっとも、ネヴァダ州東部で思いを巡らせた人は多くない）。

約三三五〇メートル以上の高さまで登ったとき、私はとくにその思いを強くした。そこでは、幹のねじれた古いイガゴヨウマツとロッキーマツや、ヤマヨモギといった植物が、地面に張りつく高山ツンドラの植物に取って代わられる。こうした高山ツンドラの環境は、気温が格段に高く乾いた環境によってほかの高山ツンドラと遠く隔てられており、山のあらゆる標高帯のなかで最も孤島に近い。高山に生息する植物や節足動物（わけても、種子を分散させる特別な手段を持たない植物や、飛べない節足動物）は、どうやってこのツンドラの孤島から孤島へと移動するのか？　従来の説では、高山の種は、氷河期に山脈と山脈のあいだを自然分散によって移動したとされる(15)。これらの種が渡らなければならなかった谷は、氷河期には今よりはるかに冷涼で湿気があり、したがって高山の環境に似ていたのだ。だが私は、自らロビン・ローソンと行なった、バハカリフォルニアのガータースネークの研究やそれまでに出合ったほかのいくつかの研究の結果に加えて、ベンセスの研究結果にも頭を悩ませていた。ひょっとしたら生物学者たちは、高山種が生きにくい環境を越えて長距離移動する能力を過小評価してきたのではないだろうか？　カエルが海を渡る能力を過小評価してきたように。

　どちらにしろ、私はそんな辺鄙な場所で暮らしていたので、アル・ゴアがインターネットを発明してくれたことに心から感謝した〔元副大統領のアル・ゴアはかつて、自分がインターネットを発明したともとれる発言をした〕（もっとも、わが家と山頂の送信機のあいだで雨か雪が降っていたら、その「高速」接続はいつも途切れてしまったが）。それに、『ロンドン王立協会紀要』のウェブサイトに行けば、どれでもほしい論文がダウンロードできたこともありがたかった。私はマヨット島のカエルに関する論文を読み、高山の矮性《わいせい》のカステラソウ（インディアン・ペイントブラッシュ）が、どうしてスネーク山脈の頂上から砂漠を越えてシェル・クリーク山脈の頂上に行けるのだろうと思った。

　イーライとは違い、文明社会の中心と考えて差し支えないパリでは、ジョン・ミーズィもベンセスの論文を読んでいた。ミーズィはベンセスの挙げた証拠に納得したものの、研究結果が無類であると強調することを意図した序論の一文に衝撃も受けた。そこには、「真の海洋島では両生類の固有の種はまったく知られていない」[16]とあったのだ（「固有の」とは当該の地域でしか見られないことを意味する）。ベンセスらは、固有でない両生類しかいないハワイ諸島のような海洋島や、固有の両生類はいるが、かつては大陸とつながっていた島々、たとえばスンダ海棚《かいほう》のもの（ボルネオ島、スマトラ島など）にも言及していた。だがサントメ島とプリンシペ島の両生類についてはまったく触れていない。ボブ・ドルーズは正しかった。ギニア湾の島々は、まさに見過ごされていた生物の宝庫だった。島の両生類の専門家であるミゲル・ベンセスさえ、サントメ島とプリンシペ島のサントメアシナシイモリやその他の固有の両生類について耳にしたことがなかったのだ。

ミーズィとドルーズはしばらくのあいだ、海洋島の両生類で固有のものは知られていないとしたベンセスらの誤りを指摘する論文を書こうと考えていた[17]。その論文は短く、基本的には、次の二点だけを述べるものになるはずだった。すなわち、サントメ島とプリンシペ島という海洋島に生息するいくつかの両生類の固有種は、すでに一八〇〇年代後期から記述されてきた、そしてそれらの種の祖先はおそらく海洋分散によって両島に到達した、という点だ。だがドルーズは、ベンセスのことを個人的に知っており、彼に好意を持っていたし、どんなに穏やかな論調にしろ、彼を咎《とが》める論文を書くのはあまり気が進まなかった。そこでミーズィとドルーズは、ベンセスをギニア湾の両生類にもっと深くかかわる研究に引き入れることにした。無理強いする必要はなかったと私は思う。ベンセスはそのころにはもう「両生類の海洋分散の第一人者」だったから、その新研究にはうってつけだった。それに彼は、同時に何十ものほかの研究をこなしながら三〇〇ものカエルの新種を発見した人物だったから、仮に彼の辞書に「手を広げすぎ」という言葉があったとしても、それを恵まれた状態と考えたことだろう。

8.4 *Ptychadena newtoni*. サントメ・プリンシペに固有の両生類の1つであり，ミーズィらが2007年に行なった主要な生物地理学的研究の対象．アンドルー・スタンブリッジ撮影．

その新たな研究が着目したのは、サントメアシナシイモリではなく、*Ptychadena newtoni* と呼ばれる、緑色と茶色の、かなりありふれた外見のカエルだった[18]。ミーズィがサントメ島で鮮やかな黄色のアシナシイモリを探していたとき、ほとんど目もくれずに通り過ぎた種の一つだ。研究の目的は、*P. newtoni* のDNAをほかのアフリカアカガエル属（*Ptychadena*）のDNAと比較することで、このカエルがほんとうにサントメ島に固有の種なのかを解明することだった。ドルーズはよく言う。*P. newtoni* はアフリカアカガエル属では最大の種であり、したがって島の生物は巨大化するか矮小化するという傾向の例証になるからエキサイティングだ、と（とはいえ、最大と言っても、せいぜい体長約八センチメートル止まりなのだから、小型のカエルのなかでは大きいということにすぎない）。だが彼らがこの種を研究対象に選んだのは、主としてもっと現実的で平凡な理由からだった。ベンセスとドルーズの二人で、*P. newtoni* と同じかもしれないと考えられる種を含む、同属のほとんどの種のミトコンドリアのDNA塩基配列情報あるいは組織サンプルをすでに持っていたのだ。

組織サンプルからさらにＤＮＡの塩基配列情報を得たあと、三人は通常のコンピューター・プログラムを使って、アフリカアカガエル属の進化樹を作り出した[19]。するとはたして、サントメ島の *P. newtoni* の標本はすべて独自の分岐枝上にあり、ほかのどの種とも遺伝的に遠く離れていた。だからマヨット島のカエルと同じく、このカエルが島の固有種であることは明らかだ。したがってサントメ島には、カエルを運ぶ船がこの世に存在するはるか以前に、自然に海を越えてたどり着いた可能性が高い。この結論はそう驚くべきものではなかった。ミーズィらはすでに、このカエルが同じ属のどの種とも解剖学的に違うことを知っていたからだ。

アフリカアカガエル属の研究結果で真に不可解だったのは、進化樹で *P. newtoni* が枝分かれした位置だった。誰しも、この種に最も近い仲間はギニア湾沿岸にいると考えるだろう。そこからサントメ島に行くのが最短距離になるからだ。これに似た例として、ロビン・ローソンと私が調べたバハカリフォルニアのガータースネークでは、最も近い仲間は、この半島の個体群のいる場所からコルテス海を挟んでほぼ真向かいにいた。だが *P. newtoni* の場合は違う。じつは、この種に最も近い仲間は、ケニア、タンザニア、ウガンダ、エジプトなどにいること、つまり、ほとんど大陸の反対側の東アフリカにいる、まだ記述されていない種であることをミーズィらは発見した。同じ進化樹でその次に近いカエルは西アフリカにいる。だから *P. newtoni* とその未記述の種の共通の祖先が西アフリカにいて、そこから二つの系統が別個に分散して現在の生息域に至ったということは十分考えられる。それでも、この未記述の東アフリカの仲間には別の可能性もある。*P. newtoni* の祖先は、コンゴ盆地の東部から何百キロメートルも下流の大西洋に行き、そこから海流に運ばれ、サントメ島に着くという壮大な旅をしたかもしれないのだ（図８・５参照〔コンゴ川流域については２３４ページの参考図を参照〕）。

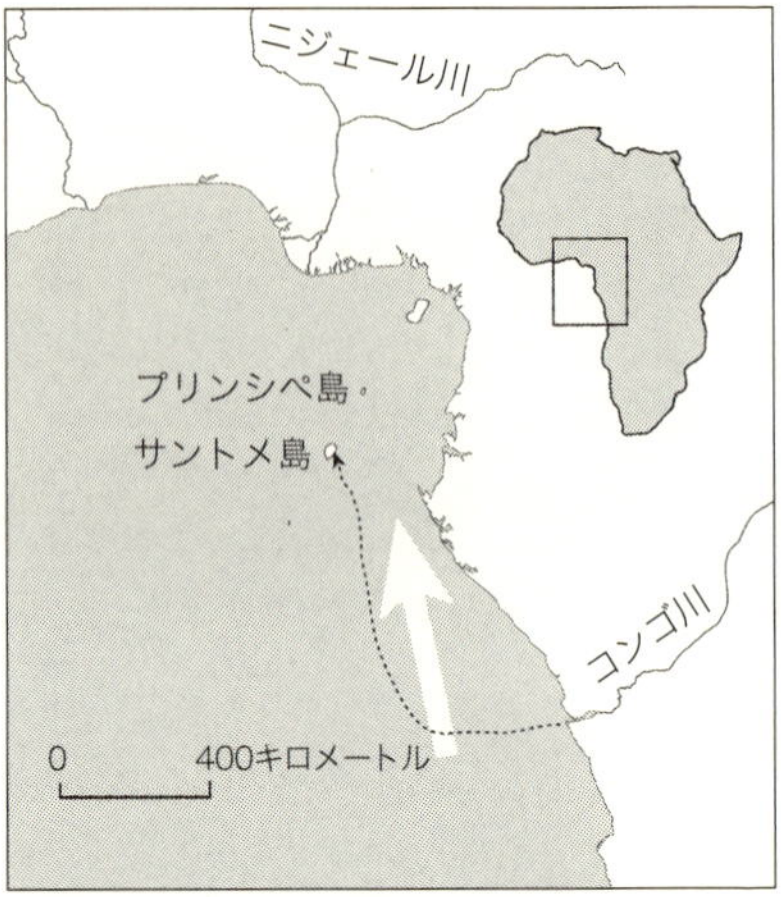

8.5　コンゴ川の河口からサントメ島へと，筏となる自然物に乗った両生類が運ばれうるルート（点線）．白い矢印はコンゴ海流の方向を示す．Measey et al.（2007）を複写・修正したもの．

この二つの可能性のうちどちらかを選べと言われたら、私は普通なら前者の可能性を選ぶ。コンゴ川を下る途方もない旅を必要としないほうだ。だがそれならサントメアシナシイモリはどうなるのか？　ミーズィが海洋学者のアラン・モリエールに話したように、サントメアシナシイモリの最も近い仲間は、西アフリカではなく、中央アフリカと東アフリカにいる。このアフリカ大陸東部とのつながり[20]は、たんなる偶然の一致ということもありうるし、アフリカ大陸にはまだ未発見の両生類種が多いという事実の反映でもありうる。ひょっとしたら、西アフリカの未知のカエルやアシナシイモリが、じつは *P. newtoni* やサントメアシナシイモリに最も近い仲間だと判明することがあるかもしれない。とはいえ、サントメ・プリンシペにいるほかのカエルのうちの二種も、最も近い既知の仲間は東アフリカにいる。私たちの知るかぎり、それは、サントメ・プリンシペにいる両生類の（アフリカ大陸からのものと推定される五回の進出を示す）五つの系統のうち四つまでが、アフリカ大陸の東半分、それもみなコンゴ川流域かそれに近い地域に棲む種に最も近い関係があるということだ（残る一つの系統はまだ研究されていないので、その近縁も東部のコンゴ川流域にいるかどうかはわからない）。東部とつながりのある種が一つや二つなら、アフリカ大陸の両生類に対する私たちの知識不足から生じた、ただの偶然ということもありうるが、四つともなるとそれでは済まされない。両生類はどうやって東アフリカからサントメ島とプリンシペ島まで分散したのか、説明を考えるべきだということだ。

懐疑的な生物地理学者なら、ギニア湾の両生類の例から、分散説は「ありそうもないこと、稀有なこと、不可思議なこと、奇跡的なことの科学」だとする、ゲーリー・ネルソンの侮辱的な一節を思い出すかもしれない。ネルソンの真意は、一般性の追求と、カール・ポパーの反証可能性の概念への執着の陰に隠されていたが、別の意味では、もっと明白で常識的なものでもあった。彼は多くの分散仮説の荒唐無稽さを指摘していたからだ――たとえば、両生類が筏となる巨大な自然物に乗ってコンゴ川を下り、アフリカ大陸の西海岸を北上して、サントメ島やプリンシペ島に棲みついたといったたぐいの仮説の。私にもこうした筋書きが滑稽に思えることはたしかにある。それは認めよう。とはいえ、生物地理学について知れば知るほど、一風変わった分散の説明を形容する（「ありそうもない」「稀有な」「不可思議な」「奇跡的な」以外の）ある言葉がよく頭に浮かんでくるようになった。ギニア湾の両生類と東アフリカの種とのつながりに関しても、その言葉が思い浮かぶ。その言葉とは、「必然的な」だ。

アフリカアカガエル研究が本格化すると、ジョン・ミーズィはようやく海洋学者ベルナール・ブーレに連絡をとった[21]。ブーレは、コンゴ川から流れ出す水塊に通じており、その知識はミーズィの期待を上回るほどだった。そしてその知識こそ、ジグソーパズルを完成させる最後の大きなピースだった。

小さな川は河口付近に半塩水の領域を生み出すことがあるが、ほんとうに大きな川の場合はそれどころではない。淡水は自らより密度の大きい海水の上に浮かぶ傾向があり、コンゴ川ほどの大きさになれば、海の表層部の塩分濃度を河口から何百キロメートルも先まで変えられる。雨季になれば、ギニア湾の南に注ぐコンゴ川と直接ギニア湾に注ぐニジェール川の水が合わさって、コンゴ川の河口からギニア湾一帯にかけて海の表層部の塩分濃度が大幅に下がる。それがブーレのデータであり、二つの大河の河口から塩分濃度の低い水域が広がることを弧状の線で示していた。[22] さらに、有史以前も有史以後も幾度となく、熱帯アフリカの降雨量は今日より格段に多くなった。つまりその時期には、コンゴ川から流れ出る水は今より多く、海の表層水の「淡水化」がなおさら盛んだったわけだ。ようするに、コンゴ川の河口からはるかサントメ島やプリンシペ島まで、おそらく海の表層水が淡水で著しく薄められた時期がたびたびあったということだ。

海洋という障壁を越える両生類はありとあらゆる助けを必要とする。海水ではなく半塩水に浮かぶ自然の筏で運ばれることは、コンゴ川からサントメ島やプリンシペ島までの旅を可能にする最後の条件だったかもしれない。その筏は何度も波をかぶるだろうし、どのみち、土と植物の根からなる土台部分には、ないだ海でもつねに水が染み込むだろう。そうした状況では、海水よりも塩分濃度がずっと低い水のほうが、カエルやサントメアシナシイモリにとってははるかに好都合だろう。これがミーズィと共同研究者たちの主張だった。

それでは、ボブ・ドルーズが収集した画像の助けも借りながらこの筋書き全体を想像してみよう。[23] 過去数百万年以内のある時代、コンゴ川上流の東部流域での雨季のこと。川の土手が雨水をたっぷり吸って地盤が緩むと、森の高木や下草もろとも大きな土塊がはがれ落ち、川の中へ滑り込む。ほとんどの土塊はそう遠くまで行かないうちに崩れてしまうが、ことによると最大級のものぐらいは、いくつかそっくりそのまま、いや、少なくともその一部はそのまま残ってはるか下流へと漂っていく。そうした筏となる自然物の大半に、土中の穴や木の根のあいだに収まったかたちで両生類たちが乗っていると考えてもおかしくない。アフリカ大陸の熱帯雨林でできたある程度大きな土塊には、たいてい乗っているだろう。

コンゴ川はところどころに急流もあれば滝もある。ほとんどの筏はこういう難所を通り抜けることはできないが、急流に揉まれ、滝を落ちるあいだに、大きくえぐられ、不運なカエルを数匹失うものの、ほぼ原形を保つ筏もわずかながらある。その後、筏は海に向かって長い距離を漂流していく。

ボブ・ドルーズは、川にはかなり大きな自然の筏が実在することを示すために、アマゾン川河口の航空写真を例に挙げる。そこでは、「カマロテ」と呼ばれる巨大な筏がデルタに乗り上げている。このカマロテが長い年月のあいだに積み重なり、ベルギーほどの大きさの島になった例もある。だがじつは、アマゾン川のデルタは、大きな筏が海の旅を始めるのにふさわしい場所ではない。浅瀬がどこまでも広がり、ほとんどの筏がつかえてしまうからだ。それでもたまに、アマゾン川のカマロテが大海に出られることがたしかにある。コンゴ川河口では浅瀬がそれほど広大ではないので、そこにたどり着いた筏が大海原に達する可能性はアマゾン川の筏よりはずっと高い。

筏はいったん沖に出ると、卓越流であるコンゴ海流によって北に押しやられ、ギニア湾へと向かう。この時点でもまだ、筏に乗ったカエルやアシナシイモリが、サントメ島やプリンシペ島に行き着く見通しはそう明るくない。筏はおおむねギニア湾の島々のほうへ進むが、まだ一〇〇〇キロメートル近い距離がある。それだけ遠ければ、筏が崩れてしまったり、浸水がひどくなってコンゴ川の水塊で薄まった半塩水でさえ、どんな両生類も再起不能なまでに脱水させたりする可能性がたっぷりある。無傷の筏の大半さえもが、これらの島まで生きた両生類を運べないだろう。海洋学者ブーレの推定では、これ以上望めないほどの好条件下では、筏はコンゴ川河口からサントメ島やプリンシペ島まで二週間で流れ着くというが、それよりそうとう長くかかりうる。筏がなかなか島にたどり着けず、それに乗った動物たちが飢えや脱水で死ぬこともあるだろう。そして大部分の筏は、舵手のいない船のように、これらの島にまったく着岸することなく終わるだろう。明らかに海洋は一部の陸生生物には通過しにくいフィルターの役割を果たす。偶然にも海洋に出ることになった両生類のほとんどは、このフィルターにかかり、けっきょくは死ぬ羽目になる。

もっとも、ミーズィやドルーズらは、両生類を乗せた筏がサントメ島やプリンシペ島に多数到達したとは主張していない。コンゴ川の土手から川の中に滑り落ちる筏のどれを選んだところで、両生類を生きたままギニア湾の島々まで運ぶ確率はゼロに等しいことを承知しているからだ。とはいえ、洪水の多い年(時代によっては毎年ということもある)には、成功する見込みの薄いこうした筏が何十も生まれるかもしれない。その数に、コンゴ川や北向きに流れる海流ができてからの年数を掛ければ、両生類を乗せた筏の数は厖大になる。そのうちのいくつかでも成功すれば、現在、サントメ・プリンシペに六種のカエルと一種のサントメアシナシイモリがいる理由の説明がつく。

ボブ・ドルーズはこの筋書きにすっかり魅せられ、ギニア湾で北に向かって漂う自然の筏の絵を友人の画家に描いてもらった(図8・6参照)。ドルーズの頭の中とこの絵では、それは筏と言うよりも浮き島のようなもので、小さな森と、黄褐色の崖の上には草地まで見られる。浮き島の後端から海に流れ出る小川さえある。この画家の描いた海水の流れ方からすると、どこか見えないところにエンジンがついているように見えるが、それ以外は現実味がある。このまま進めば、水平線上にある本物の島に真っ直ぐ行き着

8.6　ボブ・ドルーズは，サントメ島とプリンシペ島への生物の進出に非常に興味をそそられたので，友人の画家に頼んで浮き島の絵を描いてもらった．浮き島は，両生類やほかのさまざまなグループの分散手段だったと考えられる．リチャード・E. クック筆．

きそうだ。おそらくそれはサントメ島で、浮き島は、現在のサントメアシナシイモリや *P. newtoni* の祖先である、明るい黄色のアシナシイモリとありふれた外見のカエルを何匹か載せているのだろう。

可能性のあることの重要性

「私たちはそれが起こったことを証明できない[24]」。ドルーズは、両生類が東アフリカから筏でコンゴ川を下り、その後、サントメ島やプリンシペ島へと北上したとする仮説についてそう書いている。「科学においては何一つ絶対的な確実性をもって知ることはできないという哲学的な意味で述べたのではないと私は思う。むしろ、「私たちにタイムマシンは作れないから、この仮説が事実として受け入れられることはない」といった、もっと実際的な意味で言ったのではないだろうか。私たちは、サントメ・プリンシペに両生類がいる理由を説明するのに何らかの海洋分散が必要であることは認めるが、そこから一気に、ミーズィらの描く複雑な筋書きまでそっくり受け入れることはできない。ギニア湾の両生類やその仲間の分布を説明するにはほかにも方法があり、それらをすべて除外することはおそらく不可能だろうからだ。それがこのテーマを追究しない理由のように聞こえる学者もいるだろう。明確な答えの出ない問題に、わざわざ多くの時間を費やすことがあるだろうか？　そもそも、この分散の筋書きに肉づけしようとする試み自体、とうてい真っ当な科学にさえ見えない。少なくとも高校や大学の授業で教えられたような意味での科学には見えないのだ。代替の仮説と、それぞれの仮説の反証を試みるための批判的な検証方法のリストはどこにあるのか？

　この筋書きとほかの多くの分散の筋書きが、科学的議論のどのあたりに位置を占めうるかを確かめるには、哲学者の知恵を借りるだけの価値がある。知恵と言っても、カール・ポパーやトーマス・クーンのような有名な科学哲学者（有名な科学哲学者と言えば、この二人ぐらいのものだろう）ではなく、あまり世に知られていないウィリアム・ドレイという歴史哲学者のものを。具体的には、『歴史における法則と説明（*Law and Explanation in History*）』という端的で学究的な響きの題でドレイが一九五七年に書いた本を参考にする。ある事象が実際にどのように起こりえたかを述べるだけで、実際にそのように起こったなどとまったく主張しない説明がよくあることを、ドレイはこの本で指摘する。この手の説明は、それがなければその事象が信じがたいと思えるときに役に立つ。その説明によって聞き手は、そんなことが起こったはずがないという考えから、ひょっとしたら起こったかもしれないという考えに宗旨替えする。ドレイはそういう説明を、通常の、「事実を示す説明（how-actually explanation）」に対して、「可能性を示す説明（how-possibly explanation）」と呼んだ[25]。

　可能性を示す説明には、この言い回しを知っていようがいまいが、誰でも何らかのかたちでなじみがある。たとえばこんなことを考えてみてほしい。「その殺人が起こったとき、容疑者はパーティ会場にいたと、複数の目撃者が言う。だがそれは仮装パーティで、その夜の終わりに各人の素性が明かされるまでは誰もが仮面をつけていたので、容疑者が正確にはいつ会場にいて、いついなかったかを断言できる者はいない。容疑者が姿を消し、被害者を殺していたとき、共犯者が容疑者の仮面をつけていたこともありうる」。これは、最初は不可能に見えたことも容疑者には可能だったことを示すために、検察官やミステリー作家が使う標準的な論理で、可能性を示す説明だ。私たちのテーマにもう少し近いところでは、一九五〇年代初期に化学者のスタンリー・ミラーが行なった有名な「生命の起源」に関する実験がある。[26] 地球の原始の大気中に存在していたと考えられる分子を混ぜ合わせ、そこに電流を通すと、アミノ酸を含む有機化合物が得られた。これも可能性を示す説明だ。ミラーは、生命誕生の実際の一段階を再現したとは主張しなかったが、この実験は、有機化合物が無機化合物から自然に生成されるという、その過程の一部に対する不信感を拭うのに役立った。私たちは可能性を示す説明の見分け方がいったんわかれば、それがいたるところに転がっていることに気づく。

ギニア湾の両生類の場合、私たちが説明したい事象は、東アフリカからはるばるこれらの島にまで至るアシナシイモリやカエルの旅だ。彼らはその一見すると途方もない旅を、どうやって成し遂げたのか？そして先ほど私が紹介した説明は、本質的には、聞き手の疑念を晴らすことを目的とした一連の主張だ。「両生類は筏となるきわめて大きな自然物を必要としたようだが？」たしかにそうだが、きわめて大きな筏は、四六時中生まれている。アマゾン川のデルタの航空写真を見ればわかる。「コンゴ川河口に流れ着いた筏は、浅瀬につかえたり、そのまま大西洋の中心部へ流れていったりするだけではないのか？」コンゴ川のデルタにある浅瀬はそれほど広くはないし、コンゴ海流は、筏を南アメリカ大陸のある西へと真っ直ぐ押し流すのではなく、ギニア湾のある北へと向かわせる。「塩水に弱い両生類がどうして長い海の旅に耐えられるのか？」旅のうち、海を行く部分は二週間しかかからないことも考えられ、雨季にはコンゴ川とニジェール川の淡水により、海の表層水は通常の海水よりも塩分濃度がかなり低くなる可能性がある。

こうした可能性を示す筋書きには、進化生物学では長い歴史がある。実際、ロバート・オハラという生物学者・哲学者が一九八八年に指摘したように、『種の起源』は、読者の疑念を消し去ることを目指した、一つの長い、可能性を示す主張として読むことができる。(27) オハラはこの点についてしっかり納得してもらおうと、可能性に関する疑問と、それに対するダーウィンの答えを列挙している。たとえばこうだ。「変化を推し進める力が存在しないのに、どうして進化は起こりえたのか？　ダーウィンは自然淘汰を持ち出して、この反論を退ける。これほど短いあいだにどうして進化は起こりえたのか？　ダーウィンは、地球は私たちが思っていたより古いと答える。私たちは途中の段階の生き物をすべて見られるわけでもないのに、どうして進化が起こったと言えるのか？　ダーウィンは絶滅があったことや、化石記録が不完全であることを指摘する」(28)*

オハラの挙げた最後の例によって、私たちは本書の具体的なテーマである海越えの問題に立ち返る。「島に孤立する種が、どうしてほかの種の子孫でありうるのか？　ダーウィンはさまざまな分散能力について語る」。ダーウィンが海水に種子を浸す実験やカモの足先に付着した巻き貝、氷山を持ち出したのがその部分だった。彼はそうすることで、分散の研究における可能性を示す主張の長い系譜(29)に対する、最も目覚ましい貢献者となる。その系譜の例を挙げておこう。アルフレッド・ラッセル・ウォレスは、植物に覆われた大きな自然の筏がモルッカ諸島やフィリピン諸島のあいだを漂うという報告について書いた。一九三〇年代には、ジョン・ミューアという南アフリカの生物学者が、種子は水に浮かぶ軽石のかけらに載って運ばれうると推測した。最近では、アン・ヨーダーという霊長類学者が、キツネザルの祖先は一種の冬眠状態に入り、アフリカ大陸からマダガスカル島までの旅に耐えたのではないかと主張した。そしてロビン・ローソンと私は（自分たちが、ほかの多くの学者の足跡をたどっていることをあまり自覚もしないまま）、コルテス海を渡ったガータースネークには、塩水の脱水効果に著しい耐性があることを指摘した。私が思うに、この系譜はけっして偶然の産物ではない。分散を研究する学者たちが、可能性を示す筋書きをたまたま並外れて多く生み出してきたわけではないのだ。むしろそれは、懐疑の目を向けられるせいだろう。分散説の擁護者は、海洋分散を持ち出すときはとくに、広くはびこる根深い不信感にたえず直面しているように私には見える。ブナの木や巻き貝、キツネザル、カエル、アシナシイモリ、淡水性のヘビ（分散しそうにない生物はいくらでもいる）は、人間の手を借りずにいったいどうやって海の旅をするのか？　それはありそうになく、不可思議で、奇跡的なことにさえ思える。どうしてそのような可能性が考えられるのか？　それが考えられることを、これから示そう。

　分散の可能性を示す今日の筋書きはたいてい、あるグループの分布を説明するには長距離分散が必要であることを示す、化石や現生種の解剖学的構造やＤＮＡといった証拠から始まる主張の最終段階にすぎない。可能性を示すそういう筋書きの多くは、おそらく単独では成立しえない。たとえば、両生類が東アフリカからギニア湾の島々に分散したことを物語る遺伝的あるいは解剖学的証拠がなかったら、コンゴ川流域の氾濫やカマロテ、海洋の表層水の「淡水化」に関するミーズィらの主張に耳を貸す人はいないだろう（第一、ミーズィらはわざわざそのような主張はしなかったと思われる）。こうした突飛な分散の筋書きは、

＊　私なら、『種の起源』はたんなる一連の、可能性を示す主張ではないと断言するだろう。たとえば、多くの生物学的現象は進化論の下では筋が通るが、特殊創造説の下ではそうはいかないことを明らかにしている点でこの本はきわめて重要だ。言い換えれば、ダーウィンは進化が可能であることだけでなく、それに代わる説明が成り立たないことも示している。

少なくともそれが真実でありうるそれなりの可能性があって初めて真に興味深いものになる。

とはいえ、可能性を示す筋書きが、ステーキとポテトの食事のあとのメレンゲ菓子のように、本格的な研究が終わったあとのおまけにつく軽い思いつき程度のものにすぎないということではない。可能性を示す筋書きは、説得力のあるものであれば、ある事象が起こる可能性さえ疑う懐疑の念を打ち負かすことで、その事象が現に起こったという論拠を強められる。可能性を示す主張をする検察官の意図がそこにあるのは明らかだ。つまりそれは、ただ興味をそそる筋書きというだけでなく、有罪判決に向けた一段階なのだ。ギニア湾の両生類の場合、可能性を示す主張のおかげで、分散の証拠にある数々の小さな穴（島にいる種が実際は本土にもいるのに、まだ発見されていない可能性など）は、文字どおり小さな穴でしかないと納得しやすくなる。逆に、カエルやアシナシイモリが、東アフリカからサントメ島やプリンシペ島までどうやって到達できたか想像さえできなかったとしたら、そうした小さな穴はしだいに大きく見えはじめるだろう。

ありそうもない度合いの梯子

ギニア湾の両生類の研究は、少なくともジョン・ミーズィの目から見ればまだ終わっていない。彼はさまざまなアシナシイモリを探し出し、サントメアシナシイモリの出身地をより正確につかむために、コンゴ民主共和国へ行くことを検討してきたが、その熱意もこの地の現実に水を差されている[30]。鮮やかな黄色のアシナシイモリに関する間接的な報告に基づけば、探すべき場所はこの国の北東の隅にあるイトゥリ州だ。この州は、生物学的にはサントメ島やプリンシペ島とつながりがあるかもしれないが、人間に関してはこの二島とは雲泥の差がある。ボブ・ドルーズはサントメ島とプリンシペ島が大好きだと言うが、その理由の一つは、アフリカの残る大半の地域とは違い、島には「敵も味方も[31]」ないからだ。それに対してイトゥリ州は激しい部族紛争が続く地域で、宣教師か国連の平和維持部隊でもないかぎり、外国人はほとんど訪れない場所だ。

いつかミーズィがイトゥリ州に行ってサントメアシナシイモリの仲間を見つけるかどうかはともかく、彼とミゲル・ベンセスとボブ・ドルーズらは、すでに海洋分散の研究に大きく寄与している。ダーウィンが、塩水という障壁を越える両生類の能力を過小評価していたことを明らかにし、同時に、分断生物地理学の堅固な鎧に一撃を与えたのだ。もっとも、その衝撃がどの程度のものだったかは見る人しだいかもしれない。私に言わせれば、両生類の事例を一まとめに考えれば、非常に大きな意味がある。両生類は、陸生脊椎動物の主要なグループのなかで海の旅が最も苦手とされているにもかかわらず、今や、ミーズィ、ベンセス、ドルーズらの研究により、両生類も人間の助けを借りずにマダガスカル島やコモロ諸島やセーシェル諸島、サントメ島やプリンシペ島に到達したという強力な証拠が手に入った。また、ほかの系統学的な研究により、両生類の海洋分散のリストはさらに拡大している。南北のアメリカ大陸がまだ離れ離れだったとき、ヒキガエルは北アメリカ大陸から南アメリカ大陸へと海を渡ったと思われる。ファングド・フロッグ〔牙のあるカエル〕はスラウェシ島やフィリピン諸島、マルク（モルッカ）諸島、小スンダ列島に到達した。ホソサンショウウオはカリフォルニアのチャネル諸島に進出した。数系統のカエルはカリブ海の島々へ、そしてその島々のあいだで分散した[32]。塩水に隔てられた両生類の類縁種は、もはや人間が持ち込んだとは決めてかかれないし、分断説支持者がたいてい私たちに信じさせたがるように、以前の陸のつながりを反映すると思い込むわけにもいかないことが、こうした研究からわかる。両生類に関しては、これまで否定されていた海洋分散説も有効なのだ。

それでも分断分布説の支持者は、こうした事例はどれも真の意味で長い海の旅ではない点を指摘できる。もしコンゴ川経由の筏の筋書きが正しければ、プリンシペ島に着くまでの海の行程は一〇〇〇キロメートルあまりにもなり、どの両生類にとっても既知の海洋分散のなかでは最長の事象になる。それ以上に広範に及ぶパターンは分断分布の見方に適合するとさえ言っていいかもしれない。カエルは大西洋を渡っていないし、サンショウウオも北アメリカ大陸からオーストラリア大陸へ筏で行っていない。アシナシイモリに関しては、東アフリカで見つかるとはいえ、モザンビーク海峡を渡ってマダガスカル島に至る約四八〇キロメートルの旅すらしていないのだから。たしかに両生類は、想像されていたよりはうまく海という障壁を越えて分散するが、それに長けているとは思えない。そのうえ、両生類の進化樹における古い分岐点の少なくともいくつかは、分布域が大陸移動に関係していることを示す時代にあった。たとえば、セーシェル諸島のアシナシイモリや一部のカエルは、インドのグループと最も近縁で、大陸移動の説明から当然予想されるつながりを示している。[33] しかもセーシェル諸島の系統とインドの系統は、この二つの地域が分離する前に分岐したので、それも分断分布説と一致する。

それでは、これで話は終わりなのだろうか？　いや、私たちがじっくり検討するべき海洋分散の例がまだあるのだ。両生類よりもっと極端な事例が。各段が、種類の分散事象を表し、それを上がるにつれてありそうもない度合いが増す梯子があるとしよう。ギニア湾の両生類の事例はその一段だと考えてほしい。梯子の下方の段は比較的起こりやすい事象で、鳥類がアジア大陸から日本に渡ってきたり、ヒョウタンの実が多くの島々に流れ着いたりといったことだ。中ほどの段はそれより起こりにくい事象で、アノール属のトカゲがカリブ海の島々のあいだを筏で行き来したり、ガータースネークがコルテス海を渡ったりといったことだ。私たちは両生類の事例で梯子の上段に達したが、まだ最上段までは行っていない。両生類の段を「ありそうもない、稀有な」と呼ぶといい。その上の段は「不可思議な」であり、最上段は「奇跡的な」になるだろう。

私たちはこれからこの梯子をさらに上ろうとしている。

「昆虫が上昇気流によって大気の上層に運ばれうることは、かなり前にフンボルト〈ドイツの博物学者〉が述べており、それについては、ウィンパー〈イギリスの登山家〉もいつもの明敏さをもって論じている（『アンデス登攀記　上下』）。こうした昆虫は、高空の気流に運ばれ、最終的には生息地からはるか遠い場所に降ろされる可能性がある。人は時折、昆虫の雨が降るという尋常でない報告を目にするものだが、私がキーリング環礁にいたとき、まさにそうした話を詳細に聞かされた。島々にトンボの雨が降り、その死骸がラグーンで大量に見つかったという。周知のとおり、トンボはしばしば陸から遠く離れた海で見つかる。そのなかの一種は太平洋の島々を含め、ほぼ世界中で観察されている(34)」

――H・B・ガッピー『太平洋におけるある博物学者の観察報告第二巻（*Observations of a Naturalist in the Pacific, vol. 2*）』

第9章　サルの航海

フェルナンド・デ・ノローニャ島への長い道のり

ブラジルの東向きに突き出た肩の沖、赤道から数度南に、フェルナンド・デ・ノローニャ島という小島と、さらに小さい二〇ほどの島々がある。ほとんどが海中にある火山性山脈の、海上に出た頂上部分だ。フェルナンド・デ・ノローニャ島は多くの島々と同様、かつては罪人の流刑地だった。人々は昔から、少なくともほかの人間にとっては、海が分散を阻む効果的な障壁となりうることを見抜いていた。事実、この本島の牢獄でもとくに手に負えない囚人たちは、北東にあるラプタと呼ばれる小島に番人や世話人もなしで追放され、自力で生き抜くために悪戦苦闘することになった。[1]彼らが逃亡することを心配する人はいなかった。ラプタ島には筏を作れるような木がなく、囚人たちは本土までの数百キロメートルを泳ごうとは思わなかったのだ。

今日、フェルナンド・デ・ノローニャ島は世界遺産であり、エコツーリストたちに人気がある。海鳥や海洋哺乳類や魚類にとっては安息の地であり、どの動物も滋養に富んだ海の恩恵を享受している。ここはまた、海洋島は固有の陸生脊椎動物の種がほとんどいない傾向にあるという原則を体現している場所でもある。これまでフェルナンド・デ・ノローニャ島で人に知られていた種は、スキンク（スキンク科のトカゲ）、足のないミミズトカゲ、すでに絶滅したラットがそれぞれ一種ずつだけだ。トカゲが二種とラットが一種しかいないということが、陸生の脊椎動物は海の旅が苦手だという見方に合致する。この島はブラジルの海岸から三五〇キロメートルあまりしか離れていないが、なんとかここに進出したのはこの三種だけだ。

ミミズトカゲとラットに関しては、これ以上述べることはほとんどない。どちらも南アメリカ大陸の分類群と近縁の（または、近縁だった）種であり、近くにあるこの大陸からやって来たようだった[2]。とはいえ六〇年以上も前から、生物学者たちはフェルナンド・デ・ノローニャ島のスキンクたちには奇妙な点があることに気づいていた（きわめてよく見られ、きわめて人馴れしているだけではなかった。この島を訪れた一九世紀のあるイギリス人の話では、落ちないように両手に力を込めて険しい断崖を慎重に登っていたとき、どういうわけかこのトカゲがズボンの内側に入り込み、小一時間も這いまわっていたという。彼はそのトカゲが「厚かましいほど馴れ馴れしく」なったと述べている[3]。具体的には、このノローニャ・スキンク（*Mabuya atlantica*. *Trachylepis atlantica* と呼ばれることもある）は卵生で、鱗に竜骨あるいは峰のような突起があり、それは珍しくもない特徴ではあるが、南アメリカ大陸の同じオナガトカゲ属（*Mabuya*）の種は胎生で、鱗に突起がないのだ。ところが、アフリカ大陸のオナガトカゲ属の数種はたしかに卵生で鱗に突起があり、ノローニャ・スキンクと近縁であることを示すほかの特徴もいくつか持っている。言い換えれば、ノローニャ・スキンクは、オナガトカゲ属の南アメリカ大陸の枝ではなく、アフリカ大陸の枝の一部のように見える。

9.1　フェルナンド・デ・ノローニャ島のスキンク *Mabuya atlantica*. ジム・スキー撮影.

ノローニャ・スキンクはアフリカ大陸の種と明らかに類似しているが、ただそれだけのことで、フェルナンド・デ・ノローニャ島のスキンクはアフリカ大陸のスキンクとはほんとうは関係がない可能性もある。たとえば、卵生はおそらく属全体の祖先の特徴で（したがって、卵生といっても、その属の中でとくに近い関係があることにはならない）、突起のある鱗は、鳥類とコウモリの翼のように、ノローニャ・スキンクとアフリカ大陸のオナガトカゲ属で別個に進化したのかもしれない。ひょっとするとノローニャ・スキンクは、見かけこそ違っても、じつは南アメリカ大陸のオナガトカゲ属に最も近いということもありうる。生物学者が明らかに共通した特徴に惑わされるのは、今に始まったことではない。とはいえ、ノローニャ・スキンクの起源がアフリカ大陸にあることは、最近の研究によって支持されている。DNAの塩基配列データを使った複数の研究で、この種は、同じ属の南アメリカ大陸の種よりもアフリカ大陸の種と近い関係にあることがはっきり裏づけられているのだ。[4] だからノローニャ・スキンクの祖先は、おそらく自然の筏でアフリカ大陸中部の海岸からフェルナンド・デ・ノローニャ島のほうへおおよそ真西に向かう南赤道海流に乗り、大西洋のほぼ全幅を渡ってこの島にたどり着いたに違いない。これは、最寄りの大陸に基づいて生物の進出に必要な距離を割り出そうとすると道を誤りうることを示す事例と言える。ラットやミミズトカゲの旅は比較的短いものだったが、反対方向からやって来たスキンクははるかに長い旅をしたのだ（図9・2参照）。ノローニャ・スキンクの祖先は、どうやら過去三三〇万年のあいだ（これは、フェルナンド・デ・ノローニャ島が生まれた年代として最も古い推定値に基づく）に、ほぼ現在のような形になっていた大西洋を越えたらしい。彼らは少なくとも二九〇〇キロメートル近くは海を旅したはずだが、実際は、西向きの海流を利用した現実的なルートを考えると、移動距離はおそらく四八〇〇キロメートルほどにはなっただろう[5]。最後にもう一つ皮肉なことがある。たとえノローニャ・スキンクがオナガトカゲ属の南アメリカ大陸の種に由来していたとしても、どのみちその進化過程における近い過去に海を渡る旅をしていただろう。このトカゲがアフリカ大陸由来であることを示すさまざまなDNA研究から、新世界のほかのあらゆるオナガトカゲ属の祖先が、過去九〇〇万年ほどのあいだに旧世界から到着したこともわかっているのだ。おそらくその祖先もアフリカ大陸から大西洋を渡って分散したのだろう。

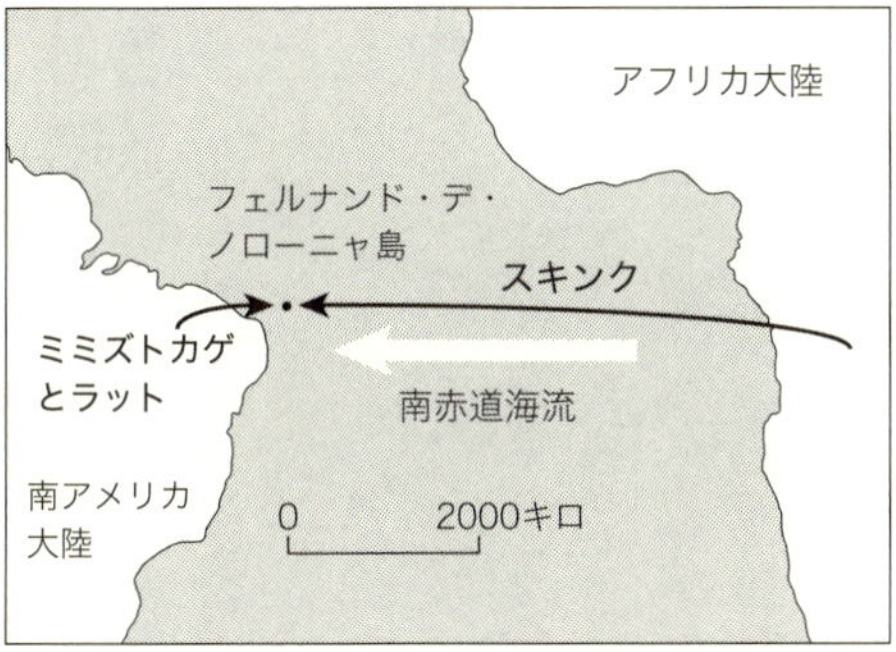

9.2　フェルナンド・デ・ノローニャ島は，ブラジルの海岸から350キロメートルあまりしかないが，スキンクはアフリカからやって来た．

　分子年代推定分析によれば、トカゲやヘビによるほかの海越えも多数あったらしい[6]。たとえば、スキンクの二系統とヤモリの二系統がインド洋のほぼ全幅を横断し、それとは別のヤモリの四系統がアフリカ大陸から西インド諸島や南アメリカ大陸に分散し、ミミズトカゲがアフリカ大陸から南アメリカ大陸まで旅し、メクラヘビとホソメクラヘビがともにアフリカ大陸から

9.3　シロハラミミズトカゲ．大西洋を渡った別の祖先の系統を引く南アメリカ大陸のミミズトカゲの，ある大きなグループに属する．ディオゴ・B. プロヴェティ撮影．

新世界の一部に渡っている。ミミズトカゲとメクラヘビとホソメクラヘビの事例は、とくに驚きに値する。これらの動物はほぼ一生を地中で過ごすので、海を渡ることなどとてもありえないと思われているからだ。* こうした地中で生活する爬虫類は、飛ぶことも宙に漂うことも、鳥の足先に張りつくこともできないし、ヤモリと違って（そこまでではないが、スキンクとも違って）、木やほかの植物にしがみついていっしょに海に吹き飛ばされることもあまりない。そういう爬虫類が人間の助けを借りずに海を渡れるただ一つの方法と言えば、土塊の付着した自然の筏に乗ることだ。しかもその土塊は、長旅のあいだに水浸しにならないだけの大きさを必要とする。そういうわけで、こうした地中の脊椎動物は、断じて海を渡らない動物と分類されることが多かった。この見地に立てば、大西洋を越えて分散する地中暮らしのトカゲやヘビは、ユニコーンと同じ想像上の動物になってしまう。だがその見方は明らかに間違っている。

こうした、海洋を端から端まで渡るトカゲやヘビの事例は、ありそうもない度合いの梯子における高い段の代表になりうる。両生類の事例より一つ高い段だ（もっとも、ヤモリが海越えした回数——少なくとも六回で、今も増えつづけている――からすれば、このグループに限っては、もっと低い段に相当するかもしれない）。こうした分散事象はなかなか信じられそうもないので、多くの生物学者はめったに持ち出したがらず、不可能の域に押し込めてしまうこともあった。こうした海越えは信じがたいこと、あるいはありえないことに見えた。ただしそれは、証拠によって認めざるをえなくなるまでの話だったが。

そうはいうものの、あとから考えてみれば、トカゲやヘビが大西洋やほかの海洋を渡ったのはそれ、いほど驚くことではないと主張することもできる。何と言ってもトカゲやヘビは体が小さいので、さほど大きくない浮き島にも、長旅の食料となる獲物がたくさんいる可能性がある。それにトカゲやヘビは代謝率が比較的低いので、餌が尽きたときにさえ、飢えや渇きで死ぬまで長い時間を耐えられる。ただ横たわっているだけで、体温が海の低い気温と同じ程度まで下がり、代謝システムが休眠状態に近づけばなおさらだ。それほどの低温状態でなら、多くの爬虫類は餌や水なしで何か月も生きられるし、それだけあれば大西洋やインド洋を筏となる自然物で十分渡り切れる。

ところが次に挙げる例には、海越えを可能にするそういう条件がいっさいない。私たちはついに梯子の最上段に上ろうとしている。一見、あまりにばかげて見えるので、ときには生物学者からだけでなく、創造科学者〔創造科学は、特殊創造説が正しいとする理論〕からも嘲笑を買ってきた海洋分散の例だ。私は今までこれを持ち出すたびに、この問題に個人的な思い入れのない人たちから笑われてきた。

私たちはついに本書の目玉となる事例に行き着いた。

＊　ちなみに、海を渡ったミミズトカゲはやがて、南アメリカ大陸からフェルナンド・デ・ノローニャ島へと、祖先の航海よりははるかに短いながらもかなりの長旅をする種を生んだ。

不可思議な、奇跡的な旅

ある夏の暑い日、妻のタラと一歳になる娘のハナと私は、ネヴァダ州リノの北、ヤマヨモギとグリースウッドの生えた乾燥地にあるピラミッド湖でのピクニックの最中だ。小石の多い白い湖岸に人気《ひとけ》はない。時折私たちが、混み合うタホー湖ではなくここを訪れるのは、それが一つの理由でもある。カモメが湖岸に沿ってゆったりと飛ぶ。たまにシロペリカンの群れがまばゆい空を旋回する。湖を取り巻く、木のない灰褐色の山の斜面には、かすかな縞目が見て取れる。水河時代はもっと上にあった湖岸の跡で、地形図に描かれた、間隔の狭い等高線のようだ。

水は波もなく冷たそうで気持ちがはやる。大きな白黒のクビナガカイツブリが数羽、湖の一〇〇メートルほど沖に漂っている。私とタラが交代でカイツブリのほうへ泳いでいくあいだ、ハナは岸辺にしゃがみ、楽しそうに湖に小石を投げ込んでいる。風は向きを変え、今度は岸から沖に向かって吹いている。タラは戻りがたいへんだったと言いながら、湖から上がってくる。私は空を見上げ、顔に風を感じながら、急いであと一泳ぎし、できるだけカイツブリに近づいてみようと思う。

岸から沖に向かうのは簡単で、ついに一羽の間近に迫ったので、こちらをじっと見返す悪魔のような赤い目が見えた。湖面に出た頭と肩だけの私をどう理解すべきか戸惑っているかのようだ。戻りはまったく状況が違った。風は勢いを増し、湖面は波立っている。私は頭を下げ、思いきり水を掻くが、目を上げると、岸はあいかわらず遠くにある。昔から多くの人がこの湖で溺死したことが頭をよぎる。多くの場合は、風向きが変わったときに沖にいたからだった。そのことを早く思い出さなかった自分は愚か者だという思いも頭をよぎる。完全なパニック状態というほどではないが、今は必死になって深く大きく水を掻き、規則正しい息継ぎをし、本来の泳ぎをしようとしている。いつの間にか、岸がじりじりと近づきはじめる。

ずいぶん長いこと奮闘したように思えたあと（といっても、きっと五分ぐらいのものだろう）、ついに足先が砂に触れる。私は岸に上がる。疲労困憊まではしていないが、間違いなく息を切らし、足の裏で地面を感じてほっとしながら。

私はピラミッド湖の岸から一〇〇メートルほど離れただけで自分がどれほど危うい状態に陥るか考える。浅はかにももう数百メートル先まで泳いでいたら、悪魔の目をしたカイツブリがのんびりと漂うあの場所で溺れていたかもしれない。そういう弱さに基づいて推測すれば、人間が船のような乗り物もなく、大海原を渡る可能性がどれだけ低いかがわかる。人間は船を使わずに、海の長旅（たとえば、カリフォルニアからハワイ諸島まで、あるいはアフリカ大陸と西インド諸島のあいだなど）を何度ぐらい行なってきたのだろうか？　知られているかぎりでは一度もない。私たちは自然淘汰により、水中で、あるいは筏となる自然物に乗ってさえ、長く生きられるようにできてはいない。私が波の抵抗を感じつつ、「もう戻らなくては」と感じたのは、ただのいわれのない恐れからではない。

霊長類の仲間は人間同様、海の旅に耐えるのが苦手だというのは感覚的にわかる気がするし、その感覚は正しいと私は思う。霊長類の分散の歴史は一般に、それを裏打ちしている。[7]たとえば、どこかの陸塊からきわめて遠い島に自然に進出した霊長類はまったく知られていない。霊長類による進出の最長記録は、キツネザルの祖先がおよそ五〇〇〇万年前に打ち立てたもので、アフリカ大陸からマダガスカル島に達したときの五〇〇〜六〇〇キロメートル程度の距離のようだ。あるいは、二〇〇〇万年ぐらい前に南アメリカ大陸から大アンティル諸島へ分散したサルによるものかもしれない。マカク〔アカゲザル、ニホンザルなどのマカカ属のサル〕は海上分散をしやすい特殊な性向があるようで、スラウェシ島やニコバル諸島といった、ほかの陸地とは深い海で隔てられた東南アジアの数島に進出している。とはいえこのマカクの旅のなかで、約一六〇キロメートルを超えたことが明らかなものはない。同様に、一〇年前にインドネシアのフローレス島で化石遺体が発見されたいわゆる「ホビット（小人）」のホモ・フローレシエンシスは、おそらく島々のあいだを船も使わずに分散したが、この場合も移動距離は短く、数十キロメートル程度であり、何百キロメートルに及ぶことはなかった。

こうしたこと（つまり、私たちの経験や常識、通常は海の旅を含まない霊長類の長い歴史）を考え合わせると、やはりこれから私の述べることは滑稽に聞こえる。サルは大西洋を渡った。考えてみてほしい。私はほんの少しばかり波立った湖を数百メートル泳いだだけで溺れそうになるが、サルはどうにかして大西洋の全幅を渡り切ったのだ。私がこの事例を挙げるとき、ためらいを感じるのは認めよう。この海越えについて考えると、不可思議なことや奇跡的なことを持ち出すとして分散説支持者をゲーリー・ネルソンが嘲笑う声が聞こえてくる。私は、ネルソンのこれまでの著作や発言がすべて正しいと考える一派ではない。生まれつき疑い深く、他人だけでなく自分までも疑ってかかるたちで、このサルの事例のために、私の主張してきた新しい分散説が、じつは砂上の楼閣だったと判明したりはしないかと危惧している。ここで一息ついてから、分散説の証拠へと進む。

よくやるように、まずは進化樹から見ていこう。今度は霊長類のものなので、たいていのグループの名前にはおそらく聞き覚えがあるはずだ。進化樹のなかの、私たちにあまりかかわりのない部分には、キツネザルやロリス、ガラゴなどの知名度の低い霊長類が含まれる。私たちがとくに関心のある部分は、本質的にサル類の枝であり、そこには普通の日常的な意味でのサルはもちろん、類人猿も含まれる。多くの学

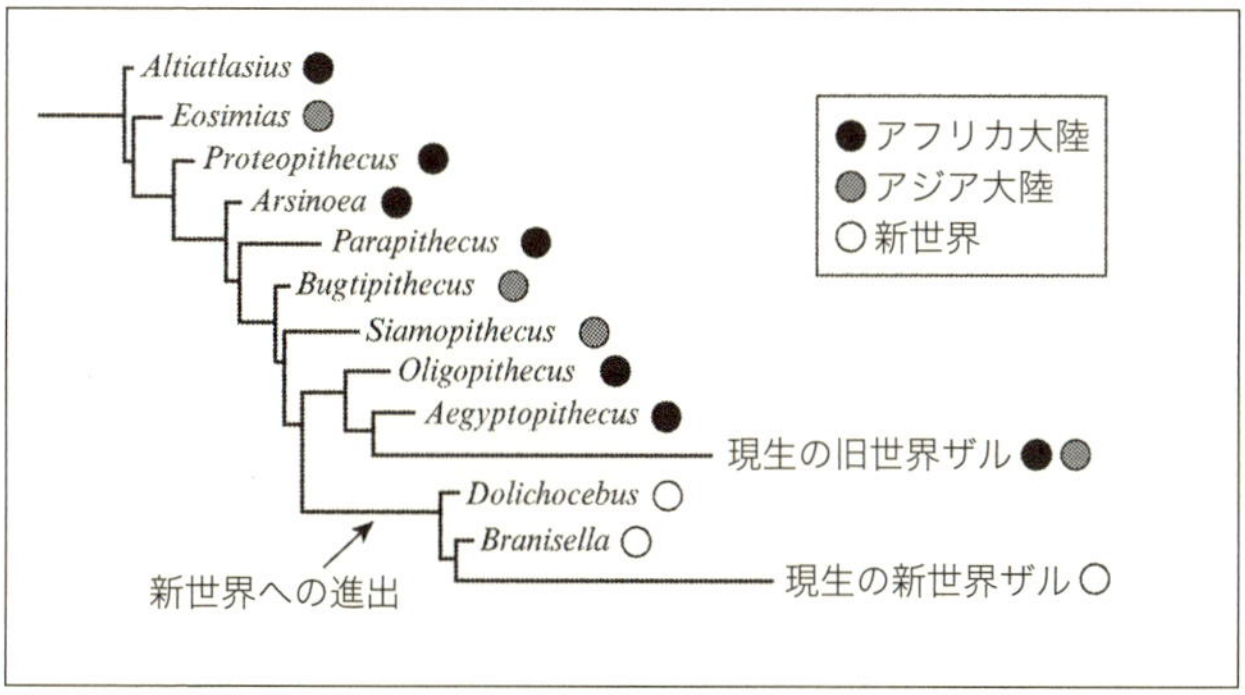

9.4　霊長類の進化樹の一部．これらの分類群は，「現生」と記されたもの以外はすべて絶滅している．新世界ザル（広鼻猿類）に近い仲間は，現生のものも絶滅したものもみな，起源は旧世界にあり，それは，矢印で指し示された枝のどこかで旧世界から新世界に分散したことを意味する点に注意．*Dolichocebus* と *Branisella* は化石新世界ザル．この進化樹は Ni et al. (2013) を複写・修正したもの．図を単純化するために省略したグループもあるが，この図の解釈に影響はない．

者が多くの時間を費やして、この霊長類の進化樹に取り組んできた。それはもちろん、私たちが属する進化樹だからだ。その結果、今やこの進化樹は、解剖学的な証拠や、とりわけさまざまな遺伝子配列の証拠によく裏づけされた、非常に信頼できるものになっている。ようするに、霊長類どうしの関係に関する考え方は、新たな証拠が積み重なっても大きく変わりそうにないということだ。

本書にとって重要なのは、この進化樹におけるある分岐点から、一方には新世界ザルが、もう一方には旧世界ザル（類人猿を含む）が分かれ出ているということだ。[8] 新世界ザルには、たとえば、体のひょろ長いクモザルや、唸るように鳴く大きなホエザル、小さく身軽なマーモセットなどがいる。新世界ザルは、たとえ旧世界の動物園にいてもたいてい見分けるのは簡単だ。[9] 偏平な鼻をしていて、鼻孔が横を向いており（このグループの学名は *Platyrrhini*（広鼻《こうび》猿類《えんるい》）で、「平たい鼻」を意味する）、大型の者の多くは、木々のあいだを移動する際、物をつかめる「第五肢」として尾を使う。

それに対して旧世界ザルや類人猿は幅の狭い鼻を持ち、鼻孔が下を向いている（このグループの学名は*Catarrhini*（狭鼻猿類《きょうびえんるい》）で、「下向きの鼻」を意味する）。そのなかには、尾が短い者やない者がいるが、長い尾がある者でもそれで物はつかめない。広鼻猿類はみな樹上生活に非常に適応しているが、ヒヒやチンパンジーやゴリラ、そして当然ヒトといった狭鼻猿類の一部は、大半の時間を地上で過ごす。

広鼻猿類と狭鼻猿類が姉妹群の関係にあることは、解剖学的データとDNAの塩基配列データの両方から十分に裏づけられているので、霊長類を真剣に研究している人でこの点を疑う者はいない。だが進化樹の中のこの分岐点は、生物地理学上の難問を突きつけてくる。広鼻猿類の枝は、新世界の熱帯や亜熱帯だけに見られる種に続くが、狭鼻猿類の枝は、旧世界だけに見られる種に続くのだ（唯一の例外がヒト）。これもまた、地球規模の隔離分布の例であり、ゴンドワナ大陸の分裂による分断分布で説明できるパターンのように見える。あっさりこう想像するといい。かつてサルはゴンドワナ大陸の西部に生息していたが、大西洋ができると、新世界の系統と旧世界の系統が隔てられ、それぞれが進化的な意味で独自の道を歩んでいった、と。

私がこのサルの事例を口にすると、その説明として一般の人々がよく挙げるのが、ゴンドワナ大陸の分裂による分断分布（この言い回しを使わなかったにしても、この過程）だった。ところが、私が述べてきたほかの多くの事例とは違って、サルに関してこの筋書きを信じていそうな生物地理学者はほとんどいない。この分断分布説の問題は、私たちが今まで何度も見てきたように、分断と分岐の時期がまったく違うことだ。もし南大西洋〔アフリカ大陸と南アメリカ大陸の分裂から生じた海〕が誕生したために広鼻猿類と狭鼻猿類が分かれたのなら、進化樹における両者の分岐は、およそ一億年前に生じたことにならざるをえない。これがどれほど昔かを示すために言えば、それほど前に分岐が起こったのなら、霊長類の進化樹では初期の枝ではないことがわかっている新世界ザルの系統と旧世界ザルの系統が、最初期のものとして知られるどんな霊長類の化石よりもじつは約五〇〇〇万年も古いことになる[10]。それどころか、それらの系統は、あらゆる胎盤哺乳類の最初の化石として知られるものよりおよそ三五〇〇万年も古くなくてはならないのだ。広鼻猿類と狭鼻猿類の系統はそれだけ古く、したがって大西洋ができた影響を受けたと本気で主張している生物学者を私は一人しか知らない。それがマイケル・ヘッズで、長距離分散を信じない汎生物地理学者だ。ちなみに、系統の年代に関する証拠にはほとんど見向きもしないことで有名な、ほかの頑強な分断生物地理学者たちが、この件ではゴンドワナ大陸の分断に基づく説明を支持していないのはいささか奇妙だ。ひょっとすると、霊長類の起源や多様化の時期はすでに綿密に調べ尽くされているので、誰であれゴンドワナ大陸の分裂による分断分布を主張しようものなら、たちまち嘲笑の的になるからかもしれない。

広鼻猿類と狭鼻猿類が分岐したのは、その時期に関する（以下に挙げた）どの証拠に照らしても、南アメリカが島大陸だったときか、それが南極＝オーストラリア大陸にのみつながっていたころ（そのつながりは、新世界ザルの起源とは無関係）だ[11]。さらに、旧世界（アフリカ大陸とアジア大陸）には、あらゆるサルの祖先に近いと思われる化石が多数あるのに、南アメリカ大陸にはそういう化石が一つもない[12]。新世界では、サルが化石記録に降って湧いたように現れるのは約二六〇〇万年前で、それは誰が推定した広鼻猿類と狭鼻猿類の分岐年代よりもあとになる。それはつまり、サルは旧世界に由来し、南アメリカ大陸に分散したということだ（図9・4参照）。それには海を渡る必要があったが、サルはいつそれを行ない、どの海を渡ったのだろう？　これはままあることだが、「いつ」の答えは「どの」の推測のカギを握っている。

霊長類の進化樹における分岐点の年代推定（霊長類の時系樹の構築）は、進化生物学者のあいだでしきりに注目されてきた。事実、新世界ザルと旧世界ザルとの分岐年代は、少なくとも二〇の異なる研究で分子年代推定データから推定されている。私はそうした論文を精査しながら、自分が深い泥沼を歩いているようで、その果てまで行っても混迷が待っているだけのように感じることがあった。それらの研究で推定された両者の分岐年代は、七〇〇〇万年前から三一〇〇万年前まで幅があり、これはまたたいへんなばらつきだ。[13] 実際、がっかりするほどのばらつきだから、ゲーリー・ネルソンに「分子年代測定ごっこ」と茶化されても仕方がないと思えてしまうかもしれない。

こうした分岐年代の研究のなかでとくに突出していたのは、広鼻猿類と狭鼻猿類の分岐年代を七〇〇〇万年前と推定したものだった。[14] その研究は、ウルフル・アルナソンというスウェーデンの進化生物学者と数人の研究仲間によるもので、一一のミトコンドリア遺伝子の全配列というかなり大量のデータを使っていた。また、その時系樹には一見妥当と思われる化石較正点を採用していた。本書にとって重要なのは、七〇〇〇万年前、大西洋はごく狭く、ひょっとしたらその全幅の大半を占める大きな島が存在していたかもしれないということだ。だからアルナソンらの年代推定が正しく、そのような島が実在したとすれば、サルは比較的短い海越えの旅を二度（アフリカ大陸からその島までと、その島から南アメリカ大陸まで）行なうだけで大西洋を渡れただろう。島を飛び石にするこの筋書きなら、サルの海上分散能力に対しては、ほとんど誰の考え方も無理に曲げることはない。

とはいえ、七〇〇〇万年前という年代はおそらくかなり的外れだ。とくに、アルナソンらは二つのことをしたために、それが相まって、あまりにも古い推定値を導き出すことになったのだろう。[15] 第一に、彼らはミトコンドリア遺伝子だけを使ったが、この遺伝子は時計らしからぬ進化をすることで知られており、進化速度が大幅かつ頻繁に変わる。霊長類の範囲内で複数の較正点を使えば、少なくともある程度はこの問題を回避できただろう——すなわち、霊長類の遺伝子変化の速度を使って分岐年代を推定するかたちで分析を行なうこともできた。だがアルナソンらは、霊長類の化石較正点のいっさいに強い不信感を持っていたので、それらを使おうとはしなかった。霊長類の化石記録は一般にあまり良くないので、そういう記録はすべて信用できないと誤解したのかもしれない。そこで彼らは、霊長類のものではない三つの分岐点を使って霊長類の時系樹を較正した。クジラ目と偶蹄目、馬とサイ、ハクジラとヒゲクジラの分岐点だ。そのような較正によって、遺伝子変化の速度は、実際の霊長類にはありえないほど遅くなり、したがって霊長類の時系樹における各分岐点は、あまりにも遠い過去に押しやられた。それは、実際は日本の新幹線に乗って移動しながら、アメリカのアムトラックに乗ったときの所要時間を推測しているようなものだった。

このアルナソンの研究を、似たような問題を抱える彼のほかの研究もろともに除外すれば、広鼻猿類と狭鼻猿類との分岐年代の推定範囲は、五八〇〇万年前から三一〇〇万年前までとなる。さらに最良の研究、つまり大量の遺伝子データ（核遺伝子を含む）と、霊長類の多くのグループと、時計らしからぬ進化を考慮に入れた妥当な方法を使うものではみな、五一〇〇万年前かそれより新しい年代が出ている[16]。五一〇〇万年前から三一〇〇万年前までと言ってもまだ二〇〇〇万年の幅があるが、七〇〇〇万年前から三一〇〇万年前までよりはずっと望ましい。単独の推定値では、使用されたデータ量と分析の精度からして、現時点で得られる最良のものと私が考えるのは、そのちょうど真ん中の四一〇〇万年前という年代を示している[17]（この値の九五パーセント信頼区間は五〇〇〇万年前から三三〇〇万年前まで）。

分子分析によるこうした妥当な年代がそろえば、サルが新世界に分散したと思われる時間幅がようやく

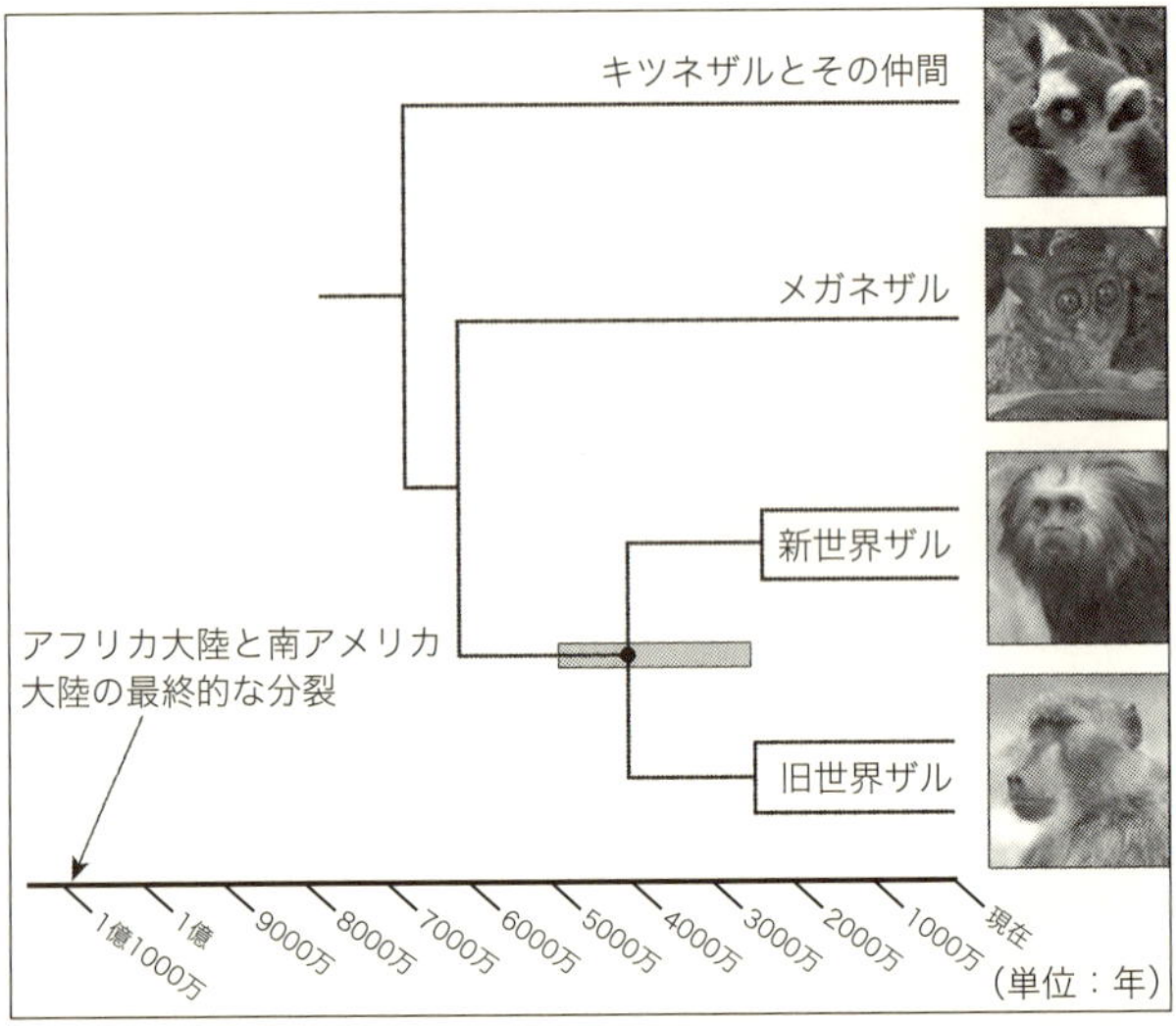

9.5　おそらくサルが新世界に進出したと思われる時期（灰色の棒状部分）を示す霊長類の時系樹．進出があったと考えられるいちばん古い年代は，新世界ザルの系統と旧世界ザルの系統とが分岐した妥当な推定年代のなかの最古の値になる．考えられるいちばん新しい年代は，新世界で見つかったサルの最古の化石の年代になる．Springer et al.(2012）の時系樹を複写・修正したもの．
撮影は上から順番に，クレマン・バルドー（ワオキツネザル），サクライミドリ（未記述のメガネザル種），ビョルン・クリスチャン・トリッセン（キンクロライオンタマリン），グレアム・レイチャー（チャクマヒヒ）．

推測できる（図9・5参照）。約二六〇〇万年前には、南北のアメリカ大陸にサルがいたことはわかっている。新世界で知られるサルの最古の化石がその年代だからだ（ボリビアの漸新世後期のもの）。したがって二六〇〇万年前がこの時間幅の新しいほうの限界になる。古いほうの限界は、広鼻猿類と狭鼻猿類との分岐点として妥当ないちばん古い推定値、五一〇〇万年前になる。化石によれば、この分岐事象は旧世界（アフリカ大陸、あるいはアジア大陸の可能性もある）で起こったので、南アメリカ大陸への分散はそれよりもう少し遅い年代になったはずだ。

　この時間幅の上限が五一〇〇

万年前だとすると、ゴンドワナ大陸の分裂による分断分布が説明として成り立たないことは明らかであり、それに驚く人はほとんどいない。また、白亜紀後期の巨大な島を飛び石にして短い海の旅をしたというアルナソンの筋書きも成立しない。とはいえ、この時間幅だけでは、サルが広大な大西洋を渡ったという筋書きを認めるには必ずしも十分ではない。ここで取り組まなくてはならない仮説がもう一つある。何十年にもわたって話題に上ってきた説、すなわち、サルはアジア大陸からベーリング陸橋を渡り、北アメリカ大陸を南下して新世界の熱帯地方に到達したという説だ。[18] この「北アメリカ大陸経由」仮説では、カリブ海を渡って南アメリカ大陸に行くことが必要になるが、その海の旅にどれだけの距離を要したのかは、この地域の地質学的な歴史が不確かなのではっきりしない。

もっとも、その不確かさはそれほど重要ではない。この仮説のより大きな問題は、それを裏づける化石が皆無である点だ。五一〇〇万年前から二六〇〇万年前までという時間幅のかなりの期間、北アメリカ大陸は今日より気温が高くて樹木の密生した場所だった。この時期の大半（とくに始新世）には、この大陸の化石記録に霊長類がかなりよく見られる。ところがそれらはこの仮説にふさわしい霊長類ではない。メガネザルやキツネザルに似た多様な種（明らかに真猿類という分岐群に入らない）はいるのだが、真猿類と呼べるものがまったくいないのだ。だからこの仮説を受け入れるには、サルは北アメリカ大陸を通過したが、同時期のほかの多くの霊長類とは異なり、なぜかまったく痕跡を残さなかったと考えるしかない。化石記録が不完全なのは私たちも承知しているが、これほど奇妙なかたちで（まるで神の手か何かが、サルの化石だけをつまみ取ったように）不完全なのは、とうていありえないことに思える。この状況は、アフリカ大陸やアジア大陸南部の化石記録とは著しい対照を成す。こちらの記録には初期のサルやサルに近い生物が数多く含まれ、なかには新世界ザルの祖先にかなり近いと思われるものも見られる。基本的に、北アメリカ大陸を経由した、長くゆっくりした移動ではなく、旧世界から南アメリカ大陸へ一気に跳ぶ移動をこれらの化石は強く示しているのだ。

分子年代推定の証拠や化石証拠のこうしたかなり手の込んだ検討を行なうと、一見、不可思議で奇跡的な説明が残る。すなわち、サルは大西洋を渡って新世界に進出したというものだ。ここで私たちは、本書のほかの多くの場合と同様に、ほかの妥当な説明をみな反証することで一つの結論に達した。具体的には、分子年代推定研究から、大西洋ができたこと（あるいは中生代のほかの何らかの出来事）による分断分布は除外され、化石記録からは北アメリカ大陸を経た進出という仮説が強い反対を受けて、大西洋を渡る移動が指し示される。*

隔たりを狭める

旧世界ザルと新世界ザルは、「姉妹群」であることを示す明らかな特徴をいくつか共有している。たとえば、下顎の左右の骨が前面で結合していることや、眼球を収める眼窩《がんか》が形成されていることだ（そうした共有の特徴のことを分岐学の用語では「共有派生形質」と言う）。(19) それでも多くの霊長類学者は、二〇世紀の大半を通して、この二つのグループは近縁ではなく、異なる出発点から同じ解剖学的特徴に収斂《しゅうれん》したと信じていた。この思い込みは生物地理学に導かれたものだった。もし旧世界ザルと新世界ザルが現に近い仲間なら、今のような分布をするには大西洋を渡る進出が必要なようだ、だがそれはとてもありえない、両者に共通する解剖学的特徴がいくつかあっても、そのようなありそうもない分散事象を持ち出すぐらいなら、奇妙な偶然の一致と解釈するほうがまだましというわけだ。

こうした学者にとって大西洋越えの仮説が抱える問題は、さまざまなDNA証拠や化石証拠が手に入ってもまだ困難に見えるもの、一言でいえば、距離だ。マカクが筏となる自然物でボルネオ島からスラウェシ島まで行った、あるいは「ホビット」が小スンダ列島の一部を分ける狭い海峡を渡ったというのは、かなり受け入れやすい。だが大西洋はいちばん狭いところでも三〇〇〇キロメートル近くあるし、サルがそれほどの旅を生き抜けたとは考えにくい。大きな「浮き島」に乗ったとしても、南アメリカ大陸に着くはるか手前で飢えや渇きで死んでしまうのではないか？　そういう旅があったという証拠はあるにしても、私たちは南北アメリカ大陸に至る、別のもっと無理のないルートを考えてみるべきではないのか？

ここで一つ思い出してほしい。マグマが押し上がり、大西洋中央海嶺から東西に広がってできた大西洋は、たえず拡大している。それは爪が伸びるほどの速さであり、そう聞くとあまり速いとは思えないだろうが、深遠な時間のうちには当然ながら相当な距離になる。サルが旅をしたと推定される四〇〇〇万年前にさかのぼれば、大西洋は今日よりかなり狭かっただろう。実際そのころ、大西洋の幅はおそらく一四〇〇キロメートルあまりしかなかったと思われる。それでも筏に乗ったサルには、見たところ気の遠くなりそうな旅だが、三〇〇〇キロメートルの旅ほどありそうもないものではない。

一九九九年、アラン・ハウルというカナダの霊長類学者が、今より狭いその始新世の大西洋を筏となる自然物で渡るのに要する日数を概算し、この分散事象に関する、可能性を示す主張を組み立てた。[20] 彼は現代の大西洋にありがちな風や海流の速度を想定し、しかも仮説上の筏に茂る木々が風を受けることで筏の

＊　この化石記録だけでは、サルが南アメリカ大陸に達するのにアフリカ大陸から大西洋を渡ったか、アジア大陸から太平洋を渡ったかはあまり判然としない。とはいえ大西洋ルートのほうがはるかに可能性は高いと思われる。距離がずっと短いし、ほかの陸生脊椎動物で大西洋を渡った事例もほどほどの数があるからだ。陸生脊椎動物が太平洋を渡ったという、信頼できそうな唯一の事例は、新世界からフィジー諸島やトンガ諸島に行き着いたフィジーイグアナ属（*Brachylophus*）のイグアナの祖先だが、これに関してはまだ異論が多い（Noonan and Sites 2000）。

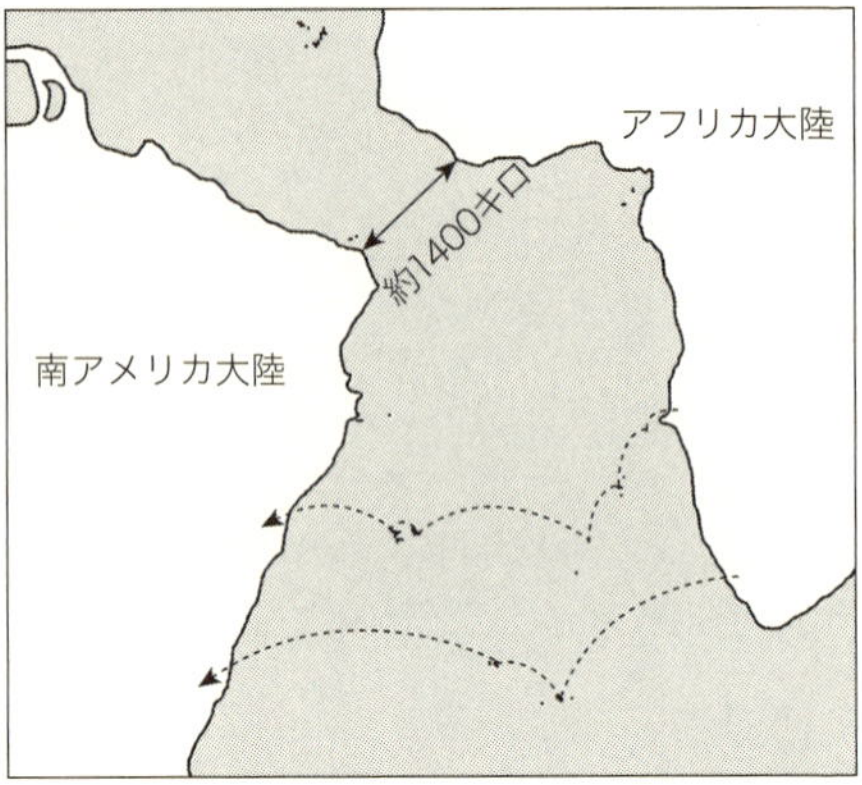

9.6　大西洋を渡りうる島伝いルート．4000万年前における陸の配置の推定に基づく．Bandoni de Oliveira et al.（2009）を複写・修正したもの．

速度がおおいに増すことを考慮して、七日から一一日という驚くほど短い日数に行き着いた。だがハウルの計算には問題にするべき点がたっぷりある。とくに、筏が帆船のように風の影響を非常に強く受けると想定したことと、大西洋を渡るのに可能なかぎり短いルートをとると仮定したことだ。とはいえ、たとえ旅の日数が実際にはその二、三倍かかるとしても、サルがかなり広大な大西洋を渡る事象は、可能性の範囲からはみ出しはしない。

考えるべき点はまだある。大西洋は年を経るにつれ、深さを増している。海洋底は、最初の熱いマグマ状態から冷めるにつれて沈降するためだ。そこから、今は海に沈んでいる一部の地域が、一時は島だったかもしれない可能性が生じる。フェリペ・バンドニ・ド・オリベイラというブラジルの生物学の大学院生と二人の研究仲間が最近、構造プレートの移動と海水面の変動とともに海底の沈降を考慮したモデルを使い、過去五〇〇〇万年に及ぶ大西洋の地形を推測した。[21] このモデルによれば、五〇〇〇万年前から四〇〇〇万年前にかけて、大西洋には今日よりはるかに多くの島があったという。彼らが指摘したように、そうした島々は、サルやほかの生物にとっての飛び石となりえただろう。つまり、サルは途方もない長旅を一度で行なうのではなく、島伝いに短い距離を小刻みに渡り、連なる島々の一つに個体群を築き上げたあと、また偶然に筏で旅する機会が訪れ、個体群の一部が次の飛び石へ運ばれたかもしれない（図9・6参照）。この過程は、ポリネシア人が南太平洋の島々に徐々に進出したのに似ているようだが、サルの旅はそれよりはるかに散発的で、困難なものだっただろうし（船がなかったため）、おそらく何千年ではなく何百万年もかかったことだろう。

こうした太古の大西洋の島々の位置からすると、アフリカ大陸から南アメリカ大陸への航海全体には、大西洋のいちばん狭いルートを直行するより、じつはずっと長い旅が必要だったと思われる。だから飛び石の旅が直行の旅より楽だったとはとても言い切れない。* それなら、こうした思考を試みる重要性は、何がおそらく起こったかを示すことではなく、むしろ、妥当と思われるルートを増やすことにあり、それによって、どのようなかたちで行なわれたにせよ、明らかにありそうもない海越えがあった可能性を高めることにある。そこで飛び石の考えは、小さな可能性を積み重ねることで、可能性を示す筋書きを補強していると考えることができる。宝くじの券を多く買えば買うほど、（実際に当たることが確実にはならなくても）当たる可能性が増すようなものだ。

概して言えるのは、距離の問題は最初に思えたほどの重荷にはならないということだ。四〇〇〇万年前、どうやら大西洋には島々が点在しており、海の幅は今日の半分程度だった。大西洋が陸生生物の分散にと

＊　飛び石説に関して興味深いのは、「決定的証拠」、つまり海越えが現実のものであることをはっきり裏づけうる格別の証拠が見つかる可能性をそれが示している点だ（「決定的証拠」の概念に関する考察については、Cleland 2002 を参照のこと）。Bandoni de Oliveira et al. (2009) は、南大西洋の深海の掘削によって、今では海水面から最大で一六〇〇メートル下にある複数の場所で、浅海か海上で形成されたとしか考えられない岩石や、浅海の生物の化石も発見されたことを特筆している。そうした発見物は、ド・オリベイラらのモデルで推定された、太古の島々があった場所を示している可能性がある。そういう沈んだ島の一つから採ったサンプルに、化石化したサルの体の一部が含まれているところを想像してほしい。その化石が新世界ザルの最も近い仲間だと判明したらどうだろう？　それはきっと地理学上のミッシング・リンクに相当し、より長大な連続性、すなわちこの場合は海洋を飛び石のように渡る旅を裏づける中間的存在になるだろう。

って巨大な障壁だったのは明らかだが、この問題はあとの時代ほど大きくはなかった。

ありそうもないことに見られるパターン

広大な大西洋をサルが越えることに関する、私のここまでの主張は以下のように要約できる。時系樹や化石から海越え以外の仮説は排除され、それは大西洋を渡る旅がほんとうにあったことを意味する。また、可能性を示す筋書きから、その海越えがどのように成し遂げられたかがうかがわれる。私たちはここに、第三の論拠を加えることができる。すなわち、ほかのグループによる海の旅に関する情報であり、それを見れば、サルの事例がじつはより大きなパターンに符合するものであり、したがって最初に思えたほど途方もなく奇異ではないことがわかる。

最初の情報は、たんに、陸生の脊椎動物は一般に認識されているよりずっと頻繁に大西洋を渡ってきたというものだ。今では、おもに分子年代推定研究から、そういう海越えの進出はサルを含め、少なくとも一一事例あったという強力な証拠が挙がっている。[22] たしかに、こうした海越えのほとんどはトカゲやヘビによるものだが、ほかの一つは哺乳類、つまりテンジクネズミ類（テンジクネズミやカピバラ、それらの仲間）の祖先によるもので、一見するとありそうもない点ではサルの旅に匹敵する事象だ。そのうえ一一事例のすべてで、海越えは旧世界から新世界へと向かうもので、その逆ではなかった。その理由は、二方向に流れる海流の性質にあるのかもしれない。具体的には、アフリカを出る筏は、海岸からすぐ西向きの海流に乗れるが、東向きに流れる唯一の大きな海流（北赤道反流）は、南アメリカ大陸のはるか沖合で生じる。こうした海流の位置は、大西洋が誕生して以来、変わっていないと考えられるので、サルが行なったような太古の海越えに影響を及ぼしただろう。ようするに、サルによる大西洋越えはまったくの珍事ではなく、少なくとも一一回はあった同様の海越えの一つであり、そのすべてが海流のルートで説明できる。そしてこの一一回の海越えには、やはり哺乳類による、一見すると信じがたい旅が一つ含まれている。テンジクネズミ類の祖先の旅だ。

サルの海越えは分類学上のパターンにも合う。私は先に、船を持たない霊長類は海の旅が苦手だと述べた。多くの植物、力強く飛ぶ昆虫、糸を使って宙を浮遊するクモ、小さな巻き貝、鳥類、コウモリ、ヤモリ、リクガメ、ワニといった、長距離分散がほんとうに得意なものに比べればたしかにそうだ。とはいえ、ほかの大半の哺乳類と比べればそうではない。それどころか、哺乳類の目《もく》（コウモリと海生の分類群を除く）のうちでは、霊長類はおそらく、相当広い海洋を渡る能力にかけては齧歯類に次ぐ存在だろう[23]。だからサルと齧歯類による大西洋越えは、明らかにありそうもない事象ではあるが、じつは全般的なパターンに合致するのだ。もし海洋横断の旅をしそうな陸生哺乳類を二種類挙げなければならないとしたら、この二つを選ぶことになる。

皮肉にも、ダーウィンは『種の起源』の中で特殊創造説に異を唱えるにあたって、サルの海越えも全面的に否定した。彼はこう書いている。「創造の力とされるものはなぜ、絶海の孤島にコウモリを造り、ほかの哺乳類をまったく造らなかったのかと問うてもよかろう。私の見るところでは、この問いには容易に答えられる。陸生哺乳類のなかに広大な海を越えて運ばれるものはいないが、コウモリは飛んで越えられるからだ[24]」（強調は著者による）。もしダーウィンが、今述べたようなパターンや、霊長類の化石記録と時系樹の証拠、そして言うまでもなく、ありそうもない海の旅があったという証拠全般を目にすることができていたらと願いたくなる。それから一五〇年間に、多くの証拠が新たに見つかり、ダーウィンが知らなかったさまざまなことが日の目を見た。化石や、現生種の解剖学的構造とＤＮＡを使い、進化論に即した生命の樹が構築されるにつれ、奇妙な事象や奇跡的な事象が明らかになってきた。そうした証拠が何よりもはっきりと示しているのは、哺乳類が現に大海原を自然の力で運ばれてきたということだ。

サルはスワンだった

大西洋を越えるサルの航海をはじめとするありそうもない海越えのことを考えると、当然ある疑問が湧いてくる。こうした稀有な出来事は生命の歴史の中でほんとうに重要なのか、それとも取るに足りない珍事であり、生物地理学のトリビアにすぎないのか？　作家で、株式市場アナリストで、自称フラヌール（「フラヌール」とは目的もなくぶらつきまわる人のことだ）のナシーム・ニコラス・タレブは、二〇〇七年の著書『ブラック・スワン』[25]で次のような論を展開した。それが社会的なものであれ、政治的なものであれ、経済的なものであれ、個人的なものであれ、少なくとも人間の営みにおいては、稀有な出来事がきわめて大きな影響を及ぼすことが多い、事実、人間にとって重要な出来事の大半は珍しいものであり、予測できない、と。国家の運命や世界経済の変動、自分自身の行く末を予想するのは不可能に近い。なぜなら通常は物事がどうあるのか、通常は何が起こるのかに関する自分の経験を頼みにして、これから何が起こるのかを予想することはできないからだ。物事はしばらく予想どおりに運んでも、そのあとで何か大きな、まったく思いがけないことが起こる。たとえば、フェルディナント大公が暗殺され、世界が第一次大戦に突入する。月曜日には好調だった株式市場が火曜日になぜか暴落する。ハイジャックされた二機の旅客機が世界貿易センターに激突する。タレブはこうした出来事を「ブラック・スワン」と呼んだ。ヨーロッパ人は、はるばるオーストラリア大陸まで行き、体の大部分が黒い固有のブラック・スワン（コクチョウ）を見つけるまで、そんな動物はいるはずがないと思っていたからだ。彼は「ブラック・スワン」を次の三つの特徴で定義した。すなわち、稀有なこと、大きな衝撃を与えること、起こってからでないと予想がつかないことだ。

人間の営みにおいてブラック・スワンには広範に及ぶ重要性があるというタレブの主張を認めるかどうかはともかく、進化の歴史の中で、そういう出来事は根本的に重要だとは言えないまでも、実際に起こることは否定できない。そのうちで最も悪名高いのは、おそらく恐竜やほかの多くの分類群を死滅させ、そのせいで哺乳類のようなほかの分類群に繁栄の機会を与えることになった、天体の衝突だ。それはある意味では偶然の出来事だったが、地球の種の半数以上を消し去った。だから私たちは、宇宙から来たこのブラック・スワンの産物である可能性が高い。スティーヴン・ジェイ・グールドらによれば、進化の歴史上、そうした不測の事態がたびたび起こり、どのような生物が出現するか、どのグループが生き残ってどのグループが死に絶えるかを、生命が誕生した悠久の昔から決めてきたという[26]。

私たちは本章と第8章で、分散事象がどれほどありそうもないかという度合いが増していく梯子の高い段を扱い、最後は稀有な事象の極め付きであるサルの海越えに行き着いた。私たちはこれらの事例をブラック・スワンと見なせるだろうか？　そうした分散事象が、はなはだ予想外なものの部類に入るのは確かだ。たとえば、ミミズトカゲやサルの特徴を知っている人なら、誰もこうした動物が大西洋を渡るとは思わなかっただろう。だが、稀有なことが必ずしも大きな影響を与えるとはかぎらない。私たちは、世の中にはほとんど影響がなかったように見えるライフ・エリクソンの北アメリカ大陸への航海と、世界史の流れを根本的に変えたコロンブスの航海と、どちらに匹敵する旅と向き合っているのだろうか？

スキンクがフェルナンド・デ・ノローニャ島に到達するといった、多くの稀有な分散事象は、おそらくエリクソンの旅の範疇に入るのだろう。とはいえ、それよりはるかに大きい影響を与えた旅もある。たとえばミミズトカゲの場合、一度の進出によって、南アメリカ大陸南部から西インド諸島に及ぶ一〇〇近い現生種の放散が起こったようだ。[27] 私たち人間が地球から消えたずっとあとも、この動物の一部が新世界の土壌を掘りまわっている可能性は高い。

サルに関しては、アメリカ大陸へのたった一度の進出により、驚くほど多様な一三〇近くの現生種を生んだ。[28] サルは新世界の熱帯地方の森でじつによく見られ、生態学的コミュニティでは、たとえば採食者、被食者、種子の分散者といったじつに重要な役割を担っているから、サルがそこにいるのはまったくの偶然であり、成功の可能性が想像を絶するほど低かったにもかかわらず成し遂げた、たった一度の壮大な旅の結果だと考えるのは不条理に見えるほどだ。だが、考えてほしい。筏となる自然物がアフリカ大陸を離れ、南アメリカ大陸の海岸にたどり着き、疲れ果てた数頭のサルがよろよろと降りてきて、それから数百万年のあいだに、リスザル、ホエザル、オマキザル、フクロウのような目をしたヨザル、頭のはげたウアカリを生む。あるいは、筏は崩れ、サルたちは溺れ、アメリカ大陸には何か知れたものではないが、大きく異なる動物が生息するようになる。サルが占めるはずだったニッチの一部は、やがて齧歯類や有袋類で埋まるかもしれないし、埋まらないかもしれない。あなたが始新世初期に生きていて、どちらかの筋書きに賭けなければならないとしたら、迷わず前者ではなく後者（サルのいない南北アメリカ大陸）に賭けるだろう。進化の歴史では人間の一生でと同じように、奇妙で予測不能のことが起こり、ときに世界を一変させることがそこからわかる。

ケリチデオプシス属（*Cerithideopsis*）〔日本産の貝ではフトヘナタリがこの仲間〕は、潮間帯のマングローヴ林や干潟といった環境に生きる小さな巻き貝の属だ。[29] 北アメリカ大陸の姉妹種である、太平洋沿岸の *Cerithideopsis californica* とカリブ海沿岸の *Cerithideopsis pliculosa* は、三〇〇万年前にパナマ地峡ができて以来互いに隔絶されていたので、遺伝的にかなり大きな違いがある。ところが両沿岸の一部の地域では、地理的にはありえないはずのミトコンドリアのDNA塩基配列を持つ個体が見つかる。それは、最近の祖先のなかに、「間違った」海の出身者がいるということだ。この場違いなDNAは、過去一〇〇万年のあいだにこの属の巻き貝が二度、陸の障壁を飛び越えたこと、しかもそれは両方向で起こり、一度は太平洋からカリブ海へ、一度はその逆だったことを示している。

遺伝子研究を行なった研究者たちは、この巻き貝は鳥類の消化管の中で生きたまま運ばれた可能性があると推測した。そしてとくに、ハジロオオシギという、ありふれた浜鳥がケリチデオプシス属の巻き貝をよく食べることを明らかにした、一九九三年発表のある研究を挙げている。もちろんハジロオオシギは、この小さな貝殻に入った生物を海から海へと移動させるために呑み込みはしない。普通なら、巻き貝は鳥の砂嚢《さのう》で粉々に砕かれ、殻のかけらやほかの未消化の部分は「ペレット」と呼ばれる吐出物として体外に出される。とはいえ、呑み込まれた巻き貝のすべてがすり潰されて死ぬ運命にあるわけではない。その一九九三年の論文では、ハジロオオシギの吐いた四つのペレットを海水の入った容器に入れると、全部で二九の個体が殻から姿を現し、容器内を這いずりはじめたことが報告されている。

恐竜も？

七〇〇〇万年前、白亜紀の終わり近くに、ある恐竜が原因不明の死を遂げ、海岸のそばに埋もれることになった。その場所はのちに、イタリア北東部のトリエステ市近郊になる。この恐竜は、よく知られたカモノハシ恐竜と近縁で、カモノハシ恐竜と同様、二足歩行をし、長い口吻《こうふん》を持ち、植物を食べた。食べる際は、歯がびっしり並び、その下に何層も予備のある歯列を噛み合わせてすり潰した。カモノハシ恐竜やほかの近縁の恐竜と比べると、この恐竜は目立って小さく、体長はわずか三・七メートルほどしかなく、後脚の骨の大きさからすると、おそらく足が速かった。手は細い棒のようで、物をつかむことはできなかったが、起伏の多い土地を移動するときは、人が二本の歩行杖を使うように体のバランスをとるのに使ったかもしれない。この恐竜が死ぬと、その体はすぐに堆積物に埋まり、地質学的歴史の気まぐれにより、ついに美しくほぼ完全な化石骨格となった。今日この標本は、ボローニャにある地質学博物館の目につく場所に展示されている。

この恐竜の種は *Tethyshadros insularis*（テティスハドロス・インスラリス）と呼ばれる[1]。その名が示すように、この恐竜は島に棲んでいた（insularis はラテン語で「島」の意）。より大きなスケールで考えると、その島はアフリカ大陸や島大陸のインド（アジア大陸に衝突するのはまだ何百万年もあとのこと）とユーラシア大陸を隔てるテティス海路にあった、大きな群島に属していた。もっと具体的に言えば、この島はそのころ、今のバハマ諸島に似た、島々が弧状に載るアドリア・ディナル炭酸塩プラットフォーム（Adriatic-Dinaric Carbonate Platform、略してADCP）の一部だった。このADCPは、白亜紀初期にはアフリカ＝アラビア大陸につながっていたかもしれないので、*T. insularis* がそこにいた理由もそれで説明がつきそうに見える。ゴンドワナ大陸にいた恐竜たちが、この超大陸からインド、マダガスカル島、ジーランディア大陸といった地域が分離したはるかあとまで、それらの陸塊で存続していたのとちょうど同じだ。とはいえ、この手の分断分布の筋書きは、ある単純な理由から *T. insularis* に当てはまらないことはほぼ間違いない。堆積物の記録では、白亜紀中期にかけて海水面が上昇してADCPが海に沈み、陸生の生物相を全滅させているのだ。生物地理学の観点から眺めるなら、この「溺水《できすい》」により、ADCPはほかのいくつかの大陸の断片と同じく、海洋島に変貌した。この筋書きに従えば、白亜紀後期にADCP上にいた陸生生物はみな、相当な広さの海洋を渡ってこの地域に進出したことにならざるをえない。

恐竜は、海を泳ぐ性向についてはほとんど未知の巨大な陸生動物なので、完全に陸でしか行動しなかったと通常は見なされており、その結果、分布域はほとんどいつも陸上の移動や分断分布によって説明されてきた。ところが、もしADCPの「溺水」の筋書きが正しければ、*T. insularis* は、恐竜は陸路でのみ分散するという原則の例外であるに違いない。*T. insularis* の祖先は、アジア大陸から島伝いにやって来たと考えられており、おそらく島から島への移動のたびに、筏となる自然物による旅があったか、やや可能性は低いが、恐竜自身が海を泳いだり漂ったりしたと思えるのだ。サルの大西洋越えと同じで、*T. insularis* によるこうした海の旅もばかげた話に聞こえるかもしれない。ところがADCPが水没したという地質学的証拠に加え、*T. insularis* とともに見つかっことだ。

たほかの数々の化石からは、その島の動物相は海洋島のものだったことがうかがえる。[2] 具体的には、これまでに確認されているほかの脊椎動物は、その島に飛んでくることができたであろう翼竜と、海という障壁を何度も越えたことで知られるグループ、ワニ類に限られる。さらにハンガリーでは、これまた先述のテティス海路の群島の一部だった場所の白亜紀後期の地層で、古生物学者たちが、*Ajkaceratops kozmai* と呼ばれるアイカケラトプス属の角竜《つのりゅう》の種を一つ発掘している。[3] この恐竜がいたことを説明するのにも、アジア大陸からの島伝いの旅が最適のようだ。*T. insularis* や *A. kozmai* の例や、ほかのもっと不確かな二、三の事例は、私たちが恐竜の分散能力についての見方を改める必要があることを示している。現生種の分散能力研究のおかげで、カエル、地中で生活する爬虫類、哺乳類といったほかのグループの能力についても再検討せざるをえなくなったのと同じ

第10章
ゴンドワナ大陸由来の島々の長い不思議な歴史

南半球の海の失われた世界

マダガスカル島、ニュージーランド、フォークランド諸島、セーシェル諸島、ニューカレドニア島、チャタム諸島。陸に閉ざされたネヴァダ州にいる私の目から見ると（今この瞬間、リノのスターバックスに座り、アップルブランマフィンを食べ、コーヒーを飲み、やや古ぼけたサーカスサーカスホテルのカジノを眺めていると）、南半球の海にあるこうした島々はみな、途方もなくエキゾチックな場所に思える。さまざまな光景が脳裏をかすめるが、残念ながらその大半は記憶ではなく白昼夢だ。ニューカレドニア島で木の幹に張りついて擬態した斑《まだら》模様の巨大なヤモリ、マダガスカル島の森を跳ねていくワオキツネザルたち、ニュージーランドの浜辺の海藻からハマトビムシをついばむ一羽のキーウィ、フォークランド諸島の岩の多い海岸から少し離れて波に揺られている飛べないフナガモ。だがこれらの島々は、数々の風変わりな動物の背景というだけでなく、なぜ生き物は現在の場所に生息しているのかをめぐる、分断分布か分散かの議論において、非常に重要な論点となっている。

これらの島々はみな、かつてはゴンドワナ大陸の一部であり、どれもが何千万年、何億年ものあいだ、ほかの大きな陸塊からは隔離されていたので、太古の分断分布と長距離分散のどちらの影響が大きいかを比較する自然のテストケースになった。ほとんどの島は、ゴンドワナ大陸の生物相の残存種がいるという意味で、一度ならず、分断分布の世界観を裏づける例として挙げられてきた。とはいえ、すでに見たように、その考え方は、海を越えた進出者の子孫が圧倒的多数を占めるニュージーランドの植物相には当てはまらないのは明らかだ。ニュージーランドの説明がつけば、それを中心として全世界が首尾よく理解できるとゲーリー・ネルソンは言ったが、少なくとも植物に関しては、海越えルートの網の目で大陸移動の影響が霞んでしまった世界は、首尾よく理解できた。

それでも、私はここまで分類群（とくに、植物や多様な陸生脊椎動物）を中心に見てきたので、地域によってはまだ、ゴンドワナ大陸の分裂による分断分布の結果と見るのが最もふさわしい生物相があるのではないかという疑問が残っている。具体的には、ゴンドワナ大陸由来の島々の一部あるいは大半の動植物相に、この超大陸が分裂してからも同じ場所で生きつづけている分類群のほうが優勢なものがあるかということだ。そういう島々は、一部の人々が私たちに信じさせたがるように、いわゆる「失われた世界」であり、太古からの系統の進化史が太古からの地質学的つながりに一致しているのだろうか？　私たちはすでに、ゴンドワナ大陸の分裂が、南半球の分布域に関しては最も適切な一般的説明ではないことを知った。だが少なくとも、太古からある大陸島にとってはいちばんふさわしいということはないだろうか？

地の果てまで行く方舟

フォークランド諸島、別名マルビナス諸島は、南アメリカ大陸南部の東、五六〇キロメートルほどのところにある。マゼラン海峡とおおむね同じ緯度で、つまり地の果てに非常に近いということだ。誰に聞いても過酷な場所で、荒涼として樹木もなく、たいがい無慈悲なまでに寒くて湿気が多くて風が強く、くすんだ風景のところどころに、「ストーン・ラン」と呼ばれる、珪岩《けいがん》の巨礫《きょれき》〔地質学では直径二五六ミリメートル以上の石〕でできた大きな川のようなものが走る。[1] ここを美しいと評する人もいるが、それは近寄りがたい美しさとでも呼ぶのがせいぜいだろう。

生物学的に言えば、この群島はガラパゴス諸島のミニチュア版で、多くの固有種がいて、そのなかには例の飛べないフナガモがいるし、一八七〇年代まではフォークランドオオカミという固有のイヌ科動物などもいたが、海を泳ぐイグアナや道具を使うフィンチなどのように興味を掻き立てられるほど風変わりなものではない。もちろんフォークランド諸島は、一九八二年にあったイギリスとアルゼンチンの三か月に及ぶ紛争で有名だが、最近ではおそらく、観光船でイルカやアザラシ、マユグロアホウドリやイワトビペンギンの巨大なコロニーを見るための立ち寄り所としていちばんよく知られている。生物地理学史では、この諸島は二つの脚注に登場するにすぎない。一つは、あまりに人間を恐れなさすぎたために絶滅したオオカミがいたこと、もう一つは、ダーウィンがビーグル号での航

10.1　ニュージーランドの東にあるチャタム諸島で引き網で魚を獲るロバート・マクドウォール．彼は，分断分布説の立場は生物学的な現実を無視していると考えた．ブライアン・スティーヴンソン撮影．

海中にここを訪れ、悪い印象を抱いて帰ったことだ。「ひどく不快な場所」で、この地域はどこも「たいがい、弾力のある泥炭湿原」だと彼は見て取ったのだ(2)。

ロバート・マクドウォールは一九九九年に初めてフォークランド諸島を訪れたが、それが最初で最後となった(3)。そしてダーウィンがフォークランドオオカミは氷山に乗ってここに到達したかもしれないと思ったように、マクドウォールもここで長距離分散について考えた。それは珍しいことではなかった。どこにいても、彼の頭にはしばしば長距離分散が浮かんでいたのだから。

これは、一九七〇年代には若き魚類学者・生物地理学者として、分断分布説を信奉する学者たちに大胆にも異論を唱えたあのロバート・マクドウォールだった。彼はとくに、長距離分散が起こるのを人々が実際に見てきたのだから、私たちはそれが起こるのがわかっていると主張した。その見解のせいで、はなはだ控えめに言っても、相当な怒りを買った。アメリカ自然史博物館の魚類学者ドン・ローゼンは、マクドウォールの原稿の一つを読んだあと、「やつを徹底的に叩きのめしてやる」と誓ったし(4)、同じ論文を読んだ匿名の査読者は、「この男［マクドウォール］を科学志向の動物学者としては葬ってやる」とすごんだ(これがどういう脅しなのか私にはよくわからないが、良いことではなさそうだ)。クロイツァットはそれに輪をかけてあけすけだった。マクドウォールを「処刑」したいと言ったのだ。

一九七〇年代のなかばに分散説支持者でいるのは容易なことではなく、九〇年代後期になっても分散説はまだ時流に乗っていなかった。それでもマクドウォールは、昔ながらの分散説の立場を崩さなかった。ハーヴァード大学で博士号を取得したあと故郷のニュージーランドに戻り、ガラクシアス科の魚の研究で堂々たるキャリアを築いた。それは、「純粋」科学を母国の漁業にとって重要な調査と融合させるものだった。ガラクシアスは生まれてからしばらく海で過ごすので、海越え分散の有力候補だ(じつはこの魚は、成魚になると川で暮らすが、そこに戻る際に、「ホワイトベイト」と呼ばれる未熟な状態で捕獲される)*。この分散には、一生のうちの一段階で事足り、それは成魚の段階である必要はないし、そうでない場合が多い。それどころか、マクドウォールは研究者になって以来、この魚がホワイトベイトの段階で海を渡った回数はただの一回あるいは数回ではなく、数え切れないほどだと主張していた。淡水魚は塩水に浸かるとすぐ死んでしまうので、海という障壁は越えられないとされているが、マクドウォールが繰り返し指摘してきたように、ガラクシアスは厳密には淡水魚ではない。どの生物が海を渡れ、どの生物が渡れないかという思い込みに満ちた、はなはだ忌まわしい分散説という、まさにその手の考え方のせいで、一九七〇年代当時、マクドウォールは分断生物地理学者を相手に苦境に陥った。彼に多くの理があったことなどおかまいなしだった。

マクドウォールはずっと以前から、フォークランド諸島について考えてきた。長年にわたり、分断生物地理学に辛辣な批判を浴びせてきたことからすれば、当然、彼はこの諸島を自らの分散説を検証する場と見なしていると思われてもおかしくない。だが初めのうち、彼にはそんな考えは微塵もなかった。マクドウォールは魚一筋の人であり、彼がフォークランド諸島を夢に見ていたのは、同諸島の小川には(ダーウィンが何匹か採集さえした)ガラクシアスがいて、そこに生息する種を正確に知るための調査はまだ誰も行なっていないと聞いていたからだ。彼はそれらの種を突き止めたかった。生物学者の動機づけはしごく単純なこともある。いや、少なくとも複雑になる前は単純なのだ。

マクドウォールはアメリカ地理学協会とフォークランド諸島政府からいくらか資金を得て、同諸島へと

* ニュージーランドでは、ホワイトベイトはたいてい、溶いた卵と牛乳と小麦粉と混ぜ合わせて焼いたパテとして出される。パテは生地よりホワイトベイトを多くしたほうがおいしいと言われる。

た。

飛び立った。不運にも、荷物はいっしょに到着しなかったが、それほど支障はきたさなかった。衣類は新しく買ったし、地元の人たちは何かにつけ手を貸してくれた。まだ届かない電気釣り用の電極（魚を気絶させて採集するのに使う）の代わりに、古いゴルフクラブを利用した、一時凌ぎの装置さえ用意してくれた。

マクドウォールは三週間にわたって、最初は一人で、その後は二人の協力者とともに二つの主島（東フォークランド島と西フォークランド島）を駆けずりまわって魚を採集した。初めのうちはゴルフクラブの装置を使い（「感電死するのではないかと、生きた心地がしなかった」と彼は言う）、その後、行方不明だった荷物が届くと、本物の装置に切り替えた。三人は電気ショックを受けた魚を猛烈な勢いで回収した。採集地は一五一か所にも及び、そのほとんどが小石や砂利の多い小川で、水は泥炭で黒っぽく濁っていた。驚くまでもないが、彼らはガラクシアス科の一種を含め、数種の魚を見つけただけだった。マクドウォールら三人の生物学者は、最終的に一冊の本を著し、『フォークランド諸島の淡水魚——ある自然史（*Falkland Islands Freshwater Fishes: A Natural History*）』という、そのものずばりの題をつけた。書くべき固有種も移入種もわずかしかいなかったので、その本はごく短いものになった（マクドウォールはこれを「My wee book（私のちっぽけな本）」と呼んだが、この「wee」というスコットランド英語の単語に、彼がスコットランド系であることが表れていた）。彼らの発見に科学界を騒然とさせるようなものはなく、ガラクシアスを専門とする魚類生物学者のごく狭い世界さえ驚かせることにはならなかった。

とはいえマクドウォールはフォークランド諸島に滞在中、同諸島政府の環境担当のトム・エッゲリングという役人と話したとき、彼の言葉にあったこの諸島の地質に関する事柄をきっかけに、この地の深遠な生物地理学史について考えるようになった。エッゲリングは、かつてフォークランド諸島がアフリカ大陸

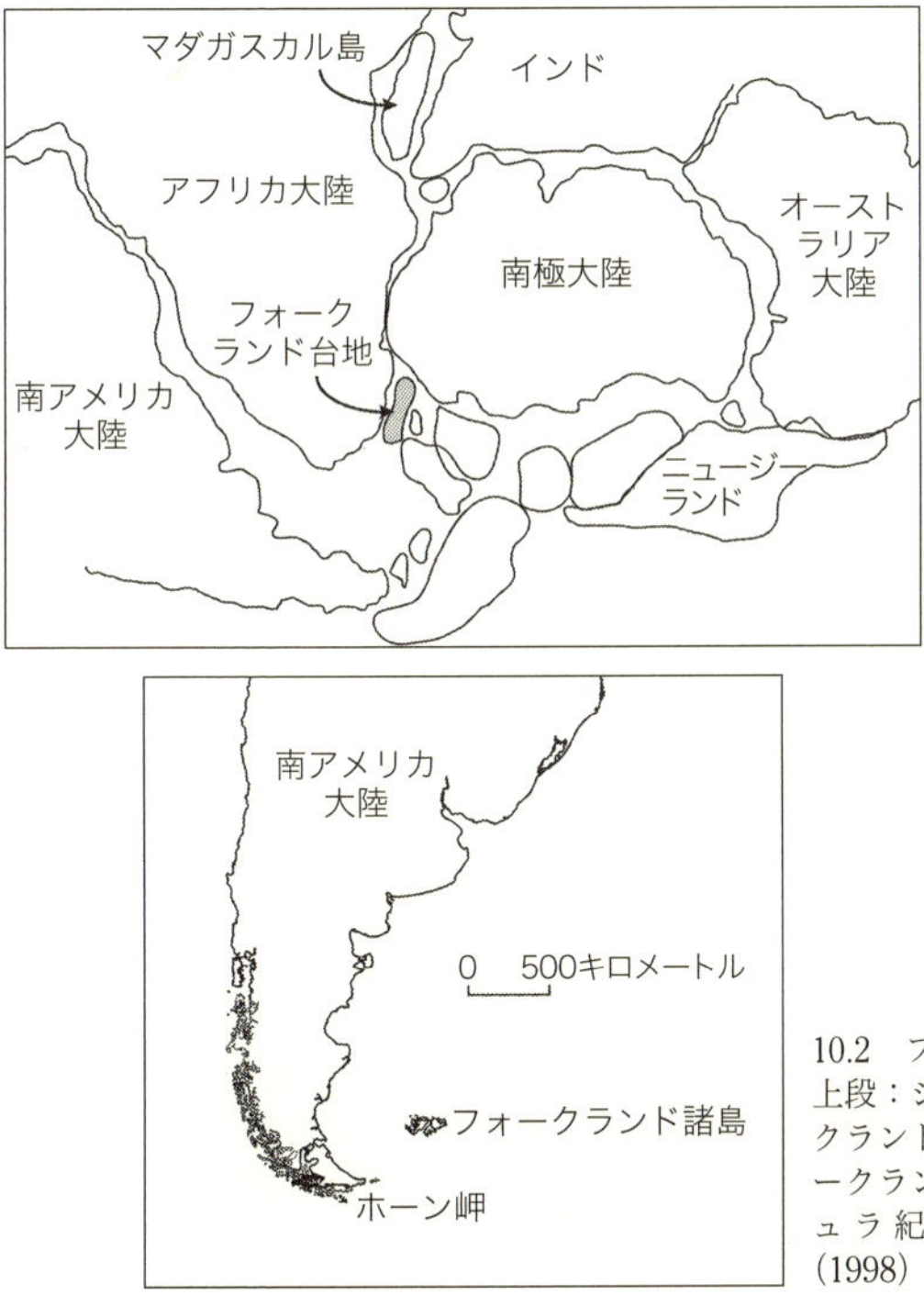

10.2　フォークランド諸島の動き．上段：ジュラ紀中期以前のフォークランド台地の位置．下段：フォークランド諸島の現在の位置．ジュラ紀の推定図は，Thomson (1998) を複写・修正したもの．

の一部だったと聞いていた。どういうわけかこの島々は大陸から分離し、長い歳月をかけてさまよい、南アメリカ大陸南部の東海岸沖という現在の位置に落ち着いた。もっと具体的に言うとこうなる。マクドウォールはあとで知ったのだが、フォークランド諸島を含む小さな構造プレートは、ゴンドワナ大陸がまだその姿をとどめていたはるか昔のジュラ紀には、アフリカ大陸の南東部につながっていた[5]（図10・2参照）。この古代のつながりを示す主な証拠は、フォークランド諸島のさまざまな地層（とくにデボン紀の砂岩、ペルム紀の頁岩《けつがん》、ジュラ紀の玄武岩質火山岩）で、それがアフリカ大陸南東部の地層と酷似しているため、かつてのつながりは否定できそうにないのだ（それは、アルフレート・ヴェーゲナーが自らの大陸移動説を打ち立てるときに強調した種類の証拠であり、今でも申し分なく理にかなっている）。ゴンドワナ大陸の断片が散り散りになるにつれ、フォークランド諸島の載った小プレートも独自に分離して、アフリカ大陸南端に沿って右に回り、新たに形成されつつある大西洋に向かい、その過程で一八〇度回転して、やがて南アメリカ大陸の大陸棚に収まることになった。ようするに、フォークランド諸島の基岩はアフリカ大陸の断片に端を発し、それがついに南アメリカ大陸の沈んだ裾《すそ》の部分に乗っかったことになる。

マクドウォールの頭が回転しはじめた。フォークランド諸島がゴンドワナ大陸時代にアフリカ大陸とつながっていたのなら、一時はこの諸島にアフリカ大陸の動植物がいたはずだ。その一方で、同諸島はもう長いあいだ南アメリカ大陸の海岸沖に位置しているのだから、この大陸から多くの移入種を受け入れてきたはずだ。フォークランド諸島の現生の生物相は、分断分布説支持者なら主張するように、太古のゴンドワナ大陸時代のつながりを示す著しい特徴を依然として見せているだろうか、それとも南アメリカ大陸からの比較的新しい進出者たちが大勢を占めているだろうか？　ゴンドワナ大陸の分裂による分断分布仮説の下では当然、フォークランド諸島の種は、アフリカ大陸にいるグループか、ゴンドワナ大陸の断片のあいだで広く散らばったグループと最も近縁と考える（類縁のグループの生息域はアフリカ大陸に限定する必要はない。フォークランド諸島がゴンドワナ大陸の一部だったとき、アフリカ大陸はまだゴンドワナ大陸のほかの陸塊とつながっており、陸生生物はアフリカ大陸とそうしたほかの地域とのあいだを簡単に移動できた可能性があるからだ）。それに、フォークランド諸島はゴンドワナ大陸の残りの部分から分離して一億五〇〇〇万年ほども経ているので、この諸島の種とそうした残りの部分の種との進化上の関係は遠いものになるだろう。たとえば、フォークランド諸島とほかのゴンドワナ大陸由来の地域に、同じ種や同じ属さ

10.3　絶滅したフォークランドオオカミ．南アメリカ大陸から比較的最近，移入してきた種で，ゴンドワナ大陸の残存種ではない．ジョージ・R. ウォーターハウス筆．

え多くが見つかることは望めない。それに対して、海越えによる移入仮説の下では当然、この諸島の固有種の大部分には、南アメリカ大陸に最も近い仲間がいると考える。そして、両者の進化上の関係は多くがごく近いものとなり、南アメリカ大陸からの最近の分散を反映するはずだ。マクドウォールは、固有のガラクシアスである *Galaxias maculatus* が、海越えの移入仮説を裏づけることを知っていた。これと同じ種は南アメリカ大陸では見られるが、アフリカ大陸では見られないのだ。だがそれ以外の生物相はどうだろう？　彼には答えの見当がついていたが、図書館に行って、事実を具体的に知る必要があった。

　調べてみると、結果は明白そのものだった[6]。たとえば、この諸島で唯一の固有の哺乳類で、絶滅したフォークランドオオカミ（別称「ワラ」）のことを考えてほしい。このオオカミは、南アメリカ大陸にいる一部のイヌ科動物の近縁だが、アフリカ大陸（あるいはもっと広くゴンドワナ大陸由来の各地域）にいる肉食動物のグループのどれとも近縁ではない。それが分類学者の一致した見方だった（図10・3参照）（マクドウォールが論文を書いたころには、フォークランドオオカミに最も近い仲間は現生の「クルペオ」と呼ばれる種であるというのが最善の推測だった。博物館の標本を使った最近のDNA分析の結果では、フォークランドオオカミは、南アメリカ大陸の別の絶滅したイヌ科動物（*Dusicyon avus*）の姉妹種とされている(7)。したがって海越えによる移入仮説を支持する事例が一つあったわけだ。*

あるいは、多様性という点でこのオオカミとは対極に位置するグループである昆虫を例にとってみよう。フォークランド諸島には昆虫が数百種いる。その大多数は、最も近い仲間（同じ種か、属が同じ種の個体群）が、南アメリカ大陸南部のパタゴニア地方か、南極圏に近いさまざまな島にいる。フォークランド諸島の昆虫は一般に、アフリカ大陸やゴンドワナ大陸由来の陸塊とは明白なつながりがない。さらに別の大きなグループである被子植物に目を移そう。マクドウォールは、フォークランド諸島には一四〇ほどの既知の固有種があることを発見した。それらの近縁種もまた、圧倒的に南アメリカ大陸と南極圏に近い島々の両方あるいは一方に生息しており、全般にアフリカ大陸やゴンドワナ大陸とは明確な関係がない。

マクドウォールは論文の中で、自らが発見できたあらゆる証拠、とくに鳥類、クモ、甲殻類、巻き貝、ミミズ、コケ、地衣類の証拠に触れた。それらを総合すると、フォークランド諸島の生物相は主にパタゴニアや南半球のほかの亜寒帯の土地に進化上のつながりがあることに疑いの余地はなかった。しかもその関係は近くもあり、フォークランド諸島の多くの種やほとんどの属がパタゴニアなどの地域と共通しており、それらがこの諸島にかなり最近になって到達したことを示している。アフリカ大陸やゴンドワナ大陸と関係のありそうなものはごく稀で、それらについてさえたいてい異論がある。マクドウォールの言葉を借りれば、「フォークランド諸島の生物相にはせいぜい、アフリカ大陸とのつながりを示すと思われる断片的な痕跡があるだけである」。ようするに、フォークランド諸島が南アメリカ大陸の端まで長い旅をするあいだに、もとから存在していたアフリカ＝ゴンドワナ大陸の生物相は姿を消し、大部分が近くのパタゴニアから来た移入者に取って代わられたのだ。マクドウォールは、この諸島の歴史は二本の流れの出合いではないかと考えた。フォークランド諸島自体は西に向かい、やがて南アメリカ大陸から発した束に向かう種の分散と出くわしたということだ。この後者の流れは、それぞれの生物が泳いだり、筏に乗ったり、飛んだり、風に乗ったりして移動する小艦隊や小編隊の組み合わせとして思い描けばいい。それらの言わば旗艦がフォークランドオオカミや飛べないカモの祖先だ。

ある面では、マクドウォールの論文はまったく驚きに値しなかった。フォークランド諸島の動植物相についてそれまでに書かれたものはほぼすべてが、アフリカ大陸ではなく南アメリカ大陸とのつながりを示していたからだ。たとえばダーウィンは、この点について徹底した研究などろくにしていないのに、友人のジョセフ・フッカーにこう書いている。「フォークランド諸島の植物相は、パタゴニアのものとフエゴのものが組み合わさっているように見える」[8]。このフエゴとは、南アメリカ大陸の南端にあるフエゴ諸島のことだ。同様に、フォークランド諸島の鳥類が主としてアフリカ大陸ではなく南アメリカ大陸とつながりがあることは、詳しい調査をするまでもなくわかる。南アメリカ大陸とアフリカ大陸の鳥類を野外観察図鑑で少し比べてみれば、誰にでも見て取れるのだ。筋金入りの分断説支持者たち（汎生物地理学の創始

＊　ここには複雑な問題がある。最新の分子年代推定分析によれば、フォークランドオオカミの祖先は、いちばん新しい氷河期にフォークランド諸島に到達したことになる。そのころ、海水面は今日よりかなり低く、同諸島は幅が二〇キロメートルもなかったと思われる海峡で南アメリカ大陸と隔てられていた（Austin et al. 2013）。この海峡は、時折海氷や近くの大陸から伸びてきた氷河で埋まることがあっただろう。それは、オオカミたちが自力でこの諸島にたどり着いた可能性があるということだ。そういう分散事象が自然分散になるのか長距離分散になるのかは定かでない。ほかにも、フォークランドオオカミが流氷に乗ってこの諸島に進出した可能性があるが、それはダーウィンがビーグル号の航海で現生のオオカミに出会ったときに抱いた考えと同じだ（このオオカミは、ダーウィンが訪れてから約四〇年後の一八七六年に絶滅した）。

者レオン・クロイツァットその人を含む）でさえ、フォークランド諸島の生物相をパタゴニアに結びつけて考えていた。*

だとすれば、マクドウォールの研究の重要性は、フォークランド諸島の自然史をかじっただけの人にも予想できるような具体的結果にあったのではなく、じつはその結果をこの諸島の深遠な歴史の中にどう位置づけたかにあった。分断生物地理学を理解し、フォークランド諸島がかつてアフリカ大陸の一部だったことを知る人は誰もが、この諸島の生物相にアフリカ＝ゴンドワナ大陸の重要な要素が見つかると思っただろう。その立場からすれば、ゴンドワナ大陸のころから残存するものがまったくないか、ないに等しいことを知るのはかなりの衝撃だった。マクドウォールは、フォークランド諸島が一つの陸塊としてはアフリカ大陸に起源があるという事実を強調することで、この諸島の太古の地質学的な歴史と南アメリカ大陸由来であるのが明らかな現在の生物相との対照を際立たせ、言うまでもないが、それによって宿敵の分断説支持者たちにもう一撃を加えていたのだ。

忘却へのさまざまな道

聖書の話によれば、ノアが方舟に家畜や野獣、あらゆる鳥類や爬虫類を乗せ、五か月間海を漂ったあと、どうやらこの動物たちは疲れた様子もなくアララト山に降り立ったという。それになぞらえて、ニュージーランドは「モアの方舟」と呼ばれ、ゴンドワナ大陸の断片は総じて「救命艇」と言われてきた。ところがフォークランド諸島の歴史を見ると、そのたとえは適切なのかという疑問が生じる。とくに、ノアと動物たちが海にいたのは一五〇日間だが、この諸島はアフリカ大陸の南東部から離れて一億五〇〇〇万年にもなり、かなり際立った違いがある。本書にとって重要なのは、一億五〇〇〇万年のあいだには多くのことが起こりうるし、最初に「方舟」に乗り込んだ生物にとっては、その大半は望ましいものではないということだ。

もう一度、分断分布説のレンズを通して見える世界を想像してみよう。まずは、さまざまな種にあふれる一つの陸塊からだ。仮にジュラ紀から始めると、そこに生息する種は、コケ、シダ、ソテツに、ゴキブリ、トンボ、カエル、トガリネズミのような哺乳類、それに翼竜や恐竜などだろう。その陸塊が裂け、二つの断片が別々の方向に漂いはじめるとする。ここで一気に一億五〇〇〇万年ほどのちまで跳ぶと、そこにはどんな生物がいるだろうか？　分断分布説の見方をとれば、今や遠く離れた二つの陸塊に類縁の生物がいることが見込まれる。この見方で求められるのは、もともとそこにいた系統は二つの地域に残存していなければならないという、一種の生物学版の慣性だけだ。

この主張には説得力がある。それは、わかりやすい説明は込み入った説明に優るという私たちの感覚に訴えてくる。問題は、この主張が進化のきわめて重要な一面、すなわち絶滅を無視している点にある。

もちろんどんな生物学者でも、種や大きなグループ全体が絶滅することを知っているし、ゴンドワナ大陸が分裂を始めたころに存在していた系統がすべて、いや大半でも今なお存続していると考えている人はいない。現生の翼竜や（鳥類を除く）恐竜がいないのは明らかだ。それでもなお、絶滅の意味合いは、しかるべき深さまで必ずしも浸透していない。とくに、生物地理学者たちは、フォークランド諸島のような

＊　二人の分断生物地理学者（だが過激ではない）ファン・モロネとパウラ・ポサダスは二〇〇五年の論文で、フォークランド諸島は過去一億三〇〇〇万年の大半は南アメリカ大陸と陸地を介してつながっていたと主張した。だがこの諸島の動植物は、それほど長い陸のつながりがあったことを否定している。具体的には、その生物相は昆虫が比較的少なく、両生類は皆無で、固有の哺乳類は絶滅したオオカミの一種だけという、じつに島らしい特徴を持っている。こうした貧弱な生物相は、ほとんどが、あるいはすべてが海上分散による進出だったことを示唆している。

古い大陸島がたどった道を思い描く際に、系統が消滅することを十分考慮してこなかった。

　進化の見事な比喩が生命の樹だ。枝が系統であり、枝分かれするところで、一つの種が二つの種に分かれる。この生命の樹が、頑丈な幹に健康な緑色の葉が茂る、生き生きした木として描かれたときには、生命が旺盛な繁殖力を見せていることがうかがわれる。このイメージは、生物界に関する私たちの現在の知識と符合するように見える。すなわち、熱帯雨林には樹木が何百種と生えており、各樹木には特有の昆虫が何百種類もいるし、また、沸騰泉や海底の硫黄ガス噴気孔のような、一見、生物が生息できそうにない場所に新しい生物が続々と見つかるし、線虫類はあまりに数が多いため、その体をたどるだけで地球の大部分の地形の詳細な輪郭がつかめるほどであるといった知識だ。この世に生命は満ちあふれている。それにもかかわらず、かつて生きていた種のほとんどは、今日まで存続する子孫を残していない。繁栄してきた生物の大半は、ただ消えて忘れ去られるだけの一本道を歩んでいった。

　ほとんどの小島では、絶滅による個体数の減少は避けられない。具体的には、島の種が分化する機会、つまり新しい種をさらに形成する機会を得られなければ、もといた生物を祖先とする系統の数は減る一方となる。どの種もいずれは必然的に絶滅するので、何かほかの種を生んでいなければ、その系統は途絶えてしまう。種の寿命は一般に数百万年にすぎないので、フォークランド諸島のようなゴンドワナ大陸由来の島々が長い年月を経るあいだには、そこにもともと存在した系統が絶滅する影響は大きなものとなる。

　しかも、それだけではない。島では、ある単純な事実によってその影響に拍車がかかる。すなわち、種が絶滅する可能性は、その種の占める面積と相関しているという事実だ[9]。面積が小さいほど絶滅の可能性は増大する。生物学者は、この関係の説明をいくつか考え出した。一つは、ある種がほんの数か所にしか生息していない場合、何か一つ、あるいは複数の出来事が起こると、その種が生息できる場所が一気に失われる可能性が増すというものだ。これは、リスクを十分分散していない状態だと思えばいい。たとえば、デヴィルズ・ホール・パップフィッシュという、モハーヴェ砂漠の固有種について考えてみよう。この種の本来の生息域は、表面積がボウリング場の二レーン分ぐらいのぬるい温泉池だけだ。地震や洪水でこの池という生息環境が破壊されれば、種全体が一掃されることになる。ほかにも、生息域の狭い種は一般に個体数が少ないため、生態学者が「確率論的絶滅」と呼ぶものに陥りやすいというリスクがある。つまり、異常な環境破壊などまったくなくとも、あらゆる個体群にはランダムな大きさ（個体数）の変動があり、個体群の平均の規模が小さいほど、減少に振れたときにゼロになる可能性が増すということだ。こうしたランダムな変動は、酔っ払いの足取りになぞらえて「酔歩《すいほ》」と呼ばれることもある。小さな個体群では、酔っ払い（個体群の大きさを表す）が絶滅という断崖の際でよろめきながら歩いているところは容易に想像できる。

　生態学者や保全生物学者（保全生物学は、生物多様性を守るための生物学）は、この二つの要因のどちらが、あるいは私が触れていないほかのどの要因が、この面積の小ささと絶滅リスクの高さとのつながりを決定づけるのか議論を続けているが、そういうつながりがあることを疑う人はいない。だからこそ地理的な生息域がごく狭い種はほぼ例外なく「絶滅危惧」と考えられている。ミシガン州北部の狭い地域に生える若いバンクスマツの林でしか繁殖しないカートランドアメリカムシクイをはじめ、たった一つの温泉池に棲むデヴィルズ・ホール・パップフィッシュも、ハワイ諸島やガラパゴス諸島にいる固有種の多くもその状態にある。

　大きな島では、面積の狭さが絶滅に与える影響は小さな島ほど深刻ではないにしろ、おそらく存在している。非常に大きな島でさえ、生息域が極端に広い固有種を維持することはできない。たとえばマダガスカル島全体の面積でさえ、コヨーテやコマツグミのような北アメリカ大陸一帯に広がる種の生息域よりはるかに小さい。とはいえ大きな島や、小さな島からなる群島では、種分化が大きな意味を持つようになり、種分化のおかげで絶滅による減少に対抗できる。つまり、もとの種が新しい種を形成すれば、一つの種が絶滅したとしても、必ずしもその系統は失われはしない。島でも一般的にも、種分化によって分類群の寿命が大幅に延びうる。実際、現生種のほぼすべてが、今あるのは祖先が進化上の分岐を行なったおかげだろう。それなら、種の分化というこの過程によって、ゴンドワナ大陸由来の島々にもともと生息していた系統の多くが、なんとか現在まで生き延びていることは想像できる。そうした系統は、これらの島々の一部の生物相で優位を占めてさえいるかもしれない。

ところが古生物学者は、ゆっくり進む個体数の減少だけが絶滅の原因ではないと明言する。ときには天変地異が起こり、そういう出来事が島の生物相にとりわけ甚大な被害をもたらしうると考えるだけの根拠はある。

古生物学者と聞くとその一典型として、ジーンズにカウボーイハット、ブーツといった恰好で、ワイオミング州のヤマヨモギに覆われた片田舎のどこかで、つるはしを手にティラノサウルスの化石を発掘しようとしている粗野な人物が頭に浮かぶ。だが私が考えている古生物学者はそうではなく、むしろ知性派の東海岸タイプで、発掘道具よりプログラミング言語がしっくりきそうな人々だ。そういう学者は、ティラノサウルス専門の化石ハンターやほかの野外研究をする古生物学者が積み上げた化石記録を使い、生命の歴史の中に壮大なパターンを見出す。なかには、化石に関する大量のデータをコンピューターに入力し、そのデータを難解でますます複雑になる分析で処理し、その結果から種やもっと大きなグループの発生と消滅に関する情報を読み取ることに事実上全キャリアを捧げてきた人もいる。

その大量のデータと難解な分析により、以前は質的なかたちで知られていた事柄が具体的な数値で裏づけられた。すなわち、絶滅する種の割合は時間とともに大きく変動するのだ。各地質年代を通した（一般には属や科の）絶滅数を示すグラフには、振幅が大きく異なる一連の山や谷が入り乱れて表れる。[10] とくに際立つピークは大量絶滅を表しており、そのようなときには多くのグループがかなり短期間に消滅した。白亜紀末に恐竜やほかの多くの分類群を死に追いやった大量絶滅は最も有名なピークであり、いわゆる「ビッグ・ファイブ」の一つではあるが、最大規模というわけではない。そう呼ぶに値するのはペルム紀末の絶滅（スティーヴン・ジェイ・グールドが「大絶滅[11]」と呼んだもの）で、厖大な量の複雑な計算を行なう古生物学者たちによれば、その絶滅によって地球上の全種の九割以上が消滅したという。

大量絶滅とは厳密にはどういうものかについては古生物学者の意見が分かれるが、最低限の総意は見られる。最悪の大量絶滅は正真正銘の壊滅状態であり、そのときはたんなる「ありきたりの絶滅」以上のことが起こっていた。[12] 絶滅のこうした大きなピークは、何らかの珍事が起こったか、めったにない状況が重なったことを示唆している。白亜紀末の彗星あるいは小惑星の衝突がその最たる例だ。私たちは今この瞬間も大量絶滅を――まだビッグ・ファイブの域には達していないが、残念ながら、当分は終わりそうもない現代の絶滅を――目撃しているのかもしれない。それは一連の異常な出来事の結果、すなわち、ホモ・サピエンスが誕生し、その私たちが技術的「進歩」を次々に重ねてきた結果であることに間違いない。

島における系統数のゆっくりした減少や面積の影響を論じるにあたり、これまで私たちは事実上、何も異常なことが起こっていない時期の絶滅を対象にしてきた。今度は大変動について考えてみよう。大量絶滅は、ゴンドワナ大陸由来の島々にどのような影響をもたらした可能性があるだろうか？

フォークランド諸島に話を戻すと、この諸島はアフリカ大陸から分離したあとビッグ・ファイブの一つ、白亜紀末の大量絶滅を経たことがわかっている。この絶滅は地球規模で起こったので（小惑星か彗星が衝突して舞い上がった塵の雲が太陽を遮ったのが原因かもしれない）、フォークランド諸島の生物相がそれを免れえたと考える理由はない。それどころかたんに、確率論的絶滅の数字の悪戯のせいで、絶滅した種の割合は、大陸より島のほうがなおさら大きかったことは十二分にありうる。全般的な大量絶滅の原因が何であれ、そのせいで島の種のもともと小さい個体群がさらに小さくなり、その大きさがランダムに変動するうち、危険なまでに絶滅に近づいた可能性がある。言い換えれば、白亜紀末の絶滅では、大陸の種と比べると不釣り合いなまでに多くの島の種が「酔歩」をして、絶滅という断崖から落ちてしまったのかもしれない。

フォークランド諸島はほかにも、もっと程度の軽い地球規模の大量絶滅をいくつか経験している。約三四〇〇万年前の始新世末の絶滅や、約一四五〇万年前の中新世なかばにあった絶滅などだ。とはいえ、この島々の生物相は、「局所的大量絶滅」とでも呼べるものに見舞われた可能性もかなり高いようだ。それは多くの種を消し去ったものの、狭い地域に限られる事象だった。マクドウォールは自らの論文でこの手の事象に触れ、それを更新世の氷河期の周期と結びつけて、フォークランド諸島に当初はいたアフリカ大陸由来の生物相が消えたわけを説明した。こうした気候の変動が何度か繰り返されたことで、「フォークランド諸島の生物相が苛酷な篩《ふる》い分け(13)」に遭ったと主張したのだ。彼が言いたかったのは、こうした気候変動が絶滅のピーク、すなわち多くの種が生存者の範疇と歴史のゴミ箱のどちらかに「篩い分け」られる出来事を引き起こしたかもしれないということだ。大陸では、どうやら氷河期の周期は大量絶滅を招かなかった。気候変動に対処できない種は移動することができたからだ。たとえば、北アメリカ大陸の最後の氷河期には、ハタネズミからマツの木まで多くの種の生息域が南に移った[14]。ところがフォークランド諸島のような島々では、そのような選択肢はなかっただろう。フォークランド諸島の気候が、ある種にとって生き続けるには寒冷になりすぎたり、成長期が短くなりすぎたりしても、その種の成員にはほかに行き場がない。陸生種は生息域を海洋に移すことはできない。

フォークランド諸島はその長い歴史を通して眺めると、ある意味では、絶滅の温床のように見えてくる。まずこの諸島は、少なくとも現在の形態ではとても小さいので、絶滅の割合に対して面積の影響を大きく受けた。また、少なくとも最近の歴史においては、この諸島は新しい種を形成する機会（減少に至る方程式のもう一つの変数）をあまり提供していない。固有の系統はほとんど一種か数種しかないのだ[15]。そして最も重要なのは、この諸島は隔絶されてからの歴史がじつに長いため、まず間違いなく大量絶滅の痛手を何度も受けていることかもしれない。それには、白亜紀末の絶滅のような地球規模のものや、更新世の氷河期周期に関連する絶滅のような局所的なものも含まれる。だからフォークランド諸島の現生種のなかに、この諸島がアフリカ大陸から分離したとき、その小プレートに祖先が乗っていたという明らかな例が一つも見当たらないのも不思議はないのかもしれない。この諸島は絶滅の温床だったため、そこがゴンドワナ大陸に由来する痕跡はほぼ完全に消し去られたのだ。

チャタム諸島のヒタキからマダガスカル島のキツネザルまで

ほかのゴンドワナ大陸由来の島々と比べれば、フォークランド諸島はやや異例なのかもしれない。とはいえ残りの島々については即座に言えることが一つある。絶滅の温床であるフォークランド諸島でさえ、チャタム諸島より極端ではありえないということだ。

ニュージーランドの東六七〇キロメートルあまりのところにあるチャタム諸島は、ニューヨーク市の面積にも満たない小さな群島だ[16]。寒くて風は強いが、フォークランド諸島ほど苛酷な場所ではないかもしれない。たとえば、チャタム諸島には現にところどころ原生林があって、泥炭湿原がそう多くない。多数の島と同様、この諸島における人間の歴史はこれまでずっと辺鄙さに左右されてきた。まず、ニュージーランドのマオリ族が少なくとも五〇〇年前にこの地に移り住んだが、それ以後はその子孫であるモリオリ族が、一七九一年にイギリス人がやって来るまで孤立状態を続けた。そのころにはモリオリ族は独自の平和な文化を築いていた（文字どおり戦いを禁止していた）が、そのせいで不幸にも、イギリス人のあとにやって来た、遠い同胞である好戦的なマオリ族の餌食となった。マオリ族はけっきょく、モリオリ族をほとんど殺すか奴隷にした。今日、チャタム諸島の人口（ヨーロッパ人とマオリ族とモリオリ族の混合）は、辺鄙さが及ぼすほかの影響、すなわち生活費がかさむことやもっと大きな人間社会につながりたい欲求のせいで減少している。

もちろん、こうしたことはみな、地質学的な歴史の中のほんの短い期間に起こった。だが深遠な時間幅で見ると、チャタム諸島はいつもほかの陸塊から隔たっていたわけではない。地質学的に言えば、この諸島はチャタム海膨の一部であり、現在この海膨は大半が海中にあって、海図では、ニュージーランドの南島に向かって伸びる浅海の水色の帯として描かれる（この海膨はところどころで海面下九〇〇メートル以上に達するが、周囲の海域に比べれば浅い）。とはいえ七〇〇〇万年以上も前の一時期、チャタム海膨の大部分は海上にあり、ジーランディア大陸の一部をなしており、その少し前、ジーランディア大陸はゴンドワナ大陸東端の大きな部分を占めていた[17]。

この深遠な歴史から、分断説支持者は、チャタム諸島の少なくとも数種はゴンドワナ大陸の残存種だと考えてきた。今はチャタム諸島となっている場所にゴンドワナ大陸の生物相があったことは否定できない。この諸島には、ナンキョクブナ、ナンヨウスギの針葉樹、マキなど、典型的なゴンドワナ大陸の植物相の化石を含む白亜紀後期の地層があるのだ[18]。これらの地層には、たいしたものではないが、ティラノサウルスの仲間の、紛れもない獣脚類恐竜の骨さえ含まれている。とはいえ、フォークランド諸島と同様、この諸島の大きな問題は、「それらのゴンドワナ大陸の系統で現在まで生き残っているものがあるか?」だ。

チャタム諸島の岩石はその答えを教えてくれる。すなわち、「見込みは薄い」。約六〇〇〇万年前の地層は、溶岩流と火山灰の堆積層でできており、それは火山島が出現したことを意味している。ところがその前の新生代のほとんどでは、この地域には(海生生物の硬い部分からなる)石灰岩のような海洋堆積物や水中でできた火山岩しか見られず、この諸島が完全に海に没していたことがうかがわれる[19]*。だから私たちは、局所的大量絶滅の最たる証拠を手にしているわけだ。たとえ浸水前の島々にゴンドワナ大陸の残存種が生息していたとしても、そのあとは間違いなく何も残らなかっただろう。

このとき私はふと思い出した。タラと二人でニュージーランドへの旅を計画していたとき、南島のクライストチャーチから飛行機に二時間乗ってチャタム諸島に行くことも少しは考えていたのだ。けっきょく行かないことにしたのは、時間や費用のせいもあるが、かなり直接的には、この場所全体がおそらく最近まで海中にあったと推定されるせいでもあった。私にとってチャタム諸島の魅力は固有の鳥たちだった。

* およそ六〇〇〇万年前に形成された火山島は、二〇〇〇万年ほどあとには完全に浸蝕されてしまい、さらに新しい時代の水没を招いた可能性もある (Heenan et al. 2010)。とはいえ、この水没に関する証拠はあまり明確ではない。

本格的なバードウォッチャーならほとんど誰であれ、遠く離れたごく限られた地域にしかいないとわかっている種を見ることに奇妙な興奮を覚えるものなのだ。私は、この地でチャタムヒタキという小さな鳴き鳥を見つけられたらと思った。チャタム諸島は、この鳥が見られる地球で唯一の場所だ。ところが、『ニュージーランドの鳥類の手引き（*The Hand Guide to the Birds of New Zealand*）』をめくるうち、チャタムに固有の鳥がすべて、ニュージーランドの種と明らかに似ていることに気づいた。[20] チャタムヒタキは、ニュージーランドのロビンやトムティット（ニュージーランドヒタキ）にそっくりだし（図10・4参照）、チャタムセンニョムシクイはニュージーランド・センニョムシクイと呼ばれる鳥に、チャタムミヤコドリはニュージーランドのミナミミヤコドリによく似ている。チャタム諸島の鳥に、たとえばキーウィやカカポ（フクロウオウム）のような、飛び抜けた変わり種がいないのは、おそらくこの諸島が水没したこととおおいに関係があるのだろう。その筋書きでは、固有の鳥類の祖先はすべて、この諸島が海から再浮上してから到着したはずだから、大きく異なるものに進化する時間はほとんどなかったと思われる。何千万年も前のゴンドワナ大陸の分断化に起源をたどれる鳥たちがいたら、私がその魅力に抗し切れたかどうかはわからないが、ニュージーランドの現生の仲間とほとんど変わらないように見える種には、それほどの魅力はなかった。

チャタム諸島の種が、ほかの場所に生息していた祖先から最近進化したという考えは、スティーヴ・トレウィックやエイドリアン・パターソンなど、ニュージーランドの諸大学の学者が率いる広範な分子年代推定研究によって確証されている。[21] これらの研究者は、デージー、リンドウ、イネ科植物、クイナ、インコ、ゴキブリ、甲虫、ハサミムシ、「ウェタ」と呼ばれるカマドウマの仲間など、チャタム諸島固有のさまざまな動植物の遺伝子配列を決定した。そしてまさに、最近になってから海から浮上した島々にふさわ

10.4　バードウォッチャーにはそれほど魅力的ではない鳥．チャタム諸島のヒタキ（左）は，ニュージーランドのよく似たノースアイランドロビンに近い仲間．フランシス・シュメチェル（チャタムヒタキ），トニー・ウィルズ（ノースアイランドロビン）撮影．

しい事実を発見した。サンプルを採集したチャタム諸島の種はみな、ニュージーランドやその他の場所にいる類縁種と遺伝的にごく近く、それらがここ数百万年以内にこの諸島にたどり着いたことを裏づけたのだ。

ようするに、チャタム諸島には、ゴンドワナ大陸の残存種が存在することを示す証拠はいっさいない。むしろ、地質学的証拠と生物学的証拠がぴたりと嚙み合い、次のような歴史を物語っている。チャタム諸島にはかつて、ナンキョクブナから恐竜にいたるまでゴンドワナ大陸の生物相が見られたが、現生の動植物相はすべて、ごく最近になってこの諸島に到達したものであり、それには海洋という障壁を越える必要があった。言わば、石板にあった文字はそっくり消し去られ、そこにすっかり別の配役で新しい物語が書かれたのだ。

やはりジーランディア大陸の断片であるニューカレドニア島はチャタム諸島とは大違いで、そこにはゴンドワナ大陸由来と解釈してくれと言わんばかりの、一見すると太古のものらしい風変わりな系統がそろっている。そのなかでとくに有名なのは、アンボレラ（*Amborella trichopoda*）という、ほかのあらゆる被子植物の姉妹群と思われる多雨林の低木と、カグー（*Rhynochetos jubatus*）という、サギに似た、ジャノメドリと最も近縁でありそうな、森に隠れ棲む鳥だろうか。[22] ニューカレドニア島には、唯一知られた寄生裸子植物（同じマキ科のほかの種の根から育つ低木）もあり、また、人間がやって来ておそらく絶滅に追いやるまでは大型のツノウミガメと小型の陸生ワニという、それぞれの属の最後の生き残りがこの低木を住みかにしていた。この島に深遠な歴史があることは、とりわけスキンク（スキンク科のトカゲ）やヤモリ、ナンヨウスギ科の針葉樹といったグループに、相当な数の独自の放散が見られることからもうかがえる。

これらをはじめとする系統はみな、ゴンドワナ大陸の残存種として受け入れられてきた。ところが地質学的証拠と生物学的証拠の両方からして、ニューカレドニア島の歴史は見た目とは異なり、じつはチャタム諸島の歴史に似ている。地質学者は今では、ニューカレドニア島が、約七〇〇〇万年前から三七〇〇〇万年前にかけては、完全に水没していたと考えている。[23] その時期は、この地域一帯が水没し、のちに海洋地殻が前からあった大陸地殻に乗り上げ、そのときにニューカレドニア島が弧状列島と衝突した。この水没期のものとして知られる地層は、深い海底で形成されたとしか考えられない、一種の細粒チャート〔生物由来の珪質が集積した堆積岩〕からなる層を含む海成層だけだ。

チャタム諸島の場合と同様、分子年代推定の結果はこの水没と再浮上の歴史と一致する。したがって大量絶滅と生物の再進出の歴史とも一致する。スキンクやナンヨウスギ科の針葉樹を含むニューカレドニア島の多くの系統は、この「溺水」のあとに初めてほかの場所にいた仲間から分岐したと推定され、それは、それらの系統がこの地に中生代から生き残っているのではなく、海を越えて進出してきたことを意味している。[24] アンボレラやイシヤモリ科のヤモリ、トログロシロニデー科（*Troglosironidae*）のザトウムシなど、ニューカレドニア島の水没前に仲間から分岐した生物もいるが、[25] これらが溺水の前から実際にニューカレドニア島にいたという強力な証拠はなく、この点はきわめて重要だ。ことによると、ニューカレドニア島で起こった独自の放散の中の分岐が水没前であることを示すような証拠が、化石か分子年代推定のどちらかから見つかる可能性もなくはないが、今のところそのような証拠は出ていない。これまで研究されたグループのあいだでは、最初期の分岐は明らかに、どれもこの島の再浮上前ではない（図10・5参照）。だからこうした系統の一部は、中生代に生息していた最も近い仲間から分岐したという意味では太古からのものだが、それ以来ずっとニューカレドニア島という方舟に乗っていることを示すものはほとんどない。* これらの生物はすべて、過去三七〇〇万年間に海上分散によって到着したかもしれないのだ。

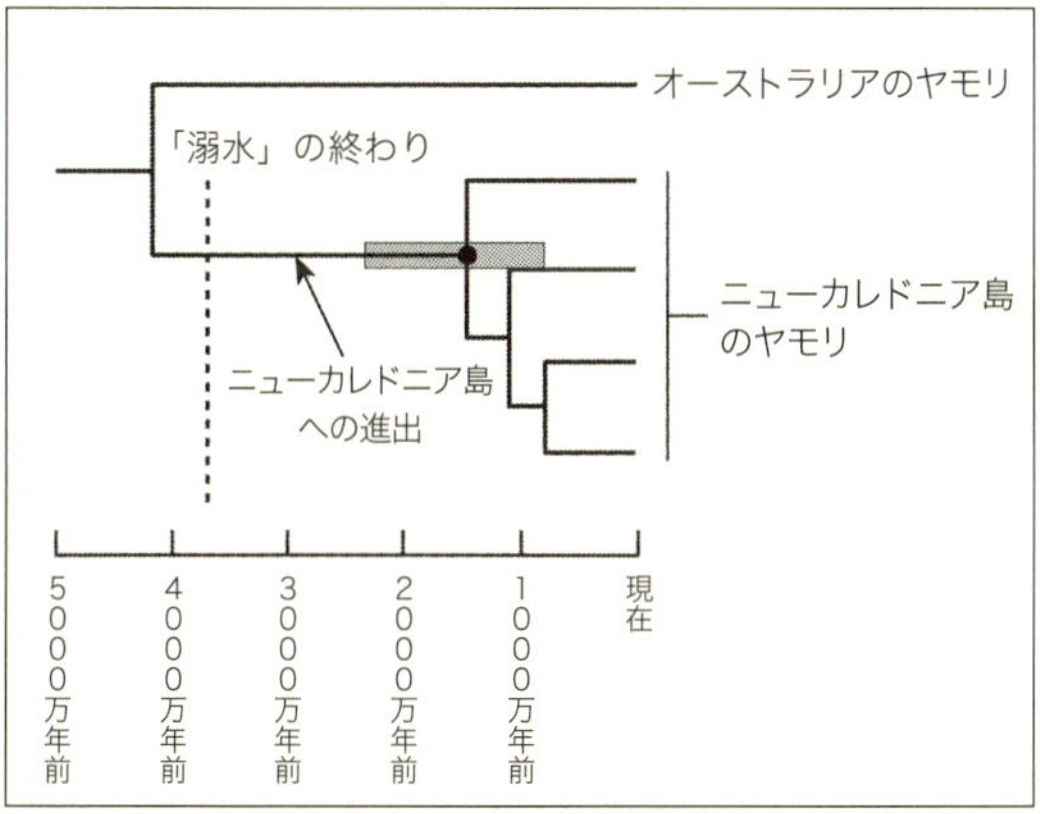

10.5　ニューカレドニア島のヤモリにおける最初期の分岐点（黒丸で示した箇所）が，この島が水没したとされる時期のあとに来ることを示す時系樹．灰色の棒状部分は，当該の分岐点の年代の95パーセント信頼区間．時系樹は Nielsen et al. (2011) を複写・修正したもの．

もし溺水の筋書きが正しいとすれば、ニューカレドニア島はチャタム諸島のように大陸起源ではあっても、生物学的には海洋島だということにな

* トログロシロニデー科のザトウムシにおける最初期の分岐点は、ニューカレドニア島の再浮上前であると言われてきた。ところがその分岐点の年代の推定範囲（一億二〇〇〇万年前から二八〇〇〇万年前）は、再浮上したとされる年代（三七〇〇万年前）のあとにまで及ぶ。

る。だがアンボレラやトログロシロニデー科のザトウムシのように、一風変わった、明らかに太古からの系統が存在するせいで、この考えにはまだ相当の反論がある。これらのグループは、たとえ化石や分子年代推定で立証できなくても、やはりゴンドワナ大陸の残存種でなければならないというわけだ。とはいえ、同じように風変わりで太古からの系統が、文句なく海洋島である島々に生息している事実が多くを物語っている。[26] たとえば、チリのファン・フェルナンデス諸島に見られるラクトリスという低木は、ほかにはさまざまな大陸の白亜紀から中新世にかけての化石でしか知られていない科に属する、唯一の現生種であり、ハワイ諸島の多年草でシュウカイドウ科のヒレブランディア属（*Hillebrandia*）は、五〇〇〇万年以上も前にほかのあらゆる現生のシュウカイドウ属と分岐したようだし、ツメナシボア（ボアモドキ）科のモーリシャスボア〔モーリシャス島の北にあるラウンド島にのみ生息〕も、七〇〇〇万年近く前に最も近い現生の仲間と分岐している。こうした太古の系統は、海上分散によってそれぞれ新しい火山島に進出したあと、もといた地域では絶滅することになったに違いない。太古の系統は、それが見られる地域も太古から存続することを証明すると見なされがちだが、ニューカレドニア島の話や海洋島の事例からすると、そういう思い込みがじつは根拠のない妄信であることがわかる。

かつてジーランディア大陸だった島々を巡る旅の締め括りに、懐かしのニュージーランドにもう一度さっと立ち寄ることにしよう。分断分布の世界観に初めて大きなひびが何本も入った土地だ。すでに見たとおり、ニュージーランドにあったもともとのゴンドワナ大陸由来の植物はほとんど姿を消しているのに対して、ナンキョクブナからザンセツソウにいたるまでの現生の植物相はたいてい、海を越えた進出者の子孫だ。動物たちの話も似たようなものであることはわかっているが、植物ほど極端ではないかもしれない。分子年代推定研究の最近の集成によれば、ニュージーランドの動物系統のおよそ四分の三は明らかに海の旅を経たものの分類に入り、残りは決定的ではないまでも、ゴンドワナ大陸の残存種である可能性があったという[27]。

海を越えた進出をした事例の多くは、少なくとも今振り返れば驚くべきものではない。たとえば、太平洋の何十もの島に分散したクイナは、何回かニュージーランドに到達したし、ロバート・マクドウォールの研究していたガラクシアスという魚は少なくとも二回、おそらく未成熟な海生の「ホワイトベイト」としてニュージーランドに進出した[28]。とはいえ、もし事実であれば、まだ知られていない海越えの長距離分散のうちでもまったく予想外の部類に入る例がある。

それは、ゴンドワナ大陸の分裂による分断分布を例証する極め付きとも言える走鳥類にまつわるものだ。この走鳥類には、現生のダチョウ、レア、エミュー、ヒクイドリ、キーウィのほかに、ニュージーランドのモアやマダガスカル島のエピオルニス（象鳥《ぞうちょう》）といった絶滅したグループもいくつか含まれる。これらはおもに南半球のグループで（もっとも走鳥類の化石はユーラシア大陸で見つかっているし、北アメリカ大陸でも見つかっているかもしれない）、シギダチョウと同じく、現生のほかのあらゆる鳥類の姉妹群であることは明らかだ。したがって太古に起源を持つことがわかる。こうした事実から、走鳥類が南半球の陸地に広く分布する理由の説明として、ゴンドワナ大陸の分裂が有力だった。そして当然ながら、走鳥類は体の大きい飛べない鳥なので、多くの生物学者にしてみればそれで十分決着がついていた。これらの鳥は万が一にも大海原という障壁を越えることはできない、だから今の分布域は大陸が分断した結果に違いないというわけだ。

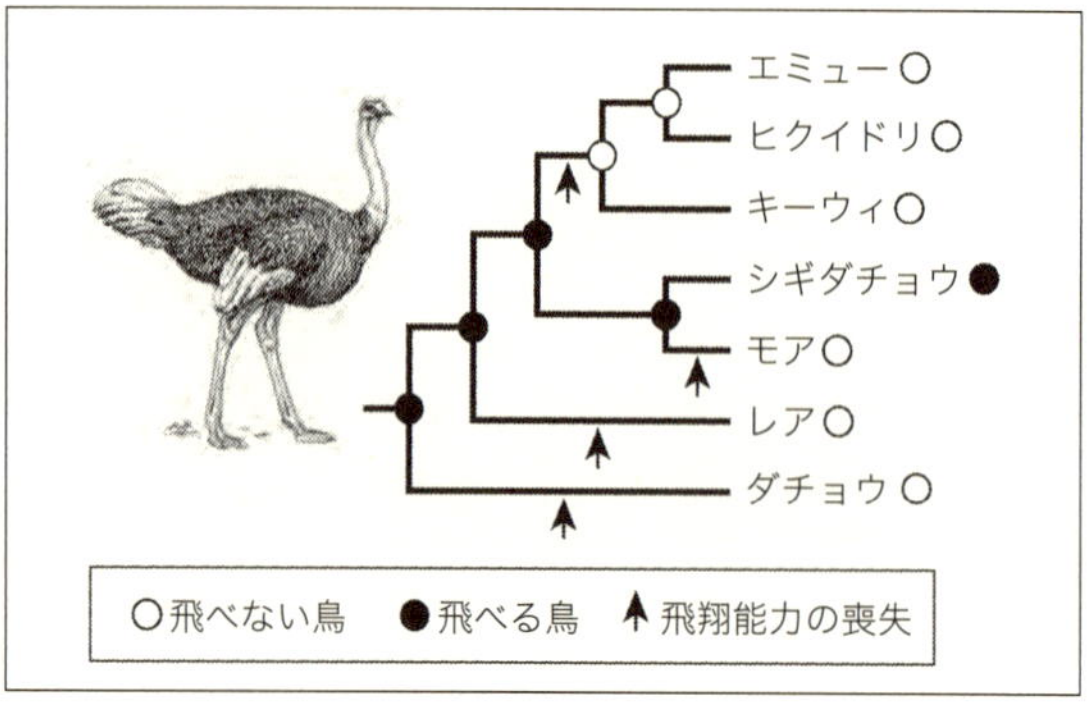

10.6　走鳥類における飛べるシギダチョウの位置からすると，走鳥類のあいだでは，飛翔能力が何回か失われたことがわかる．そこから，走鳥類のなかに海洋という障壁を飛んで越えた者がいた可能性が生じる．たとえば，モアの祖先がニュージーランドに飛んでいったこともありうる．Phillips et al. (2010) を複写・修正した進化樹．

ところが、ゴンドワナ大陸の分裂による分断分布のこの一見明白な事例が崩れはじめている。走鳥類に関しては純然たる分断分布の筋書きは、今やありえないように思えるのだ。走鳥類の進化樹における分岐の順序とゴンドワナ大陸の断片が分裂した順序が合わないし、分子年代推定研究から、走鳥類の進化樹におけるいくつかの分岐は、走鳥類の乗った陸塊が分離したあとで起こったことがわかっているからだ[29]。さらに、走鳥類が分散したという主張は、走鳥類が海という障壁を越えられないという考えそのものに異議を唱える、最近出たかなり衝撃的な別の研究結果によって支持されている。いくつかの異なる系統学的研究によって説得力あるかたちで示されたこの新しい研究結果とは、じつは、体は重いが飛べる走鳥類の鳥であるシギダチョウが、ほかの飛べない走鳥類のあいだにしっかり収まっているというものだ。これは、あらゆる走鳥類の共通祖先は飛ぶことができ、飛翔能力はこのグループの中で何度か失われたことを意味している[30]（図10・6参照）。飛翔能力の喪失は鳥類には非常によくあることで、現生の一八の科で起こったが、この場合の逆パターン、つまり飛べない走鳥類が飛べるシギダチョウを生んだというのはきわめて考えにくいと思われる。そこでニュージーランドに関する結論は、絶滅したモアの祖先はそこにたどり着くために、ありそうもない筏での旅をする必要はなく、たんに飛んでこられたかもしれない、となる。

走鳥類やナンキョクブナのように「明らかに」ゴンドワナ大陸由来のグループが分断分布によって広がったという証拠が崩れたのにもかかわらず、生物学者たちはまだ、ムカシトカゲやイワサザイ（スズメ目のほかのあらゆる鳥を含む巨大な分岐群の姉妹群の可能性が高い）といった太古からの系統を、ゴンドワナ大陸の残存種の決定版でもあるかのように指し示す。だが一般に、こうした分類群がおよそ八〇〇〇万年前のジーランディア大陸の出現前に、ニュージーランドにあたる場所に存在したという明確な証拠は、化石にも分子にも見当たらない。どこかに生息していたのは間違いないが、ジーランディアが島大陸になってからそこに到着した可能性もある。ただし、若干の例外はある。ダニザトウムシ（ザトウムシの仲間で、体は小さく脚は短い）の二系統[31]やムカデの二系統[32]だ。これら四つのグループはどれも、進化上の分岐点がニュージーランド内にあって、その年代はおよそ九〇〇〇万年前かそれ以前にさかのぼる。だからこれらのグループの成員は、ジーランディア大陸となる場所が南極＝オーストラリア大陸から分離する前に、すでにその地域に生息していたということのようだ。* それらはほんとうにゴンドワナ大陸の残存種らしい。皮肉にも、分断分布の世界観を打ち砕くのに不可欠だったニュージーランドのほうが、じつはゴンドワ

＊　地質学者や生物学者のなかには、ニュージーランドは漸新世のあいだに完全に水没し、チャタム諸島やニューカレドニア島と似たような歴史をたどったと主張した者もいる。だがニュージーランド内で起こった、ダニザトウムシやムカシガエルの分岐の年代は、この「溺水」仮説を反証している。マイク・ポールも、植物の化石記録には、この「溺水」仮説に求められるような大量絶滅は見つからないと主張している。ニュージーランドが完全に水没していたという考えに対する説得力のある反論については、Pole et al. (2010) 及び Giribet and Boyer (2010) を参照のこと。

ナ大陸由来のほとんどどの島や群島より、残存する系統の割合が大きいと判明する可能性がある[33]（もっともそれらの系統は、必ずしも人々がしばしば残存種と気づいてきたものではない）。また、ニュージーランドは太古の残存種が少しでも生息しているジーランディア大陸由来のただ一つの島群である可能性もある。それでもこういう所見では、とうてい「モアの方舟」説を復活させることはできない。化石植物の研究から最初に届いたメッセージは依然として生きている。一般に、ニュージーランドの生物相はゴンドワナ大陸に由来しないのだ。

最後に取り上げるのは、ゴンドワナ大陸由来の島々のなかで最も大きく、生物学的に最も多様なマダガスカル島だ[34]。ニュージーランドと同様、ここもどこか別世界のような感じがする。真猿類はいないが、固有のキツネザルがいる世界で唯一の場所だ。キツネザルは、夜行性で雑食のネズミ大のものから、昼行性で葉を主食とし、体重が最大で一四キログラム近くにもなるインドリまでほぼ一〇〇種がいる。近くのアフリカ大陸に比べれば、トカゲやヘビの主要なグループはかなり少ないが、なかには人の親指ぐらいしかない種を含め、世界のカメレオン種の約半数がいるし、最も近い仲間が南アメリカ大陸に生息しているボアやイグアナ似のトカゲがいる。また、この島でしか見られない鳥が三科あり、世界で三三種いるテンレックのうち三〇種もここに棲んでいる。テンレックとは、トガリネズミのような形態やハリネズミのような形態、カワウソのような形態にさえ進化した小型の哺乳類だ。固有の植物はほぼ一万種にもなる。大型脊椎動物は多くの地域と同様、驚くほどの数がいたが、ほぼ間違いなく人間によって絶滅に追いやられた。マダガスカル島の大型脊椎動物と言えば大きなネコ科動物やマンモスのことではなく、キツネザル科のさまざまなメガラダピス（少なくとも一七種はいた）や、最大で四五〇キログラムを超える（そして既知の鳥のなかで最大の卵を産む）エピオルニス（象鳥）などのことだった。

マダガスカル島には膨大な数の固有種がいるだけでなく、キツネザル、テンレック、カメレオンなどに、大々的な独自の進化的放散があったことはじつに明白だ。それらの放散はかなり前に起こったに違いないが（一〇〇種強のキツネザルや三〇種のテンレックは、一夜では進化しない。いや、一〇〇〇万夜でも不可能だ）、だからといって、この島がゴンドワナ大陸の別の断片から最後に分離して以来、それらの種がずっとここに生息していたことにはならない。その最後の分離で、マダガスカル島は約八四〇〇万年前にインドと離れたが[35]、一〇〇種のキツネザルと三〇種のテンレックが誕生するのに、必ずしも八四〇〇万年を要するとはかぎらない。キツネザルやテンレック、その他の生物は、五〇〇〇万年前から三〇〇〇万年前に海上分散によってこの島に到達したとしても、放散を行ない、今日見られるような多様な形態に変化する時間はまだたっぷりあっただろう。

実際、大半の生物学者は、分断分布説を支持する動きが最高潮だったときでさえ、マダガスカル島の生物相を圧倒的にゴンドワナ大陸由来であるとは解釈しなかった[36]。学者たちが二の足を踏んだのは、二つの関連した所見のせいだった。第一に、マダガスカル島はアフリカ大陸に非常に近く、島の歴史の大半を通してその位置にあったため、海洋という障壁を越えるのがあまり得意でないキツネザルのようなグループにさえ、海を越えた進出がつねに可能なことに思われた。第二に、テンレックやマダガスカルマングース（マングースと類縁の小型肉食動物のグループ）のような、よく知られたマダガスカル島の分類群のいくつかは、アフリカ大陸の系統に属するが、もしこれらのグループがゴンドワナ大陸の残存種だとしたら、それは考えられないことだ。奇妙な話だが、アフリカ大陸とマダガスカル島は現在近い位置にあるとはいえ、

10.7　アイアイ（*Daubentonia madagascariensis*）．非常に細い中指と長く伸びた薬指を使って木から虫をほじくり出すので生態はキツツキに似ている，奇妙なマダガスカル島の霊長類．アイアイは，海を越えてこの地に進出してキツネザルを生んだものと同じ祖先の系統を引く．グスタフ・ムトツェル筆．

少なくとも一億二〇〇〇万年前という早い時期に分離している。ゴンドワナ大陸の分裂による分断分布という説明では、この二つの地域にはとくに近い関係は望めないことになる。

最近の研究はみな、マダガスカル島の生物相に対する従来の分散説の見方が正しいことを示している。二〇〇六年に発表された重要な文献レビュー研究では、デューク大学の二人の進化生物学者（デューク・キツネザル・センターのディレクターであるアン・ヨーダーと、植物の生物地理学に関心がある大学院生のマイク・ノワック）が、キツネザルやテンレックから蝶やバオバブの木まで、マダガスカル島に生息する多くの系統の進化上の関係についての証拠をまとめた[37]。そしてそれらのグループに最も近い仲間が、いたるところに見られることを発見した。アフリカ大陸やインド、東南アジア、オーストラリア大陸、それ以外の地域で見つかることがあるのだった。だが何より重要なのは、マダガスカル島の系統が、インドの系統の約三倍もアフリカ大陸の系統に関連があった点だ。だとすれば、マダガスカル島がアフリカ大陸に近いおかげで、アフリカ大陸からモザンビーク海峡を越えてマダガスカル島へという分散が現にそうとう行なわれたことをヨーダーとノワックの研究は示している。ようするに、海を越えた進出によって築かれたアフリカ大陸とマダガスカル島との関係が、もともとのインドとマダガスカル島との関係を追い越したのだ。

ヨーダーとノワックは、マダガスカル島の系統とほかの場所に生息する最も近い仲間との分子上の分岐年代も調べた。四五のグループのうち、分岐年代がマダガスカル島とインドの分裂のころかそれより前と推定されたのは二つだけだった。こうした結果は、ほとんどのグループが、海を越えた進出に端を発することを裏づけていた。分子年代推定の結果が示すように、もしこれらの系統（キツネザル、テンレック、マングースの仲間を含む）の大半が、マダガスカル島が海の中に隔絶されたあとで初めて到着したのなら、海を越えてきたとしか考えられない。*

その後の研究により、ヨーダーとノワックの結論を補強する生物の進出と海流との驚くべき関係も判明した。[38] 海流モデルによれば、マダガスカル島とインドが分離した時期から中新世中期まで、海流はアフリカ大陸からマダガスカル島のほうへ東向きに流れていたが、それ以後は向きが逆になったという。この海流の変化は、マダガスカル島が北へ移動して赤道還流に入ったことで生じたものであり、そのせいで陸生の脊椎動物がこの島に到達するのははるかに困難になっただろう。この海流の変化を考慮して分子年代推定の結果を検討すると、あるパターンが目に飛び込んでくる。陸生脊椎動物（そのほとんどがアフリカ大

* 白亜紀後期にマダガスカル島と南アメリカ大陸は南極大陸を介してつながっていたという、提唱されはしたものの依然として異論の多い説（Noonan and Chippindale 2006）があるが、たとえそのようなつながりがあったとしても、ここでの全体的な結論に変わりはない。マダガスカル島の分類群と南アメリカ大陸の分類群にはあまり関係がないからだ。

陸からやって来る）がたどり着く頻度が、中新世中期を過ぎると急激に落ちるのだ。たとえば、海流の方向が逆になって以来、陸生哺乳類が一つもこの島に進出していないというのもそのパターンに含まれる。こうした結果は、この島の生物相は主に海上分散によって誕生したという全般的な考えを実証する詳細の一例だ。

化石記録も、ヨーダーとノワックの調査結果に驚くほど一致する。主要な化石研究は、ニューヨーク州立大学ストーニーブルック校の古生物学者デイヴィッド・クラウスが率いてきた。(39) クラウスと多彩な研究仲間（その一人が、公共放送ＰＢＳの子供向け番組「ダイナソー・トレイン」の「古生物学者のスコット博士」ことスコット・サンプソン）は、一九九三年以来マダガスカル島の脊椎動物の化石を研究しており、島の北西部沿岸のマハジャンガ（マジュンガ）盆地で白亜紀後期の地層を調べている。彼らはそこで、獣脚類と竜脚類の恐竜、食虫性や草食性の奇妙なワニ、スズメ大やコンドル大の鳥、有袋類や多丘歯類《たきゅうし》（齧歯類に似たさまざまな哺乳類で、絶滅したグループ）、カメ、ヘビ、カエル、淡水魚など、並外れて多様な生物の化石を発掘してきた。こうした標本の多くは保存状態が非常に良い。たとえば、口吻の短い獣脚類のマジュンガサウルスの頭骨は、これまで見つかった恐竜の頭骨のなかでもきわめて完全に近いものだ。このマハジャンガ盆地は、世界でも指折りの中生代の化石産地となっている。

これらの動物たちが死んだころ、マダガスカル島は少し前にインドから分離したばかりだった。だから化石動物相が明らかにゴンドワナ大陸由来なのは意外ではない。とはいえその白亜紀の動物相は、マダガスカル島の現生脊椎動物相とはほとんどつながりがない。ことによるとカメの一つを除けば、白亜紀の脊椎動物で現生種の近い仲間や祖先の可能性がある者がまったくいない。言い換えれば、マダガスカル島が長い時間の旅をしているあいだに、これらの古い系統の事実上すべてが消滅してしまったのだ。化石に基づくこの推論は、ヨーダーとノワックの分子年代推定の分岐年代とも一致する。その分岐年代は、サンプルとした脊椎動物の大部分が、白亜紀のあとに到着したことを示している。少なくとも脊椎動物に関するかぎり、古いゴンドワナ大陸由来の動物相は、新しい生物群にほぼ完全に取って代わられたのだ。

　マダガスカル島の生物相が、全世界の生物相と同様、白亜紀末の絶滅に大打撃を受けたのは間違いない。おそらくこの島の恐竜やほかの多くの系統は、この大惨禍を切り抜けられなかっただろう（むろん、白亜紀後に恐竜が世界のどこか一か所ででも存続していたことは確認されていない）。残念ながら、白亜紀後期よりのち、この島の既知の化石記録はほとんど白紙状態で、ようやく回復を見せるのは約二万六〇〇〇年前の鮮新世後期になってからだ。だから初期の生物相がどの程度まで、白亜紀末のもののような大量絶滅で消滅したのか、あるいは長いあいだに一つまた一つとゆっくり消滅したのかはわからない。だが肝心なのは、ここの生物相がたしかに消えたということだ。

　以上をまとめると、マダガスカル島やほかのゴンドワナ大陸由来の島々から得られる一般的なメッセージは次のようになる。[40] こうした地域ではどこも、ゴンドワナ大陸のほかの陸塊から最後に分離して以来、一方では絶滅によって多くの系統が消失し、また一方では海を越えた進出によりほかの多くの系統が到着するという二つのことがあまねく起こっていた。これらの島々は分断化の際にどのような種を乗せていたにせよ、以後それらの種の特徴に大きく決定的な影響を与えてきたのは絶滅と海洋分散なのだ。

地球と生命はともに進化する——そうでない場合を除いては

　フォークランド諸島の主島の一つである西フォークランド島では、露出した地層を多数の火成岩脈[41]が貫く。白っぽい岩石の中に黒っぽい壁が挟まっているようなものだ。こうした岩脈は、約一億九〇〇〇万年前のジュラ紀前期に、マグマが古い地層に入り込んでできた。似たような岩脈はアフリカ大陸南部に見られ、フォークランド諸島の載った小プレートが、かつてこの地域とつながっていたという論拠の一部になっている。これらの岩石は、この地の深遠な歴史の一片を記録しており、ここが昔のゴンドワナ大陸の断片であることを教えてくれる。

もっとも岩石は生物ではない。火山性の岩脈は多くの場所に残っているが、その付近で生きていた動植物はすでに消え、ほかの関係のない種に取って代わられている。フォークランド諸島の岩石は太古のものでも、継続性を考えた場合に生物相は明らかに違う。生物学的な見地に立てば、フォークランド諸島やゴンドワナ大陸のほかの小さな断片を「ゴンドワナ大陸由来」と呼ぶのは誤りだ。

むしろ、こうした大陸島は、ハワイ諸島やガラパゴス諸島のような海洋島の歴史と重なってくる。チャタム諸島の場合も（そしておそらくフォークランド諸島やニューカレドニア島の場合も）、生物相は完全な変貌を遂げている。もとのゴンドワナ大陸の系統はどれ一つとして現在まで残れなかった。島によっては、少しは残存するグループもあるだろう。それは興味深い存在だが、もはや主流ではない。代表的なのが、ニュージーランドのムカシガエルやダニザトウムシ、セーシェル諸島（この諸島についてはここでは論じなかったが、ここ以外の島々と事情はほぼ同じだ）[42]のアシナシイモリや豆粒のようなセーシェルガエルで、マダガスカル島のボアやイグアナ科のトカゲもそれに含めていいかもしれない。こうした島々はゴンドワナ大陸の断片であり、面積が小さいせいでとりわけ絶滅が起こりやすかったと人は思うかもしれない。ことに、チャタム諸島やニューカレドニア島の水没が引き起こしたような、局所的な大量絶滅に見舞われやすかっただろう、と。これらの島々の現生の生物相が生まれた歴史は、絶滅があったせいでそのほとんどが、あるいはすべてが海を越えた進出とその後の種分化の歴史だ。これらの島を研究する生物学者たちは、徹底した分断説支持者でなければ、この島々をしだいに次のような言葉で語るようになった。ある論文の執筆陣は、「ニューカレドニアはごく古いダーウィン説の島［つまり海洋島］であると考えなければならない」[43]と書き、別の論文の執筆陣は、「ニュージーランドの生物相は、絶滅と進出と種分化によってもたらされたのであり、ほとんどの点からいって、大陸というより海洋群島のものである」[44]と述べている。

今振り返ってみれば、ゴンドワナ大陸由来の島々にまつわることはすべて、自明の理のように思えなくもない。それらの地域は五〇〇〇万年、いや一億年、はたまた一億五〇〇〇万年にもわたって隔絶されていた。私たちは、当然それらの島が大量絶滅（地球規模のものと局所的なものの両方）によって大きな痛手を受け、海を越えて流入する種を吸収したと考えるべきだったのかもしれない。それなのに、いったいぜんたいなぜ、そういう島の動植物相が太古の地質学的起源を依然として強く反映していると思い込んだのだろう？　多くの生物地理学者が現にそう信じていたという事実は、全体としては大陸移動による分断分布という神話、もっと具体的にはゴンドワナ大陸の分裂という神話の威力の表れだ。かつての世界の断片が漂いながら、さまざまな種という積み荷を今に至るまで運んでいるというゴンドワナ大陸の物語は、抗いがたいほど単純明快ですっきりしている。それにマダガスカル島やセーシェル諸島からニュージーランドやニューカレドニア島にいたるまで、ゴンドワナ大陸由来の島々に当てはめられたとき、この神話にはとくに人を惹きつけるものがある。そういう島々ははるか彼方のエキゾチックな場所であり、人は（ニュージーランドではどこに行っても羊の放牧地があり、ニューカレドニア島ではニッケルの採掘が大々的に行なわれているといったことも忘れて）暗い鬱蒼《うっそう》とした奥地にはまだジュラ紀の恐竜が潜んでいると想像できそうなほどのところだ。少なくとも私たちの頭の中では、時に忘れ去られた地なのだ。何を隠そうこの私も、証拠が実際に明らかにしていることをろくに考えもせずにこの神話を信じていた。

ロバート・マクドウォールは、分断生物地理学が絶頂期にあったときにさえ、この神話をけっして信じない少数派の一人だった。とはいえ彼は最初から、ゴンドワナ大陸の物語にはほかの人々の心を奪う大きな力があるので、真っ向からそれと対決しなければならないと直観していたようだ。それが神話であることを暴き、粉砕はできなくても、せめて徹底的に抑え込むべきだ、と。マクドウォールはフォークランド諸島に関する論文の最終段落では、この諸島の生物相の起源について意見を述べているが、私にはそれが神話を打ち砕く試みのように見える。彼がとくに焦点を当てたのは、レオン・クロイツァットが残した、分断分布説の世界観の神髄を捉える象徴的な文句だ。マクドウォールはクロイツァットから敵意に満ちた批判を受けていたために、この文句はマクドウォールにとって二重の意味で腹立たしかったのではないかと私は思っている。マクドウォールは、抑制することで力強さを増す論調でこう書いた。「私にとって、また、一般に生物地理学にとって、こうしたパターンのとりわけ興味深い面は、クロイツァットの公式見解……すなわち『地球と生命はともに進化する』という考えが、一部で信じられているのとは裏腹に、全般的に当てはまるものではないのをそれらが立証していることである」[45]。言い換えれば、大地の分断化がそれに合致する今の生物界のパターンを生み出したというだけの話ではないということだ。フォークランド諸島をはじめとするゴンドワナ大陸由来の島々に関しては、クロイツァットの見解の妥当性は、言わば波間に消えてしまったに等しい。もといた種を消し去った絶滅の波間に、そして海の向こうからやって来た移入種の波間に呑み込まれてしまったのだ。

一九九五年九月、ハリケーン・ルイスとハリケーン・マリリンが、小アンティル諸島を襲って北西に抜けた。その年の一〇月初旬、二つのハリケーンの経路に近いアンギラ島の東海岸で、地元の漁師が見守るなか、折れた幹や根こそぎになった木からなる自然の筏が入り江に打ち寄せられた。[46] その筏には、少なくとも一五匹のグリーンイグアナ（*Iguana iguana*）が乗っていた。それまではこの島に生息していなかった種だ。研究者たちは二つのハリケーンの経路とその海域の卓越流から考えて、このイグアナはおそらく二八〇キロメートルほど南東にあるグアドループ島から来たと推測した（それを裏づけるように、同じころ、グアドループ国立公園の看板がアンギラ島の海岸に流れ着いている）。二つのハリケーンが去ったあと、グリーンイグアナはアンティグア島とバーブーダ島というほかの二つの島にも現れた。ともに以前はこの動物が見られなかった場所だ。

二〇一一年現在も、グリーンイグアナの個体群はアンギラ島に残っている。それは筏に乗って来たイグアナの子孫に、逃げ出したペットたちが混ざったものだ。

IV

TRANSFORMATIONS

転　換

第11章
生物地理学「革命」の構造

ハワイ諸島の変則事例

スティーヴ・モンゴメリーは泥だらけの坂道で足を止め、蛾《が》の幼虫が作った棘だらけの硬い「家」を指差した。私は絡み合った枝を押し分け、赤褐色の泥状の火山灰に足を取られて時折図らずも不様な爪先旋回《ピルエット》を繰り返しながら、遅れまいと躍起になっているところだった。やっと彼に並び、しばらくその「家」を観察した。言われなければ、岩の破片だと思って見過ごしていたことだろう。スティーヴによれば、ハワイカザリバガ属の一つの種だそうで、それぞれ一回限りの進出に由来するハワイ諸島の昆虫が行なった数多くの放散の結果の一つだ。数百の種からなるハワイカザリバガは、ハワイ諸島でもきわめて大規模な放散を行なった昆虫であり、ことによると最も奇妙で、とくに幼虫はそうだ。水陸両生で陸上でも水中でも何不自由なく暮らしている幼虫もいれば、クモのように糸でカタツムリを縛りつけてから食べる種もいる。(1)これらをはじめ、この諸島には風変わりな生き物が数限りなく生息しているように思えた。

そこはオアフ島にあるコオラウ山脈の森の中だった。移入種の植物であふれる多くの森と同様、繁茂していると同時にまばらにも見えるという不思議な場所で、不自然なほどむらがあった。夢のハワイには程遠い。長年の友で、目下、共同研究者でもあるジョン・ゲイツィーとシェリル・ハヤシはやや遅れて、私と同じように泥に足を滑らせていた。それとは対照的に、スティーヴはこの四人のなかで最年長（少なくとも一〇歳は年上）だというのに、すばやく、そしていかにも楽々と木々のあいだを抜け、歩を進めながら続けざまにハワイ諸島の自然史について解説をするのだった。ハワイ諸島の動植物相に関するスティーヴの蘊蓄《うんちく》は無尽蔵のように思えた。青々とした三〇センチメートルほどの葉を持つショウガの群生地に差しかかると、花の蕾《つぼみ》からバラ香水にも似た汁を絞り出す方法を教えてくれたが、ここに生えている種の根茎（地下茎）は店に並んでいる普通のものほど食用に適さないと言った。そして、固有の植物は家畜たちがとうの昔に荒らし尽くしてしまったことを語ったかと思うと、足も話題も先へ進めながら、私に葉を何枚か手渡し、つぶすと樟脳《しょうのう》のような匂いがすると言った。また、固有種の若木の隣に茂っている外来のフィドルウッドを見つけると、ワンマン生態系復元活動員に早変わりして小型のノコギリを取り出し、固有種にもっと日が当たるよう侵入者を切り倒した。

これは二〇一一年八月のことで、オアフ島のホノルルからウィンドワード・コーストへと向かって北東に走るパリ・ハイウェイを脇道へ入ったところだった。この日、ジョンとシェリルと私は、ヌウアヌ・パリ（「涼しい高地の崖」）・ウェイサイドパークという場所でスティーヴと落ち合った。そこは、一七九五年にカメハメハ一世の軍が、オアフ島の首長カラニクプレが率いる何百という兵士を高さ三〇〇メートルあまりの断崖から追い落として、この島の支配権をめぐる戦いで決定的な勝利を収めた地だ。もっとも、そうしたごく最近の歴史などはどうでもよかった。私たちがハワイ諸島に来たのは、「イシノミ」と呼ばれる昆虫を探すためで、スティーヴ（彼は在野の昆虫学者で、この昆虫をテレビドラマ「ロスト」に提供するなど、さまざまな活動に携わるとともに、別のグループに属するハワイ固有の肉食昆虫ハエトリナミシャクの権威でもある）はイシノミの生息場所を知る、数少ない人物の一人だった。私は待ち合わせの段取りをしたとき、アジア系の男性（私）と大柄な白人の男性（ジョン）と小柄なアジア系の女性（シェリル）を探してくれと彼に言っておいた。この略式説明はどうやら役に立ったようだ。なぜなら、スティーヴはヌウアヌ・パリの駐車場で車を降りるとすぐに私たちを見つけたからだ。私たちも、説明なしでもきっと彼を見分けられただろう。ジーンズとTシャツに野球帽という恰好で、灰色の髪とひげは伸び放題、眼鏡が斜めになった彼はどこから見ても在野の昆虫学者そのもので、観光客のなかにいても目立っていた。

自己紹介が済むと、スティーヴはガラスの小瓶を取り出し、私に手渡した。それはイシノミのアルコール漬けで、インディアナ州に住む姉を訪ねたときに、私たちのために採集してくれたものだった。この人は、紛れもなく虫マニアだと私は思った。次に彼は私たちの足元を見て、そんな「テニスシューズ」（実際は、三人とも軽量のハイキング用シューズだった）を履いていくつもりかと、いくらか呆れたように尋ね、ハワイでの野外研究に適したお気に入りの履物を見せてくれた。それは靴下のような形をした日本製の地下足袋で、親指とそれ以外の指とが分かれ、底には金属のスパイクがあった。これなら泥の中も歩きやすそうなので、私は彼が持っていた予備の一足を借りた（それは私の足にはきつかったので、あとあと悔やむことになる）。準備が整うと、私たち四人は駐車場から森の中へとほぼ東の方角に向かって歩きだした。初めはかすかな踏み跡をたどっていたが、たちまちそこから外れて道のない泥と藪《やぶ》の中へと分け入った。

ショウガの群生地とハワイイカザリバガの幼虫の棘だらけの「家」のそばを過ぎて、駐車場から八〇〇メートルほど入るか入らないかのうちに、小さな谷のような場所にたどり着いた。これまで通ってきた場所より見るからに暗かった。スティーヴがピソニアという固有種の木の幹でイシノミを目にしたことがあったのがここだ。彼は、木肌が白っぽく、枝先に大きな葉が輪状についたピソニアを指し示し、自分がうまい採集方法だと思っているやり方を披露してくれた。まず地面に白いシーツを敷き、その上で木の幹や巨礫をブラシで擦るのだ。

荷物を降ろしてポケットにプラスティックの小瓶をいくつか詰め込むと、私たちは散らばり、何かを採集する人なら誰もが抱くおなじみの感情にたちまち浸った——一つひとつ石を裏返し、罠《わな》を調べ、私たちの場合は木の幹やコケ生した巨礫をブラシで擦るたびに感じる胸の高鳴りや、やがて探しているものが見つからない小さな落胆が積み重なると、最初はほとんど意識しないが、いつしか募ってくる失望感に。だが今回は、見つかるまでにそれほど時間はかからなかった。ものの数分のうちに、一匹見つけた、とスティーヴが叫んだ。そこで私たちは彼のまわりに集まり、プラスティックの小瓶に入った小さな黒っぽい生き物を眺めた。

イシノミはみな似たり寄ったりだ。どれも胸部の背面がコブのように盛り上がっており（それを曲げるのが跳躍の仕組みの一部）、正中線《せいちゅうせん》〔生物体の前面・背面の中央を頭頂から縦に真っ直ぐ通る線〕で接している大きな複眼は、スキーのゴーグルを思わせる。長い腹部の各節には短い棘状の付属肢を持つが、それらが本物の脚の名残かどうかはよくわからない。そして尻から三本の長い尾毛《びもう》が突き出ている。形態としては、小さな陸生のエビといったところだ。いったん基本的な形を覚えてしまえば、どのようなイシノミであれそれとわかるが、顕微鏡で見なければ個々の種類を見分けることはできない。スティーヴの小瓶に入っていたイシノミは、児童文学作家ドクター・スースが自作で登場人物のロラックスおじさんを説明する言葉をなぞれば、大ぶりで黒っぽいものだったが、それ以外はごく普通のイシノミだった。

今回、ジョンとシェリルと私がハワイ諸島で初めてイシノミと出会うきっかけとなった事柄が二つほど

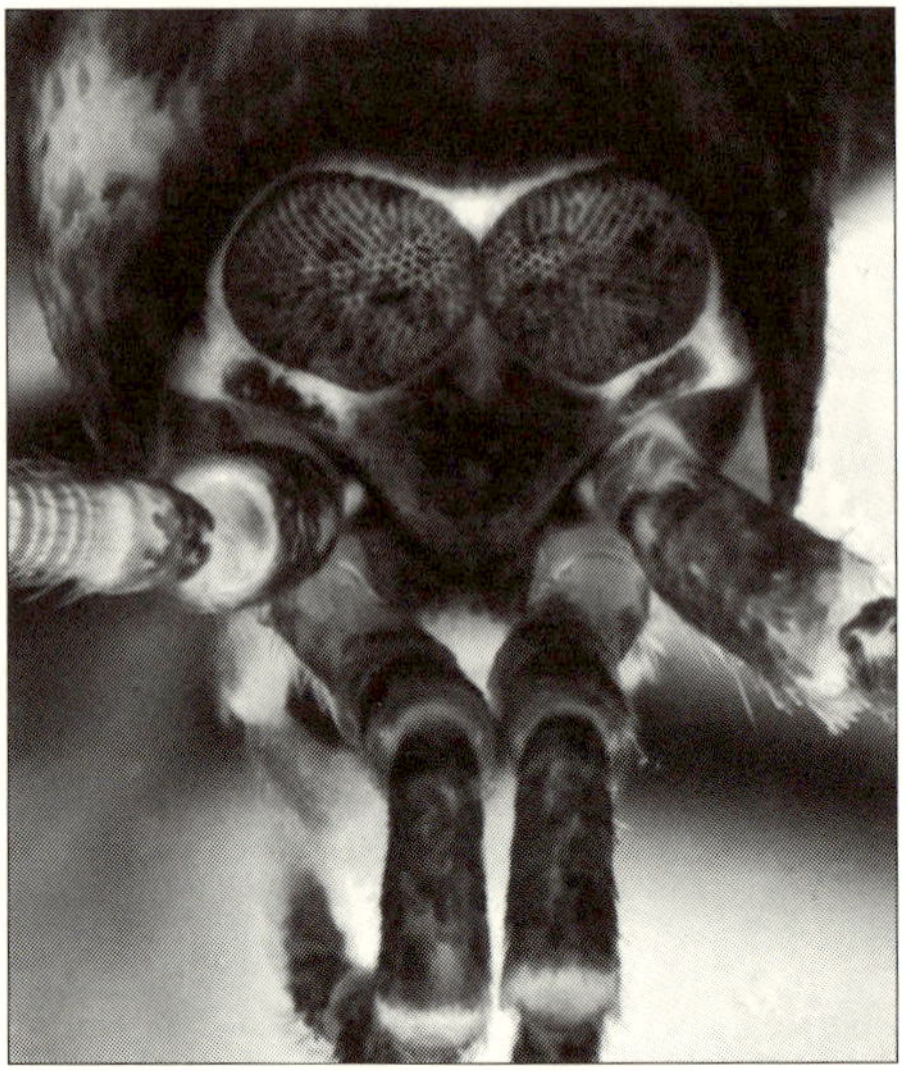

11.1　カリフォルニア州の海岸に生息するイシノミ（*Neomachilis halophila*）のクローズアップ．イシノミは北アメリカ大陸とハワイ諸島のあいだの海洋を渡ることで，生物地理学の「原則」を破った．メリル・ピーターソン撮影．

あった。一つは、私たちの一人として昆虫学者ではない（ジョンは哺乳類の進化、シェリルはクモの糸の進化を専門に研究している）が、このエビに似た跳ねる生物の深遠な歴史に興味をそそられるようになったことだ。イシノミは昆虫類が翅《はね》を発達させて世界を席巻する前のデボン紀あたりに、他のあらゆる昆虫から枝分かれしていたのだ*（イシノミ目《もく》、あるいは古顎目は、世界中で約五〇〇〇の種が知られており、絶滅こそしなかったものの、翅を持つ昆虫と比べれば、どうひいき目に見ても地味な進化上の成功しか収めていない）。そしてもう一つのきっかけは、ハワイ諸島のものも含めてイシノミの一部は、異常に大きい「偽遺伝子（機能を失った遺伝子）」を持っており、それをあれこれ変わった方法で利用すれば個体群の歴史を解読できることだ。[2] もっとも、スティーヴの小瓶に入っているエビに似た昆虫に私たちがことさら興味を持ったのは、それが北アメリカ大陸から離れること三八〇〇キロメートルあまり、さらには原産地の候補となるその他の大陸からはなおさら離れた、大洋の真ん中にある火山島にいるからだった。イシノミには海洋という障壁を越える能力がないと思われているが、それはイシノミが飛べないひ弱な生物で、危険を感じるとまったくでたらめな方向へ跳ぶ性質があるせいだ。そのような跳躍は、波に揺られる筏の上ではおそらくあまり適さない行動だろう。とはいえ、イシノミは現にハワイ諸島にいるのだから、カエルやサルやその他の生物同様、イシノミの航海能力は過小評価されてきたことになる。(3) イシノミは、ハワイ諸島のどこか最初の上陸地点へのありそうもない旅を何とかやり遂げたばかりか、カウアイ島、オアフ島、モロカイ島、ラナイ島、マウイ島、ハワイ島という、この諸島の少なくとも六つの島にも到達したのであり、それには島と島のあいだの海峡を少なくとも三回は越えなければならない。**

長距離分散の新たな証拠からは、こんなメッセージが伝わってくる。すなわち、長距離分散という事象については有用な一般論は多々あるものの、それらを破られることのない法則だと思い込んではならないというメッセージだ。あのダーウィンもこの間違いを犯し、哺乳類は海洋という障壁を越えるのが得意で

* 樹上性の一部のイシノミは方向を制御した空中降下、すなわち滑空をする。これは、昆虫が飛翔するように進化する初期の段階を反映しているとされてきた。どうやら尻から出た長い尾毛は滑空するために重要らしい。それを取り除いてしまうと、イシノミは前ほどうまく空中を移動できない（Yanoviak et al. 2009）。

** モロカイ島とラナイ島とマウイ島は何度か陸続きになっており、三つを合わせて有史以前の島マウイ・ヌイを形成していた。だから、これら三島にイシノミがいるのは、一回だけ海を越えた進出を行なった結果だったかもしれない（Ziegler 2002）。

ないと認めたあとで、「いかなる陸生哺乳類も大海原を越えて運ばれることはありえない」と断言したのは行き過ぎだった。より一般的な言い方をすれば、先入観に囚われすぎるなということだ。深遠な歴史の中では、ありそうもない出来事が起こった証拠があり、それがどんな結論へ向かおうと私たちはそれに従わなければならない。ハワイ諸島におけるこの短い野外研究は、そうした証拠が予想外の結論につながる事例を最後に二つ提供してくれる。さらに重要なのだが、ダーウィンの時代以来、なぜ偶発的分散をめぐる見解は振り子のように揺れ動いてきたのか、そしてとくに近年の見解の変化がなぜ以前のものと根本的に違うのかを議論するにあたって、これらの事例は足がかりとなってくれる。

さて、イシノミは分散能力が乏しいとされてきたが、アゾレス諸島、ロード・ハウ島、サントメ島（この島では、ジョン・ミーズィが調査した海を渡る両生類の餌食になるかもしれないが）など、かなり多くの火山島に固有種がいることはわかっており、海上分散をしなければそれらの島へはたどり着けなかったはずだ。[4] また、イシノミ科の属の一つであるネオマキレルス（*Neomachilellus*）は、どういうわけか新世界の熱帯地方には何十種もいるのに西アフリカにはたった二種しかおらず、この地理的パターンは、近年になって東方向へ大西洋を渡ったことを反映しているのかもしれない。ようするにイシノミは、その体の特徴や行動に基づいて推測されるよりもはるかに頻繁に海洋という障壁を乗り越えてきたようだ。

ハワイ諸島のイシノミの進化上のつながりを見ると、それが分散と進出に関する別の一般論にも当てはまらないことがわかる。その一般論とは、あまり空中を移動しない動物、すなわち飛ぶのが得意でない動物や、糸を使って宙を浮遊する「バルーニング」を行なわない動物は西からしかハワイ諸島にたどり着くことができず、新世界から渡るのは不可能であるというものだ。鳥や蝶、バルーニングをするクモなどの空中を移動する動物は自力で、あるいは暴風に飛ばされて、南北アメリカ大陸からほんの数日で飛んでくるかもしれないが、空中を移動しない動物はほとんど信じがたいほど長い筏での旅を必要とするというのがその根拠だ。なぜなら南北アメリカ大陸とハワイ諸島のあいだには、中継点として利用できる島などないからだ。一方、西太平洋には多くの島があるので、空中を移動しない動物がたとえばアジアやポリネシアから「飛び石を跳ぶように」、比較的短い期間の筏の旅を続けながらハワイ諸島へたどり着くことは可能だろう。さまざまな系統学の研究を調べた二〇一二年の論文は、この推論の下で予想されるパターンをじつに明確に示している。[5] 西からたどり着いたことが明らかな二〇の動物の系統のうち、九つが空中を移動する動物で、残りの一一はそれ以外の動物だったのに対して、新世界からやって来た三七系統の動物のすべては空中を移動する動物だったのだ。

イシノミはこの一般論の最初の例外かもしれない。一九九〇年代初期、イシノミ目についてはおそらく世界の誰よりも詳しいヘルムート・シュトルムというドイツの昆虫学者が、ハワイ諸島のイシノミの解剖学的特徴（二対目の複眼の形状、腹部にある吸水性の嚢状体《のうじょうたい》の数など）を調べ、これは北アメリカ大陸の西海岸原産の*Neomachilis halophila*と呼ばれる種と最も近縁であると結論した。[6] 最近の分子年代推定の証拠は、シュトルムの結論を裏づけている。ハワイ諸島の標本と大陸のさまざまな種のＤＮＡの塩基配列によって、この諸島のイシノミと北米のイシノミとの密接なつながりが確証されるのだ。こうした結果に鑑みると、ハワイ諸島のイシノミはもともと北アメリカ大陸から、おそらく筏となる自然物に乗ってやって来たと解釈するのが当然だろう。

このグループのイシノミが筏による壮大な旅をするというのは、第一印象ほど信じがたいことではないかもしれない。そもそも北アメリカ本土の種*N. halophila*は、満潮時の最高水位線付近の岩のあいだで見つかっており、そのような場所では波にさらわれる可能性が大きいに違いない。さらにシュトルムは、ひ弱でどこに跳ぶかわからない昆虫がそのような旅をどう生き延びるかという問題を解決する仕組みにも思いを巡らせ、イシノミは成虫になってからではなく、卵の段階で流木に付着して移動したのではないかと述べている[7]。この主張を補強するために、シュトルムはイシノミの卵は概して孵化するまでの期間が長く、とくに *N. halophila* の卵は塩水に耐性があることに言及した（それどころか、ある研究者は、一部のイシノミの卵は標本を保存する化学物質にも耐えると主張している）。

「可能性を示す」シュトルムの主張は妥当に思われるが、彼は旅の方向を取り違えていたかもしれない。具体的には、私たちがこれまでに入手してきたＤＮＡの塩基配列によると、北アメリカ大陸の *N. halophila* は進化上の意味において、じつはハワイ諸島のイシノミグループに属するようだ。もちろんより多くのデータを得るまでは何も明確には言えないのだが、もしその結果が正しいとわかれば、北アメリカ大陸からハワイ諸島への進出ではなく、その逆、つまりハワイ諸島のイシノミが大陸に定着しているということになるだろう。無論そのような島から大陸への進出には、大陸から島への進出を仮定した場合と同様、一度も中断せずに東太平洋を渡ることが必要となる。さらにそれは、島の生物に関する非常に一般的でよく知られた考え方、ときに生物地理学の原則と見なされる考え方に逆らうことになるだろう。

その原則とは、島、とくにハワイ諸島のような離れ小島は、進化上の袋小路であるというものだ。多くのグループがそのような島に進出し、そこで繁栄を遂げるが、ひとたび島独自の形態に進化すれば、二度と大陸に戻って首尾よく定着することはない。島は言わば進化のブラックホールで、入っていった系統はけっして出てこないのだ。

島は袋小路であるというこの原則は、二つの主な論拠によって説明されてきた。[8] 第一に、島の種、とくにハワイのような離島にいる種は、一種の退化に陥る傾向があると考えられる。なぜなら、大陸の生物と違って、それらはおびただしい数の他の種と競争する必要がないからだ。島では自然淘汰が厳しくないため、大陸のように食うか食われるか（あるいは相手よりも大きくなるかならないか、はたまた最終的には相手より旺盛に繁殖するかしないか）という環境ではとうてい生き残れないような「ひ弱な」種ばかりができ上がるというわけだ。自衛のための針や棘を失った島の植物や、陸生の捕食動物を恐れない島の動物はその好例だが、「厳しくない」という特徴が必ずしもそれほど際立っているわけではない。第二の論拠は、とくに海洋島は大陸と比べて小さいので、たいていあまり大きな個体群がおらず、偶発的な進出者が出てきにくいというものだ。おそらくこの結論から、近年に記録された自然な侵略が、通例は原産地で広く分布し、個体数の多い種によるものである理由が、少なくとも部分的には説明できる。[9] つまり、このような種は格段に多くの個体数を抱えているのだ。

いかなるたぐいの長距離分散も一般に非常に稀であると信じているならば、こうした島から本土への進出に異を唱えるのももっともだと思われる。ところが、そうした分散事象が深遠な時間を通してかなり頻繁に起こるとすれば、少なくとも一部の島の系統は原則に反して大陸への進出に成功したと考えるべきかもしれない。いずれにしても、証拠に基づいて事実を解明すべきだ。*N. halophila* に関して言えば、「ハワイ諸島起源の《アウト・オブ・ハワイ》」分散を支持する根拠は不十分だが、ハワイ諸島のグループはほかにも多くあり、そのなかにはイシノミよりもはるかに長い期間、はるかに集中的に研究されているものもある。

ヌウアヌ・パリの不思議な外見の森で、イシノミを採集しようとコケ生した巨礫をブラシで擦りながら、私はスティーヴ・モンゴメリーと海越えについて話しはじめた。どのみちここはハワイ諸島なのだから、この話題を持ち出すのは自然な成り行きだった。当然ながら、スティーヴは海越えについてはかなりの知識を持っており、ハワイショウジョウバエの事例について話してくれた。それは、おそらくハワイ諸島のほかのどの進化的放散よりも詳しく研究されているばかりか、ことによるとどこの島の放散よりも詳しく研究されてきたかもしれないグループだ。

スティーヴはとくに、カリフォルニア大学バークリー校のパトリック・オグレイディという昆虫学者(彼はたまたま、ハワイ諸島のどこでイシノミを探せばいいかスティーヴに助言を求めるよう、私に教えてくれた人物でもある)の研究について語った。パトリックの科学的使命の一つは、すべてのハワイショウジョウバエの進化樹を作ることで、それはささやかな望みに聞こえるかもしれないが、現実には終わりの見えない途方もない作業だ。というのも、このグループには記述されているものだけでも六〇〇近い種があり、存在が確認されてはいてもまだ正式に記述されていない種が数百にのぼり、しかも毎年新たな種が発見されているからだ[10]。それだけではない。パトリックとその仲間たちによる最新の研究からは、ハワイショウジョウバエの進化樹の全貌を明らかにすることは、彼らハエの専門家たちが考えていたより実際にははるかに大規模で複雑な仕事であることがわかる。

なぜひどく複雑かと言えば、それはすべてのハワイショウジョウバエがハワイ諸島に生息しているわけではないからだ。ショウジョウバエの進化樹を見ると、ただ一度のハワイ諸島への進出が大規模な進化的放散につながり、パトリックが研究の焦点としてきた何百種ものハエが誕生したことがわかる。とはいえ、ヒメショウジョウバエ属のハワイショウジョウバエの系統のいくつかは、意外にも人間の助けを借りずに他の地域に「脱出した」ことも、その進化樹は示している。こうして旅をしたハワイショウジョウバエの一部は最終的に、マルケサス諸島などの気候が温暖な太平洋のほかの島々に落ち着いたが、それはそれほど意外ではないかもしれない。なにしろ、ハワイショウジョウバエが、同じような気候を持ち、同じように大陸ほどさまざまな種のいないほかの島でうまく生き延びるだろうことは想像にかたくないのだから。ハワイ諸島由来のひ弱な種は、ほかの海洋島で、同様に退化した生物のあいだで自らの種を維持できて当然という理屈だ。

不思議なのは、故郷を脱出したハワイショウジョウバエの一部が、島ではなく大陸で生きる種も生み出した点だ(11)。たとえば、オーストラリア大陸やアフリカ大陸でそれが見つかっており、パトリックらが調査を終えるころには、南極大陸以外のどの大陸に生息するハエの一部も、ハワイショウジョウバエの子孫であることが判明する可能性が高い。島々のおとなしい種が地球全体の主になるはずはないだろうが、ハワイショウジョウバエはどうやら地球の大部分に定着する方向へ向けて重大な一歩を踏み出した。実際、本土のヒメショウジョウバエは侮りがたい存在となり、多数の島にも進出を果たし、大陸由来のハエによる最初のハワイ諸島進出を再現した。このように、ショウジョウバエの分散成功の歴史は、部分的に次のようなかたちで進んだ。すなわち、どこともまだ特定できていない大陸からハワイ諸島への進出があり、その後逆に大陸へ分散し、再びあちこちの島へ（何回も）渡るとともに、島と島とのあいだでもしきりに行き来が繰り返されたという筋書きだ。海越えという点では、ショウジョウバエはマット・ラヴィンのマメ科植物の昆虫版と言える。

ヒメショウジョウバエはなぜそれほど容易に海洋という障壁を越えられたのだろう？　パトリックは、そのカギを握る要因が三つあると考えている。第一に、この属のハエはほかのショウジョウバエやハエ全般に比べて乾燥に強く、これは筏となる自然物に乗るにしろ、暴風に運ばれるにしろ、海洋を横断する旅を生き延びるのに適した特性だ。第二に、ヒメショウジョウバエは何でも食べる傾向があるので、さまざまな種類の花や果物を食べて命をつなげられる。だから、より特化した種と比べると、最終的にどこに行き着こうと、食べられる植物が見つかる可能性が高い。最後に、ヒメショウジョウバエは（ハエとしてさえ）世代サイクルが短いため、短期間に大きな個体群を築くことができる。そのおかげで、ランダムな「酔歩」で絶滅の崖を踏み外して転落する危険が小さいのかもしれない。

いずれにしても、ヒメショウジョウバエがどのようにやってのけたにせよ、「起こるはずがなかったにもかかわらず起こった出来事」の長いリストに、このショウジョウバエはとりわけ目覚ましい事例を加えてくれる。退化した島の系統が大陸に定着するはずはないのだが、ヒメショウジョウバエはまさにそれをやってのけた。おそらく何度も。それどころか、ほかにもこうした芸当を見事にやってのけた生物がいることははっきりしている。[12] DNAに基づく進化樹からうかがえることはあれこれあるが、とりわけ重要なのは、ヒメゲンゴロウ属の水生甲虫がニューギニア島からオーストラリア大陸とユーラシア大陸の両方への分散に成功したこと、アノール属のトカゲが西インド諸島から中央アメリカあるいは南アメリカ大陸へ、そしてそれとは別個に北アメリカ大陸へも到達したこと、さらに、カササギヒタキが太平洋の島々からオーストラリア大陸への旅をしたことだ。

こうした驚くべき出来事が、パトリックのような学者たちによって明らかになった。彼らは、世の中に浸透している定説を安易に信じるのではなく、証拠を集めてそれが導く方向へ進んだ。ジョンとシェリルと私は、ハワイ諸島のイシノミでそのやり方を踏襲しようと試みている。それはハワイ諸島だけでなく、世界中でほかのさまざまなグループを調べている多くの学者たちにしても同じだ。ただし、パトリックや私たちの誰かがねぎらいに値するなどと言っているのではない。私たちはみな科学者に求められていることと、すなわち証拠に注目することをしているにすぎない。それは非常に単純な、そして言うまでもなく必須のことに聞こえる。ところが歴史生物地理学の分野では、そうではないことがこれまで頻繁にあったのだ。

美しさと、真実と、証拠と

仮に、過去一五〇年間のそれぞれ違った時代を代表する四人の高名な生物地理学者を連れてきて一室に集め、「大西洋の両側にサルがいるとは、いったいどうしたことか?」という質問を投げかけたとしよう。最初の生物地理学者はほかならぬチャールズ・ダーウィンで、彼は少し口ごもる。というのも、哺乳類が長い海の旅で生き残れる可能性はほとんどないと思っているからだが、やがて、サルは筏となる巨大な自然物で大西洋を渡るという考えに落ち着く。この「偶発的分散」はありそうに思えないとはいえ、ダーウィンにとっては、大西洋に架かる何らかの陸橋という明白な対案よりは妥当に思える。「陸地を生み出すというのは、私の主義に悖る。海を越える霊長類を思い浮かべるほうがまだましだ」とダーウィンは言う。

二〇世紀初期から連れてきた、イェール大学の無脊椎古生物学者チャールズ・シュチャートが次に発言する。シュチャートは、幼生のときは外海を漂う無脊椎動物ですらめったに大洋を渡ることはないのだから、筏を使おうが使うまいが、サルがそのような旅をして新しい個体群を形成するなどという考えは笑止千万だと言う。シュチャートは頑固な陸橋説支持者であり、彼が好んだ説明は、西に向かって突出しているアフリカ大陸のこぶ状の部分と、東に向かって突出しているブラジルのこぶ状の部分とのあいだに大陸地殻が広く帯状に伸びていたというものだ。[13] 彼はこの仮説の裏づけとして、トリスタンダクーニャ諸島、セントヘレナ島、アセンション島というおおむね火山性と思われる諸島にはみな花崗岩《かこうがん》があることに言及し、それらがもともと大陸だった証拠だと主張する。「これらの花崗岩は古代の陸橋の名残だ」とシュチャートは断言する。

そして、二〇世紀なかばからはジョージ・ゲイロード・シンプソンの登場だ。彼はアメリカ自然史博物館の哺乳類の古生物学者として名高い人物であり、偉大な分散説支持者ウィリアム・ディラー・マシューの弟子だ。シンプソンはシュチャートの陸橋仮説を好まず、アフリカ大陸からの海上分散にダーウィンほど違和感を覚えていないようだ（とはいえ、彼は大昔のサルが大西洋ほど広くないカリブ海という障壁を越えて、北アメリカ大陸から南アメリカ大陸に進出したのかもしれないと思っている）。彼はペンを取り出すと、紙に計算式を走り書きし、サルが三〇〇〇キロメートルほどの海洋を筏となる自然物で越えたというような、どのような年にもほとんど起こりえない出来事も、十分に長い時間があれば起こる可能性がかなりあることを示す。[14] サルはおよそ五〇〇〇万年前から存在しているので、大西洋の海越えに一度ぐらい成功したとしてもそれほど意外ではないと彼は述べる。ダーウィンはシンプソンの主張に注意深く耳を傾け、満足そうにうなずく。ダーウィンも同じ考えを持っていたが、計算はできなかったのだ。

次の生物地理学者はゲーリー・ネルソン、つまり一九七〇年代の、アメリカ自然史博物館にいた当時のゲーリー・ネルソンだ。もっとも、正直に言って現在のゲーリー・ネルソン（彼はオーストラリアのメルボルンに住み、分岐学や分断分布論のこととなると以前に劣らず激情に駆られる）と変わりはないだろう。ネルソンはほかの三人に爆弾を落とす。それは、大陸移動の地質学的証拠だ。これには不信の声が上がるが、ネルソンが（必要な背景知識を説明したあとに）海洋底の拡大を示す、交互に向きを変える磁場の縞模様の話を持ち出すと、三人は黙ってしまう（ヴェーゲナーの説を歯に衣着せずに批判していたシュチャートは、意外な事実が明らかになって意気消沈しているように見える）。ネルソンは大西洋が誕生して時の経過とともに広がっていく様子を示す大まかな図を何枚か続けて描き、最後の図の上に霊長類の分岐図を手早く描き加える（『種の起源』の中に進化樹を唯一の図として収録したダーウィンは、シュチャートよりも、あるいはシンプソンと比べてさえも分岐図の重要性を直観的に理解しているようだ）。「すべては祖先の生物相の分断に尽きるのです。サルだけでなく、すべての生物に関して」とネルソンは言う。

シンプソンは大陸移動の証拠を目にして少々頭が混乱しているようだが、落ち着きを取り戻し、大西洋が最初にできたのはいつなのかと尋ねる。一億年ほど前だと聞いて、そのころサルはまだ存在してもいなかったので、この件には大陸移動という出来事はいっさい無関係だと言う。二〇世紀なかばの人物であるこのシンプソンはネルソンとは初対面だが、小生意気な若僧に本能的に不信感を抱いているようだ。一方、ダーウィンは椅子に深く座り、黙ったまま片手で顎ひげをしごいている。『種の起源』の中で彼はかなりのページを割いて、化石記録には空白が多いので、そこには段階的な進化の証拠はあまり見られないと論じていたから、今、シンプソンはあまりにも化石に頼りすぎてはいまいかと訝《いぶか》っている。「サルは私たちが知っているよりもはるか古くからいたのかもしれない」とダーウィンは心中でつぶやく。「だが、それもおおいに疑わしい」

ネルソンとシンプソンが議論を続けているとき、ドアが開いて五人目の生物地理学者が入ってくる。この人物は無名で、現代の人だ。「みなさんには、緩和型分子時計の話を聞いてもらう必要があると思います」と彼女は言う。

海洋によって分断された分布域の説明となると、生物地理学はファッションさながら気まぐれに移り変わってきた。ダーウィンのような人々からシュチャートへ、次にシンプソンへ、さらにネルソンへ、そして現代のかたちへと振り子は行きつ戻りつしている。分散説から分断分布説を経て分散説へ戻ったかと思えば、また分断分布説へ立ち返り、今日再び分散説（だが、現在はかなり分断分布説の要素を含んでいる）へ向かっている。こうした歴史がある以上、分散説へという昨今の展開がこれまでのものよりも妥当だと思うべき根拠があるのだろうか？　なぜ私たちは、ついに正解にたどり着いたと信じるべきなのか？

その答えは、ハワイショウジョウバエやイシノミ、その他私が述べてきた多くの例にたどれるとともに、ごく一般的に言えば、過去二〇年ほどのあいだに積み上げられた研究のすべてにさかのぼる。何事も証拠に従うことに尽きるのだ。

これは思い上がった物言いに聞こえるかもしれない。何と言おうと、過去の各世代の学者たちにしても、証拠に従っていたのではないか？　もちろん、ある程度はそうしていたが、生物地理学者のジョン・ブリッグズが言ったように、この分野は「証拠を第一に考えるよりも、理論に合わせて事実を捻じ曲げようとする試みに頻繁につきまとわれ」てきた[15]。人々は生物地理学の理論を採用し、それから自らのお気に入りの仮説にとって不都合な情報を退け、自分たちが見たいものだけを目にしたのだ。

たとえば陸橋説の擁護者たちは、かつての陸地のつながり（それは今では大陸移動によって説明される）を示す古生代と中生代の化石の影響を受けたこと自体はよかったのだが、地質学的な証拠のうちでもきわめて脆弱な証拠に基づいて陸橋の存在を想定し、かすかな手がかりを議論の柱に変える嫌いがあった。チャールズ・シュチャートはトリスタンダクーニャ諸島とセントヘレナ島とアセンション島に花崗岩があることを現に利用し、大西洋に陸橋があったと主張した。(16) じつは花崗岩が大陸地殻の中でだけ形成されうると信じる根拠はなかったというのに。極端な場合には、陸橋説の熱烈な信奉者たちは似たような薄弱な論理を使って、ハワイ諸島やサモア諸島などの絶海の火山島を含むおよそありえないような場所に、巨大な陸橋をでっち上げた。(17] そうした事例では、事実はもはや問題ではないようで、万事が理論優先だった。

それとは対照的に、一九七〇年代の分断分布の思潮は、表面上は証拠にしっかり根差したもののように見えたかもしれないが、じつは違った。分断生物地理学がプレートテクトニクスという理論を支える決定的な証拠に一部依拠していたのは事実だ。とはいえ、プレートテクトニクスとはあくまでも陸塊の分裂についての説得力ある仕組みを提示したものにすぎず、生き物の分布域が断片的になっている理由をそうした分断によってほんとうに説明できることを示すには、別の証拠が必要だった。分断生物地理学はプレートテクトニクスの妥当性と結びついているから証拠に基づいていると言うのは、植物の筏は水に浮かぶという否定できない観察結果と結びついているから海越えの分散は証拠に基づいていると言うのに等しい。何事かがどのように起こりえたかを突き止めることは重要だとはいえ、それが実際にそのように起こったことを示すのと同じではない。可能性を示す説明を事実を示す説明と混同してはならないのだ。

第2章で述べたように、分断分布は海洋によって分断されたものも含めて、隔離分布に関する最善の説明であるという証拠は、じつは乏しかった。まずブランディンのユスリカについての素晴らしい初期の事例があったし、そしてそれから……ろくにない。アメリカ自然史博物館の鳥類学者ジョエル・クレイクラフトは、ゴンドワナ大陸の分裂を使っていくつかのグループの隔離分布を説明しようとしたが、ユスリカのように納得のいく事例は一つもなかった（そしてナンキョクブナや走鳥類といった一部のグループは、分断分布の純粋な事例としては明らかに通用しなかった）。中部アメリカに生息するソードテールとその仲間に関するドン・ローゼンの発見が繰り返し分析され、それが分断分布説支持者たちのあいだで伝説とも言えるものとなったのは、おそらく偶然ではない。ローゼンの研究が優れたものだったのは確かだが、分断分布に関する適切な事例が一九七〇年代と八〇年代にほかにほとんど見つからなかったため、その重要性が過大評価されたのではないだろうか。

もし分断分布がいたるところで起こったという証拠が不足していたなら、何がこの科学的思潮を牽引したのだろう？　第2章で指摘したように、二つの力が働いていたようだ。つまり強力な個性を持つ人々と、理論自体にもともと備わっている魅力的な性質だ。強力な個性を持つ人物と言えば、アメリカ自然史博物館で「ハブ」の役割を果たしたゲーリー・ネルソン、ロンドン自然史博物館で「神の声」を持つと評されたコリン・パターソン、一部の人には一種の生物地理学の救世主と目されていたレオン・クロイツァットらが挙げられる。この三人に加えて何人かを連れ去り、彼らの著作と個人的な影響力をともに一掃していたら、分断分布の極端な思潮は見られなかったかもしれない。

とはいえこうした人的側面を別にしても、分断分布説は証拠の有無に関係なく多くの人にとって本来魅力的な説明だったのかもしれない。具体的には、科学者の多くが自らの理論に求めてやまない二つの特徴を併せ持っていた。すなわち単純さと一般性だ。地域とその生物相とがいっしょに分断化するという、分断分布説の基本的な発想は、普通の八歳児にも理解でき、プレートテクトニクスと組み合わせれば世界全体に応用できる。* 地殻変動による分断分布は、ほとんどニュートン力学のような必然性も感じさせた。さまざまな系統をある陸塊に乗せておき、やがて地殻に亀裂が走り、海洋底が広がるにまかせれば、予想される結果は分断分布だ。それに比べて、長距離分散は厄介な代物だった。当然ながらそれは、ランダムで予想のつかない出来事からなる（「偶発的」分散とも「偶然の」分散とも呼ばれている）だけでなく、漸新世における海流の速さや氷点下のジェット気流に翻弄される旅を生き抜く甲虫の能力といった事柄についての立証不能な仮定に依存していることは言うまでもない。

そして最後に、もし分断分布が主要な過程と認められたなら、ゴンドワナ大陸の分裂の経過を典型として、生命の地理的側面全体を一連の分断化の事象へと煎じ詰められるという考え方につながった。これほど壮大ですっきりした考え方はほかになかったかもしれない。なぜなら、それによって生物地理学史は分岐図、つまりこうした地域分裂事象を反映する明確な樹形図にまとめられるということだからだ。とにかく、それはあまりにも明快そのもので、ほとんど生物学らしからぬほどだった。最終的にでき上がる全般的な地域分岐図は、南アメリカ大陸南部、オーストラリア大陸、ニュージーランドなど、どこであれ地域の名前が書かれていれば十分で、個々の生き物に言及する必要すらなかった[18]。これは「地球と生命はともに進化する」というクロイツァットの言葉から必然的に導かれる結論だった。つまり、もしそれが現にクロイツァットの思い描いたとおりの意味で正しいとすれば、分岐図において、地球の各地域はそこに含まれる生物のグループの代役を務めることができるだろう。それは非常に単純であり、非常に一般的であり、非常に整然としたものだった。

もしこの解釈が正しいとすれば、分断生物地理学の台頭はそれを支えるどれほど大量の所見よりも、理

＊　汎生物地理学者は、以前は離れ離れだった陸塊が集まる現象をも同時に強調することで話を複雑化させる傾向があったが、主に分断化に的を絞った、より単純な見方のほうが広く普及していた。

論の美しさや簡潔さと深く結びついていたことになる。美しい理論は、少なくとも一時的に、そして一部の人々にとっては証拠に優ることがある。[19] それとは大違いで、次に訪れた最新の振り子の揺れ、すなわち分散説の側への揺り戻しは正反対だった。一九七〇年代、八〇年代、九〇年代に研究者としての道を歩みはじめた進化生物学者は、とりわけ英語圏では、長距離分散の説明を疑うように、そしてそれを簡潔さとは程遠いものと見るように教えられることが多かった。彼らはたとえ筋金入りの分断分布学派と直接つながりがなくても、分散仮説への批判を耳にしていた。すなわち分散の仮説はみな曖昧でいい加減な思考様式の産物であり、反証不能だから非科学的だというのだ。

やがて大事件が起こった。すなわち、ポリメラーゼ連鎖反応法（PCR法）によってDNAの塩基配列の厖大なデータが生み出され、そのおかげで分子年代推定の研究が盛んになり、進化の過程における分岐の年代が推定されたのだ。当初は、それによって生物地理学が分断分布から離れ、分散へ向かうことになるなどと考えていた学者はほとんどいなかった。それどころか、こうした時系樹を研究していた人のなかには分断分布説の側の学者もいて、厳密にはどの分断事象が自分の選んだ研究対象の生物に重大な影響を与えたかが、分子年代推定の証拠によって明らかになったり裏づけられたりすると期待していた。たとえばミゲル・ベンセスは、博士論文のための研究でマダガスカル島のカエルの分断分布による起源を明らかにすることを目指していたし、マット・ラヴィンは、第三紀初期の陸橋とそれに続く寒冷な気候によって大西洋の両側に木本マメ科植物の近縁種が残されたことが確認できると期待していた。ところがすでに見たように、分断分布を明らかにして確証を得ることはかなわなかった。DNAの塩基配列から推定された年代のほとんどすべてが新しすぎたので、ベンセスもラヴィンも分断分布説に見切りをつけ、長距離の海上分散へと目を向けた。

分子年代推定による証拠が登場する以前から分断分布説を信じなくなった学者もいたが、彼らが考えを変えたのは最終的にこの証拠のせいであって、分散説によって問題が解決できるに違いないと以前から信じていたためではない。ニュージーランド、とくにチャタム諸島の生物の地理的分布に関する重要な研究をいくつか行なっているスティーヴ・トレウィックは、どうやらかなりありふれた体験をしたようだ。「早いうちに分断分布のモデルを当然のものとして受け入れていましたし、そうです、［大学院で学ぶためにニュージーランドへ］初めて着いたときには、たぶんほんとうにそれを信じていたのだろうと言うしかありません。なぜかと言えば、誰も彼もが分断分布の話をするので、それが証拠に基づくものだと思ったからです。ところが、直接的な証拠などないに等しいことがたちまちはっきりしました[20]」と彼は述べた。彼自身やほかの研究者による分子年代推定研究と、陸塊の一部あるいは全部が水没したという地質学的裏づけによって、彼はニュージーランドの動植物の大部分と、チャタム諸島の全生物相が海を越えた進出者に由来することをついに確信した。

ようするに、長距離分散仮説への転換は証拠に促されたものであって、分散説が格別魅力的で簡潔な理論であるという先入観があったせいではないのだ。長距離分散は予測不能なのが特徴であり、地球の歴史における壮大な出来事とは無縁であるため、どちらかと言えば、分断分布と比べると醜いアヒルの子扱いされてきた。それを白鳥に変えたのは理論による想定ではなく、証拠だった。そして、直近のこの振り子の揺れを、今までの揺れから際立たせるのは証拠、それこそ山のような証拠なのだ。

ついにパラダイム登場か?

哲学者トーマス・クーンは新時代を画した自著『科学革命の構造』の中で、典型的な革命はある種のアノマリー（変則事象）、つまり現行のパラダイムではうまく説明できない観察結果や実験結果に端を発することを説明している。たとえば、太陽も、惑星も、恒星もみな地球のまわりを回っているという考え方の下では、数日にわたって観察すると一部の惑星は動く方向が逆転するように見えること（いわゆる「逆行運動」）があるという事実を説明するのは困難だった。[21] そうしたアノマリーが一過性のものでなければ、それがきっかけで、よりうまく説明できる新たな理論が考案されることがある。やがて、新しい理論が正しいことを裏づける証拠が積み重なり、「パラダイムシフト」が起こり、その分野のまっとうな研究者とされる人々はみな、古い理論よりも新しい理論を信じるという結果になる。この転換が起こるのは、各自が宗旨替えするからでもあるが、古い考え方に固執していた人々がいずれ死に絶え、新しい考え方を信奉する若い研究者たちがそれに取って代わるからでもある。

海によって分布域が分断されることをめぐる考え方の変遷は、アノマリーが革命につながるというこのモデルにある程度即している。たとえば、非常に近縁のグループの化石が遠く離れた地域で頻繁に見つかる（アフリカ大陸と南アメリカ大陸の三畳紀の脊椎動物や、南半球のさまざまな陸塊に見られるグロッソプテリス類の植物相の化石など）が、これは不動の大陸や海盆を背景として分布域が定まるとするダーウィンの見解に照らせばアノマリーだった。とはいえ、ダーウィンの分散説から陸橋説へ、そして再び（ニューヨーク学派の）分散説へ、そこからまた分断分布生物地理学へという振り子の目まぐるしい揺れは、少なくとも次の一点で、クーンの言う典型的な革命の概念に沿っていないのは明らかだ。どの揺れも、この学問分野の考え方が古いものから新しいものへと完全に、あるいはほぼ完全に転換することにはならなかった。具体的には「分散説」は、陸橋の思潮と、より最近の分断分布の思潮の中でも生き続けたのだ。

もちろん、クーンの見解は福音のような絶対的真理と捉えるべきではない。たとえば、彼の科学革命のモデルは、進化生物学よりも彼が焦点を当てていた、物理学を中心とする、生物学以外の自然科学のほうにはるかによく当てはまる可能性がある。とはいえ、複数の考え方があれこれ論じられ、どれ一つとしてその分野を席巻できない状況についての彼の言葉は、海洋によって分断された分布域がどのように説明されてきたかという歴史を非常にうまく描写しているように見える。こうした状況に関するクーンの解釈が正しいとすれば、生命の地理に興味を持つ学者たちの一五〇〇年以上に及ぶ混乱や対立の説明がつく。

ここで覚えておかなくてはならない言葉は、「パラダイム前《プレパラダイム》」だ。具体的には、クーンは次のように述べた。ある学問分野で最初にパラダイムが採用される前段階には、「通常は、正当な方法や問題、解明の基準をめぐって頻繁に深い議論が交わされるのが特色である。とはいえ、それら［議論］は意見の一致を生み出すより、むしろ個々の学派を定義する役割を果たす」[22]。これは、生物地理学の歴史をものの見事に言い表しているように思える。断片的な分布の説明についてはなおさらだ。*例を挙げれば、分散説支持者は、ありもしない地質学的証拠の上に巨大な陸地のつながりを築いているとして陸橋説の擁護者を批判した。言い換えれば、前者は、後者の「解明の基準」を疑問視したのだ。同様に、分断分布説を支持する生物地理学者は、化石記録やダーウィンの行なった種子の生き残り実験の結果など、分散説支持者が使う証拠の多くは、基本的に価値がないと考えた。もちろん、いかなる学問分野においても学者どうしの意見の相違はあるが、生物地理学で際立っているのは、学者間の溝の深さで、それがあまりにはなはだしいので、

* より一般的な次元で言えば、第1章で述べたように、ダーウィンとウォレスは共通祖先や深遠な時間という考え方に基づいて歴史生物地理学のパラダイムを確立した。とはいえこの進化のパラダイムは、隔離分布の具体的な説明は確定させなかった。ダーウィンとウォレスが説明として長距離分散を好んだからといって、その説明やその背後にある前提が、誰もが認めるパラダイムの一部とはならなかったのだ。ダーウィン革命の当初から、進化論者のなかには陸橋による説明を好む人がおり、一九一三年にウォレスが亡くなったころには、陸橋説の学派はしっかりと地歩を固めていた。

異なる考え方を持つ学派の人々は違う世界に住んでいるようにさえ見えたとクーンなら表現したかもしれない。たとえば、分断説支持者は分散説支持者のアプローチを非科学的だと思っていた。証拠は不完全だし、分散の仮説は反証不能ということになっているし、さらに種やその他の分類群は必ず起源の中心地から広がるという誤った考え方に基づいているからだった。これらは新しいデータがほんの少しあれば解消できる些細な意見の不一致のたぐいではなかった。基本的に、分断生物地理学の研究者は、分散説支持者は正当な科学的調査を行なってさえいないと言っていたのだった。

クーンは次のようにも述べている。「相容れない複数の学派が乱立するプレパラダイムの時期には、各学派内部を除けば、進展の痕跡を見出すのは非常に難しい。プレパラダイムというのは……各個人は科学を行なっているものの、彼らの仕事の結果を合わせたところで、私たちが知っているような科学にはならない時期だ[23]」。結果をまとめても科学にならないのは、一つの学問分野をそっくり築く土台となりうるような、広く認められた基盤となるものがほぼ存在しないためだ。そのかわりに、まるで同じテーマを扱ってさえいないかのように、対立するさまざまな学派が独自に発達する。

これを念頭に置いて、クロイツァットとネルソンがダーウィンの生物地理学を「偽りとごまかしの世界」と評して軽蔑したことを思い出してほしい。彼らがダーウィンの見解を、自分たちの仕事にとっていかなる種類の土台になるものとも見なしていなかったのは明らかだ。同様に、分散説支持者ウィリアム・ディラー・マシューによる陸橋説擁護者への批判にも、分布域に関する新たな情報の収集を除けば、両学派がそろって発展を遂げるという感覚はほとんどなかった[24]。

ニュージーランドの植物学者マイケル・ヘッズや南フロリダ大学の名誉教授ジョン・ブリッグズと私が交わした言葉の中では、異なる学派の立場の乖離がいやおうなく目に飛び込んでくる。前にも述べたように、ヘッズは汎生物地理学の強固な支持者であり、ブリッグズは生物地理学におけるプレートテクトニクスの重要性に関する本を著しているものの、長距離分散の意義を強く訴えてきた。ヘッズに「過去五〇年間で、生物地理学の発展に最も貢献した人物は誰だと思いますか?」と尋ねてみると、「クロイツァットを別とすると、この五〇年間、たいした発展などなかっただろう。生物地理学は衰退してきたと思う。いろいろな意味で、一九世紀に本を書いた人々は現代の人々より博識だったので、当時の本を読むほうがずっと面白い。私は分子系統学をかなり研究しているが、論文の本文を読むことが少なくなっている。というのも、どれも非常に月並みだからだ」と書かれた電子メールが返信されてきた[25]。言い換えれば、ヘッズの見るところ、過去半世紀の生物地理学は(クロイツァットとその追随者たちの研究を除けば)、完全に停滞していた。取り立てて言うような進歩はなかったというのだ。

それとは大違いなのがブリッグズの反応で、クロイツァットの研究の意義について尋ねると、「クロイツァットは永続的な貢献などいっさいしていないだろう」と彼は言い切った。そして、分岐学的な分断生物地理学についても次のように述べた。「分岐学自体は有用な体系的手法だが、分断分布がそれを取り入れた結果、横道に逸れてさまざまな議論を呼び、時間を無駄にした。生物地理学になじみのない人たちのなかには興味を掻き立てられた人もいたが、それ以外に、分断分布の思潮が何か永続的な恩恵をもたらしたとは思えない[26]」。こうしてまた、生物地理学という学問分野の中の一つの学派、それもかなり大きな学派が的外れなものとしてそっくり退けられた。

端的に言うと、ヘッズは過去五〇年間に生物地理学に大きな貢献をしたのはクロイツァットだけだと考えており、ブリッグズはクロイツァットは何一つ貢献しなかったと考えている。そして二人とも、ネルソンやローゼンなどが擁護する分岐学的分断生物地理学にはあまり価値を認めていないらしい。汎生物地理学の立場のヘッズと、「バランスのとれた」見方（おおむね本書がとっている見方。ただし、分岐学的分断生物地理学は的外れであるというブリッグズの意見には同意しかねるが）を持つブリッグズは、いちおうは同じ分野の研究者だが、出発点とするべき共通の土台というものがほとんどない。

クーンによれば、そうした根本的な意見の相違は、ある学問分野の最初のパラダイムが確立される前の時期にだけ起こるのではなく、一般に受け入れられていたパラダイムが破綻し、それに取って代わろうとしてさまざまな見解が乱立している時期、つまり革命の最初の段階でも起こるという。とはいえ、生物地理学の歴史にはプレパラダイムのほうの説明が当てはまる。つまり、この見解の相違は根深く執拗なもので、基本的には何らかのかたちでダーウィンの陸橋説批判にさかのぼり、その手の永続的な意見の対立は、科学革命が起こりつつあることの表れではなく、ある分野が最初の見解の統一を模索している状態を反映している。この見方が正しければ、歴史生物地理学はこの一五〇年間、プレパラダイムの段階にあり、「ほかの連中（分散説支持者、陸橋説支持者、分岐学的な分断分布説支持者）」は科学に対するアプローチが根本的に間違っていて、したがってこの世界に関する結論も同様に間違っているというのが最も首尾一貫した合意であるような未熟な状態のまま足踏みしつづけてきたことになる。[27]

楽観的な見方をすれば、この未熟な段階もついに終わりかけ、歴史生物地理学はようやく本格的なパラダイムを生み出しつつあるのかもしれない。この観点に立つと、過去半世紀のあいだに見られたいくつかの進展は、この科学の成熟にとってきわめて重要なものだったことになる。第一の、そしておそらく誰の目にも明らかな進展は、プレートテクトニクスが受け入れられたことだ。そのおかげで、地球の歴史を動的に捉えることが可能になり、生物地理学に関心を持つ人のほぼ全員が、少なくとも大筋ではプレートテクトニクスの考え方に合意している。プレートテクトニクスの正しさを裏づける証拠がこれほどあるのだから、大陸や海盆が不動であると再び信じるのはばかげている。まるで、宇宙飛行士が天動説の宇宙観に逆戻りしたり、物理学者がニュートン力学を使って亜原子粒子を研究したりするようなものだ。たとえクロイツァットが思い描いたほど極端な意味で「地球と生命はともに進化する」と信じていなくても、生命の歴史は、変化を続ける大陸と海洋を背景として捉えなくてはならない。

第一の進展の直後に続く第二の進展は、分岐学の考え方の台頭で、それは進化上の関係に対する曖昧な「河川デルタ」のようなアプローチを、分岐図と呼ばれる厳密で明快な枝分かれ図を作る方法に置き換えることだった。プレートテクトニクス同様、分岐学は大きな前進だった。さまざまな生物の関係を知ることは、系統の由来を明らかにするためには不可欠であり、正確な知識は曖昧さに優る。一九六〇年代以降、そうした関係をいったいどのように解明するべきかをめぐって白熱した議論が繰り広げられてきた。そして、統計的な方法が、分岐学の頑固な支持者の非統計的なアプローチにほぼ取って代わった（なかには、この転換に今でも不満を感じている分岐学の支持者がいる）。とはいえ、生物地理学にとってこうした議論はたんに補足的な側面でしかなく、進化樹の作成が生命の地理的歴史を推測するのに欠かせないことは、ほとんど誰もが認めている。大半の生物地理学者は歴史生物地理学の論文の要約を読んだあと、まず何をするだろう？　十中八九は樹形図を探す。

もっともすでに見たように、プレートテクトニクスと分岐学を融合させても、それだけではこの分野を支配する思潮は生み出せなかった。これら二つの考え方の融合から生まれた分断生物地理学は影響力が大きく、多くの人に採用されたが、前述のように、あまねく受け入れられるにいたるにはつねに程遠い状況だった。その意味では、分断分布説「革命」はコペルニクスの地動説やアインシュタインの相対性理論の出現とは同じではないし、同じ地質学におけるプレートテクトニクスそのものの登場とさえも違っていた。クーンの感覚から言えば、それはパラダイムの誕生ではなかったのだ。

問題は何かが足りない点、歴史を理解するための何か根本的なものが欠けている点にあった。分断生物地理学に異を唱える人々はこれに気づいたので、その結果彼らをこの考え方に全面的に宗旨替えさせることはできなかった。一方、分断生物地理学の支持者は、その欠落を無視したり、うまく取り繕おうとしたりした。欠けていた要素とは、歴史のいっさいが流れる川、つまり、時間だった。[28]

私の考えでは、分子年代推定の結果というかたちで時間を加えることが最後の進展であり、そのおかげで歴史生物地理学にようやくパラダイムが誕生するかもしれない。もちろん、進化上の出来事のいくつかを時系列に沿って表したものは、『種の起源』の刊行以前から存在していたが、それらはもっぱら化石に基づいていたため、多くのグループはそうした情報を欠いており、簡単に退けられるような情報しかないグループもあった。一九四〇年代にもカール・スコッツバーグのような陸橋説支持者がまだ残っており、ハワイの系統の多くが非常に古い年代のものだと主張しても、あながち荒唐無稽には聞こえなかった。[29] だが今日では、そうした主張をするのははるかに難しくなっている（主張している人もいないではないが）。というのも、分子年代推定の証拠によって、これまでに調べられたハワイの系統のほぼすべてが、比較的新しい年代のものであることが示されているからだ。基本的に、進化上の事象が起こった年代についての情報の範囲も精度も分子年代推定のおかげで大幅に増した。多くの進化生物学者にとって、この時系列の証拠の積み重ね（第6章で私が「森」と呼んだもの）は今や臨界点を超えた。したがって、これをたんに見当違いの学問上の流行の一種であるとして退ける人は信用を失う。

目下の疑問は、分子年代推定は歴史生物地理学を研究する人の事実上全員が、(たとえ年代推定値を一つ残らず信じなくても) このアプローチは妥当であると認める段階に進めるかどうかだ。この分野がその方向へと向かっている兆しはある。今や主流の学者の多くが、分子年代推定を拒絶するのは非合理的であり、極端な分断分布学派は学問上の進歩が停止状態にあると見ているのは間違いない。たとえば、マダガスカル島の生物の地理的分布に的を絞ってきたキツネザル研究家のアン・ヨーダーは、同島の哺乳類が分散に由来することを認めようとしない分断分布説の学者たちのことを、「証拠に鈍感[30]」と言っている。同じように、スティーヴ・トレウィックに、なぜかつてはニュージーランドでもてはやされた汎生物地理学者たちが「追放された」のだろうと尋ねると、彼は「正体がばれたのでしょう。考えの違う人たちやほかの証拠をあくまで受けつけない原理主義者ばかりだというのが[31]」と答えた。そして植物学者のマイケル・ドナヒューは、ある分岐学的分断生物地理学者の研究発表に対して、いかにも彼らしい砕けた調子でこう語った。「これはまいった、自分がろくに思い出せもしない時代のじつに奇妙なフラッシュバックを経験しているっていうような気になったよ。……彼女はその時代を生きている、まさにその時代に生きているんだ。奇妙ったらない。私の見るかぎり、まったく進歩がないんだから[32]」

たしかに一部の生物地理学者は時系樹を使ったアプローチを激しく攻撃しつづけ、そこから導かれた分散説支持の結論は「こじつけ[33]」で、「反動的[34]」で、「基本的な生物地理学的事実を無視する[35]」ものだと切り捨てた。とはいえ、そうした批判はしだいに、絶滅の危機に瀕したグループの無駄な悪あがきのようにも思えてくる。この分野が分断分布説からどれほど遠ざかってきているかは、分子年代推定を使った研究と長距離分散について論じる研究が、過去二〇年間に足並みをそろえて増えてきたことを示す簡単なグラフを見ればわかる (図11・2参照)。急上昇するそれら二本の曲線は、生物地理学者が使う方法や、生命の

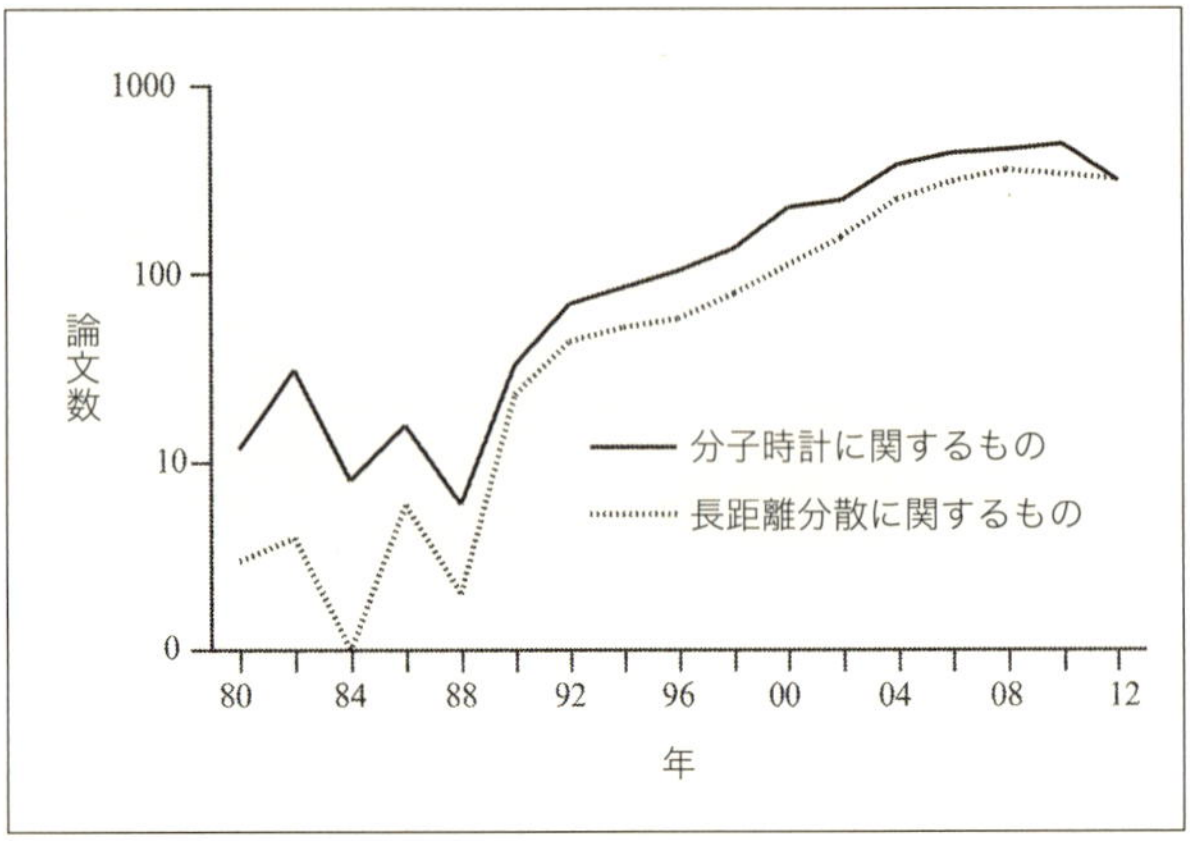

11.2　学問上の大きな変遷を反映するグラフ．分子時計による分析を使ったり論じたりした研究論文はこの20年間で急増しており，「長距離分散」という用語を使った研究論文の数も，併せて押し上げているのはほぼ確実だ．縦軸の目盛りが対数であることに注意．2012年11月21日にWeb of Scienceのデータベースを調べたスザンネ・レンナーによる未発表のグラフを複写・修正したもの．

歴史についての彼らの考え方がほんとうに変化していることを反映している。この曲線は、時系樹によって学者の考え方が分断分布から長距離分散へと移行していく様子を雄弁に物語っているのだ。

　これは分断分布の過程が重要でないという意味ではけっしてない。それどころか、かなり多くの事例においてゴンドワナ大陸の分裂やその他の分断事象が果たした役割が分子年代推定の研究によって裏づけられている。とはいえ、このグラフや多くの主流の学者の断固とした意見を見ると、分断分布の世界観は廃《すた》れつつあるようだ。分断生物地理学は過去には貢献があった（とくに、進化樹を明快に利用したり、多くの異なる分類群に共通するパターンを探し求めたりする点で）が、この学派は、学問の樹の枝としては、今では枯れつつあり、やがては栄養が尽きて幹からもげてしまいかねないように見える。もし、分断分布説のアプローチの最も極端なかたちが姿を消して、時間にまつわる証拠が歴史生物地理学全体の核となる日が訪れたら、そのときこの学問分野はなかなか得られなかったパラダイムをついに手に入れるかもしれない。

一九八八年の一〇月一二日あるいはそのころに、ベネズエラに近いトリニダード島あたりの漁師が、何千匹ものワタリバッタの死体が海に浮いているのを見つけた。まもなく、生きているワタリバッタ発見の報がグレナダ島、グアドループ島、ジャマイカ島、アンティグア島、ガイアナ、スリナムなど、西インド諸島と南アメリカ大陸北部のあちらこちらから寄せられた。このワタリバッタは、その大きさ、ピンクがかった色、場所によっては厖大な数で際立っていた。セントルシア島の南東約一四五〇キロメートル付近にいた超大型タンカーは、おびただしいバッタの着地点となってしまい、甲板全体がピンク色に染まった。一方、ドミニカ島ではある群れ（当地で報告された六つの群れのうちの一つ）だけでおよそ一〇〇〇万匹から二〇〇〇万匹に達すると推定された。雨風にさらされて傷つき、飢えた様子のこれらのバッタは、まるで長く辛い旅に耐えてきたかのようだった。そして実際、そのとおりだったのだ。それらはサバクトビバッタという砂漠のバッタ（*Schistocerca gregaria*）で、旧世界の種であり、大西洋を飛んで渡ってきたところだった。

北アフリカでは、有史以来ワタリバッタの異常発生によって作物が荒らされてきた（そのようなバッタの群れは「風の歯」と呼ばれる）。そのためカリブ海沿岸の国々の農民と政府の役人は、この一九八八年の襲来のせいで、そのような大惨事に見舞われることを想定していた。だが幸い、そうした展開にはならなかった。サバクトビバッタによる被害は最小限にとどまり、バッタはたちまち姿を消し、南北アメリカ大陸で見かけたという報告がなされることは二度となかった。とはいえ近年のＤＮＡ研究で、サバクトビバッタの祖先あるいは近い仲間は、古い時代にはもっとうまくやっていたことが判明した。過去数百万年間にことによると何回も、アフリカ大陸から大西洋を渡って分散に成功し、短期間で五〇ほどの新世界の種を生み出していたのだ。[36]

11.3　北アフリカのワタリバッタの群れ．エウジェニオ・モラレス・アガチーノ撮影．

第12章 奇跡に形作られた世界

ジャガイモと均質新世

本書は生物地理学の大難問から始まった。すなわち、さまざまな近縁の系統どうしが、広大な海原（つまり多くの生物には克服できそうにない障壁）に隔てられた陸地に生息しているという観察結果だ。ここまで来れば、こうした事例の多くについては、分断生物地理学者の主たる説明（つまりこういう分布は、構造プレートの動きによって生じたとする説）が誤りだったことは明らかなはずだ。実際には、多種多様な動植物がそうした海洋という障壁を越え、新たな土地にうまく個体群を定着させている。この手の偶発的な長距離の旅は、世界中のどの海でも幾度となく行なわれてきた。しかもそのような海の長旅とはまったく無縁と思えるような動植物がそれを行なってきたのだ。サルやナンキョクブナ、カエルや淡水性の巻き貝、そしておそらく恐竜さえもが。

こうした事例には、クイズ問答のような面白さがある。「飛べない節足動物のなかで、海洋という障壁を越えることに抜群の成功を収めてきたものは何か？」答えはクモ。とくに糸を使って宙を浮遊するバルーニングで「飛ぶ」ことのできるもの。「恐竜の化石（ゴンドワナ大陸の遺物）が、海を越えた進出者のみを祖先とする現生の生物相とともに見つかるのはどこか？」答えはニュージーランドの東にあるチャタム諸島。「ワニ、ヤモリ、スキンク（スキンク科のトカゲ）、ミミズトカゲ、ホソメクラヘビの共通点は何か？」答えは、どれも大西洋を渡った爬虫類であること。

とはいえこうした長距離分散の事例には、全体として眺めた場合、もっと深い意味もある。具体的には、人々が何千年ものあいだ投げかけてきた根本的な問い、すなわち「私たちの世界は、なぜ今のような姿をしているのか？」に答える助けとなる。もちろんこの疑問には、神の意図というものを除外してさえ、何通りもの、いや、じつは無数の答え方がある。それでも、生物地理学的な証拠から浮かび上がる答えは、当てはまる範囲がはなはだ幅広いと同時に深遠でもあると思われる。それらは私たちの世界観を変えうる答えなのだ。

この最終章では、私はまずこの根本的な問題にどちらかと言うと真っ向から取り組み、地球の生物相、すなわちどのような現生種がどこに生息するかは、自然に起こる海越えに著しく影響されていると主張する。そしてその影響はこれまでずっと絶大だったので、仮にどうにかして過去にさかのぼり、海を越えた進出をすべて白紙に戻して一つ跳びに今に帰ってこられたなら、そこは私たちの知っている生物界とは似ても似つかないものに変わってしまっているだろうと言うつもりだ。続いて、海越えが甚大な影響を及ぼしてきたというこの結論から、件《くだん》の疑問に対する別の、より観念的な種類の答え、つまり生命の歴史の一般的特性を明らかにする答えが導かれる。これから述べるように、一部の（いや、おそらく大半の）生物学者は、進化は予測不能だと信じている。些細な出来事でさえ、予期しなかった底知れない影響を及ぼしうることを彼らは認めているのだ。通説では、カンブリア紀の種を一つ取り去れば、地球上の生命がその後にたどる道程はまったく違ったものになるというが、そうした歴史を変える出来事の性質が正確にどのようなものかは、たいてい漠然として、憶測の対象にしかならないものだった。私はこう主張しよう。海越えの証拠によって、そうした出来事の性質は格段に具体性を帯び、生物の多様化がまったく偶然の出来事からたびたびあらぬ方向に向かったことがわかるのだ、と。そして今度はこの推論から、広範な生物の歴史、つまり深遠な時間を通して進化がどう展開してきたかは、基本的に予測不能であることがうかがえる。

自然に起こる海越えの一般的な重要性を考える出発点として、先に、自然には起こらなかった海越え、つまりヨーロッパ人によってアメリカ大陸から旧世界に運ばれたある生物を検討してみよう。この回り道をする目的は、人間になじみ深く、しかも間違いなく大きな影響を与えてきた種について考察することで、歴史的な影響の問題、つまり歴史が実際にたどった道とたどらなかった道の問題を導入することにある。私たちはこのまだ新しくわかりやすい伝播の歴史から、もっと深遠で、もっと不明瞭な過去へと目を移すことにする。その過去には自然に起こった海越えが数多く含まれている。

ジャガイモ（*Solanum tuberosum*）について考えてみよう。[1] 現在のペルーにあたる土地の先住民は、四〇〇〇年以上も前に初めてジャガイモを野生の原種から栽培し、この出来事がまず南アメリカ大陸の歴史を、続いて全世界の歴史を変えることになった。ジャガイモはアンデス山脈の高原地帯における主要作物の座を占め、凍結させてから乾燥させたかたちで大型の倉庫で集中保管できるようにされ、インカ帝国の労働者や軍隊のエネルギー源として使われた。一五二六年、スペイン人のフランシスコ・ピサロがインカ帝国を目にしたとき、彼はジャガイモに依存する文明に遭遇していたわけだ。

自然分散の事例と同様、スペイン人が初めて旧世界にジャガイモを持ち込んだ時期を正確に知る人はいないが、おそらくそれは、一五五〇年代に南アメリカ大陸の太平洋岸を発った船に、輸入用の品物というより航海用の糧食として積まれていたようだ。(2) ジャガイモは当初、流言につきまとわれた。(3) 有毒だと思われ、癩病《らいびょう》（ハンセン病）を引き起こすと言われた。それでもけっきょく必要性と便益のほうが優った。人々はジャガイモが食用に適し、栄養価が高いだけでなく、ほかの大半の作物がろくに育たない土地でも栽培できることを知った。その結果、一八〇〇年までにはジャガイモ栽培は北ヨーロッパ全域に広まり、アジア大陸へも伝わっていた。(4)

アイルランドでは気候が湿潤すぎて小麦栽培の生産性が低かったため、ジャガイモ栽培の動機はことさら強く、早くも一六〇〇年代なかばにはこの新しい作物が採り入れられた。(5) そのおかげで貧しいアイルランド人はとくに生活が一変し、初めは明らかに良い方向へ、それからはなはだ悪い方向へと事が運んだ。自分たちの食糧を賄うだけで精一杯だった農家は、滋養豊富なジャガイモをあり余るほど生産できることを知り、そのおかげで食糧生産が非常に限られていたために発展を阻まれていた地域がその束縛から解放された。アイルランドの若い男女は前より早い年齢で子供を持てるようになり、飢餓やそれに付随する病気で亡くなっていただろう子供たちが生き延びた。当然予想されるとおり、人口爆発が起こった。「ジャガイモ前」の一六〇〇年代初期にはアイルランドの人口は約一五〇万人だったが、その二世紀後には八〇〇万人以上に跳ね上がっていた。おそらくほかの要因もかかわっていたのだろうが、この人口増加はおおむね、ジャガイモ栽培がもたらしたように見える。

そうした劇的で加速度的な繁栄のあとに破綻が訪れた。一八四四年、フランスとベルギーの国境近くで、ある植物学者が一部のジャガイモの葉に黒っぽい斑点があることに気づいた。それはジャガイモ胴枯病で、葉に始まって茎を伝い下り、塊茎や根に達してみるみる植物全体を腐らせ、悪臭を放つ黒い残骸に変えてしまう病気だった。[6] 一八四五年の夏、この病気はベルギーの感染源から急速に外国に広まり、九月中旬にはアイルランドに到達した。一八六一年に発見された真犯人は、「卵菌」と呼ばれる微生物で、菌類に似た特性を多く持っているが、じつは褐藻類により近い。驚くまでもないが、ジャガイモ胴枯病を引き起こす卵菌（*Phytophthora infestans*）は、ジャガイモ自体と同様に新世界から持ち込まれたものだった。それは南北アメリカ大陸でジャガイモとともに進化した菌で、アメリカ合衆国から種イモの船荷とともに大西洋を渡り、ベルギーに運ばれたのかもしれない。

一八四六年、アイルランドでのジャガイモ胴枯病の流行は頂点に達し、収穫のおよそ四分の三が台無しになり、ほとんどの貧しいアイルランド人の主要な栄養源が失われた。[7] 人的損害は壊滅的なものだった。三年間で一〇〇万人が餓死したり栄養不良のために衰弱して発疹チフスやコレラなどで病死したりしたと推定されている。それと同時に、生存者も必須栄養素が欠乏して、何千という人が失明したり精神に異常をきたしたりした。一〇年もしないうちに、この大飢饉のせいで約二〇〇万人がアイルランドをあとにせざるをえなくなり、そのうち五〇万人以上がアメリカ合衆国に渡って、この国の歴史も根本的に変えた。[8] もしあなたがアイルランド人の血を引くアメリカ人なら、あなたが今あるのは、かなり直接的な意味で、ジャガイモとジャガイモ胴枯病をもたらす卵菌が旧世界に持ち込まれたおかげと言えるだろう。アイルランド自体では、この飢饉は文化的かつ政治的な一大分水嶺となったので、歴史家はしばしばこの国の歴史を飢饉前と飢饉後の時代に分けるほどだ。

海を越えたジャガイモが歴史を変えるという、これに似た話は、ほかの国々についても語れるだろう。

ロシア、ドイツ、中国、インドといった、ジャガイモがやがて主要作物となった国々だ。[9] たとえば、一九世紀にロシアやドイツが世界の列強として台頭する後押しをしたのはジャガイモであると強く主張できる。より一般的には、一七〇〇年から一九〇〇年にかけて旧世界で生じた、ざっと六億人から一五億人への人口増加のうち、約四分の一はジャガイモ栽培を採用したことに起因すると推定されている。[10] 言い換えれば、このたった一種を導入したことにより、一九〇〇年には旧世界の人口は二億人増加していた。ようするにジャガイモは、世界の歴史が歩むはずだった道とはまったく異なる道へと世の中を向かわせることになった。人口爆発、飢饉、大量移民、列強の台頭はみな、ジャガイモがスペイン船で海を渡ったからこそもたらされたのだ。

ジャガイモの影響力が並外れている嫌いがあるのは明らかだが、トマト、ゴムの木、スズメノチャヒキ〔イネ科の雑草〕から、ネズミ、ブタ、マイマイガや、マラリア、天然痘、黄熱病を引き起こす微生物まで、人間が意図してあるいは意図せずに海越えさせた、ほかの無数の移入種も甚大な影響を与えてきた。人間によって持ち込まれたこれらの種はあまりにも数が多く、世界を変えるほど影響が大きかったので、コロンブスの新世界発見に始まる時代は「均質新世」と呼ばれるようになった。[11] この言葉は具体的には、以前は異なっていた生物相どうしが種の移動によって混じり合い、世界が単一かつ同一の生物相に均質化される傾向を指している。この時代をどう呼ぼうと、私たちが海を越えて移動させた大量の種の影響を認めずには、人間の歴史や現代の環境の本質をろくに理解できないことは明白そのものに見える。

本書に挙げた生物地理学の研究の数々が発する強いメッセージは、同様の主張がより深遠な過去にも当てはまるというものだ。すなわち、人間の手を借りずに自然に海を渡った種の影響を認めなければ、地球の生き物の歴史や現代世界の本質はまず理解できない。たとえば、ジャガイモが旧世界に持ち込まれたことによる歴史的影響の全貌は知りえないのと同様、偶発的な海越えによる影響を余すところなく定量化することはできない。そのようなことをするには、歴史はあまりに複雑すぎる。それでも少なくとも私たちにはジャガイモの導入には非常に大きな影響力があったと推測できるのだから、自然に起こった海越えの影響力が非常に大きかったことも推測できる。それどころか、その影響力はあまりにも大きく、私にはその及ぶ範囲を匂わせることしかできない。

「浅い時間」における変化

日常生活の、何の変哲もなさそうな一日を思い浮かべてほしい[12]。朝、あなたの妻は仕事帰りに食料品店に寄ると言い、買う物はあるかと尋ねる。「ナツメグを頼むよ。ケーキに要るんだ」と、あなたは答える。季節は夏で、あなたは暑さにふさわしい服を着る。ほぼすべて綿製品で身を包んでいるということだ。木綿のTシャツ、木綿の短パンに木綿の下着、木綿の靴下、そして外出するときは木綿の野球帽。朝食後は、娘や息子と家庭菜園を見てまわり、収穫できるものはないか探す。子供たちは食べ物の選り好みはするが、作物の取り入れはうまく、二人はナスを二本と大きくなりすぎたズッキーニを何本かもぎ取る。スイカが一個大きく育っているが、まだ食べごろにはなっていない。子供たちは野菜を家の中に持ち帰ってから学校に向かい、あなたは家にとどまって午前中はずっと書き物をし、昼は車でメキシコ料理のファーストフード店に行き、ブリトーを注文する。ブラックビーンズとピントビーンズ〔どちらもインゲンマメの一種〕のどちらにするかと聞かれ、「ピント。コーンサルサ〔トウモロコシを主として、香味野菜や香辛料などを加えたソース〕で」と、答える。店内には大きなテレビがあり、あなたは食べながらニュースを見る。日本の津波で海に流された大きな収納庫が、はるばる太平洋を渡ってカナダのブリティッシュコロンビア州の海岸に流れ着いたという話だ。扉は開いていたが、驚くべきことに、ハーレーダビッドソンのオートバイ一台を含め、収納物の一部はまだ中に残っている。

昼食後は自宅に戻り、書き物を続けようとするが、考えがまとまらず、蝶のようにあちこち飛びまわるだけなので、ひとまず休憩にし、近々行くユカタン半島への家族旅行のことを考える。マヤ遺跡に関する大型本を開くと、白っぽい火山岩を刻んで作った、どっしりした彫像の二枚の写真が目に飛び込んでくる。一体はワニ、もう一体はサルの神だ。本は、コパン遺跡で暮らす、ある人馴れたクモザルのことにも触れている（あなたは、かつてパナマのバロ・コロラド島にあるスミソニアン野外研究ステーションに人馴れたクモザルが一頭いたことを思い出し、この種はことのほか人間と相性が良いのではないかと思う）。それからまた執筆し、というより少なくとも執筆しようとしていると、子供たちが帰宅し、ほどなくドタバタ劇が始まる。娘はペットのモルモット（テンジクネズミ）をリビングルームの床に放すのだが、それが例のごとく小走りでソファーの下に潜り込んで出てこなくなったので当惑しているらしい。子供たちの走る音と騒ぐ声に、ボタンインコのつがいもけたたましい声を出しはじめるが、多彩な色をしたパンサーカメレオンはわれ関せずといった体《てい》で飼育ケースの枝の上で身じろぎもせず、飛び出た目の一方だけでただ様子をうかがっている。

もし生き物が偶発的な海越えをすることがなかったら、このありきたりの一日はどう違っていただろう？　あらゆる点で違っていたはずだ。主に分子年代推定に基づく時系樹や化石記録といったこれまでの証拠からすると、今挙げた生物にはみな、海洋という障壁を自然に越えて分散した祖先がいた。ナツメグの木の祖先はニューギニア島に近い、火山性のバンダ諸島に、おそらく同海域のほかの島々から進出した。

ナスの祖先は南アメリカ大陸からおそらくアフリカ大陸を経由してインドに進出した。ズッキーニの祖先はアフリカ大陸から南アメリカ大陸へ、スイカの祖先はアジア大陸から島大陸だったアフリカへ、インゲンマメの祖先はアフリカ大陸から新世界へ、トウモロコシの祖先はアフリカ大陸から北アメリカ大陸へ（もっとも、この事例の証拠はやや疑わしい）渡った。ワニとクモザルとテンジクネズミの祖先はアフリカ大陸から新世界へ、ボタンインコの祖先はオーストラレーシア〔オーストラリア大陸とその近辺の島々〕からマダガスカル島経由でアフリカ大陸へ、カメレオンの祖先はアフリカ大陸からマダガスカル島へと棲みついた。何よりの変わり種はワタ（木綿）だ。私たちが身につけるワタの大半はリクチメン（*Gossypium hirsutum*）という種のもので、これはあるワタの系統が別のワタの系統と交雑して生まれた新世界の種のグループに入る。変わっているのは、この二つの系統が別々にアフリカ大陸から大西洋を渡って新世界に進出したと思われる点だ。言い換えれば、リクチメンは、偶発的な長距離分散の二つの異なる事象の産物であり、奇跡を二乗したようなものと言える。

肝心なのは、祖先が海を渡らなかったら、こうした系統はどれも存在すらしないことだ。差し当たり人間の歴史に注目すると、海を越えたこれらをはじめとする分類群がなければ、今日のような世界の細々した点の多くが間違いなく変わってしまうだろうことはすぐわかる。たとえば、ズッキーニブレッドもナスのパルミジャーナもなくなる。遺伝子実験に使ったり、アンデス山系の人々が串焼きにしたりするテンジクネズミもいなくなる。エッグノッグに入れるナツメグもなくなる。だが変化はそれよりはるかに深いところまで及ぶ。いくらでも挙げられる事例のほんの一つとして、新世界におけるコロンブス以前の三大作物のことを考えてほしい。インゲンマメとカボチャ〔ズッキーニはカボチャの一種〕はほぼ確実に、自然に海を渡った祖先から進化したし、残るトウモロコシもおそらく同じ道をたどった。こうした植物が三つともなくなったら、歴史は見知らぬ、本質的に異なる世界に迷い込んだことだろう。有史以前の農業やそれに伴う文化の性質は、熱帯のメソアメリカ〔現在のメキシコ中部からコスタリカ北西部までの範囲で、マヤなどの古代文明が栄えた地域〕から砂漠地帯の現アメリカ合衆国南西部を経て温帯の北アメリカ大陸東海岸に至るほとんどの地域で根底から変わっただろう。トルテカ族、マヤ族、アステカ族にしろ、断崖に住んだアナサジ族や、ミシシッピ川流域や五大湖付近で塚を築いた諸部族、旧世界から渡ってきた清教徒の一団に出会った東部の部族にしろ、その改訂版の歴史においては、今に知られるようなかたちで存在していた文化は一つもなかっただろう。そしてコロンブス以後の時代には、莫大なインゲンマメ、カボチャ、トウモロコシが世界中の農作物取引記録から抹消される。開拓者たちが厳しい冬を越すための、トウモロコシを餌とするブタがいなくなり、食品貯蔵室のカボチャがなくなり、袋に保存した乾燥インゲンマメもなくなる。私たちが知っているようなメキシコ料理も、トウモロコシから作る異性化糖もなくなる。

最後になるが、こうした細々した例のすべてが無意味になりかねない兆しがある。具体的には、一部の霊長類学者が化石記録から、サルと類人猿を含むグループである真猿類のある祖先が、アジア大陸からテティス海を渡ってアフリカ大陸に進出したと主張しているのだ。[13] この結論は、アジア大陸とアフリカ大陸から出土したいくつかの化石を、霊長類の進化樹のある特定の場所に位置づけることに基づくが、この位置づけにはまだ異論が多い（化石にはそういうことが多い）。とはいえ当面、真猿類のある祖先がほんとうにテティス海を渡ったことにし、深遠な歴史からこのありそうもない旅を消去したらどうなるか考えてみよう。その祖先がいなければ、アフリカ大陸の真猿類の系統樹全体が消える。コロブス、ヒヒ、マカクは、大西洋を渡って新世界に定着したサルとともにみな、歴史から忽然と姿を消す。テナガザル、オランウータン、ゴリラ、チンパンジー、アウストラロピテクス、ホモ・エレクトスもいなくなる。私たちも存在しなくなる。そして文字どおり闇の世界が訪れる――この闇を照らすのは再び星や月だけになるだろう。

この大昔の真猿類の祖先を抹殺し、それとともに霊長類の系統樹の大きな部分を取り除いた場合を想像すれば、私たちの次のテーマに行き着く。インゲンマメやトウモロコシやカボチャの上に築かれた文明といった事例を考える際、私たちは旧世界におけるジャガイモの歴史よりわずかに時代をさかのぼっただけの、「浅い時間」の観点に立っている。ところがそういう事例は、偶発的な海洋分散がない世界で違っているはずのものの上っ面でしかない。自然に起こる海越えの影響をもっとよく理解するには、海越えという事象の大半は、人間による持ち込みよりもはるかに古い年代にあったことを認識しなければならない。それは、そういう事象の直接的影響がほかに波及し、深遠な時間を通して影響の及ぶ範囲が広がるのに、格段に多くの時間があったということだ。

そうした影響の実例としては、南アメリカ大陸に目を向けるのが妥当だろう。ダーウィンの頭に進化についての思考の種を植えつけるうえでほかの何よりも大きな貢献をしたのがこの大陸であり、種や変種の境界が大河の流路とよく合致することに気づいたアルフレッド・ラッセル・ウォレスが、分散の障壁について深く考えはじめた大陸でもあるからだ。

樹になった枝

そう遠くない昔、地質学的な尺度ではごく短期間、南アメリカは島大陸だった[14]。この大陸は、南極大陸とのわずかばかりのつながりが切れたおよそ三〇〇〇万年前から、約三〇〇万年前にパナマ地峡が出現するまで、ほかの大きな陸塊のどれとも隔たっていた（図12・1参照）。そしてそれよりもっと前の五〇〇〇万年前ぐらいまでさかのぼらなければ、北アメリカ大陸とのつながりはおそらく見られないし（「お

12.1　島大陸だった南アメリカ．この復元図は，およそ1000万年前の中新世中期のもの．Schaefer et al. (2009) を複写・修正したもの．

そらく」というのは、このつながりがあったことを疑問視する地質学者もいるからだ）、さらにまたぐんと時代をさかのぼったおよそ一億年前でなければ、大西洋が誕生する前に南アメリカ大陸とアフリカ大陸が最後につながっていた状態は見られない。

　この地質学的な歴史は、南アメリカ大陸の陸生哺乳類の起源や運命に焦点を当てた、生物地理学における壮大な物語の一つの背景だ。そしてその物語は、この大陸の長期にわたる孤立状態に端を発する。その状態にあったがゆえに、多種多様で独特の哺乳類動物相が出現した。それにはアリクイ、ナマケモノ、アルマジロ、オポッサムが入るほか、有袋類と近縁の、ハイエナに似た動物やサーベルタイガーに似た動物、加えて火《か》獣目《じゅうもく》、雷獣目《らいじゅうもく》、滑距目《かっきょもく》、異《い》蹄目《ていもく》といった耳慣れない名前のさまざまな有蹄哺乳類など、完全に絶滅したグループの多彩な顔ぶれも含まれる。まさにこの時期、ほかの大陸の哺乳類は海洋という障壁に阻まれ、南アメリカ大陸にはほとんど入れなかった。その後、パナマ地峡が現れ、陸生哺乳類（やほかの生物）の通路となった。それ以前は哺乳類が大陸間を移動するには筏となる自然物が必要だったが、今や歩いたり、跳ねたり、駆けたりして移動できるようになったのだ。その結果、南北アメリカ大陸の動物相は急速かつ劇的に混じり合った。過去三〇〇万年という比較的短い期間に、シカ、猫、犬、リス、ペッカリー〔イノシシに似た動物〕、ラクダのほか、北アメリカ大陸の一〇科の哺乳類が南アメリカ大陸に進出し、その一方でオポッサム、アルマジロ、アリクイ、マーモセット、ヤマアラシのほか、南アメリカ大陸の一三科の哺乳類が逆方向に移動して北アメリカ大陸に進出した。「アメリカ大陸間大交差[15]」と呼ばれるこの動物相の混じり合いは、「陸上分散（geodispersal）」の典型例、つまり障壁（この場合は南北アメリカ大陸を隔てていた海洋という障壁）がなくなると、多くの種は新たな地域に移動するという典型例だった。歴史生物地理学における顕著な事例として、これはゴンドワナ大陸の分裂による分断分布に匹敵する。

おそらくこのアメリカ大陸間大交差による生物の進出は、新しく出現した陸橋を渡る自然分散、つまり生物が好適な生息環境へ向かう、想定された「ありふれた」移動によって起こったのだろう。とはいえ、この筋書きの陰に隠れて見えにくくなってしまっている事実がある。じつはこの地峡が現れる少し前に、北アメリカ大陸の二つのグループが南アメリカ大陸に出現したのだ。具体的には、アメリカネズミ亜科の齧歯類の化石が六〇〇万年前から四〇〇万年前のアルゼンチンの地層で、アライグマ科（アライグマやハナグマと同じ科）の食肉目動物も同じアルゼンチンの約七〇〇万年前の地層で見つかっている。アメリカネズミ類に関しては、分子年代推定の結果から、この分散事象は陸橋のできる前に起こったことが裏づけられている。どうやらこの二つのグループに属する動物は、今は中央アメリカとなっている地域の群島を経由して南アメリカ大陸に到着したようだ。おそらく一連の島々を飛び石として使ったのだろう。

アメリカネズミ類とアライグマ類によるこうした島伝いの旅は、真に驚くべき長距離の進出には入らない[16]。とはいえ陸生哺乳類は、広大な海洋という障壁を越えるのが苦手であることを思えば（チャールズ・ダーウィンやジョージ・ゲイロード・シンプソンのような分散説支持者でさえ、その事実を認めている）、たしかにこうした事象は思いもよらない進出と呼ばれる資格がある。だから、この二つの南への分散は、アメリカ大陸間大交差の「先触れ」として扱われることがあるものの、別のカテゴリーに含めることもできる。両者は陸生哺乳類が、偶発的な海洋分散によって南アメリカ大陸にたどり着いた事例と言えるのだ。

私たちはすでに、このカテゴリーに入るひときわよく知られた二つの事例に出合っている。サル類とテンジクネズミ亜目の齧歯類（モルモットとその仲間）で、両者はそれぞれ、遅くとも約二六〇〇万年前と四一〇〇万年前までにはアフリカ大陸から大西洋を渡ったようだ[17]（第9章）。これら以外に、それほど信憑性のない事例が数件ある。だから、前回南北アメリカ大陸のあいだにあった陸のつながりが切れてから五〇〇〇万年ほどのあいだに、陸生哺乳類が海を越えた進出を行なったという確固たる事例がきっかり四件あることになる。四件では多いとは思えないかもしれないし、過去三〇〇〇万年間にパナマ地峡を渡った哺乳類グループの大群とは比較にならないのは確かだ。とはいえ、南アメリカ大陸の歴史にとって海を越えた進出者がどれほど重要かを考えるときには、気をつけていないとこの小さな数に惑わされてしまう。理由は単純で、深遠な時間のあいだに進化上の系統は分岐しうるからだ。一本一本の枝がそれぞれ巨大な進化樹になりうる。

けっきょく、海洋分散した四つのグループのうちの三つ、つまりサル類、テンジクネズミ類、アメリカネズミ類でまさにそれが起こった*。それぞれのグループの祖先はまず間違いなく、単一の種の、ほんの数個体が筏となる自然物で運ばれて到着した。ところがそんな微々たる始まりから、それぞれの祖先種はじつに幅広い種類に進化した[18]。新世界ザルは、小型で敏捷なマーモセットやタマリンから、ほっそりしたクモザル、がっしりした体で野太い声のホエザルまで多様であることは有名だが、テンジクネズミ類とアメリカネズミ類の放散は、それさえ凌ぐものであることはほぼ間違いない。テンジクネズミ類の例は、テンジクネズミやチンチラ、キノボリヤマアラシの十数種に、地中で生活するジリスのようなツコツコの約六〇種、樹上性のエキミスの多くの種、半水生のヌートリア（南アメリカ大陸以外では一般的な外来有害動物）、尾がなく脚の長いアグーチに、どの種もウサギのような大きい耳とリスのようなふさふさの尾を持つヤマビスカーチャ、共同の穴に暮らし、巨大なテンジクネズミのような姿をし、速く走れて桁違いの跳躍もできるビスカーチャなど、枚挙に暇がない（図12・2参照）。世界最大の現生齧歯類カピバラはテンジクネズミ亜目であり、既知の絶滅齧歯類では世界最大の*Josephoartigasia monesi* も同様で、この絶滅齧歯類は頭骨が五〇センチメートル以上あり、体重はサイほどあったかもしれない[19]。アメリカネズミ亜科

12.2　テンジクネズミ亜目の齧歯類の著しい多様性の一端.（上段から下段へ）キノボリヤマアラシ科のオマキヤマアラシ（*Coendou prehensilis*），ビスカーチャ（*Lagostomus maximus*），カピバラ（*Hydrochoerus hydrochaeris*）. グスタフ・ムトツェル筆.

＊　パナマ地峡が現れる前に南アメリカ大陸に進出したアライグマ類は、クマほどの大きさの種も含めて数種を生んだと考えられているが、それらの系統はみな、鮮新世末までには絶滅したようだ（Koepfli et al. 2007）。

の齧歯類は、解剖学的構造にそこまで著しい違いはない（ほとんどはネズミのように見える）が、砂漠から高山ツンドラや熱帯雨林まで、南アメリカ大陸のほぼありとあらゆる環境に生息する。そしてテンジクネズミ類と同様、地上性や樹上性、半水生や地下生の種がいる。アメリカネズミ類の大半は何らかの草を食べるが、半水生の種のなかには節足動物やときに魚類を食べるものもいる。

齧歯類やサル類が移入に成功すると、その結果は形態と習性の多様さのほかに、もっと間接的なかたちでも現れる。そうしたグループはいたるところで見られるようになり、厖大な分散予備軍を形成したため、南アメリカ大陸からの長距離の旅を何度も成功させることができたのだ。具体的には、先の三つの系統はみな、西インド諸島に達したし、アメリカネズミ類は太平洋を西にも移動して、少なくとも三回、それぞれ別個にガラパゴス諸島に進出するとともに、大西洋を東に進んでフェルナンド・デ・ノローニャ島にも棲みついた（こうして移入した齧歯類はこの島で絶滅するまで、アフリカ大陸から来たオナガトカゲ属のスキンクであるノローニャ・スキンクといっしょに暮らしていた[20]）。

生物学的な影響の全貌は、数からだけではわからないが、大きな影響を物語っているに違いない数字がいくつかある[21]。今日の南アメリカ大陸には、記述されたサル類が一二四種、テンジクネズミ類が二一九種、アメリカネズミ類が三三〇種いて、合計すると六七三種になる。これら三グループを合わせると、コウモリや完全な水生種を除けば、南アメリカ大陸に固有の現生哺乳類種全体の七三パーセントを占める。個体数で考えると、その割合ははるかに大きくなることに間違いはない。テンジクネズミ類やアメリカネズミ類には、この大陸でとくに個体数の多い種がたっぷり含まれているからだ。そうした数は、ほかの無数の数字につながる。サルが食べるありとあらゆる果実や葉や昆虫、アグーチが砕いたりまき散らしたりする種子、ツコツコが穴を掘りめぐらした広大な土壌[22]、イタチや猫、犬、ヘビ、タカ、その他の捕食者のさまざまな種が餌とする毛の生えた動物、鳥類や哺乳類が食い漁り、さまざまな無脊椎動物や細菌や菌類が分解するサル類や齧歯類の死骸などだ。

それらを含めた生態学的な相互作用が、南アメリカ大陸の生物相の進化史に厳密にはどのような影響を与えてきたのかを指摘するのは難しいが、その影響は途方もないものに違いない。それは、サル類やテンジクネズミ類やアメリカネズミ類の放散は、本質的にほかの多くの種の進化にも影響が及ぶという所見から一目瞭然だろう。それらの種とはすなわち、この三種の脊椎動物を宿主とし、それらに依存している寄生生物だ。とくに際立つ例として、人間に寄生するギョウチュウと類縁のセンチュウのグループについて考えてほしい。これは新世界ザルの腸にいる寄生生物だ（そしておそらく、ギョウチュウが人間に対してするのと同様、サルの尻に痒《かゆ》みを生じさせる）。このセンチュウの進化樹は、サルの進化樹とおおむね重なることがわかっている。つまりセンチュウの系統は、宿主であるサルの系統の分岐と足並みをそろえて枝分かれする傾向にある。[23] ある進化樹が別の進化樹に連動するこのパターンは、寄生生物の進化史が宿主の進化史によって決まってきたことを示している。寄生生物はある程度、宿主の体のたんなる一部のように振る舞うのだ。ある進化樹がほかの進化樹を忠実になぞるこの現象は、もし新世界にサルが存在しなかったら、サルに関連したセンチュウの進化樹も丸ごと存在しないことを意味している点が肝心だ。より一般的には、宿主とする種とこれほど同調して進化していない寄生生物にとってさえ、その進化にはやはり宿主が決定的に重要だ。だから、サルやテンジクネズミやアメリカネズミを宿主として必要とする南アメリカ大陸のどの寄生生物にしろ（しかもそうした寄生生物は、原生生物や菌類から、サナダムシ、ハジラミ、ウマバエまで数多くいる）、存在するのは宿主の系統のおかげであり、したがってそもそも、そうした哺乳類の祖先がこの大陸に進出できたおかげということになる。さらにこうした寄生生物の多くは、一生のある時期には哺乳類の宿主を必要とし、ほかの時期には哺乳類とはまったく無関係の動物を必要とするという複雑な生活史を持つ。それは、哺乳類の影響が寄生生物を通してほかの種類の動物に広がるということであり、すべては生態学的影響の連鎖の一環であるということだ。

サル類やネズミ類の事例は際立っているものの、南アメリカ大陸の生物相の歴史で海上分散が重要なのは何も陸生哺乳類に限ったことではない。生物の進出とその後の放散（一本の枝が大きな進化樹になる）という、似たような歴史は、ほかの脊椎動物の分類群にも当てはまる（図12・3参照）。どちらかというとヘビ中心の私の見方によれば、とりわけ顕著な事例に、ハナダカヘビ亜科（*Xenodontinae*）と呼ばれるヘビのグループがある。このグループの共通祖先は、南北のアメリカ大陸がまだ何百キロメートルもの幅の広大な海で隔たっていた、約二八〇〇万年前から一二〇〇万年前のあいだのどこかで北アメリカ大陸から南アメリカ大陸へ筏となる自然物でやって来たと思われる。[24] その一本の枝は長く存続し、やがてじつに多様な生物を生み出した。締めつけと毒液注入を組み合わせて獲物を仕留める地上性と樹上性の種や、爬虫類の卵を専門に食べる小型種、尾で水生植物のあいだを探って魚を見つけるミズコブラモドキと呼ばれる大型種、鼻先が上を向き、猛毒のサンゴヘビの警戒色に似せた体色をもつソリハナヘビなどだ。南アメリカ大陸と聞いてまず思いつくヘビはボアとアナコンダで、これらは南アメリカ大陸がゴンドワナ大陸のほかの断片と分裂して以来、同大陸にとどまっている系統だ。とはいえ、南アメリカ大陸の三〇〇に近い現生種からなるハナダカヘビ亜科こそが、じつはこの大陸で最大の放散をしたヘビで、このグループはゴンドワナ大陸由来のどのようなヘビのグループよりもはるかに大きい。

グループ	原産地	南アメリカ大陸の種
ナンベイヒキガエル属のヒキガエル	北アメリカ大陸	85
ユビワレヤモリ科のヤモリ	アフリカ大陸	45
オナガトカゲ属のスキンク	アフリカ大陸	18~20
ミミズトカゲ科のトカゲ	アフリカ大陸	81
ハナダカヘビ亜科のヘビ	北アメリカ大陸	~300
ツグミ属のツグミ	北アメリカ大陸	25

12.3　1本の枝が大きな樹になったさらなる事例．分子年代推定による時系樹が示すように，海上分散によって南アメリカ大陸に到着した，哺乳類でない脊椎動物グループの一部．以下の出典のリストでは，1つの分類群に1つの文献しか示されていなければ，その文献に分子年代推定分析とそのグループの種の数が含まれている．2つの文献が示されていれば，最初が分子年代推定研究の文献で，次が種の数の文献．ナンベイヒキガエル属のヒキガエル，Pramuk et al. (2008)，Frost (2011)，ユビワレヤモリ科のヤモリ，Gamble et al. (2011)，オナガトカゲ属のスキンク，Whiting et al. (2006)，ミミズトカゲ科のトカゲ，Vidal et al. (2008)，Gans (2005)，ツグミ属のツグミ，Voelker et al. (2009)．Pramuk et al. (2008) は，ナンベイヒキガエル属が海洋分散で南アメリカ大陸に達したとは結論していないが，北アメリカ大陸の仲間との分岐は約5000万年前から3000万年前のあいだに起こったと推定しており，それは海を越えた進出があったということだ．ハナダカヘビ亜科のヘビの引用文献に関しては，本章の註を参照のこと．*Rhinella alata*（コノハヒキガエル）の写真はブライアン・グラトウィック撮影．

ハナダカヘビ亜科のヘビも、新世界に進出した系統による生態学的な交差の一部を担っているので、有益な情報を与えてくれる。具体的には、このヘビの多くはトカゲや小型哺乳類やヒキガエルのすべてあるいはいずれかを食べるので（ソリハナヘビはヒキガエルが専門）、それは、海を越えた進出者の子孫であるヘビが多くの場合、同じく海を越えた進出者の子孫であるほかの脊椎動物を食べるようになることを意味するに違いない。進出者どうしが出会って生じるこの手の相互関係は、南アメリカ大陸の生物相には海洋分散が深遠な影響を与えていることを浮き彫りにする。そしてここに植物を加えれば、そうした出会いは手に負えないほどの数にのぼる。南アメリカ大陸の植物はほとんど地理的起源が解明されていない[25]とはいえ、海を越えた移入植物に由来する種が何百もあることは確実で、おそらくは何千にものぼり、それらの植物には、海を越えて進出した脊椎動物の多くを含め、ほかの何万もの種とのあいだにさまざまな生態学的関係があるに違いない[26]。たとえば、アメリカネズミ亜科コメネズミ属（*Oecomys*）の齧歯類が実を食べる*Renealmia alpinia*（ショウガ科）は、共通祖先が中新世か鮮新世にアフリカ大陸からやって来たショウガ類約六〇種のグループに属する。また、南アメリカ大陸のサルの少なくとも五種類が花を食べている、熱帯雨林の*Symphonia globulifera*（フクギ科）という樹木は、アフリカ大陸から比較的最近移入した植物だ。そしてツグミ属のツグミが実をついばむ（そしておそらく種子をばらまく）オコテア属（クスノキ科）とオオバノボタン属（ノボタン科）は、過去四〇〇〇万年以内に北アメリカ大陸から海を越えて到着した種に由来する植物の系統だ。

自然に起こる海越えの進出が南アメリカ大陸の生物の歴史に与えた影響は微細なものでは断じてないことを、これらすべてが物語っている。そうした進出者たちが、南アメリカ大陸生物相の多くの部分を生み出し、それが当然、ほかの種に多大な波及効果をもたらしたに違いない。波紋、ドミノ効果、風景を一変させる火災といったたぐいの比喩はどれでも当てはまる。その積もり積もった影響は想像することさえ難しいが、こうした進出者がいなければ、現代の生物相は、新たに加わっていただろう生き物と、失われていただろう生き物の双方のせいではなはだ異質なものに感じられるはずと言っていい。そしてもし南アメリカ大陸に基づいてほかの地域についても推定できるとしたら、全地球の生物の歴史は、海越えそのほかの長距離進出に深遠な影響を受けているとしか言いようがないだろう。最近次々に知られるようになった生物地理学的な事例史からすれば、これは必然的な結論であり、明確かつ普遍的なメッセージなのだ。

もし私たちが生物の偶発的な進出にはっきりした深遠な影響があることを認めれば（そうするしかないようだが）、そこからどのようなより広い意味が読み取れるだろう？　この結論は生命の歴史の本質全般について何を語っているのだろう？　それはより高次の観念的な次元で、世界が今の状態に至った経緯について何を教えてくれるだろう？

こうした疑問に答えるには、状況依存性と予測不能性という関連した概念を歴史に当てはめて考える必要がある。この文脈で「状況依存性」とは、事象はみな前に起こった事象しだいということを指している。つまりDが起こったのはCが起こったからで、Cが起こったのはBが起こったからであり、Bが起こったのはAが起こったからということだ。これを普通の歴史的事例で考えてみよう。一九七二年、サウスダコタ州選出の上院議員ジョージ・マクガヴァンは、反戦の公約を掲げて大統領選挙に出馬した（事象D）。それは長引くヴェトナム戦争（事象C）に対応したもので、この戦争自体は、（主に）アメリカ国内でソヴィエト共産主義の影響に対する危惧が増大したこと（事象B）が原因だった。そしてそれは、（主に）第二次世界大戦中にソ連が東ヨーロッパの多くの地域を占領したこと（事象A）の結果だった（ちなみに、この事例に限っていうと、時間をさかのぼりつづければやがては、スペイン船が大西洋を越えてジャガイモを運んでロシアの台頭をもたらしたことにたどり着くだろう）。AかBかCがなかったら、Dはけっして起こらない。したがってDはAやBやCという状況に依存している。

歴史にこうした状況依存性という特性があることは自明の理だ（歴史にこの特性がないことなどどうしてありうるだろう？）。同様に、少なくとも人間の歴史に関しては、どのような一連の出来事であれ、そのうちには予測不能のものが少なくともいくつかは存在することに異論はなく、だとすれば、歴史の流れは一般に予測できるはずがないことになる。運命は、ある重大な局面（交渉を続けるか、ミサイルを発射するかといった場合）における国家元首の気分にかかってさえいるかもしれない。もしくは、ある火曜日の午後二時一三分きっかりに子供が車道に飛び出すかどうかにかかってさえいるかもしれない。飛び出せば、通りかかった車のドライバーが急ハンドルを切り、電柱にぶつかって、未来の夫に会ったであろう用事に行けなくなることもありうる。そんな例は数知れない。この手の予測不能性は、いわゆる「たられば」の小説や短篇、テレビドラマや映画という一大産業全体の基盤となっている。それは、十分ありそうな別の小さな出来事が起これば（映画『ペギー・スーの結婚』の主人公や『スタートレック』のジャン＝リュック・ピカード、あるいは人類全体にとって）、物事は大きく違っていたかもしれないという考えに依存している。多くの学究的な歴史家たちですら、こうした「たられば」の筋書きを想定するのは正当な試みと考え、じつは実際に起こった歴史と起こりえたまったく異なる無数の歴史とのあいだには紙一重の差しかないことを認めている。(27)

一見、取るに足りない出来事がのちのち大きな変化を起こしうるというこの考えは、人間の歴史に関しては広く受け入れられているが、進化に関しては、とくに生命の歴史を俯瞰する場合は、これまでそれほど自明のこととされてこなかった。何億年も前の見た目は些細な出来事、たとえばたった一つの種の数匹の個体が生き延びるか消滅するかが、因果関係の長い連鎖を経て、いくつかのグループには進化上の大成功を招き、別のグループには絶滅を招くこと、つまり生物学的多様性の全体像に莫大な影響を及ぼすことなどありうるだろうか？　あるいは逆に、その巨視的に見た歴史はむしろ深く狭い水路を流れる水に近く、そこに小石が落ちても水の流れは変わらないように、小さな出来事は長期的な結果にほとんど影響しないものだろうか？

古生物学者で進化理論家の故スティーヴン・ジェイ・グールドは、カナダのロッキー山脈にある有名なバージェス頁岩層のカンブリア紀化石に関する一九八九年の著書『ワンダフル・ライフ』でとくに、前者の見方を熱烈に支持した。この本は今なお、進化における状況依存性と予測不能性を説明する最も詳細で最も広く読まれている作品なので、グールドが述べたことや、とりわけ彼がどうやってその結論に達したかは検討する価値がある。

グールドはこう主張する。生命の歴史では、予想外の莫大な影響を生んだ出来事が大勢を占めている。重要なのは、そうした出来事の多くは、起こった当初は些細でそれゆえたいした意味はないと思われただろう点だ。だから巨視的に見た場合の進化史は、わずかな変動にも左右されやすいせいで、状況依存的であるだけでなく、まったく予測ができない。生命の録画テープを何回再生しても、「最初はほんのつまらない小事にしか見えないものによって変更され[28]」、結果は毎回まるで違うものになると彼は述べている。

グールドは『ワンダフル・ライフ』の中で、状況依存的で予測不能な歴史の本質を示す中心的事例として、「カンブリア爆発」という呼び名で知られる、動物の初期の急激な多様化を示すバージェス頁岩の化石を使った。そしてバージェス標本の専門家であるハリー・ホイッティントン、サイモン・コンウェイ＝モリス、デレク・ブリッグズに倣い、解剖学的構造の大きく異なるじつに多彩な動物がカンブリア爆発によって誕生したが、その大半はまもなく消滅したと主張した。グールドによれば、こうした初期の動物がほとんど絶滅したことで、あとに続く動物のあらゆる進化の道筋が決まったという。あるいは別の言い方をすれば、この初期の篩い分けをいったいどの動物が生き抜いたかで動物の歴史は決まったということだ。

それに続けてグールドは、どの系統が生き残るかは予測不能だったと論じた。たとえば、「ピカイア」と呼ばれる、あまり目立たない動物のバージェス化石のことを考えてほしいと彼は言う。かつてピカイアは環形動物門の多毛類と考えられたが、コンウェイ＝モリスや後続の研究者たちにより、私たち人間も含まれる脊索動物門《せきさくどうぶつもん》に属する初期の動物と認められた。ピカイアには、この初期の絶滅の生き残り組に入るであろうことを示す際立った特徴は何もなかったことをグールドは指摘する。初期条件に何らかの微妙な変化を加えて生命の録画テープを再生すれば、今度はピカイアは負け組に回るかもしれない。そしてピカイアが後続のあらゆる脊索動物の直接の祖先だとしたら、私たち人間とほかの全脊椎動物を含めた、この生命の樹の相当大きな部分は、テープを再生したときにけっして現れないことになる。

何年も前にこの本を読んだとき私は、おそらくグールドは正しいと理屈抜きで思った。私は人間の視点から考えていたのかもしれない。人生の行方は、例の子供が車道に飛び出すことや、ほかの幾多の出来事に左右されうるので、録画テープを再生したとしたら、いとも簡単に異なる結果になりかねない、と。とはいえ同時に私は、予測不能なものとしてグールドが挙げた事例に不満だった。たしかに、ピカイアがまったく子孫を残さずに絶滅したら、地球の生命のたどる道は根本的に変わるだろう。それは難なく受け入れられた（私には、人間が必要だとか必然的に存在するものだとか信じるように命じる宗教的信念もその他の信念もない）。だが実際に道が変わるには、どんな変動があれば、つまりどんな「最初はほんのつまらない小事にしか見えないもの」があれば事足りるのか？　海底地滑りが起こって、こうした環形動物にも似た脊索動物の数匹が埋まれば、この種が早々に歴史から姿を消すことになるのか？　それとも何かもっと大きな異常事態が必要なのか？　じつはピカイアには、筋肉やえらや初歩的な脳の働きなどに生き残りを決めた特別なものがあったのかもしれない。たとえ五億年がたった今では、そういうことは何も明らかではないにしろ（どのみち五億年前に起こったことの大部分は、私たちにはよくわからない）。もしそうなら、ピカイアは何回録画テープを再生しても、その絶滅の期間を生き抜くことを運命づけられていたのかもしれない。
ここで重要なのは、グールドが生命の歴史の予測不能性を誤解していたということではない。私の見るところ、問題は彼がどうやってその結論にたどり着いたかにある。彼によれば、一方では初期に驚くほど多様化した動物の大半が早々と絶滅しながら、他方ではピカイアを含むわずかな系統が生き残ったことが、歴史の状況依存性と予測不能性を示す最たる例となるが、ほんとうはそうではない。いや、それは少なくとも説得力のある例ではない。私たちには、絶滅を生き延びた系統とそうでない系統がある理由はまったく見当がつかないので、この例をもってどれが生き残るかは予測不能だったとか、仮に録画テープを再生すればまったく違った結果を生むとは言えない。* グールドは、「エディアカラ動物群」として知られる、初期に存在した多細胞生物の風変わりな面々の絶滅からホモ・サピエンスの起源まで、ほかにも多くの例を挙げているが、それらも同じく納得のいくものではなかった。『ワンダフル・ライフ』は多くの点で優れた本だ。鋭い洞察、深い学識、娯楽性と、およそ彼の著作全般の美点がそろっている。だがこの場合の論拠としては何かもっと良い例が使えただろう。

予期せぬことの典型

生物地理学からは、分子年代推定による時系樹から得た証拠を備えた今ならなおさら、予測不能な出来事のもっと良い例が入手できる。それどころか、もし偶発的な海越えやほかの長距離進出の頻度について

＊ グールドによれば、バージェス動物相における相異なる生物たちの多様性の規模は比類のないもので、そのほとんどがのちの系統とは無縁であるということになるが、このグールドの見方に異を唱える古生物学者もこれまでにいた。興味深いことに、その一人がサイモン・コンウェイ゠モリス（1998）だ。彼は初めのうちはグールドの見方に賛同していたし、グールドが動物の初期の進化について結論したことの多くは、コンウェイ゠モリスの研究が下敷きになっていた。

の私の推測が当たらずとも遠からずだとすれば、グールドが『ワンダフル・ライフ』で使えた可能性のある事例が山ほど見つかる。サルや齧歯類、トカゲ、ワニ、モウセンゴケ、ナンヨウスギ、ナンキョクブナ、そのほか無数の生物による海洋を渡る旅はみな稀で偶発的な事象であり、どんな時や場所であれ、誰も起こるとは予期しないたぐいの出来事だ。「ほんのつまらない小事にしか見えないもの」を何かしら変えて生命の録画テープを再生すれば、こうした生物の進出はどれ一つとして起こらなくなる（が、私たちの知る歴史にはない、ほかの出来事が確実に起こる）。

たとえば、サルがアフリカ大陸から南アメリカ大陸に進出するという順当な筋書きを考えてほしい。今日のコンゴ川やニジェール川に似たアフリカ大陸の大河のほとりの木で、何をするでもなく時間を過ごしているサルの群れから話を始めよう。何日も豪雨が続いており、そのせいで濁流となった川が土手の一部をサルのいる木もろとも大きくえぐり、その塊はまるごと川に落ちて流される。この自然の筏は遠い下流へ運ばれ、やがて海に達して西向きの海流に捕まる。海に出るとサルたちは、その小さな浮き島で見つかる食べ物は何でも口にする。雨が降ると、束の間たまっている水を飲む。何週間ものち、すでに相当の海水を吸い、かろうじて浮いていた筏は南アメリカ大陸の海岸に打ち上げられ、痩せ細った脱水状態のサルの生き残りが数頭、水音を立てて浜に降り、すぐそばの森の中に消える。彼らはいっしょに暮らし、見慣れないが食べられる果実や昆虫を餌にして、いずれはつがって子供を作り、育てる。一〇〇〇年後、その子孫はそうとう大きな個体群となり、ついに新世界ザルの放散をすべて生じさせる。

この筋書きは、首尾よく進出することを阻みかねない局面に満ちている。まず、サルたちが別の木を選んでいた可能性がおおいにある。土と植物でできた彼らの筏は、下流に運ばれるあいだに川の別の流れに乗ってさまよったかもしれず、そのため、ことによってはけっきょく雑多な漂流物につかえてしまった可能性もある。河口デルタにたどり着いても、今日の大河の河口では多くの自然の筏がそうするように、砂州に乗り上げるということもありうる。海洋を渡るルートそのものは、筏がいったいいつどの場所で西向きの海流に乗ったかで違ったかもしれないし、そうしたルートのなかには、筏が漂着する前にサルが飢えや渇きで死んでしまうものもあったかもしれない。そしてまた、たとえサルたちが南アメリカ大陸に行き着いたとしても、それだけの個体数では、ごく小さな個体群にありがちなように、たんなる不運からあっさり消滅する可能性もある。たとえば、グループで唯一のメスが病気で死んだり、捕食者の餌食になったりすることも考えうる。ようするに、進出が成功するか否かは、どれ一つをとっても簡単に違う方向に転がりうる出来事の数々によって決まった可能性が高い。そしてこれと似たような偶然の積み重ねは、種子が鳥の羽毛に引っかかったり、蛾が風にさらわれたり、ワニが海流に乗ったりするなどして起こる長距離の偶発的分散のおそらくほとんどの事例に当てはまる（だからこそこれらは「偶発的」事象と言える）。本質的に、こうした生物の進出やそれがその後及ぼす影響は、子供が一〇秒前でも一〇秒後でもなく午後二時一三分きっかりに車道に飛び出すのに類する出来事にかかっている。

もしこうした事象の偶発的な性質にまだ疑いがあるなら、最後に、多くの海越えの旅はおそらく、予測不能な現象の典型である天候にかなりの程度まで依存していることを考えてほしい。具体的には、海洋を越える進出の多くは、猛烈な嵐の助けを借りて行なわれたようだが、誰もが知ってのとおり、嵐の発生はほんの数日前にさえ正確には予想できない。さらに天候の生じ方に関する今の認識に照らすと、長期的な予報は、重要な変数（気圧配置、風速、気温など）を測定する現行の手法では不可能なだけでなく、原理上も不可能らしい。定量的な気象モデルから得られるここでの重要な発見は、嵐そのほかの気象現象の発生には「初期条件に敏感な依存性」があるということだ。言い換えれば、（たとえば、ある特定の地点での気圧の）初期値におけるわずかな差異が、のちに大きな変化を生み出しうることになる。これが彼《か》の有名な「バタフライ効果」(29)で、一匹の蝶がブラジルで羽ばたくと、アメリカのテキサス州で巨大竜巻が起こりうるというものだ。本書にとってみれば、どんな嵐が発生しようとそれは偶発的事象の典型例であり、歴史を再生するときにわずかな変動が一つでもあれば消えうるたぐいの事象であることを、この発見は示している。実際、ジュラ紀の大気に「ほんのつまらない小事」が一つあれば、その後の全気象は細部に至るまで変わりうる。*そしてそうした変化が起これば、今度は、長距離分散の歴史が大きく変貌することになる。

ようするに、生物の海越えの旅やほかの長距離進出の事象がどのように行なわれるかを考えると、そうした事象が基本的に予測不能であることがうかがわれる。バージェス頁岩層から化石が出土したピカイアをはじめとする生物のことは忘れよう。生命の歴史が海洋分散によって形作られたことのほうが、その歴史の偶発性をはるかに強力に証明しているのだ。録画テープを（たとえば、五〇〇〇万年前から）再生すれば、南アメリカ大陸にはサルやテンジクネズミやハリダカヘビ亜科のヘビやショウガ科レネアルミア属（*Renealmia*）の植物は存在しないかもしれないが、私たちの知る歴史ではこの大陸に到達しなかった多くの系統が存在しているだろう。これと似たような変化は、地球のほかのどの地域でも起こることになる。

だからといって、偶発的分散が生命の歴史を形作った唯一の予測不能な事象だとか、予測不能な事象の主たるものだと言っているわけではない。実際、「初期条件に敏感な依存性」を示すあらゆる種類の系に焦点を当てる研究分野であるカオス理論からは、こうした敏感さが多くの生物学的現象の特性であることがわかる。(30)たとえば、個体群の大きさと感染症の広まる速さがどう変わるかは、小さな変動に左右されるはずだ。そうした現象はまず間違いなく、生命の長期的な歴史に影響する。例を挙げよう。ある小さな偶然の変動でも、最終的に一つの個体群の絶滅（個体群の大きさがゼロになる揺らぎ）を招いたものには大きな波及効果があるかもしれない。同様に、ある特定の突然変異（つまりある個体の生殖細胞系に、ある時点で、ある遺伝子の、ある部位の、ある塩基対に起こる変化）という、生物学における偶発的事象の典型と言える種類のものが、ときに進化の壮大な流れ全体に影響することは間違いない。たとえば、ある新しい有利な形質を生んだ突然変異によって一つの種の進化の先行きが決まりうるし、その進化がまた、ほかの多くの種の運命を左右しうるのだ。

とはいえ、こうした起こりうる、予測不能で大きな影響力を持つ小さな変動のなかで、海越えやほかの偶発的な進出は際立っている。この手の事象が特別なのは、私たちがそれらの個々の事例を特定できるからであり、広範に及ぶ影響のうち、少なくともきわめて明白なものだけは突き止められるからだ。奇妙に思えるかもしれないが、突然変異に関してさえ、そういうことはできない。ほとんどの種類の突然変異は、じつは非常に頻繁に起こるので、録画テープを再生すれば、ある特定の（つまりある特定の個体における）突然変異が起こらなかったとしても、まったく同じ種類の突然変異をした個体がすでに個体群の中にいたり、そういう個体がほどなく現れたりする可能性が高い。だから通常私たちにできるのはせいぜい、大きな影響を及ぼした突然変異の種類（色覚に関係するオプシン遺伝子のアミノ酸二六九で、アラニンをスレオニンに変えるものなど）を指摘するぐらいのものだ。その意味では、突然変異は「偶発的」分散より「自然」分散に近い。それは言わば、陸鳥のありふれた種が本土にごく近い島に進出するようなものだ。録画テープを再生すれば、たとえまったく同じ個体群による進出ではなくても、やはり今度も進出自体は起こる。** サルあるいはテンジクネズミが大西洋を渡るといった事例の場合は、きわめて稀で、ありそうもない

* これは、そういう小さな変化が気候、すなわちある地域の気象の長期的パターンを左右するという意味ではない。

がゆえにその手の議論とは無縁だ。歴史を再生すればほぼ疑いなく、サル類やテンジクネズミ類が新世界に進出することはけっしてない。それは私たちがこれらの事象を、歴史を変えた特定の出来事として挙げられるということだ。そのうえ、そうした海越えの影響を無理やり想像しないで済む。南アメリカ大陸を見てまわるといい。そうした進出がなければ存在していなかった種というかたちで、結果がはっきり見て取れる（そして耳で聞き取れる）。アマゾン川流域の熱帯雨林を騒がしい声を上げながら移動するリスザルの群れ、アルゼンチンの大草原パンパでツコツコの穴から上がってくる鐘の音のような声、ブラジルのパンタナール湿地で水音を立てて走るカピバラの集団などだ。生命の予測不能性を壮大なスケールで示す証拠として、これらほど雄弁な例はほかにほとんどない。これらは、歴史がごく小さな変動に敏感であるというグールドの考えを見事に具現化している。

本書で述べた生命の見方に落胆する人もいるかもしれない。私たちはさまざまな種類の生物の地理的分布、岩石に残る過去の生物の豊富な記録、変わりつづける大陸と海洋の形状、進化樹を再構築する方法や分子年代推定データを使って進化樹を時系樹に変える方法を見つけ出したのに、それらは私たちに何を教えてくれたのか？　それは、地球上の生命がたどった道は、ランダムで、ありそうもない出来事にたびたび翻弄され、新たな道へと向きを逸らされてきたこと。その歴史における重大な出来事の多くはどのような自然の法則（「地球と生命はともに進化する」など）からも導けないという意味で、本質的に説明がつかないこと。そうした出来事は完全には再構築できないということだ。たとえば私たちは、サルが五一〇〇万年前から二六〇〇万年前のある時点で大西洋を渡ったと推定できたとしても、サルがそれをどうやって成し遂げたかを正確に知ることはけっしてない。

だからといって偶発的分散を研究して導き出せる一般論がないわけではない。それどころか、私たちはすでにそうした一般論のいくつかに出合っている。脊椎動物は海流から予想される方向で大西洋やモザンビーク海峡を渡ったという推測や、空中を移動できない動物がハワイ諸島に進出するのはインド太平洋海域からよりアメリカ大陸からのほうが各段に困難であるという推論がそうだ。実際、多くの学者が一見するとランダムなものからパターンを引き出し、そのような一般的傾向を発見しようとしているのも、長距離分散への関心の再燃によってもたらされた明らかな結果の一つだ。とはいえ分散や定着に成功した個々の事例が、基本的に予測不能なものであるという事実は変わらない。たとえサルの旅が事後に一般的傾向を裏づけたとしても、それは偶然の出来事だった。

そうは言っても、その旅が暗に意味する自然の計り知れなさを思うと、私たちはこの見方に驚嘆せざるをえない。海越えやほかの偶発的な進出は、想像を絶するほど回数を重ねた運任せのゲームの結果と言える。個別に見れば不可解で奇跡的に見えても、適切な文脈の中で捉えればその不可解さは消え、納得に変わる。こうした出来事は人が雷に二度打たれるようなもので、当人の目にはそれが神か悪魔の仕業に映るが、人間の全人口を考えれば、それは起こる確率の高い出来事だ。同じように、多くの一見信じがたい生物の進出は、私たちが深遠な歴史の中のほんの一瞬に生きていることを思い出させてくれる。その歴史は、何十億年にもわたって繰り広げられ、じつに多様な生物が登場し、自力で、または抗いがたい海流で、あ

＊＊(397ページ) 単一の珍しい突然変異の影響は、実験で証明されている。初めは遺伝的に同じ細菌でも別々の個体群として増殖させると、一部の個体群にだけ、ある食糧源が利用できる特殊な遺伝的適応が起こったのだ。おそらくこうした突然変異は、巨視的に見た場合に生命の歴史に大きな影響を与えただろうが、実際の事例を一つ指し示すこと、つまりはるかな過去に起こって進化の流れを劇的に変えた、ただ一つの突然変異事象を特定することは困難だろう。Blount et al. (2008) 参照。

るいは数え切れないほどの嵐で移動してきた。私たちはかつてサルが海洋を渡ったという考えに驚くかもしれないが、（その特定の出来事にではなく）そのたぐいの出来事が必然である歴史に畏敬の念を持つべきだろう。そうした進出の件数の多さは、この生物界の長い歴史においては、奇跡的な事象も当然予期されるものとなったことを如実に物語っているのだ。

エピローグ――流木の海岸

ある七月の朝、オレゴン州の海岸には霧が立ち込めている。鉛色の海とどんよりした空とが溶け合い、水平線ははっきりしない。内陸にはベイトウヒ、ベイスギ、ベイマツの暗い森が広がっている。タラと私と子供たち（二歳のエイジと、もうすぐ五歳になるハナ）は、リノからカリフォルニア州を横切り、海岸沿いを進み、ワシントン州北部を目指す長い車の旅の途中だ。それは行く先々の海岸に立ち寄ってはのんびりと探索をする旅となり、私たちは長いのどかな日々を、凧を揚げたり、砂の城や妖精の家を作っては壊したり、カモメを追いかけたり、波を追いかけたり、すりむいた膝の手当てをしたり、ささやかな期待外れの気持ちを慰めたりして過ごす。

海岸には生物の残骸が無数に散らばっている。最近死んだか、あるいはまだ完全に事切れていない生き物たちの乱雑な博物館さながらだ。この旅で私たちが見たもの、そして見ることになるものは、オレンジ色の海草の巨大な束、ペリカンの頭蓋骨、からし色で地虫に似た正体不明の甲殻類の奇妙な殻、胴体からもげたカモメの翼、ムラサキイガイの殻、ハマグリの殻、アワビの殻、波によって岩の細かい破片の帯のように集められた、色褪せたスナガニの殻、干からびたアザミの茎や、ウミガラスのひな鳥の乾いた死体などだ。

ひときわ目につくのは流木だ。いたるところに落ちていて、ハナが妖精の家を作るのに使う指ほどのものから、大木の幹まである。流木で差し掛け小屋、ティピー〔アメリカ先住民のうち、平原に住む部族が利用する移動式住居の一種で、木を組んで上に布を張った円錐形のテント〕、砦、村がいくつも造られており、子供たちは大喜びだった。ところどころに、じつに雑多な漂流物が打ち上げられて山を成し、それが寸断された柵のように波打ち際に続いていた。まるでアメリカ大陸が太平洋からの侵略に対して自らを守っているかのように。私は流木の凄まじい量に驚くが、こうした大量の漂着物は、ヨーロッパ人がやってくる前、人々が本格的に森の木を切り倒したり、航行するために川をきれいにしたりする前にこれらの浜辺に打ち上げられた量には及びもつかないことをのちに知る。

カール・G・ウォッシュバーン・メモリアル州立公園の海岸で、私は高潮線をたどりながら、持ち上げられる重さの漂流物の下を、ただの暇つぶしというわけでもなく、一つひとつ見ていく。キャンプファイヤーで黒く焦げた一メートル以上ある流木を一本つかんで、ひっくり返してみる。裏側には、斑模様の、灰色がかった茶色の虫が五、六匹、黒くなった木の割れ目や窪みに身を潜めていた。私はすぐにそれらに気づく（まさに、この虫を探していたのだから）。それはイシノミだ。ジョンとシェリルと私が研究してきたハワイ諸島のイシノミの近縁種で、本土に棲む *Neomachilis halophila* であることはまず間違いない（何週間もしてから解剖顕微鏡で拡大して確認したところ、これらのオレゴン州の標本には、腹部の節の一つひとつの下側に水を吸収する小胞が一対だけあることがわかり、それが裏づけられた）。イシノミは卵の状態で流木に付着してハワイ諸島にたどり着きえたというヘルムート・シュトルムの考えが、ぱっと頭に浮かんでくる。私は卵を発見したわけではないが、シュトルムの考えが、本のページに記された言葉による抽象的概念から実体を持ったものへとにわかに変わる。ここで彼のイシノミが現にこうして流木にしがみついている。そして、こうした漂流物が無数にあることは動かしがたい。私はほかの流木もひっくり返して、次々に調べてみる。すると、さらに何匹か *N. halophila* が見つかる。

やがてエイジも私に加わる。虫を見つける助けにはあまりならないが、幼い子供らしい熱意を探索に加えてくれる。足を踏み鳴らし、跳ねまわる。そして、ハサミムシやイシノミを見て歓声を上げる。まだ虫の名前もきちんと発音できないが、すでにこの子は這いまわる小さな生き物を心の奥底から楽しむことを覚えたようだ。私の頭の半分はエイジといっしょで、ウォッシュバーン州立公園の浜辺で、遊び感覚で生物学の調査をしていると何が姿を現しても心が弾む。だが頭のもう半分では、これらのイシノミが海を漂流するところや、生命の歴史が展開してきた驚くべき手段について考えている。

南を見ると、少し先に岩だらけの岬が霧の中からいくつも浮かび上がっている。北の方角には何キロメートルにもわたって、ほとんど人気《ひとけ》のない浜辺が伸びており、二人の子供たちは実際以上に小さく見える。西からは灰色の波が次々と際限なくやって来て、弧を描いて打ち寄せては砕けて泡になり、砂の上を薄く広がりながら勢いよく滑ってくる。

波の向こうにある水平線の見えない海は、果てしない、想像を絶するほど広大な障壁のように見えるものの、私にはわかる。長い長い時間の中で、数知れない生き物がそれを越えてきたのだ、と。

謝辞

私は、本書を完成させるのを手助けしてくれた友人、家族、共同研究者、ほかの研究仲間、そして電話での会話や電子メールでのやりとりでのみ知る大勢の学者に感謝の意を伝えられることを心から嬉しく思っている。

執筆過程におけるきわめて重要な部分である各章の内容の批評に関しては、次の方々に謝意を表したい。メリル・ピーターソン、キャロル・ヨーン、ピーター・ウィンバーガー、クリス・フェルドマン、マージョリー・マトーク、ピーター・マーフィー、アンジェラ・ホーンズビー、ブランディ・コイナー、ミッチェル・グリッツ、ジョン・ミーズィ、マイク・ポール、マット・ラヴィン、モット・グリーン、スザンネ・レンナー、パトリック・オグレイディ、カレン・デケイロス、ショーン・デケイロス、ジェイド・キーン、サラ・ヘッグ、ジェイソン・マレニ、コワンヤン・チャン、ヘザー・ハインズ、ジョゼフ・コレット、エリック・ゴードン、デイヴィッド・ヘイステン、デレク・オメアラ、エリック・スタイナー、レベッカ・スワブ。妻のタラ・デケイロスと、友人であり共同研究者であるジョン・ゲイツィーにはとりわけお世話になった。二人とも原稿のすべてに、前向きで励みとなる意見を提供してくれた――タラは比較的穏やかな態度で、ジョンはいつものように辛辣で挑発的なやり方で。

私は知恵を拝借し、事実関係を確認し、話に人間味を加えるために、学者を中心とする多くの方々に会って話を聞いたり、気さくに雑談を交わしたりした。電話や電子メールでの長々とした照会に関しては、アン・ヨーダー、デニス・マッカーシー、ジョン・ブリッグズ、マイケル・ドナヒュー、マイケル・ヘッズ、ゲーリー・ネルソン、マット・ラヴィン、スザンネ・レンナー、故ロバート・マクドウォール、ジョン・ミーズィ、ミゲル・ベンセス、ボブ・ドルーズ、マイク・ポール、ダラス・ミルデンホール、イサベル・サンマルティン、スティーヴ・トレウィック、ホルヘ・クリスキにお礼を申し上げる。ここではとくにマイケル・ヘッズ、デニス・マッカーシー、ゲーリー・ネルソンに感謝したい。この三人は、私が彼らの科学的見解には真っ向から異議を唱えていることを知りながら、質問にはいつも快く答えてくれた。短い電子メールの交換や会話については、次の方々にお礼を申し上げる。ノーマン・プラトニック、アンドレアス・フライシュマン、ハミッシュ・キャンベル、エレン・センスキー、デイヴィッド・クラウス、ロバート・メレディス、ショーン・デケイロス、ケヴィン・デケイロス、ジェローム・サラドール、マイケル・クリスプ、ニコラス・ヴィダル、パトリック・オグレイディ、ピーター・ウィンバーガー、クリス・フェルドマン、ベン・ノーマーク、ルドルフ・シェフラーン、グレーゲル・ラーソン、グレアム・ウォリス、ジミー・マガイア、シェリル・ハヤシ、スティーヴ・モンゴメリー。

科学に関する本はどれも、それまでの厖大な研究をもとにして書かれるもので、その意味では、参考文献リストは謝辞の一部と見なせる。とはいえ、私が情報や着想を得るためにとりわけ大きな拠り所とした五冊の本を、ここで挙げておきたい。ジャネット・ブラウンの『俗世の方舟（*The Secular Ark*）』、デイヴィッド・クォメンの『ドードーの歌』、故デイヴィッド・ハルの『手法としての科学（*Science as a*

Process)』、マルコ・ロモリノ、ダヴ・サックス、ジェイムズ・ブラウン編の『生物地理学の基礎（*Foundations of Biogeography*）』、ブレア・ヘッジズとスディール・クマー編の『生命の時系樹（*The Timetree of Life*）』だ。この五冊がなかったら、本書にとっては大きな痛手だったことだろう。重要な未発表の原稿や研究結果を提供してくれたアンドレアス・フライシュマン、ジョン・ゲイツィー、パトリック・オグレイディ、マイク・クリスプ、マイケル・ヘッズ、ゲーリー・ネルソン、ジェイソン・アリ、スザンネ・レンナー、故ロバート・マクドウォールにも負うところが大きい。

写真やほかの画像の入手、修正に関しては、次の方々のお世話になった。ボブ・ドルーズ、イサベル・サンマルティン、アンドレアス・フライシュマン、ジョン・ミーズィ、スザンネ・レンナー、ゲーリー・ネルソン、ミゲル・ベンセス、ケネス・ミラー、クリス・バリッジ、ドン・ジェリーマン、クリス・フェルドマン、ハーナン・ソーサ、ネイサン・マチャラ、ゲーリー・ナフィス、マーティン・マイヤーズ（マーティンには申し訳ないが、船に取り残されたずぶ濡れのゴジュウカラは、適当な場所がなくて入れられなかった）。また、本書に必要だった参考文献はほとんど、ともにネヴァダ大学リノ校のマシューソン＝IGT・ノレッジ・センターとデラメア（地球科学）図書館を通して調達した。

序章で述べたように、そもそも私が生物地理学というテーマ全般、そしてとりわけ海洋分散というテーマに引き込まれるきっかけは、ガータースネークの研究プロジェクトだった。そのプロジェクト、ひいては本書は、爬虫両生類の共同研究者であるロビン・ローソンとフリオ・レモス＝エスピナルがいなければ成立しなかっただろう。そして私の生物地理学への興味やこの分野の知識は、別の研究プロジェクト、つまり今も継続中の一連のイシノミ研究によって深まった。これは、ジョン・ゲイツィー、シェリル・ハヤシ、ローラ・バールドー、マーシャル・ヘディン、ロバート・メレディス、エリック・スタイナー、ジム・リーベアと行なっている一連の共同研究だ。とくに、友人のジョンやシェリルと何度かハワイ諸島に行き、泥まみれになってイシノミを追ったことで、海洋島への生物の進出の意義をいっそうよく理解し、それに関していっそう多くのことを知るようになった。

長年の友人であるキャロル・ヨーンとメリル・ピーターソンは、本書のもととなった企画案に対し、きめ細かでこの上なく建設的な意見を提供してくれたのでおおいに参考になった。この企画案を出版社に手際よく売り込んでくれたことについては、辣腕の著作権代理人ラス・ギャレンにも感謝したい。ベーシック・ブックス社の担当編集者T・J・ケレハーは、科学にたいへん詳しく、俯瞰的に物事を捉える目を持ち、本書を大小さまざまなかたちで改善してくれたことを、私はありがたく思っている。拙稿を実際の本に仕上げるのを助けてくれた点では、ベーシック・ブックス社のほかの担当者の方々、とくにティッセ・タカギ、コリン・トレイシー、キャシー・ストレックファス、ジャック・レンゾにも謝意を表したい。

私の家族や親戚は物心の両面で支えてくれたが、それよりもなおありがたかったのは、よく執筆からの気分転換を手助けしてくれたことだ。クリスティン・デケイロス、リチャード・デケイロスとチズコ・デケイロス、ショーン・デケイロスとカレン・デケイロス、ジャニス・ハーヴィー、ジム・フォービス、ロビン・ソーサとハーナン・ソーサとガブリエラ・ソーサとナタリア・ソーサ、テス・ガエーゴスとマット・ガエーゴスとサミー・ガエーゴス、ジェローム・サラドール、エリック・サイジョー、マリ・ローズ・タルク、シッダルタ・タルク、カワヤン・サイジョー＝タルク、ラニ・サイジョー、リー・サイジョーにはとくにお礼を言いたい。

自然観察の仲間であり、庭いじりが好きで、グレート・ベイスンを愛し、著述家でもある妻のタラは、格別な感謝に値する。初めからそばにいて（バハカリフォルニアでは、ガータースネークの採集に驚くほど快く協力してくれ)、果てしなく見えることもあったこの企画が進行するあいだは終始、愛情と後押し(そしてときには給料)で私を支えてくれた。いくら感謝しても足りないほどだ。本書が世に出たのは、まさに彼女のおかげだ。タラはハナとエイジというわが家の子供の優れた母親でもあり、ここ数年に家族でたどってきた道のりは、人生が変わるような経験だった。そして、生まれながらの本の虫ともいえるハナが、最近になって私の仕事を理解してくれるようになったのはとくに喜ぶべきことだった。もっとも私が中断していたプロジェクトと比べると、本書のテーマの価値には疑問がありそうだったが。あるとき、机に向かう私を見つけたハナが、真顔でこう尋ねたことがある。「パパ、あの日についての本、ほんとうに書くの?」

訳者あとがき

日常生活では、ついつい目先のことばかりに囚われがちだからだろうか、時間的にであれ、空間的にであれ、逆にスケールの大きいものには、その大きさ自体の持つ魅力に惹かれる。そして、そんな魅力を備えたものの一つが、本書のテーマの歴史生物地理学だ。時の経過に伴う生物分布の変化に取り組むこの分野は、時間的にも空間的にもスケールが大きい。なにしろ、生命の歴史をたどれば何百万年、何千万年、何億年という時間をさかのぼることになるし、生命活動の舞台となる地球は一周四万キロメートルに達するのだから、否応なく視野が広がり、壮大な眺めに思わず息を呑む。

私たちの世界は、なぜ今のような姿をしているのかという疑問には、多くの人が昔から魅了されてきた。そして、この謎を解き明かす過程は、数々の発見や閃きを経て進んできた。進化の概念や大陸移動説、海洋底拡大説、地球の磁場の逆転とそれが生み出す海底の縞模様、プレートテクトニクス理論から、年代推定法やDNAの複製法まで、さまざまな答えや手がかり、手法は、従来の考え方の枠組みや技術の範囲を超えてよくぞ見つけたり思いついたりしたと感心するし、そうしたものが得られたり、その成果を目にしたりした瞬間の当事者の気持ちの高ぶりを想像しただけで、こちらまで胸がわくわくしてくる。そして、本書の主眼である生物のはるかな旅――モウセンゴケやトウモロコシから、ヘビやトカゲ、なんとサルまで、翼も持たず、泳ぐことも苦手な、あるいはできない多くの生き物が、果てしない大海原を太古からたびたび渡ってきたこと――を思うと、何か言いようもない感動を覚える。

もっとも、振り返ってみれば、ダーウィンとウォレスの進化論が世に出てからまだ一六〇年ほど、プレートテクトニクス理論に至っては、広く受け入れられたのはたかだか半世紀前のことにすぎない。深遠な時間と比べれば一瞬とも言える。また、生物分布研究のカギを握る動植物の化石や花粉、さらにはDNAの塩基の小ささと言ったら、地球上の地理的分布や、地殻変動の地球物理学の規模とはこれまた比べ物にならない。極大のスケールと極小なスケールの、なんと奇妙な取り合わせだろう。そして、長い歴史の中で、これほど小さなものにまで頼って、生物の分布がここまで解明された時代に自分が居合わせるとは、なんと不思議なことだろう。

不思議と言えば、本書を読むとわかるとおり、科学や科学者がそれほど科学的でも論理的・客観的でもないというのも、一見すると不思議な話だが、いかにもありそうなこと、人間らしいことという気もする。そもそも生き物の分布に関する科学的な思考は、ノアの方舟の話にまつわる疑問に端を発すると見る向きもある。すなわち、大洪水のあと、アララト山にたどり着いたことになっている動物たちは、どうやって再び世界中に住みついたのかという疑問だ。また、事実ばかりではなく人脈や時代の風潮、人々の思い込みを軸に学派が優劣を争うというのも、よくあることのようだ。分断分布説と海上分散説という二つの説がぶつかり合った歴史生物地理学でも同様だったようで、この分野は「証拠を第一に考えるよりも、理論に合わせて事実を捻じ曲げようとする試みに頻繁につきまとわれ」てきたという言葉も紹介されている。

じつは著者も、最初は分断分布説を鵜呑みにしていたが、ヘビに関する研究を通して、長距離海上分散説に目を開かれた。そして本書では、自分やほかの研究者たちのさまざまな研究成果を挙げながら、分断分布説のいわば原理主義者たちの独善的な主張を辛抱強く突き崩していく。蔑視されていた少数派が研究を重ね、証拠を積み上げることで、徐々に勢いをつけ、味方を増やし、形勢を逆転させ、パラダイムの確立に近づいていくというその過程は、小気味よく読める。真理の追究は、先入観や通説に束縛されずに、権威や多数決ではなく証拠に基づいて進められるべきであるという正論の、絵に描いたような実践例だ。もちろん、著者は海上分散説の立場から語っているから、分断分布説の擁護者、あるいは第三者なら別の物語を展開するかもしれないが、それは別の本に譲るとしよう。それに、著者もはっきり認めているとおり、両学説は二者択一ではなく、一方が当てはまる生物や事例もあれば、もう一方がふさわしい場合もある。また、歴史生物地理学にまつわる個々の疑問は、数学の証明問題のように、揺るぎないかたちですっぱりと立証することもできない。タイムマシンなどないのだから、何千万年も前にこれこれの事象がこういう順序で確実に起こった、あるいはこれこれの事象は断じて起こらなかったなどと、万事につけて正確に言い切ることは望むべくもない。反証不能のものは非科学的であるという厳密な反証主義が絶対でない、こういう科学もありうることを本書は納得させてくれる。現実の結果を受け入れ、数々の状況証拠から全体的なパターンをつかみ、方向性を見定めるというアプローチが、けっして無意味ではないことを教えてくれる。

著者のアラン・デケイロスはサイエンスライターで進化生物学者だ。コーネル大学で博士号を取得し、コロラド大学で生物学を教え、現在はネヴァダ大学で非常勤で教えながら研究や執筆活動を続けている。動植物の海上分散から行動の進化、サナダムシの起源まで、さまざまなテーマで書いたポピュラーサイエンスの記事は『ウォールストリート・ジャーナル』紙や『ハフィントンポスト』紙、『サイエンティスト』誌などに掲載され、広く引用されてきた。現在は妻と二人の子供とネヴァダ州リノに暮らしている。

訳にあたっては、度重なる私の質問に、いつもすばやく的確に答えてくださった著者に、この場を借りてお礼を申し上げる（Croizatのような、人名で日本語表記が一つに定まっていないものについても、ご本人やアメリカの生物地理学者による発音を教えていただいて参考にした）。ところで、電子メールでのやりとりのあいだに、私たちは思いがけない「歴史生物地理学研究」をすることになった。本文中で著者は自分を「アジア系の男性」と呼んでいるし、娘はハナ、息子はエイジなのに、姓がアジア系には見えないので尋ねてみると、母方の祖父母が（本書の用語を転用すれば、「長距離海上分散」した）日本からの移民、父方の祖母も日系二世、祖父がメキシコからの移民（隣国からの「自然分散」）であり、この祖父が変わり者で何度か姓を変え、その一つがポルトガルのデケイロスだったそうだ。著者の父親の一家は第二次世界大戦中、日系人の強制収容施設に入れられた（人為的な「導入」）が、それは、アメリカに移民（これまた、「長距離海上分散」）した私の大伯母一家が入れられた（これも人為的な「導入」）施設でもあった。「分散」と「導入」の共通経験を持つ二つの家族の子孫が、歴史生物地理学の書の著者と訳者として出会うとは。やはり本書の言葉を借りれば、「ありそうもないこと、稀有なこと、不可思議なこと、奇跡的なこと」も起こるものだとばかり、二人してこれにはおおいに驚いた。

最後になったが、丁寧にゲラに目を通して、数々の問題点を指摘し、改訂案を示してくださったみすず書房の市原加奈子さんと、円水社の方々、そのほか刊行までお世話になった多くの方々に心から感謝したい。

二〇一七年六月

訳者を代表して

柴田裕之

索　引

ア

カ

サ

タ

ナ

ハ

マ

ヤ

ラ

ワ

原　註

序

1) Popper (1965), 66.
2) ゴンドワナ大陸の分裂の順序に関する論評については，McLoughlin (2001); Sanmartín and Ronquist (2004) を参照のこと．歴史生物地理学を象徴する物語としてのゴンドワナ大陸の分裂については多くの文献のなかでもとくに，Raven and Axelrod (1972); Hallam (1994); Gibbs (2006); 及び McCarthy (2009) を参照のこと．
3) バハカリフォルニアの地質学的な歴史については，Carreño and Helenes (2002); de Queiroz and Lawson (2008); 及び両者の参考文献.
4) バハカリフォルニアのガータースネーク研究については，de Queiroz and Lawson (2008).
5) Inger and Voris (2001).
6) Lessios (2008).
7) Funk (2004); de Queiroz (2005). このテーマは第2章と第3章で詳しく取り上げる．
8) リクガメについては，Caccone et al. (1999); タスマニア島とニュージーランドのあいだでの植物の移動については，Jordan (2001); ナンキョクブナについては，Cook and Crisp (2005), Knapp et al. (2005); バオバブについては，Baum et al. (1998); 齧歯類については，Poux et al. (2006).
9) Gibbs (2006), 7.
10) Metcalf (2002).
11) Gerlach et al. (2006).

第1章

1) クロイツァットと汎生物地理学については第3章の註を参照.
2) 陸橋説に対するダーウィンの不信については，Browne (1983).
3) Darwin (1839); Browne (1983).
4) J. D. フッカーに宛てた，ダーウィンの1855年6月5日付の手紙．Burkhardt and Smith (1989), vol. 5, 344 より．
5) Browne (1983).

6) Darwin (1859) の地理的分布に関する各章.
7) J. D. フッカーに宛てた，ダーウィンの 1855 年 4 月 19 日付の手紙．Burkhardt and Smith (1989), vol. 5, 308 より．
8) J. D. フッカーに宛てた，ダーウィンの 1855 年 4 月 13 日付の手紙．Burkhardt and Smith (1989), vol. 5, 305 より．
9) ダーウィンに宛てた，J. D. フッカーの 1856 年 11 月 9 日付の手紙．Darwin Correspondence Project のウェブサイト，www.darwinproject.ac.uk/home より．
10) Browne (1983).
11) Browne (1995).
12) ジョン・マクフィーが *Basin and Range* (1981) でこの「深遠な時間」という言葉を造った．
13) ウォレスの経歴に関する基本情報については，Shermer (2002); Quammen (1996).
14) Shermer (2002), 58.
15) ウォレスのサラワク論文と（適者生存の）テルナテ島論文については，Wallace (1891).
16) Shermer (2002), 89.
17) Quammen (2006); Shermer (2002).
18) ウォレスのサラワク論文に対するライエルとダーウィンの反応については，Browne (1983); Shermer (2002); Quammen (2006).
19) フォーブズの経歴に関する基本情報については，Browne (1983).
20) Browne (1983), 114.
21) Browne (1983).
22) Darwin (1859).
23) ウォレスの後年の生物地理学的研究については，Shermer (2002).
24) 大陸は不動だとダーウィンとウォレスが信じていたことについては，Darwin (1859); Shermer (2002)．ウォレスはしばらくのあいだ，大陸は水平移動する（つまり，大陸移動が起こる）と信じていたが，1860 年代初期に考えを変え，大陸の位置は不動だと信じるようになった（Parenti and Ebach 2009).
25) Lawrence (2002).
26) Lawrence (2002); McCoy (2006).
27) Lawrence (2002); McCoy (2006).
28) ヴェーゲナーの経歴に関する情報の大半は，McCoy (2006) より．それ以外の情報源に頼った場合には，以下に記載.
29) Hughes (1994) に引用されたドイツの地質学者ハンス・クロースの言葉.
30) Lawrence (2002).
31) Lawrence (2002), 34. じつはヴェーゲナーは，このテーマに関するテイラーの論文を読んで大陸の移動という発想を得たとする人もこれまでいたが，その主張はよくても不確かでしかない（McCoy 2006)．ヴェーゲナー自身は，この考えを独自に思いついたと述べている．どちらにせよ，基本的な発想は数百年前からあったのだし，ヴェーゲナーの遺産は彼が提示した証拠の質と量に基づいているから，彼がど

うして最初にこの現象について考えるようになったのかは問題ではないように思える.

32) Yount (2009), 34.

33) ヴェーゲナーの理論の説明は，Wegener (1924) (大陸移動についての彼の本の第3版で，英語に翻訳された最初の版) と，Lawrence (2002) 及び McCoy (2006) の要約に基づく.

34) Chamberlin (1928), 87. ただし，ヴェーゲナーの著書には派手な間違いもある. たとえばヴェーゲナーは，大陸の移動の速度が現在知られているよりも桁違いに大きくなることがあると考えていた.

35) P. テルミエの言葉. Schuchert (1928), 140 での引用.

36) E. ベリーの言葉. Oreskes (1988), 336 での引用.

37) Oreskes (1988); McCoy (2006).

38) Oreskes (1988).

39) Oreskes (1988), 336. 納得のいく仕組みが見つかっていなくても，一般に学者はある現象が実際に存在することを信じないわけではないことも，オレスケスは指摘している. たとえば，多くの人がダーウィンを信じ，自然淘汰が妥当な仕組みであるとは納得していなくても，進化は現実のものであると確信するにいたった. 同様に，原因には納得がいかないまま，学者たちは氷河時代があったことを受け入れた (Oreskes 1988).

40) Oreskes (1988), 332.

41) McCoy (2006), 133.

42) du Toit (1937). Frankel (1981) は，ヴェーゲナーの理論を支持したほかの学者 (おもに古植物学者) について論じている.

43) Kuhn (1970).

44) 陸橋「学派」の優位については，Mayr (1982). Gadow (1913) には，三畳紀前期以降のさまざまな時点で広大な陸橋を描いた一連の地図が収録されている. Schuchert (1932) はゴンドワナ大陸のさまざまな陸橋の証拠を論評している.

45) マシューの影響とニューヨーク学派の発展については, Nelson and Ladiges (2001).

46) 筏の数の計算やマダガスカル島の哺乳類動物相を含め，海洋分散に関するマシューの見解の詳細については，Matthew (1915).

47) 自分たちを指してマシューの「使徒」という言葉を使い,「気候と進化」を「一種の聖書」と呼んだ学者は，爬虫両生類学者のカール・シュミットだ. 彼の言葉は，Nelson (1973), 313 に引用されている.

48) Nelson and Ladiges (2001).

49) Darwin (1839), 148.

第2章

1) Gladwell (2000).

2) Hull (1988), 144. ネルソンの経歴に関する情報については，Hull (1988) 及び,

2010年4月20日から10月22日にかけてのネルソンからの電子メールを参照した.

3) Hull (1988), 145.

4) Hull (1988); ネルソンからの2010年10月22日付の著者宛ての電子メールより. ブランディンの論文は, Brundin (1966).

5) Brundin (1966).

6) Hennig (1966). 分岐学的分類法の開発及び, 分岐学の支持者とより伝統的な系統分類学者との「戦争」は, Hull (1988) に詳述されている.

7) こうした図のほかの例は, Simpson (1953), 261; Young (1962), 239 を参照のこと.

8) ホームズの放射性年代測定法の研究については, Lewis (2002); Frankel (1978). 彼のマグマ対流説については, Gohau (1990); Frankel (1978).

9) Holmes (1928, 1944). ホームズの説が受け入れられなかったことについては, Frankel (1978); Lawrence (2002).

10) Bryson (2003), 177 での引用.

11) ヘスの経歴に関する情報については, James (1973); Lawrence (2002). ヘスによるギヨーの発見は上記の文献及び Hess (1946) より.

12) Lawrence (2002), 157.

13) McCoy (2006); Lawrence (2002).

14) Hess (1962). ヘスの論文はこの遅れのせいで, 酷似した理論を提示するR. S. ディーツの論文のあとに披露されることになった. ディーツ自身はヘスがこの理論を最初に思いついたことを認めているが, 自分の考えを練っているときにはヘスの論文を知らなかったとも主張している (ヘスの論文は発表前に回覧されていた). ちなみに,「海洋底拡大」という用語を造ったのはディーツだった (Lawrence 2002).

15) Hess (1962), 599.

16) Hess (1962), 607.

17) ヘスの理論にとってのギヨーの重要性については, Hess (1962); Lawrence (2002).

18) Bryson (2003).

19) 特異な磁気パターンに関するヴァインとマシューズ及びモーリーの研究の影響についてのこのような説明は, たとえば Gohau (1990); Macdougall (1996); Bryson (2003) に見られる.

20) Lawrence (2002). ヴァイン＝マシューズ＝モーリー仮説の説明については, Vine and Matthews (1963); Lawrence (2002).

21) Lawrence (2002), 212.

22) Lawrence (2002).

23) ヴァインとマシューズの論文発表後に積み重なったさらなる証拠と, 1966年にニューヨークで開かれたシンポジウムの説明については, McCoy (2006); Lawrence (2002).

24) Lawrence (2002).

25) Brundin (1966), 451.

26) Brundin (1966), 439. 実際, のちの分断生物地理学者のなかには, あまりに分散説に傾きすぎているとしてブランディンを批判する人もいたほどだ.

27) これと，あとに続く 2 つの引用は，Brundin (1966), 51 より．

28) Brundin (1966), 5.

29) Hull (1988); ネルソンからの 2010 年 10 月 22 日付と 23 日付の著者宛ての電子メールより．ネルソンは，2010 年 4 月 20 日付と 21 日付の著者宛ての電子メールの中で，ブランディンから受けた永続的な影響について語った．

30) ロンドン自然史博物館とアメリカ自然史博物館の学者をネルソンが宗旨替えさせたことについては，Hull (1988); Nelson, "Cladistics at an Earlier Time"（未発表の原稿）．両者の説明が食い違う箇所では，ネルソンの言い分に従った．グリーンウッドとパターソンがもともと系統学に基づかない見方をしていた証拠については，Patterson (1997); Nelson (2000) を参照のこと．

31) Mayr (1982), 620.

32) Giller et al. (2004), 274.

33) Rosen (1978, 1979).

34) 走鳥類とノトファガス属の例については，それぞれ Cracraft (1974) 及び Cracraft (1975).

35) ドナヒューと著者が 2010 年 9 月 3 日に電話で交わした会話より．

36) 分岐学の支持者の態度は，Hull (1988) に詳しく説明されている．また，Yoon (2009) にはより簡潔かつ魅力的に描かれている．

37) Nelson (1978b).

38) Darlington (1970), 16.

39) ジョン・ブリッグズからの 2010 年 8 月 25 日付の著者宛ての電子メールより．

40) *Norops sagrei* の分布は，Williams (1969); Norval et al. (2002); 及び Tan and Lim (2012) より．アノールの実験は，Schoener and Schoener (1984) より．

第 3 章

1) Ziegler (2002); Tilling et al. (2010).

2) 長距離分散に反対するヘッズの主張については，Heads (2009, 2011).

3) ヘッズからの 2010 年 8 月 5 日付の著者宛ての電子メールより．

4) Sharp and Clague (2006).

5) Price and Clague (2002); Baldwin and Wagner (2010).

6) 鳥については，Hawaiian Audubon Society (2005)．シモフリアカコウモリについては，Jacobs (1994)．オランダイチゴと *Jacquemontia ovalifolia* については，Wagner et al. (1999)．ボストンタマシダについては，Palmer (2003).

7) クロイツァットの経歴に関する以下の情報については，Croizat (1982); Hull (1988, 2009); Colacino and Grehan (2003)．自費出版しなかった唯一の著作『植物地理学の手引き（*Manual of Phytogeography*）』も入れると，彼の執筆量にはさらに 700 ページが加わる．

8) Croizat, vol. 1 (1958), xii-xiii.

9) Darwin (1859); Matthew (1915).

10) Croizat (1962), 637.

11) Croizat (1962).

12) クロイツァットの方法の簡潔な説明については，Croizat et al. (1974); Craw et al. (1999).

13) Croizat (1962), 712.

14) ヒポクラテスやアリストテレス，テオフラストスらを挙げた Mayr (1982) は，インドとアフリカ大陸で起こっているもののような一部の不連続分布を，かつての陸地のつながりに帰している．

15) たとえば，Croizat (1962), 213.

16) Croizat (1962), 604.

17) ニュージーランドについては, Page (1989); Jordan (2001); Winkworth et al. (2002); Wallis and Trewick (2009); Trewick and Gibb (2010)．ハワイ諸島については，Baldwin and Wagner (2010); Gillespie et al. (2012)．これらの研究のうち，トラックの方法を実際に使っているのは，Page (1989) だけだが，他の研究は，ここで挙げられた 2 つの地域に関して多様なトラックの存在を暗示している．

18) Heads (2008).

19) 偶発的分散から一般的なパターンが生じる可能性があり，したがって異なる分類群が共有するトラックは単一の事象の証拠ではないという考えは，Ball (1975) に見られる．

20) クロイツァットが植物学者のあいだでは割合広く知られていたが，1970 年代なかばまでは動物学者には知られていなかった事実については，Schmid (1986).

21) Colacino and Grehan (2003), 10.

22) Nelson (1977), それぞれ 452 及び 451.

23) ネルソンからの 2010 年 4 月 20 日付の著者宛ての電子メールより．

24) Brundin (1966), 61.

25) Hull (1988) には，ネルソンがクロイツァットを擁護したことと，両者の交流が詳述されている．ネルソンがクロイツァットの研究を熱狂的に説明した論文は，Nelson (1973).

26) クロイツァットとネルソンとローゼンの共同の経緯は，Hull (1988) で論じられている．その共同から生まれた論文が，Croizat et al. (1974).

27) Croizat et al. (1974), 269.

28) Croizat et al. (1974), 276.

29) Croizat et al. (1974), 277.

30) Gould (1986). より具体的に言えば，グールドは，現代の進化論の統合体（つまり，進化論と個体群の遺伝学を統合したもの）は，比較的多元的な形態から，自然淘汰の範囲を誇張する形態へと「硬化した」と主張した．

31) Nelson (1978a), 289.

32) 分散仮説は検証不能または反証不能あるいはその両方であるという考えは，Ball (1975); Rosen (1978); Craw (1979); Nelson and Platnick (1981) に見られる．

33) McDowall (1978).

34) 現生の哺乳類，鳥類，種子植物のグループの大半は，あまりに新しいので大西洋の誕生の影響を受けていないというマイヤーの主張については，Mayr (1952).
35) 分子時計と，生物地理学におけるその利用は，第5章と第6章でより詳細に論じてある．分子時計が一定していないことを，Goodman et al. (1971) が早々に実証している．
36) Heads (2005); Nelson and Ladiges (2009); Parenti and Ebach (2009, 2013).
37) ネルソンからの2010年10月23日付の著者宛ての電子メールより．ネルソンはNelson (1978c) でも，ホモ・サピエンスは一般に信じられているよりもはるかに古いかもしれないことを暗示している．
38) Brundin (1966), 51.
39) Croizat (1962), 708.
40) Croizat et al. (1974), 277.
41) Brooks and Wiley (1988).
42) McAtee (1914). このあとの引用は，この記事の404ページより．

第4章

1) Marks (2009).
2) ノースブラザー島のムカシトカゲは，*Sphenodon guntheri* という異なる種だと考えられてきたが，最近の遺伝子研究では，*Sphenodon punctatus* と一まとめにすべきだとされている．Hay et al. (2010) を参照のこと．
3) この推定は，Shedlock and Edwards (2009) より．
4) ムカシトカゲの解剖学的構造については，Pough et al. (1998).
5) ムカシトカゲやそのほかのムカシトカゲ属の生き物の化石記録については，Jones et al. (2009).
6) ニュージーランドの地質学的な歴史については，Campbell and Hutching (2007).
7) Higham et al. (1999).
8) 外来のネズミやほかの哺乳類がムカシトカゲに与えた影響については，Towns and Daugherty (1994).
9) Hay et al. (2010).
10) Angier (2010).
11) Nelson (1975), 494.
12) Gibbs (2006). ニュージーランドの植物相は分散に由来すると，ダーウィンとマシューとダーリントンが主張していたことについては，Darwin (1859); Matthew (1915); Darlington (1965). Pole (1994) は，ニュージーランドの植物相の歴史に関する考え方の歴史を概説している．
13) Nelson (1975), 494.
14) 著者との電子メールでのやりとりより．マイク・ポール（2010年11月1日付)，ダラス・ミルデンホール（2010年12月12日付)，スティーヴ・トレウィック（2010年12月13日付).

15) Pole (1994), 625 での Enting and Molloy (1982) の引用.
16) モアとキーウィの化石記録については，Tennyson et al. (2010); Tennyson (2010). キーウィのものかもしれない足跡については，Fleming (1975). 中新世のムカシトカゲについては，Jones et al. (2009). ニュージーランドの脊椎動物の化石記録全般については，Tennyson (2010).
17) ジーランディア大陸が南極＝オーストラリア大陸から分離したころにあたる白亜紀後期のニュージーランドの脊椎動物の化石については，Tennyson (2010).
18) Raven and Axelrod (1972), 1382.
19) 花粉とその分析に関する一般情報については，Moore et al. (1991).
20) Fleming (1975); Mildenhall (1980); Pole (1993, 1994); Lee et al. (2001).
21) Lee et al. (2001).
22) Salmon (1992). 私たちがアーサーズ峠で同定した植物の化石記録については，Lee et al. (2001). ただしモウセンゴケは除く. モウセンゴケについては，Raine et al. (2008).
23) Fleming (1962, 1975).
24) ダラス・ミルデンホールからの 2010 年 12 月 12 日付の著者宛ての電子メールより.
25) Mildenhall (1980). ミルデンホールの 1980 年の論文がどのように引用されてきたかについては, Web of Science citation database (http://thomsonreuters.com/web-of-science/). 2010 年 3 月にアクセス.
26) ポールからの 2010 年 11 月 1 日付の著者宛ての電子メールより. マイク・ポールの経歴に関する情報については，ポールからの 2010 年 11 月 1 日付，2010 年 12 月 3 日付，2011 年 3 月 23 日付の著者宛ての電子メールより.
27) ヘッズからの 2011 年 4 月 5 日付の著者宛ての電子メールより.
28) Pole (1993).
29) Pole (1994).
30) ポールからの 2010 年 11 月 1 日付の著者宛ての電子メールより.
31) ポールからの 2010 年 11 月 1 日付の著者宛ての電子メールより.
32) ナンキョクブナと走鳥類の分子時計研究については，それぞれ，Martin and Dowd (1988); Sibley and Ahlquist (1987); 及び両者の参考文献.
33) Powers (1911).

第 5 章

1) Simanek and Holden (2001); Overbye (2013). シマネクとホールデンの著書は「サイエンス・ユーモア」だが，この作品が提供する年代推定は本物の研究に由来する.
2) Shultz et al. (2012). 年表は過去へとさかのぼればさかのぼるほど作成するのが難しくなる傾向にある. とはいえ，非常に近い過去の年表にも問題が発生する場合がある. たとえば，ある人物が特定の時刻にどこにいたかが重大な意味を持つのに，立証が困難な刑事事件がそうだ. こうした例からは，ある出来事が起こった時点とほかの出来事が起こった時点との相対的な関係を正確に突き止めるのが重要な場合

が多いことがわかる．

3) 分岐図あるいはトラックに的を絞り，さまざまなグループの年代の証拠を使わないことについては，多数ある文献のうちでも，Croizat et al. (1974); Cracraft (1975); Rosen (1978); Nelson and Platnick (1981); Wiley (1988); 及び Humphries and Parenti (1989) を参照のこと．Croizat et al. (1974) 及びNelson and Platnick (1981) は，化石を使ってさまざまなグループに年代を割り当てることをはっきり批判している．

4) Hallam (1973, 1994); Briggs (1987, 1995). 魚類学者のジョン・ランドバーグは根っからの分岐学支持者だったものの，化石記録は非常に有益だと考えていた点で，ハラムやブリッグズと似ていた（し，今も似ている）．Lundberg (1993) という重要な論文では，淡水魚の分布の一般的説明として大陸移動に頼ることに異議を唱えるために，化石証拠が使われている．

5) ドナヒューと著者が2010年9月3日に電話で交わした会話より．

6) Heads (2005), 71.

7) Heads (2005), 72.

8) Nelson and Ladiges (2009).

9) 分子時計は，Zuckerkandl and Pauling (1962) で最初に提示された．分子時計という発想の初期の歴史については，Morgan (1998) を参照のこと．

10) ダーウィンが進化論をしだいに固く信じていく様子は，Browne (1995) 及び Quammen (2006) より．ただしこの2人の著者は，私の解釈に必ずしも同意しないだろう．

11) マリスによるPCR法の発明やそのほかの業績については，Mullis (1998); Wade (1998).

12) PCR法を説明するもともとの論文（7人の執筆者のうち，マリスが4人目）は，Saiki et al. (1985)．のちに発表された，この手法のより詳細な説明は，Mullis and Faloona (1987) に載っている．

13) 最初のかなりお粗末なガータースネークの塩基配列決定研究は，de Queiroz and Lawson (1994)．のちの，はるかに優れた研究は，de Queiroz et al. (2002)．ちなみに，あとのほうの論文は，気候の乾燥による森林地帯の分断を背景に，一部の高地のガータースネークは分断分布に由来するという筋書きも提示している．

14) 分子時計が一定の速さで時を刻まないことに関する初期の研究には，Goodman et al. (1971); Britten (1986); Vawter and Brown (1986) などがある．

15) この瓶の家の来歴については，Gildart and Gildart (2005).

16) Jukes-Cantorモデルや木村2変数モデルなど，PCR法以前のものを含む，DNA変化の多くのモデルの要約については，Felsenstein (2003).

17) 進化に関して非常に単純なモデルよりも複雑なモデルのほうが有効であることの実証については，Huelsenbeck et al. (2011). Felsenstein (2003) も参照のこと．

18) リザル・シャプトラについては，Fernandez (2005); Jones (2005)．メラワティについては，Associated Press (2005).

第6章

1) Hoberg et al. (2001).
2) これとこのあとに続く引用は，マイケル・ドナヒューと著者が2010年9月3日に電話で交わした会話より．
3) 分断分布説を支持する学者が分子年代推定に対して行なった辛辣な批判については，Heads (2005); Parenti (2006); Nelson and Ladiges (2009).
4) Benton et al. (2009).
5) 既知の最古の化石の年代によって，分子時計の較正が誤った方向へ導かれる問題については，Heads (2005); Nelson and Ladiges (2009).
6) Mayr (2003).
7) とりわけ信頼性の高い化石の較正点を使うという考え方と，鳥類とワニ類の分岐点を含む多くの具体的な分岐点の正当化については，Benton et al. (2009).
8) 較正年代の不確かさを考慮に入れる具体的な方法については，Kumar et al. (2005); Drummond et al. (2006). Ho and Phillips (2009) 及び Hedges and Kumar (2009b) は較正における不確かさというテーマについて論評している．
9) 複数の較正点の比較については, Douzery et al. (2003); Near and Sanderson (2004).
10) Bousquet et al. (1992); Martin and Palumbi (1993); Rodríguez-Trelles et al. (2004); 及び Thomas et al. (2006). 哺乳類とサメの時計の速さは，Marshall et al. (1994); Martin and Palumbi (1993) より．
11) Bromham (2009).
12) Welch and Bromham (2005); Hedges and Kumar (2009b).
13) Kishino et al. (2001); Kumar et al. (2005); 及び Battistuzzi et al. (2010) など．
14) Meredith et al. (2011b). 異なるグループの較正点を使う劇的な効果についてのジョン・ゲイツィーの言葉は，2011年8月にゲイツィーと著者が交わした電話での会話より．
15) Vidal et al. (2009); Pyron and Burbrink (2011). 個々の分類群に関する時系樹研究が,「生命の時系樹プロジェクト」の成果をまとめた書籍Hedges and Kumar (2009a) で数多く比較されている．
16) Hedges and Kumar (2009b).
17) 4億年以上前の分岐点と，鳥類と哺乳類の初期の放散に関しての，分子による推定年代と化石による推定年代との食い違いをめぐる考察については，Cooper and Fortey (1999); Smith and Peterson (2002). ただし，新たな化石の発見 (Clarke et al. 2005) や，より高度な分子年代推定のアプローチの採用 (Meredith et al. 2011b) のおかげで，鳥類と哺乳類の事例では化石記録と分子による年代推定値のあいだの食い違いが小さくなっていることに注意．
18) Campbell et al. (2010). ワニの海洋分散が複数回あったことを示す化石については，Brochu (2001). 大西洋を渡るワニの海洋分散を示す，分子遺伝学研究については，Meredith et al. (2011a).

囲み　分子時計と極論の落とし穴

1）Azuma et al. (2008).

2）Macey et al. (2004). トカゲの進化樹で，ミミズトカゲは初期に分岐していないことについては，Vidal and Hedges (2009). 最古のトカゲの化石が 2 億年前までさかのぼらないことについては，Evans (2003).

3）Heads (2005, 2011). 分断分布を前提として較正したテンレックの例については，Heads (2005). 最古の胎生哺乳類の化石については，O'Leary et al. (2013). ヘッズはほかのいくつかのグループについても，同じぐらい信じがたい較正点を主張している．霊長類に関する較正点（Heads 2010）は，この目《もく》の起源を 1 億 8000 万年前に押し戻すことになる．それは，胎生哺乳類の化石のうち，既知の最古のものより約 1 億 1500 万年前にあたる．この霊長類の事例に対する反論については，Goswami and Upchurch (2010) を参照のこと．

第 7 章

1）テプイの地質学的歴史については，Briceño et al. (1990). テプイの頂上の環境とそこで立ち往生する可能性については，Jackson (1985).

2）Malatesta (1996).

3）Funk and McDiarmid (1998), 48. ちなみに後出の図 7.3 の発見をした研究者スザンネ・レンナーが偶然にも，テプイ，セロ・デ・ラ・ネブリナで 10 日間立ち往生したスミソニアン研究所のグループの一員だった．そのときは妊娠していたのに，彼女にはたいした試練でもなかったようだ．「お砂糖とコーヒーがたっぷりあった」からだという（レンナーからの 2011 年 10 月 4 日付の著者宛ての電子メール）.

4）Handwerk (2004).

5）テプイの食虫植物と痩せた土壌の関係については，Butschi (1989). 原生動物を捕らえる植物については，Barthlott et al. (1998).

6）モウセンゴケの種子は水に浮かばず，塩水で駄目になるという事実や，モウセンゴケは種子が鳥の足先に付着し，オーストラリア大陸から南アメリカ大陸に分散したかもしれないという主張については，アンドレアス・フライシュマンからの 2010 年 1 月 19 日付の著者宛ての電子メールによる．

7）モウセンゴケの「地理的構造」と，北アメリカ大陸の数種と南アメリカ大陸のあるグループとの位置関係については，Rivadavia et al. (2003).

8）DNA と解剖学的構造の両方の分析を含む，ピグミードロセラ（*Drosera meristocaulis*）の研究については，Rivadavia et al. (2012).

9）マット・ラヴィンの生い立ちや経歴は，2009 年 9 月 16 日に本人が著者に電話で語ったもの．

10）Lavin et al. (2000). このすぐあとの引用は，Lavin et al. (2000), 461.

11）2009 年 9 月 16 日，著者との電話でのラヴィンの言葉．段落末の言葉も同様．

12）2009 年 9 月 16 日，著者との電話でのラヴィンの言葉．段落末の言葉も同様．

13）Lavin et al. (2004).

14) 2009 年 9 月 16 日，著者との電話でのラヴィンの言葉．彼はこの会話で，ナンヨウスギ科についての非公式な講演についても語った．

15) 合計すれば何百にものぼる植物による海洋分散の事例を示した，最近の論文（大半がレビュー論文）には以下のようなものがある．Renner (2004a, b); Pennington et al. (2004); Pennington and Dick (2004); Yoder and Nowak (2006); Sanmartín et al. (2007); Crisp et al. (2009); Wallis and Trewick (2009); Christenhusz and Chase (2013). ウリ科の研究については，Schaefer et al. (2009).

16) Wallis and Trewick (2009). Crisp et al. (2009) は，植物が海を越えてニュージーランドに進出した回数は 100 回以上にのぼると結論している．だが私はその研究から，残存種のグループについてそれだけの数を認められなかったので，Wallis and Trewick (2009) による，それより少ない回数を使っている．ウォリスとトレウィックの研究にあった被子植物は数に入れたが，シダ類とコケ類は除外した．シダ類とコケ類は一般に分散能力が高いと見られているので，分散リストを「水増し」したくなかったのだ．

17) ニュージーランド固有の植物の科は，Flora of New Zealand Series のウェブサイト，http://floraseries.landcareresearch.co.nz より．年代が新しすぎて，ジーランディア大陸の誕生時には存在しなかったと思われる植物の科の年代推定値は，Forest and Chase (2009a, b, c, d); Bremer (2009) より．理論上は，それらの科のなかに，ジーランディア大陸に由来し，海上分散によってほかの陸塊に進出したものもある可能性はある．とはいえそういう科が 1 つでもジーランディア大陸に由来することを示す研究を私は知らない．いずれにしても，ジーランディア大陸に由来しようがほかの場所に由来しようが，その分布域は海洋分散で説明せざるをえない．ニュージーランド固有のキク科の属数や種数に関する情報は，前記のウェブサイトより．

18) ナンキョクブナ（*Nothofagus*）がニュージーランドに海洋分散したことを裏づける分子年代推定の推定値は，Cook and Crisp (2005); Knapp et al. (2005). ニュージーランド・カウリ（*Agathis australis*）の場合，分子年代推定に基づく最近の推定値の一部は，ゴンドワナ大陸の分裂仮説に一致する（Knapp et al. 2007）が，それらの値は，誤って同定された可能性のある，ごく断片的な化石を使った較正点を拠り所にしている（Biffin et al. 2010）．いずれにしても，最近の大半の推定値では年代が新しすぎて，ゴンドワナ大陸の分裂による説明を裏づけることはできない (Knapp et al. 2007; Biffin et al. 2010).

19) Sanmartín and Ronquist (2004).

20) マイケル・クリスプからの 2012 年 1 月 24 日付の著者宛ての電子メールより．

21) Crisp and Cook (2013). ともにゴンドワナ大陸に由来するために，オーストラリア大陸の植物が南アメリカ大陸の植物と結びついているという研究結果は，サンマルティンとロンキストの研究結果と矛盾しないことに注意．後者の研究は，南半球の植物の大半の分布域がゴンドワナ大陸の分裂では説明できないことを立証したのに対して，クリスプとクックの研究結果は，オーストラリアの植物グループのうち，少数の時系樹には，たしかにゴンドワナ大陸の歴史が表れていることを示している．

それらの少数のグループに分断分布の証拠がまだ色濃く残っているのは，1つには，オーストラリア大陸と南アメリカ大陸の分離が比較的最近に起こったからかもしれない．

22）これとこのあとに続く引用は，ラヴィンと著者が2009年9月16日に電話で交わした会話より．木本マメ科植物の分布域は分散によってよりも適した環境によって制限されるという見方は，Lavin et al. (2004)．同様に，Crisp et al. (2009) は南半球の植物に関して，海を越えた進出者が定着するには適した環境が重要だという証拠を挙げた．具体的には，進出する系統は新しい生息地域においても，もともと生息していた場所と同じような環境（たとえば，湿潤な森林や温暖な草原）に位置を占める傾向が強いことを発見した．

23）Darwin (1859), 358. このあとの引用も同様．

24）種子は休眠状態にあるためにさまざまな方法で分散できるという考えに関連した専門的考察については，Nathan et al. (2008)．ネイサンらは，種子の長距離分散は多くの場合，非標準的な手段で行なわれることを強調している．たとえば，哺乳類に付着して分散するように適応した鉤状の突起のある種子は，筏となる自然物や暴風に乗って分散することもありうる．ネイサンらによれば，そうした非標準的な仕組みは，通常の仕組みからうかがわれるよりも長距離分散の可能性を断然高めることが多いという．

25）Ziegler (2002).

26）化石証拠からすると，種子植物のグループの多くは年代が新しすぎるため，ゴンドワナ大陸の分裂の影響を受けなかったという主張は，Thorne (1973); Smith (1973).

27）陸橋説が支配的だった時期に長距離分散を重視した主要な研究は，Guppy (1906). このあとに挙げられた *Biological Relationships Between Africa and South America* という書籍は，Goldblatt (1993).

28）この引用とスザンネ・レンナーのキャリアや見解に関する情報は，レンナーからの2010年1月13日付の著者宛ての電子メールより．

29）Sanmartín and Ronquist (2004).

30）Donoghue and Smith (2004).

31）Johnson (1980). 目撃者の言葉の引用は，この論文の p. 398 より．

第8章

1）ミーズィがサントメ島とプリンシペ島の両生類を研究するようになった経緯については，ミーズィからの2009年3月5日付と6日付の著者宛ての電子メール及び，ボブ・ドルーズからの2009年3月18日付の著者宛ての電子メールより．

2）ドルーズのブログ，http://islandbiodiversityrace.wildlifedirect.org/ より．

3）ドルーズからの2009年3月18日付の著者宛ての電子メールより．

4）ミーズィからの2009年3月5日付の著者宛ての電子メールより．

5）Measey et al. (2007).

6）Darwin (1859), 393.

7) Browne (1983).
8) Darwin (1859), 393.
9) Measey et al. (2007).
10) ミーズィとアラン・モリエールとの会話や，海流を研究する学者たちから返答がなかったことについては，ミーズィからの 2009 年 3 月 5 日付の著者宛ての電子メールより．
11) ベンセスの経歴に関する情報や，インド洋の島々のカエルに関してはもともと分断分布説に沿って考えていたことについては，ベンセスからの 2009 年 2 月 27 日付の著者宛ての電子メールより．
12) Vences et al. (2003).
13) マヨット島のマダガスカルガエル属の鳴き声をマダガスカルの「同」種のものと比較した記述は，ベンセスから 2009 年 5 月 19 日付で著者に送られてきた録音に基づく．
14) Vences et al. (2003).
15) Brown (1971); Grayson (1993).
16) Vences et al. (2003), 2435.
17) それぞれ，ミーズィからの 2009 年 3 月 5 日付，ドルーズからの 2009 年 3 月 19 日付，ベンセスからの 2009 年 2 月 27 日付の著者宛ての電子メールより．
18) ミーズィとドルーズが *Ptychadena newtoni* を研究することにした理由については，ミーズィからの 2009 年 3 月 5 日付と，ドルーズからの 2009 年 3 月 19 日付の著者宛ての電子メールより．
19) *Ptychadena newtoni* の研究は，Measey et al. (2007).
20) サントメ・プリンシペに生息する両生類の 5 つの系統のうち 4 つに東アフリカとのつながりがあることについては，Measey et al. (2007).
21) ミーズィからの 2009 年 3 月 5 日付の著者宛ての電子メールより．
22) Measey et al. (2007).
23) この分散の筋書きの記述は Measey et al. (2007) に基づく．ドルーズの 2008 年 11 月 18 日付の http://islandbiodiversityrace.wildlifedirect.org/ 掲載のブログ．
24) ドルーズの 2008 年 11 月 18 日付の http://islandbiodiversityrace.wildlifedirect.org/ 掲載のブログ．
25) Dray (1957).
26) Miller (1953).
27) 可能性を示す一連の主張としての『種の起源』については，O'Hara (1988).
28) この引用と，次の段落冒頭の引用は，O'Hara (1988), 148.
29) 筏となる自然物に関するウォレスの記述については，Wallace (1880). 種子が軽石で運ばれるというミューアの推測については，Thiel and Gutow (2005). キツネザルが冬眠状態に入って，マダガスカル島までの旅を生き抜いたとするヨーダーの推測については，Yoder et al. (2003). ガータースネークが塩水の脱水効果に耐性があることについては，de Queiroz and Lawson (2008).
30) ミーズィからの 2009 年 3 月 5 日付の著者宛ての電子メールより．

31）ドルーズからの2009年3月27日付の著者宛ての電子メールより．
32）ヒキガエルについては，Pramuk et al. (2008)．ファングド・フロッグについては，Evans et al. (2003)．ホソサンショウウオについては，Jockusch and Wake (2002)．カリブ海のカエルについては，Hedges (2006), Heinicke et al. (2007), Fouquet et al. (2013)．
33）Zhang and Wake (2009); Biju and Bossuyt (2003)．
34）Guppy (1906), 509-510.

第9章

1）Branner (1888)．
2）ミミズトカゲ（*Amphisbaena ridleyi*）の関係とラット（*Noronhomys vespucci*）の関係についてはそれぞれ，Laguna et al. (2010); Carleton and Olson (1999)．
3）Branner (1888), 867.
4）ノローニャ・スキンクとアフリカ大陸の種との近縁関係を示す解剖学的証拠と遺伝的証拠や，この種の祖先と，それとは別にほかの新世界（南アメリカ大陸とカリブ海）のあらゆるオナガトカゲ属の祖先が行なった大西洋越えの証拠については，Mausfeld et al. (2002); Carranza and Arnold (2003); Whiting et al. (2006)．
5）Mausfeld et al. (2002)．
6）インド洋を渡ったスキンク（*Cryptoblepharus* と *Leiolopisma*）については，Arnold (2000); Austin and Arnold (2006); Rocha et al. (2006)．インド洋を渡ったヤモリ（*Phelsuma* と *Nactus*）については，Arnold (2000); Austin et al. (2004)．大西洋を渡ったヤモリ（*Tarentola*, *Hemidactylus* の2系統，*Lygodactylus*）については，Carranza et al. (2000); Gamble et al. (2011)．大西洋を渡ったミミズトカゲ（*Amphisbaenidae*）については，Vidal et al. (2008)．大西洋を渡ったメクラヘビ（*Typhlops*）については，Vidal et al. (2010b)．大西洋を渡ったホソメクラヘビ（*Epictini*）については，Adalsteinsson et al. (2009)．このリストには，大陸移動による分断分布や陸橋を渡る移動，人間による持ち込みなど，海越え以外の仮説が分子年代推定やほかの証拠によって反証されている事例のみが入る．ここに含まれてはいないが，大西洋越えの分散か北大西洋の陸橋を渡る移動で説明できそうな事例はいくつかある．リストにないことでかえって目を引くのは，フィジー諸島とトンガ諸島のイグアナ（*Brachylophus*）で，その祖先は南アメリカ大陸から太平洋を渡り，8000キロメートルあまり旅をしてそれらの島々に到達した可能性がある．ある最近の研究論文（Noonan and Sites 2010）の執筆者は，イグアナは陸路を使ったか，アジア大陸から比較的短い距離を島伝いに移動してフィジー諸島やトンガ諸島にたどり着いたという，確実と言うには程遠いが妥当な主張をしている．地中で生活する爬虫類は，とくに海上分散が不得手であるという見方は，Vidal et al. (2008) が提示している（だが反証された）．
7）霊長類の海洋分散の記録は，McCarthy (2005); Rossie and Seiffert (2006); 及び Fleagle and Gilbert (2006) で論評されている．キツネザルの祖先によるマダガス

カル島への分散に関する考察は，Yoder et al. (2003) 及び Springer et al. (2012) に見られる．5000万年前という数値は，Springer et al. (2012) より．サルが海を越えて大アンティル諸島に進出したことについては以下のとおり．Iturralde-Vinent (2006) の地質学的推測によれば，約3000万年前以来，大アンティル諸島と南アメリカ大陸のあいだに陸のつながりはないという．カリブ海域諸島（キューバ）における最初期のサルの化石は，おそらく約1800万年前のもの（MacPhee et al. 2003）であり，何であれ新世界ザルと呼べるものの最古の化石は，約2600万年前にさかのぼる（Takai et al. 2000）．これは，カリブ海域諸島まで海を越えた進出があったことを示唆している．ところが Iturralde-Vinent and MacPhee (1999) は，大アンティル諸島のサルは分断分布に起源をたどれるとしている．東南アジアの島々へのマカクの分散は，Abegg and Thierry (2002) で論評されている．ホモ・フローレシエンシスが島々のあいだで分散した事例は，Morwood and Jungers (2009) より．古生物学者たちは，霊長類がその歴史の早い段階でテチス海を渡ったとも推測している（Beard 1998; Kay et al. 2004; Chaimanee et al. 2012）．テチス海の海越えについては，第12章も参照のこと．

8) 広鼻猿類と狭鼻猿類が姉妹群関係にあるという強い裏づけについては，Fleagle (1999); Steiper and Young (2009); Springer et al. (2012).

9) 広鼻猿類と狭鼻猿類の一般的特徴については，Fleagle (1999).

10) 霊長類や胎盤哺乳類の最初期の化石については，O'Leary et al. (2013)．化石の年代は，いわゆる「クラウン・グループ」の霊長類と胎盤哺乳類のもの．すなわち，現生の霊長類の最終共通祖先とそのあらゆる子孫と定義される分岐群と，現生の胎盤哺乳類の最終共通祖先とそのあらゆる子孫と定義される分岐群に入る最初期の化石のもの．広鼻猿類と狭鼻猿類との分岐を大西洋の誕生で説明するというヘッズの主張は，Heads (2010) に見られる．その主張に対する反論については，Goswami and Upchurch (2010).

11) 南アメリカ大陸を島大陸とするか，南極＝オーストラリア大陸とのみつながっていたとするかについては，Iturralde-Vinent (2006); Brown et al. (2006); Barker et al. (2007); Mann et al. (2007).

12) Fleagle (1999); Seiffert et al. (2005); Heesy et al. (2006); Ni et al. (2013; supplementary information). 南アメリカ大陸の最初の化石ザルについては，Takai et al. (2000).

13) 霊長類全般，とくに広鼻猿類と狭鼻猿類との分岐に関する分子分岐年代推定研究は，Steiper and Young (2009) 及び Poux et al. (2006) で論評されている．

14) Arnason et al. (2000).

15) Arnason et al. (2000) が使った較正点への批判については，Raaum et al. (2005)．その執筆者たちは，比較的良好な霊長類の化石較正点をいくつか挙げている．ミトコンドリアDNAを霊長類に使うことの問題については，Glazko and Nei (2003).

16) 5100万年前という広鼻猿類と狭鼻猿類との分岐年代は，Bininda-Emonds et al. (2007) より．その執筆者たちは，最初は5400万年前という年代を挙げたが，分析上の誤りを正し，5100万年前という年代に改めた．この5100万年前から3100万

年前までという範囲は，こうした研究から得られた信頼区間の上限から下限までに相当する．

17) Springer et al. (2012).

18) 新世界ザルは北アメリカ大陸が起源であるとする仮説は，Fleagle (1999) で説明され，反証されている．

19) 旧世界ザルと新世界ザルを結びつける特徴や，その関係に対する多くの霊長類学者の疑念，両グループが原猿類の祖先から収斂《しゅうれん》したとする代替の仮説については，Fleagle (1999).

20) Houle (1999).

21) Bandoni de Oliveira et al. (2009).

22) トカゲとヘビに関する参考文献は，関連した本章註 6 に挙げてある．齧歯類の大西洋越えについては，Poux et al. (2006) 及び Rowe et al. (2010)．大西洋における海流の過去と現在の配置については，Renner (2004a)．私は，大西洋を渡ったワニ類の事例（Meredith et al. 2011a）を含めていない．ワニ類は，陸生というより水生と考えられなくもないからだ．

23) Rossie and Seiffert (2006).

24) Darwin (1859), 394.

25) Taleb (2010).

26) 進化における予測不能の事象の重要性に関するグールドの主張については，Gould (1989).

27) 新世界におけるミミズトカゲの種の数については，Gans (2005).

28) 広鼻猿類の種の数（正確には 128）については，Wilson and Reeder (2005).

29) Miura et al. (2012). ハジロオオシギの吐出物から生きて出てくる巻き貝については，Sousa (1993).

囲み　恐竜も？

1) この分散例については，Dalla Vecchia (2009).

2) *Tethyshadros insularis* の発掘場所で見つかったほかの脊椎動物については，Delfino et al. (2008).

3) この分散例については，Osi et al. (2010).

第 10 章

1) フォークランド諸島の全般的な説明については，Darwin (1839); Strange (1972).

2) E. C.（キャサリン）ダーウィンに宛てた，ダーウィンの 1834 年 4 月 6 日付の手紙．Darwin Correspondence Project のウェブサイト，www.darwinproject.ac.uk/home より．

3) マクドウォールの経歴とフォークランド諸島への旅については，マクドウォールからの 2009 年 10 月 26 日付及び 2010 年 8 月 15 日付の著者への電子メールと，2009 年 10 月 15 日に著者に送られてきたマクドウォールの未発表の原稿による．

さらなる情報は，McDowall (2005) 及び McDowall et al. (2005) より．

4) これとクロイツァットの引用は，Hull (1988), 173 より．「この男……」という引用は，2009 年 10 月 15 日に著者に送られてきたマクドウォールの未発表の原稿より．

5) フォークランド諸島の地質学的な歴史については，Curtis and Hyam (1998); Storey et al. (1999).

6) McDowall (2005).

7) Austin et al. (2013). このオオカミが氷山に乗ってこの諸島に到達したというダーウィンの考えは，Darwin (1859).

8) J. D. フッカーに宛てた，ダーウィンの 1843 年 11 月 28 日付の手紙．Darwin Correspondence Project のウェブサイト，www.darwinproject.ac.uk/home より．クロイツァットがフォークランド諸島の生物相をパタゴニアと結びつけたことについては，McDowall (2005).

9) 絶滅に対する面積の影響の全般的論評については，Rosenzweig (2002).

10) 過去 5 億年間の海洋の化石記録における分類群の発生と絶滅の割合を調べた最近の良質な研究は，Alroy (2008).

11) Gould (1977). ペルム紀末の絶滅の割合を示す 9 割以上という数字は，Jablonski (1994).

12) 最大級の絶滅でさえそれほど想定外のことではないと主張した学者もこれまでにはいる．規模ごとに絶滅事象の頻度を表す，簡単な累乗則で予想がつくからだ．データの集成の少なくともいくつかについては，絶滅の規模がある基準の 2 倍になれば，頻度は約 4 分の 1 になり，規模が 4 倍になれば，頻度はおよそ 16 分の 1 になる．そういう関係が，記録にある最大級の事象にいたるまで成り立つのだ．絶滅のデータが簡単な累乗則に合致することは，最大規模の大量絶滅にさえ，背景絶滅〔訳註 どの年代にも平均的に起こる通常の自然な絶滅〕と同じ根本的原因があることを主張するために使われてきた (Buchanan 2001). これは，小さな変動が，ごく小さな結果（ある時期のほんの少数の絶滅）から非常に大きな結果（大量絶滅）までもたらしうるという考え方で，この後者の結果は，小さな変動が思いがけない連鎖反応を起こし，不釣り合いなまでに大きな効果を生む場合に生じる．よく使われるたとえにあるように，砂山に一粒の砂を落とすと，ほかの砂が数粒だけ動くこともあれば，何百万という粒を巻き込む巨大な雪崩現象を引き起こすこともあるのだ．とはいえ，累乗則と根本的原因をこのように関連づけるのにはかなり無理がある．具体的には，絶滅の頻度が累乗則に従った分布をするのは，複数の根本的原因がたまたまそれに近い分布をしているからということもありうる．すなわち，変動は小さいものばかりでなく，大きさにかなりのばらつき（言わば，個々の砂粒から巨礫まで）があって，それが累乗則に当てはまっている可能性だ．私はたいていの古生物学者と同じように，後者の考えに倣い，大量絶滅には尋常でない原因があると考えている．

13) McDowall (2005), 59.

14) Grayson (1993).

15) McDowall (2005).

16) チャタム諸島の出現と人間の歴史については，Harding et al. (2002).

17) ジーランディア大陸やゴンドワナ大陸の一部としてのチャタム諸島については，Campbell and Hutching (2007).

18) チャタム諸島に生息していた白亜紀後期の植物や恐竜については，Stillwell et al. (2006); Campbell and Hutching (2007).

19) 水没を含む，新生代のチャタム諸島の地質学的歴史については，Campbell et al. (1988); Campbell and Hutching (2007); Stillwell and Consoli (2012).

20) チャタム諸島とニュージーランドの鳥類の類似性については，Robertson and Heather (2005). チャタム諸島のヒタキとニュージーランドの類縁種とに遺伝的な類似性があることを示す研究は，Miller and Lambert (2006).

21) チャタム諸島の種の分子研究は，Paterson et al. (2006); Goldberg et al. (2008); 及び Heenan et al. (2010) で論評されている．明らかな例外は，チャタム諸島のムラサキ科の植物である *Myosotidium hortensium* で，これは 2240 万年前から 360 万年前までに最も近い仲間から分岐したと推定される（Goldberg et al. 2008). とはいえ，たとえ古いほうの年代が正しくても，この事例はチャタム諸島の水没仮説の反証にはならない．その分岐がチャタム諸島で起こったとはかぎらないからだ（本章でのちほど出てくるニューカレドニア島に関する考察を参照のこと）．また，この事例の研究者たちは，非常に古い可能性のあるこの分岐は，彼らがまだチャタム諸島以外で最も近い仲間のサンプルを採集していない結果でもありうると述べている．これはとくにありそうに見える．最も近い既知の仲間は，地中海地方のものだからだ．

22) アンボレラとカグーの進化上の位置については，それぞれ，Soltis et al. (2008); Fain and Houde (2004). ニューカレドニア島の動植物相に関する愉快な記述は，Flannery (1994) を参照のこと．

23) ニューカレドニア島が水没した地質学的証拠については，Pelletier (2006); Grandcolas et al. (2008).

24) リゴソマ（*Lygosoma*）属のスキンクは，4070 万年前から 1270 万年前にほかの場所の仲間から分岐したと推定される（Smith et al. 2007). この年代は，ニューカレドニア島の「溺水」の時期とわずかに重なるが，Smith et al. は，下限となる新しい年代のほうがより正確だろうと主張している．ナンヨウスギ科の針葉樹は，3820 万年前から 1080 万年前にほかの場所の仲間から分岐した．この年代も溺水の時期とわずかに重なる（Pillon 2012). 分岐年代が溺水のあとと推定されるほかの分類群には，多くの植物や，アングストニクス（*Angustonicus*）属のゴキブリ（以前は太古から残存するグループと考えられていた），ガラクシアス科の魚，ヌマエビ属の淡水エビなどが含まれる（Pillon 2012; Grandcolas et al. 2008).

25) 太古のニューカレドニア島のさまざまなグループにおける最初期の分岐の年代には，以下のものが含まれる．イシヤモリ科のヤモリ，2160 万年前から 900 万年前（Nielsen et al.2011)，トログロシロニデー科のザトウムシ，4900 万年前から 2800 万年前（Boyer et al. 2007)，4900 万年前（Sharma and Giribet 2009)，1 億 200 万

年前から5200万年前（Giribet et al. 2010），7300万年前から4000万年前（Giribet et al. 2012）．アンボレラとカグーはともに単一の種なので，ニューカレドニア島で太古の分岐があったことを示しそうにない．

26）ラクトリス科はGamerro and Barreda (2008)，ヒレブランディア属はClement et al. (2004)，ツメナシボア科はPyron and Burbrink (2011)．

27）Wallis and Trewick (2009)．

28）Steadman (1995)．

29）走鳥類の進化樹における分岐の順序については，Harshman et al. (2008); Phillips et al. (2010)．走鳥類の分子年代推定研究については，Baker and Pereira (2009)（7件の研究の推定値を挙げている）及びPhillips et al. (2010)．

30）Harshman et al. (2008); Phillips et al. (2010). 現生の鳥類18科における飛翔能力の喪失については，Harshman et al. (2008)．

31）Giribet et al. (2012)．

32）Murienne et al. (2010)．

33）ニュージーランドの陸生無脊椎動物相の起源に関する考察は，Giribet and Boyer (2010) を参照のこと．

34）マダガスカル島の生物相に関する記述は，Yoder and Nowak (2006); Goodman and Benstead (2004)．

35）Krause (2003)．

36）マダガスカル島の生物相が長距離分散に由来することについては，Briggs (1987); Schatz (1996)．その生物相を分断分布による残存種のものと解釈する傾向もたしかにあった．たとえば，Wickens (1982); Gillespie and Roderick (2002) を参照のこと．

37）Yoder and Nowak (2006)．

38）Ali and Huber (2010); Samonds et al. (2012)．

39）Krause (2003); Krause et al. (2006). 2003年の論文は，白亜紀と現生の脊椎動物相にはつながりがないことを支持する論拠を提示している．

40）私はこのゴンドワナ大陸由来の島々を巡る旅で，スリランカ，ニューギニア島，ソコトラ島を除外した．これらの島は，かなり最近まで大陸とつながっていたからだ．

41）Storey et al. (1999)．

42）セーシェル諸島は，マスカレン海台と呼ばれるより大きな陸塊の一部として，約6500万年前にインドから分離した（McLoughlin 2001）．セーシェル諸島のいくつかのグループ（セーシェルガエルやアシナシイモリを含む）は，インドの系統と最も近縁であり，その系統とはこの2つの陸塊が分離する前に分岐したと推定される（Zhang and Wake 2009; Biju and Bossuyt 2003）．こうした研究結果は，プレートの分断事象が起こる前からそれらのグループがセーシェル諸島にいたという考えと一致する．とはいえ，セーシェル諸島の種はおおかた，ほかの場所で見られる分類群と同じ属，あるいは同じ種でさえあり，その点から，かなり最近になって海上分散によって到着したことがわかる（Stoddart 1984）．分子年代推定により，セーシェル諸島へ海を越えた進出をしたことが裏づけられる具体例として，ヒルヤモ

リについては，Austin et al. (2004)，淡水ガニについては，Daniels (2011)，オオカミヘビについては，Guo et al. (2012).

43) Grandcolas et al. (2008), 3309.

44) Goldberg et al. (2008), 3319.

45) McDowall (2005), 59.

46) 自然の筏で到達したグリーンイグアナの話は，Censky et al. (1998). 2011 年現在のイグアナの状態は，エレン・センスキーからの 2011 年 1 月 10 日付の著者宛ての電子メールより.

第 11 章

1) 水陸両生の幼虫と，カタツムリを食べる幼虫については，それぞれ Rubinoff and Schmitz (2010) 及び Rubinoff and Haines (2005).

2) Baldo et al. (2011).

3) ハワイ諸島におけるイシノミの分布については，Sturm (1993).

4) ネオマキレルス属のイシノミを含むイシノミ全般の分布については，Sturm and Machida (2001).

5) Gillespie et al. (2012).

6) Sturm (1993). ハワイ諸島の標本の DNA 塩基配列は，ロバート・メレディス，ジョン・ゲイツィー，シェリル・ハヤシ，エリック・スタイナーと私による未発表の研究より.

7) Sturm (1993). 一部のイシノミの卵は化学物質に耐性があるという観察結果については，Sturm and Bach de Roca (1988) に引用された Larink (1972).

8) 島から本土への進出に対する反論は，Bellemain and Ricklefs (2008) による.

9) Levin (2006).

10) O'Grady et al. (2010).

11) ヒメショウジョウバエが少なくとも 1 回はハワイ諸島から本土に分散したという，DNA に基づく発表済みの系統学的証拠と，このハエがこれほど分散が得意である理由の推測は，O'Grady and DeSalle (2008) による. ヒメショウジョウバエによるハワイ諸島からのほかの分散の証拠については，オグレイディからの 2012 年 5 月 23 日付の著者宛ての電子メールより.

12) ヒメゲンゴロウについては，Balke et al. (2009); アノールトカゲについては，Nicholson et al. (2005), Glor et al. (2005); カササギヒタキについては，Filardi and Moyle (2005).

13) Bowler (1996); Schuchert (1932). 後者には大西洋の島々の花崗岩に関するシュチャートの主張が含まれる.

14) Simpson (1952) は実際にこの種の計算を行なっている.

15) ブリッグズからの 2010 年 8 月 25 日付の著者宛ての電子メールより.

16) 年代測定によれば，アセンション島の花崗岩はせいぜい数百万年前のものでしかないという (Kar et al. 1998). したがって，中生代の陸橋とは明らかに無関係だ.

17) Skottsberg (1925).
18) 歴史生物地理学の目的は地域間の関係を推測することであるという見方については，Ebach and Humphries (2002); Ebach (2003); Parenti and Ebach (2009).
19) とくに物理学者はしばしば美しさや簡潔さに基づいて理論を選んできた．たとえば，反物質の存在を予測したことでとりわけ有名なポール・ディラックは，一般相対性理論についてこう書いている．「人は，理論の細部にわたる正しさとは何ら関係なく，並外れた美しさゆえにその理論に絶大な信頼を寄せる」(McAllister 1998, 174)．同様に，ブライアン・グリーンがひも理論（今日では最も人気のある「万物の理論」だが，検証が難しいことで悪名が高い）を支持するために提示する論拠の一部は，この理論の見た目の簡潔さに基づいている (Greene 1999).
20) トレウィックからの 2010 年 12 月 13 日付の著者宛ての電子メールより．
21) 逆行運動は，コペルニクスが天文学に革命を起こすまでに累積されてきた，多くのアノマリーの 1 つにすぎなかった．コペルニクス革命につながるアノマリーについては，Kuhn (1970).
22) Kuhn (1970), 47-48.
23) Kuhn (1970), 163.
24) Matthew (1915).
25) ヘッズからの 2010 年 8 月 6 日付の著者宛ての電子メールより．
26) ブリッグズからの 2010 年 8 月 25 日付の著者宛ての電子メールより．
27) Mayr (1982, 857) は科学革命の概念を退けはしないものの，「生物学において『標準的な科学』の 2 つの時期の合間にパラダイムの劇的な交替があったという事例は，生物学では 1 つも思い当たらない」と述べている．マイヤーは，クーンの見解は生物学にはうまく当てはまらないと主張しているが，その所見は違ったかたちで解釈できる．具体的には，生物学における大きな「革命」のいくつかは，すでに受け入れられているパラダイムから別のパラダイムへの転換ではなく，あるパラダイムが出現してくる段階の表れであり，そのパラダイムはまだ別のパラダイムには取って代わられていないということだ．遺伝学の進歩，分岐論的／系統学的思考の発展，そして最も顕著なものとして，ダーウィンの進化論の考え方全般の前進は，そのように見ることができるかもしれない．
28) 進化上の分岐点に年代を割り振ることの重要性は，多くの論文のうちでもとりわけ Donoghue and Moore (2003); de Queiroz (2005); Renner (2005); 及び Yoder and Nowak (2006) によって強調されてきた．
29) Skottsberg (1941).
30) ヨーダーと著者が 2009 年 3 月 10 日に電話で交わした会話より．
31) トレウィックからの 2010 年 12 月 13 日付の著者宛ての電子メールより．
32) ドナヒューと著者が 2010 年 9 月 3 日に電話で交わした会話より．
33) Nelson and Ladiges (2001), 389.
34) Santos (2007), 1471.
35) McCarthy (2005), 3.
36) ワタリバッタの侵略に関する記述は，Richardson and Nemeth (1991) より．アフ

リカ大陸のワタリバッタが新世界に進出したことを示すDNA研究は，Lovejoy et al. (2006); Song et al. (2013).

第12章

1）ジャガイモの最初の栽培と南アメリカ大陸での初期の歴史については，Spooner et al. (2005); Mann (2011); McNeill (1999).
2）McNeill (1999).
3）Nunn and Qian (2011).
4）McNeill (1999); Nunn and Qian (2011).
5）Mann (2011); Pollan (2001).
6）Mann (2011); Reader (2008, 2009).
7）Kennedy et al. (2000); Pollan (2001); Mann (2011).
8）Mann (2011); Reader (2008).
9）McNeill (1999).
10）Nunn and Qian (2011). 1700年の6億人という人口は，Nunn and Qianによるが，1900年の15億人という数字は，彼らの提示する16億人という数字から新世界の人口（およそ1億人）を差し引いたもの．ネイサン・ナンとナンシー・チェンは2011年の研究で，ジャガイモが重要な作物になった地域とそうならなかった地域の人口増加を比較して，これらの数字を導き出した．
11）2011年のチャールズ・マンの著書『1493』では，南北アメリカ大陸がヨーロッパ人に発見されてからの，全世界における意図的・非意図的な種の導入による影響の多くについて詳細で興味深い考察がなされている．「均質新世」という言葉は，Samways (1999) による造語．
12）この説明に出てくる品については以下を参照した．ナツメグはJoseph (1980); ナスはOlmstead and Palmer (1997); ズッキーニとスイカはSchaefer et al. (2009); インゲンマメはLavin et al. (2004); トウモロコシはBouchenak-Khelladi et al. (2010); ワニはMeredith et al. (2011a); サルはFleagle (1999) 及びPoux et al. (2006); テンジクネズミはPoux et al. (2006) 及びRowe et al. (2010); ボタンインコはSchweizer et al. (2010); カメレオンはTolley et al. (2013); ワタはWendell et al. (2010).
13）Chaimanee et al. (2012). 霊長類の進化樹における化石の位置づけはすべて，霊長類がテティス海を渡ったことを示しているが，アフリカ大陸へ渡ったのか，それともアフリカ大陸から渡ったのかははっきりしない．
14）McLoughlin (2001); Iturralde-Vinent (2006); Brown et al. (2006); Mann et al. (2007).
15）Webb (2006). アメリカ大陸間大交差を含む，新生代（過去6600万年間）における南アメリカ大陸の哺乳類の歴史は，1980年刊のジョージ・ゲイロード・シンプソンの著書 *Splendid Isolation* に述べられたものが最も有名だが，孤立状態での進化とそれに続く混合の基本的な筋書きははるか以前から，とくに1932年のW. B. ス

コットのものなどに記されている．

16) 南アメリカ大陸における最初期のアライグマ類の化石については，Webb (2006)．同大陸における最初期のアメリカネズミ類の化石については，Verzi and Montalvo (2008)．アメリカネズミ類の化石の正確な年代は，Prevosti and Pardiñas (2009) で疑問視されているが，両執筆者はこれらの化石がパナマ地峡の出現前のものであることには同意している．アライグマ類とアメリカネズミ類による南アメリカ大陸への海上分散は，それぞれ Koepfli et al. (2007) 及び Steppan et al. (2004) でも取り上げられている．ここに述べた南アメリカ大陸でのアメリカネズミ類の放散は，たった1回の海洋分散と思われる事象に由来する子孫のみを指す．つまり *Oryzomyalia* 及び *Neusticomys* (*Ichthyomyini*) だ．*Neusticomys* は Parada et al. (2013) により，このグループに含められている．アメリカネズミ類のほかの系統，すなわち *Sigmodontini* や一部の *Ichthyomyini* はパナマ地峡を渡り，陸路で別個に南アメリカ大陸に到達した可能性がある (Steppan et al. 2004)．
17) サル類とテンジクネズミ類が進出した可能性があるうちで最も新しい年代は，これらのグループの新世界における最初期の化石に基づく (Takai et al. 2000; Antoine et al. 2012)．
18) テンジクネズミ類とアメリカネズミ類の多様性は，Lord (2007) に述べられている．
19) Rinderknecht and Blanco (2008)．
20) 西インド諸島へのサル類の分散については，第9章の註を参照のこと．同諸島へのアメリカネズミ類の分散については，McFarlane et al. (2002); McFarlane and Lundberg (2002)．同諸島へのテンジクネズミ類の分散については，Pregill (1981)．ガラパゴス諸島へのアメリカネズミ類の分散については，Steadman and Ray (1982); Key and Heredia (1994)．フェルナンド・デ・ノローニャ島へのアメリカネズミ類の分散については，Carleton and Olson (1999)．
21) 種の数は Lord (2007) より．
22) ダーウィンは『ビーグル号航海記』の中で，「土地のそうとう広い部分がこの動物［ツコツコ］に掘り尽されているので，馬が通ろうものなら球節の上まで埋まってしまう」と書いている (Darwin 1839, 79)．
23) センチュウとサルの研究は，Hugot (1998)．海を越えて南アメリカ大陸に進出した哺乳類に限られる可能性の高い多くの寄生虫の一部については，Tantaleán and Gozalo (1994); Rossin et al. (2010)．
24) ハナダカヘビ亜科のヘビが南アメリカ大陸に進出した時期は，Hedges et al. (2009; nodes 1 and 3 in Table 3) による時系樹に加え，Vidal et al. (2010a) で示されたより大きな系統樹から推測される．南アメリカ大陸のハナダカヘビ亜科の種の数は，Vidal et al. (2010a) より．ただし，*Alsophiini* や，ほかの南アメリカ大陸の分類群でないものは除く．ハナダカヘビ亜科のヘビの多様性と食餌行動については，Greene (1997)．
25) Renner (2004a) には，熱帯アメリカと熱帯アフリカの両方の種を含む，少なくとも 110 の植物の属がまとめられている．そのほとんどは，新世界の熱帯地方への，あるいはそこからの大西洋を渡る分散を反映している可能性が高い．分子年代推定

からは，南アメリカ大陸への植物による海上分散のほかの多くの事例も明らかになっている（第7章で取り上げたテプイのモウセンゴケやマメ科植物の多くの事例など）．新熱帯区の植物の起源に関する最近の論評については，Pennington and Dick (2004); Christenhusz and Chase (2013) を参照のこと．

26）おそらくどちらも海を越えた進出者の子孫である動物と植物の相互関係は，以下の文献に述べられている．どの場合も，最初に挙げるのは生態学的相互作用に関する文献，2番目に挙げるのは当該の植物分類群による南アメリカ大陸への海を越えた進出に関する文献．サル類や *Symphonia globulifera* は，Riba-Hernández and Stoner (2005), Dick et al. (2003), コメネズミ属の齧歯類と *Renealmia alpinia* は，Bizerril and Gastal (1997), Särkinen et al. (2007)，ツグミ属のツグミとオオバノボタン属は，Marcondes-Machado (2002), Renner et al. (2001)，ツグミ属のツグミとオコテア属は，Francisco and Galetti (2002), Chanderbali et al. (2001).

27）Gaddis (2002).

28）Gould (1989), 289.

29）Gleick (1987) による，気象学者エドワード・ローレンツの研究の説明．

30）個体群の大きさにかかわるさまざまな現象へのカオス理論の応用については，Gleick (1987) を参照のこと．この領域における初期の定評ある論文は，May (1974).

図版の出典について

・本文中で使用している写真の撮影者や図版の出典は，図版のキャプション中に記載した．

・巻頭の地質学年代に関する年表は，International Commission on Stratigraphy (www.stratigraphy.org) が作成した International Chronostratigraphic Chart (version of January, 2013) に基づく．

・Wikimedia Commons などの Web サイトをソースとする図版については，下に記載の URL に画像のタイトル，画像データ，ライセンス用件についての但し書きがある．

I.1: ガーターヘビ（*Thamnophis validus*）．CaliforniaHerps.com (www.californiaherps.com)

3.3: カオジロサギ（*Egretta novaehollandiae*), http://commons.wikimedia.org/wiki/File:White-faced_Heron.jpg

5.1: キャリー・マリス．TED より．http://commons.wikimedia.org/wiki/File:Kary_Mullis_at_TED.jpg

9.1: ノローニャ・スキンク．http://commons.wikimedia.org/wiki/File:Mabuia_

Noronha_Skink.jpg

9.3: シロハラミミズトカゲ（Amphisbaena alba03), http://commons.wikimedia.org/wiki/File:Amphisbaena_alba03.jpg

9.5: 写真は順に，ワオキツネザル（Lemur catta), http://commons.wikimedia.org/wiki/File:Lemur_catta.jpg; 未記述のメガネザル種（*Tarsier Tarsius* sp.), http://commons.wikimedia.org/wiki/File:Tarsier_Tarsius_sp._.jpg; キンクロライオンタマリン（Golden-headed-Lion-Tamarins), http://commons.wikimedia.org/wiki/File:Golden-headed-Lion-Tamarins.jpg; チャクマヒヒ（Papio ursinus 2), http://commons.wikimedia.org/wiki/File:Papio_ursinus_2.jpg

10.4: チャタムヒタキ（Black Robin on Rangatira Island), http://commons.wikimedia.org/wiki/File:Black_Robin_on_Rangatira_Island.jpg; ノースアイランドロビン（NZ North Island Robin-3), http://commons.wikimedia.org/wiki/File:NZ_North_Island_Robin-3.jpg

11.3: 北アフリカのワタリバッタの群れ．Nube de langostas en el Sahara Occidental (1944), http://commons.wikimedia.org/wiki/File:Nube_de_langostas_en_el_Sahara_Occidental_(1944).jpg

12.3: コノハヒキガエル（*Rhinella alata*), http://commons.wikimedia.org/wiki/File:Leaflitter_toad_Rhinella_alata.jpg

※編集部註　234 ページの地図は原著にはないが，読者の便宜のために日本語版編集部で作図して掲載した．

参考文献

Abegg, C., and B. Thierry. 2002. Macaque evolution and dispersal in insular southeast Asia. *Biological Journal of the Linnean Society* 75, 555–576.

Adalsteinsson, Solny A., William R. Branch, Sébastien Trape, Laurie J. Vitt, and S. Blair Hedges. 2009. Molecular phylogeny, classification, and biogeography of snakes of the family Leptotyphlopidae (Reptilia, Squamata). *Zootaxa* 2244, 1–50.

Ali, Jason R., and Matthew Huber. 2010. Mammalian biodiversity on Madagascar controlled by ocean currents. *Nature* 463, 653–656.

Alroy, John. 2008. Dynamics of origination and extinction in the marine fossil record. *Proceedings of the National Academy of Sciences USA* 105, suppl. 1, 11536–11542.

Angier, Natalie. 2010. Reptile's pet-store looks belie its Triassic appeal. *New York Times* online edition, November 22, 2010, www.nytimes.com/2010/11/23/science/23angier.html?pagewanted=all.

Antoine, Pierre-Olivier, et al. 2012. Middle Eocene rodents from Peruvian Amazonia reveal the pattern and timing of caviomorph origins and biogeography. *Proceedings of the Royal Society of London B* 279, 1319–1326.

Arnason, Ulfur, Anette Gullberg, Alondra Schweizer Burguete, and Axel Janke. 2000. Molecular estimates of primate divergences and new hypotheses for primate dispersal and the origin of modern humans. *Hereditas* 133, 217–228.

Arnold, E. N. 2000. Using fossils and phylogenies to understand evolution of reptile communities on islands. Pp. 309–323 in G. Rheinwald, ed., *Isolated Vertebrate Communities in the Tropics*. Bonner Zoologische Monographien 46.

Associated Press. 2005. Five days at sea, now pregnant. *Sydney Morning Herald* online edition, January 6, 2005, www.smh.com.au/news/Asia-Tsunami/Five-days-at-sea-now-pregnant /2005/01/06/1104832227649.html.

Austin, J. J., and E. N. Arnold. 2006. Using ancient and recent DNA to explore relationships of extinct and endangered *Leiolopisma* skinks (Reptilia: Scincidae) in the Mascarene Islands. *Molecular Phylogenetics and Evolution* 39, 503–511.

Austin, J. J., E. N. Arnold, and C. G. Jones. 2004. Reconstructing an island radiation using ancient and recent DNA: the extinct and living day geckos (*Phelsuma*) of the Mascarene Islands. *Molecular Phylogenetics and Evolution* 31, 109–122.

Austin, Jeremy J., Julien Soubrier, Francisco J. Prevosti, Luciano Prates, Valentina Trejo, Francisco Mena, and Alan Cooper. 2013. The origins of the enigmatic Falkland Islands wolf. *Nature Communications* 4, no. 1552.

Azuma, Yoichiro, Yoshinori Kumazawa, Masaki Miya, Kohji Mabuchi, and Mutsumi Nishida. 2008. Mitogenomic evaluation of the historical biogeography of cichlids toward reliable dating of teleostean divergences. *BMC Evolutionary Biology* 8, 215.

Baker, Allan J., and Sergio L. Pereira. 2009. Ratites and tinamous (Paleognathae). Pp. 412–414 in S. B. Hedges and S. Kumar, eds., *The Timetree of Life*. Oxford University Press, Oxford, UK.

Baldo, Laura, Alan de Queiroz, Marshal Hedin, Cheryl Y. Hayashi, and John Gatesy. 2011. Nuclear-mitochondrial sequences as witnesses of past interbreeding and

population diversity in the jumping bristletail *Mesomachilis*. *Molecular Biology and Evolution* 28, 195–210.

Baldwin, Bruce G., and Warren L. Wagner. 2010. Hawaiian angiosperm radiations of North American origin. *Annals of Botany* 105, 849–879.

Balke, Michael, Ignacio Ribera, Lars Hendrich, Michael A. Miller, Katayo Sagata, Aloysius Posman, Alfried P. Vogler, and Rudolf Meier. 2009. New Guinea highland origin of a widespread arthropod supertramp. *Proceedings of the Royal Society of London B* 276, 2359–2367.

Ball, Ian R. 1975. Nature and formulation of biogeographical hypotheses. *Systematic Zoology* 24, 407–430.

Bandoni de Oliveira, Felipe, Eder Cassola Molina, and Gabriel Marroig. 2009. Paleogeography of the South Atlantic: a route for primates and rodents into the New World. Pp. 55–68 in P. A. Garber, A. Estrada, J. C. Bicca-Marques, E. W. Heymann, and K. B. Strier, eds., *South American Primates: Comparative Perspectives in the Study of Behavior, Ecology, and Conservation*. Springer Science+Business Media, New York.

Barker, Peter F., Gabriel M. Filippelli, Fabio Florindo, Ellen E. Martin, and Howard D. Scher. 2007. Onset and role of the Antarctic Circumpolar Current. *Deep-Sea Research II* 54, 2388–2398.

Barthlott, Wilhelm, Stefan Porembski, Eberhard Fischer, and Björn Gemmel. 1998. First protozoa-trapping plant found. *Nature* 392, 447.

Battistuzzi, Fabia U., Alan Filipski, S. Blair Hedges, and Sudhir Kumar. 2010. Performance of relaxed-clock methods in estimating evolutionary divergence times and their credibility intervals. *Molecular Biology and Evolution* 27, 1289–1300.

Baum, David A., Randall L. Small, and Jonathan F. Wendel. 1998. Biogeography and floral evolution of baobabs (*Adansonia*, Bombacaceae) as inferred from multiple data sets. *Systematic Biology* 47, 181–207.

Beard, K. Christopher. 1998. East of Eden: Asia as an important biogeographic center of taxonomic origination in mammalian evolution. *Bulletin of the Carnegie Museum of Natural History* 34, 5–39.

Bellemain, Eva, and Robert E. Ricklefs. 2008. Are islands the end of the colonization road? *Trends in Ecology and Evolution* 23, 461–468.

Benton, M., P. C. J. Donoghue, and R. J. Asher. 2009. Calibrating and constraining molecular clocks. Pp. 35–86 in S. B. Hedges and S. Kumar, eds., *The Timetree of Life*. Oxford University Press, Oxford, UK.

Biffin, Ed, Robert S. Hill, and Andrew J. Lowe. 2010. Did kauri (*Agathis*: Araucariaceae) really survive the Oligocene drowning of New Zealand? *Systematic Biology* 59, 594–602.

Biju, S. D., and Franky Bossuyt. 2003. New frog family from India reveals an ancient biogeographical link with the Seychelles. *Nature* 425, 711–714.

Bininda-Emonds, Olaf R. P., et al. 2007. The delayed rise of present-day mammals. *Nature* 446, 507–512.

Bizerril, M. X. A., and M. L. A. Gastal. 1997. Fruit phenology and mammal frugivory in *Renealmia alpinia* (Zingiberaceae) in a gallery forest of central Brazil. *Revista Brasileira de Biologia* 57, 305–309.

Blount, Zachary D., Christina Z. Borland, and Richard E. Lenski. 2008. Historical contingency and the evolution of a key innovation in an experimental population of *Escherichia coli*. *Proceedings of the National Academy of Sciences USA* 105, 7899–7906.

Bouchenak-Khelladi, Yanis, G. Anthony Verboom, Vincent Savolainen, and Trevor R. Hodkinson. 2010. Biogeography of the grasses (Poaceae): a phylogenetic approach to reveal evolutionary history in geographical space and geological time. *Botanical Journal of the Linnean Society* 162, 543–557.

Bousquet, Jean, Steven H. Strauss, Allan H. Doerksen, and Robert A. Price. 1992. Extensive variation in evolutionary rate of *rbcL* gene sequences among seed plants. *Proceedings of the National Academy of Sciences USA* 89, 7844–7848.

Bowler, Peter J. 1996. *Life's Splendid Drama*. University of Chicago Press, Chicago.

Boyer, Sarah L., Ronald M. Clouse, Ligia R. Benavides, Prashant Sharma, Peter J. Schwendinger, I. Karunarathna, and Gonzalo Giribet. 2007. Biogeography of the world: a case study from cyphophthalmid Opiliones, a globally distributed group of arachnids. *Journal of Biogeography* 34, 2070–2085.

Branner, John C. 1888. Notes on the fauna of

the islands of Fernando de Noronha. *American Naturalist* 22, 861–871.
Bremer, Birgitta. 2009. Asterids. Pp. 177–187 in S. B. Hedges and S. Kumar, eds., *The Timetree of Life*. Oxford University Press, Oxford, UK.
Briceño, H., C. Schubert, and J. Paolini. 1990. Table-mountain geology and surficial geochemistry: Chimantá Massif, Venezuelan Guayana Shield. *Journal of South American Earth Sciences* 3, 179–184.
Briggs, John C. 1987. *Biogeography and Plate Tectonics*. Elsevier, Amsterdam.
———. 1995. *Global Biogeography*. Elsevier, Amsterdam.
Britten, Roy J. 1986. Rates of DNA sequence evolution differ between taxonomic groups. *Science* 231, 1393–1398.
Brochu, Christopher A. 2001. Congruence between physiology, phylogenetics, and the fossil record on crocodylian historical biogeography. Pp. 9–28 in G. Grigg, F. Seebacher, and C. Franklin, eds., *Crocodilian Biology and Evolution*. Surrey Beatty and Sons, Chipping Norton, New South Wales.
Bromham, L. 2009. Why do species vary in their rate of molecular evolution? *Biology Letters* 5, 401–404.
Brooks, Daniel R., and E. O. Wiley. 1988. *Evolution as Entropy: Toward a Unified Theory of Biology*. University of Chicago Press, Chicago.
Brown, Belinda, Carmen Gaina, and R. Dietmar Müller. 2006. Circum-Antarctic palaeobathymetry: illustrated examples from Cenozoic to recent times. *Palaeogeography, Palaeoclimatology, Palaeoecology* 231, 158–168.
Brown, James H. 1971. Mammals on mountaintops: nonequilibrium insular biogeography. *American Naturalist* 105, 467–478.
Browne, Janet. 1983. *The Secular Ark: Studies in the History of Biogeography*. Yale University Press, New Haven, CT.
———. 1995. *Charles Darwin: Voyaging*. Princeton University Press, Princeton, NJ.
Brundin, Lars. 1966. Transantarctic relationships and their significance as evidenced by chironomid midges with a monograph of the subfamilies Podonominae and Aphroteniinae and the austral Heptagyiae. *Kungliga Svenska Vetenskapsakademiens Handlingar*, Series 4, vol. 11, no. 1, 1–472.
Bryson, Bill. 2003. *A Short History of Nearly Everything*. Broadway Books, New York.
Buchanan, Mark. 2001. *Ubiquity: Why Catastrophes Happen*. Three Rivers Press, New York〔『歴史は「べき乗則」で動く——種の絶滅から戦争までを読み解く複雑系科学』水谷淳訳，早川書房，2009 年〕.
Burkhardt, Frederick, and Sydney Smith, eds. 1989. *The Correspondence of Charles Darwin*, vol. 5. Cambridge University Press, Cambridge, UK.
Butschi, Lorenz. 1989. Carnivorous plants of Auyantepui in Venezuela. *Carnivorous Plant Newsletter* 18, March, 15–18.
Caccone, Adalgisa, George Amato, Oliver C. Gratry, John Behler, and Jeffrey R. Powell. 1999. A molecular phylogeny of four endangered Madagascar tortoises based on mtDNA sequences. *Molecular Phylogenetics and Evolution* 12, 1–9.
Campbell, Hamish A., Matthew E. Watts, Scott Sullivan, Mark A. Read, Severine Choukroun, Steve R. Irwin, and Craig E. Franklin. 2010. Estuarine crocodiles ride surface currents to facilitate long-distance travel. *Journal of Animal Ecology* 79, 955–964.
Campbell, Hamish J., P. B. Andrews, A. G. Beu, A. R. Edwards, N. deB. Hornibrook, M. G. Laird, P. A. Maxwell, and W. A. Watters. 1988. Cretaceous-Cenozoic lithostratigraphy of the Chatham Islands. *Journal of the Royal Society of New Zealand* 18, 285–308.
Campbell, Hamish J., and Gerard D. Hutching. 2007. *In Search of Ancient New Zealand*. Penguin Books and GNS Science, Auckland, New Zealand.
Carleton, Michael D., and Storrs L. Olson. 1999. Amerigo Vespucci and the rat of Fernando de Noronha: a new genus and species of Rodentia (Muridae, Sigmodontinae) from a volcanic island off Brazil's continental shelf. *American Museum Novitates*, no. 3256, 1–59.
Carranza, S., and E. N. Arnold. 2003. Investigating the origin of transoceanic distributions: mtDNA shows *Mabuya* lizards (Reptilia, Scincidae) crossed the Atlantic twice. *Systematics and Biodiversity* 1, 275–282.
Carranza, S., E. N. Arnold, J. A. Mateo, and L. F. López-Jurado. 2000. Long-distance colonization and radiation in gekkonid lizards, *Tarentola* (Reptilia: Gekkonidae), revealed by mitochondrial DNA sequences. *Proceedings of the Royal Society of London B*

267, 637–649.

Carreño, Ana Luisa, and Javier Helenes. 2002. Geology and ages of the islands. Pp. 14–40 in T. J. Case, M. L. Cody, and E. Ezcurra, eds., *A New Island Biogeography of the Sea of Cortés*. Oxford University Press, New York.

Censky, Ellen J., Karim Hodge, and Judy Dudley. 1998. Overwater dispersal of lizards due to hurricanes. *Nature* 395, 556.

Chaimanee, Yaowalak, et al. 2012. Late Middle Eocene primate from Myanmar and the initial anthropoid colonization of Africa. *Proceedings of the National Academy of Sciences USA* 109, 10293–10297.

Chamberlin, Rollin T. 1928. Some of the objections to Wegener's theory. Pp. 83–87 in W. A. J. M. van Waterschoot van der Gracht, et al., eds., *Theory of Continental Drift: A Symposium on the Origin and Movement of Land Masses Both Inter-Continental and Intra-Continental, as Proposed by Alfred Wegener*. American Association of Petroleum Geologists, Tulsa, Oklahoma.

Chanderbali, Andre S., Henk van der Werff, and Susanne S. Renner. 2001. Phylogeny and historical biogeography of Lauraceae: evidence from the chloroplast and nuclear genomes. *Annals of the Missouri Botanical Garden* 88, 104–134.

Christenhusz, Maarten J. M., and Mark W. Chase. 2013. Biogeographical patterns of plants in the Neotropics-dispersal rather than plate tectonics is most explanatory. *Botanical Journal of the Linnean Society* 171, 277–286.

Clague, David A., Juan C. Braga, Davide Bassi, Paul D. Fullagar, Willem Renema, and Jody M. Webster. 2010. The maximum age of Hawaiian terrestrial lineages: geological constraints from Koko Seamount. *Journal of Biogeography* 37, 1022–1033.

Clarke, Julia A., Claudia P. Tambussi, Jorge I. Noriega, Gregory M. Erickson, and Richard A. Ketcham. 2005. Definitive fossil evidence for the extant avian radiation in the Cretaceous. *Nature* 433, 305–308.

Cleland, Carol E. 2002. Methodological and epistemic differences between historical science and experimental science. *Philosophy of Science* 69, 474–496.

Clement, Wendy L., Mark C. Tebbitt, Laura L. Forrest, Jaime E. Blair, Luc Brouillet, Torsten Eriksson, and Susan M. Swensen. 2004. Phylogenetic position and biogeography of *Hillebrandia sandwicensis* (Begoniaceae): a rare Hawaiian relict. *American Journal of Botany* 91, 905–917.

Colacino, Carmine, and John R. Grehan. 2003. Suppression at the frontiers of evolutionary biology: Léon Croizat's case. English translation, available at www.unibas.it/utenti/colacino/ccjrg-eng.pdf, of Colacino and Grehan, 2003, Ostracismo alle frontiere della biologia evoluzionistica: il caso Leon Croizat. Pp. 195–220 in M. Mamone Capria, ed., *Scienza e Democrazia*. Liguori Editore, Napoli.

Conan Doyle, Arthur. 2007 [1912]. *The Lost World*. Penguin, London. Conway Morris, Simon. 1998. *The Crucible of Creation: The Burgess Shale and the Rise of Animals*. Oxford University Press, Oxford, UK.

Conway Morris, Simon. 1998. *The Crucible of Creation: The Burgess Shale and the Rise of Animals*. Oxford University Press, Oxford, UK.

Cook, Lyn G., and Michael D. Crisp. 2005. Not so ancient: the extant crown group of *Nothofagus* represents a post-Gondwanan radiation. *Proceedings of the Royal Society of London B* 272, 2535–2544.

Cooper, Alan, and Richard Fortey. 1999. Evolutionary explosions and the phylogenetic fuse. *Trends in Ecology and Evolution* 13, 151–156.

Cracraft, Joel. 1974. Continental drift and vertebrate distribution. *Annual Review of Ecology and Systematics* 5, 215–261.

———. 1975. Historical biogeography and Earth history: perspectives for a future synthesis. *Annals of the Missouri Botanical Garden* 62, 227–250.

Craw, Robin C. 1979. Generalized tracks and dispersal in biogeography: a response to R. M. McDowall. *Systematic Zoology* 28, 99–107.

Craw, Robin C., John R. Grehan, and Michael J. Heads. 1999. *Panbiogeography: Tracking the History of Life*. Oxford University Press, New York.

Crisp, Michael D., Mary T. K. Arroyo, Lyn G. Cook, Maria A. Gandolfo, Gregory J. Jordan, Matt S. McGlone, Peter H. Weston, Mark Westoby, Peter Wilf, and H. Peter Linder. 2009. Phylogenetic biome conservatism on a global scale. *Nature* 458, 754–756.

Crisp, Michael D., and Lyn G. Cook. 2013. How was the Australian flora assembled over the last 65 million years? A molecular

phylogenetic perspective. *Annual Review of Ecology, Evolution, and Systematics* 44, in press.

Croizat, Léon. 1958. *Panbiogeography; or, An Introductory Synthesis of Zoogeography, Phytogeography, and Geology*. Vol. 1, *The New World*. Published by the author, Caracas, Venezuela.

———. 1962. *Space, Time, Form: The Biological Synthesis*. Published by the author, Caracas, Venezuela.

———. 1982. Vicariance/vicariism, panbiogeography, "vicariance biogeography," etc.: a clarification. *Systematic Zoology* 31, 291–304.

Croizat, Léon, Gareth Nelson, and Donn Eric Rosen. 1974. Centers of origin and related concepts. *Systematic Zoology* 23, 265–287.

Curtis, M. L., and D. M. Hyam. 1998. Late Palaeozoic to Mesozoic structural evolution of the Falkland Islands: a displaced segment of the Cape Fold Belt. *Journal of the Geological Society, London*, 155, 115–129.

Dalla Vecchia, Fabio M. 2009. *Tethyshadros insularis*, a new hadrosauroid dinosaur (Ornithischia) from the Upper Cretaceous of Italy. *Journal of Vertebrate Paleontology* 29, 1100–1116.

Daniels, Savel R. 2011. Reconstructing the colonisation and diversification history of the endemic freshwater crab (*Seychellum alluaudi*) in the granitic and volcanic Seychelles Archipelago. *Molecular Phylogenetics and Evolution* 61, 534–542.

Darlington, P. J., Jr. 1965. *Biogeography of the Southern End of the World*. Harvard University Press, Cambridge, MA.

———. 1970. A practical criticism of Hennig-Brundin "phylogenetic systematics" and Antarctic biogeography. *Systematic Zoology* 19, 1–18.

Darwin, Charles. 1989 [1839]. *Voyage of the Beagle*. Edited and abridged with an introduction by J. Browne and M. Neve. Penguin, London〔邦訳『ビーグル号航海記新訳　上・下』荒俣宏訳，平凡社，2013年，ほか〕.

———. 1964 [1859]. *On the Origin of Species by Means of Natural Selection*. Facsimile of the First Edition. Harvard University Press, Cambridge, MA〔『種の起源　上・下』渡辺政隆訳，光文社古典新訳文庫，2009年，ほか〕.

Darwin Correspondence Project, www.darwinproject.ac.uk/home.

Delfino, Massimo, Jeremy E. Martin, and Eric Buffetaut. 2008. A new species of *Acynodon* (Crocodylia) from the Upper Cretaceous (Santonian-Campanian) of Villaggio del Pescatore, Italy. *Palaeontology* 51, 1091–1106.

de Queiroz, Alan. 2005. The resurrection of oceanic dispersal in historical biogeography. *Trends in Ecology and Evolution* 20, 68–73.

de Queiroz, Alan, and Robin Lawson. 1994. Phylogenetic relationships of the garter snakes based on DNA sequence and allozyme variation. *Biological Journal of the Linnean Society* 53, 209–229.

———. 2008. A peninsula as an island: multiple forms of evidence for overwater colonization of Baja California by the garter snake *Thamnophis validus*. *Biological Journal of the Linnean Society* 95, 409–424.

de Queiroz, Alan, Robin Lawson, and Julio A. Lemos-Espinal. 2002. Phylogenetic relationships of North American garter snakes (*Thamnophis*) based on four mitochondrial genes: how much DNA sequence is enough? *Molecular Phylogenetics and Evolution* 22, 315–329.

Dick, Christopher W., Kobinah Abdul-Salim, and Eldredge Bermingham. 2003. Molecular systematic analysis reveals cryptic Tertiary diversification of a widespread tropical rain forest tree. *American Naturalist* 162, 691–703.

Donoghue, Michael J., and Brian R. Moore. 2003. Toward an integrative historical biogeography. *Integrative and Comparative Biology* 43, 261–270.

Donoghue, Michael J., and Stephen A. Smith. 2004. Patterns in the assembly of temperate forests around the Northern Hemisphere. *Philosophical Transactions of the Royal Society of London B* 359, 1633–1644.

Douzery, Emmanuel J., Frédéric Delsuc, Michael J. Stanhope, and Dorothée Huchon. 2003. Local molecular clocks in three nuclear genes: divergence times for rodents and other mammals and incompatibility among fossil calibrations. *Journal of Molecular Evolution* 57, suppl. 1, S201–S213.

Dray, William. 1957. *Laws and Explanation in History*. Oxford University Press, Oxford, UK. Drummond, Alexei J., Simon Y. W. Ho, Matthew J. Phillips, and Andrew Rambaut. 2006. Relaxed phylogenetics and dating with confidence. *PLOS Biology* 4, e88.

Drummond, Alexei J., and Andrew Rambaut.

2007. BEAST: Bayesian evolutionary analysis by sampling trees. *BMC Evolutionary Biology* 7, 214.

du Toit, Alexander. 1937. *Our Wandering Continents*. Oliver and Boyd, London.

Ebach, Malte C. 2003. Area cladistics. *Biologist* 50, 169–172.

Ebach, Malte C., and Christopher J. Humphries. 2002. Cladistic biogeography and the art of discovery. *Journal of Biogeography* 20, 427–444.

Enting, B., and L. Molloy. 1982. *The Ancient Islands*. Port Nicholson Press, Wellington, New Zealand.

Evans, Ben J., Rafe M. Brown, Jimmy A. McGuire, Jatna Supriatna, Noviar Andayani, Arvin Diesmos, Djoko Iskandar, Don J. Melnick, and David C. Cannatella. 2003. Phylogenetics of fanged frogs: testing biogeographical hypotheses at the interface of the Asian and Australian faunal zones. *Systematic Biology* 52, 794–819.

Evans, Susan E. 2003. At the feet of the dinosaurs: the early history and radiation of lizards. *Biological Reviews* 78, 513–551.

Fain, Matthew G., and Peter Houde. 2004. Parallel radiations in the primary clades of birds. *Evolution* 58, 2558–2573.

Felsenstein, Joseph. 2003. *Inferring Phylogenies*. Sinauer Associates, Sunderland, MA.

Fernandez, Frederick. 2005. Indonesian recalls 9-day sea ordeal. *The Star Online*, January 6, 2005, http://thestar.com.my/news/story.asp?file=/2005/1/6/nation/20050106070243&sec=nation.

Filardi, Christopher E., and Robert G. Moyle. 2005. Single origin of a pan-Pacific bird group and upstream colonization of Australasia. *Nature* 438, 216–219.

Flannery, Tim. 1994. *The Future Eaters*. Reed New Holland, Sydney.

Fleagle, John G. 1999. *Primate Adaptation and Evolution*, 2nd ed. Academic Press, San Diego.

Fleagle, John G., and Christopher C. Gilbert. 2006. The biogeography of primate evolution: the role of plate tectonics, climate and chance. Pp. 375–418 in S. M. Lehman and J. G. Fleagle, eds., *Primate Biogeography*. Springer, New York.

Fleming, Charles A. 1962. New Zealand biogeography: a paleontologist's approach. *Tuatara* 10, 53–108.

———. 1975. The geological history of New Zealand and its biota. Pp. 1–86 in G. Kuschel, ed., *Biogeography and Ecology in New Zealand*. Dr. W. Junk Publishers, The Hague.

Flora of New Zealand series webpage. Landcare Research. http://floraseries.landcare research.co.nz/pages/index.aspx.

Forest, Félix, and Mark W. Chase. 2009a. Magnoliids. Pp. 166–168 in S. B. Hedges and S. Kumar, eds., *The Timetree of Life*. Oxford University Press, Oxford, UK.

———. 2009b. Eudicots. Pp. 169–176 in S. B. Hedges and S. Kumar, eds., *The Timetree of Life*. Oxford University Press, Oxford, UK.

———. 2009c. Eurosid I. Pp. 188–196 in S. B. Hedges and S. Kumar, eds., *The Timetree of Life*. Oxford University Press, Oxford, UK.

———. 2009d. Eurosid II. Pp. 197–202 in S. B. Hedges and S. Kumar, eds., *The Timetree of Life*. Oxford University Press, Oxford, UK.

Fouquet, Antoine, Kévin Pineau, Miguel Trefaut Rodrigues, Julien Mailles, Jean-Baptiste Schneider, Raffael Ernst, and Maël Dewynter. 2013. Endemic or exotic: the phylogenetic position of the Martinique volcano frog *Allobates chalcopis* (Anura: Dendrobatidae) sheds light on its origin and challenges current conservation strategies. *Systematics and Biodiversity* 11, 87–101.

Francisco, Mercival, and Mauro Galetti. 2002. Aves como potenciais dispersoras de sementes de *Ocotea pulchella* Mart. (Lauraceae) numa área de vegetação de cerrado do sudeste brasileiro. *Revista Brasileira de Botanica* 25, 11–17.

Frankel, Henry. 1978. Arthur Holmes and continental drift. *British Journal for the History of Science* 11, 130–150.

———. 1981. The paleobiogeographical debate over the problem of disjunctively distributed life forms. *Studies in History and Philosophy of Science* 12, 211–259.

Frost, Darrel R. 2011. *Amphibian Species of the World: An Online Reference*. Version 5.5 (January 31, 2011). Electronic database accessible at http://research.amnh.org/vz/herpetology/amphibia/, American Museum of Natural History, New York.

Funk, Vicki A. 2004. Revolutions in historical biogeography. Pp. 647–657 in M. V. Lomolino, D. F. Sax, and J. H. Brown, eds., *Foundations of Biogeography*. University of Chicago Press, Chicago.

Funk, Vicki A., and Roy McDiarmid. 1988. An African connection? *Americas* 40, no. 5,

September-October, 48–49.
Gaddis, John Lewis. 2002. *The Landscape of History*. Oxford University Press, Oxford, UK〔『歴史の風景——歴史家はどのように過去を描くのか』浜林正夫・柴田知薫子訳，大月書店，2004 年〕.
Gadow, Hans. 1913. *The Wanderings of Animals*. Cambridge University Press, London.
Gamble, T., A. M. Bauer, G. R. Colli, E. Greenbaum, T. R. Jackman, L. J. Vitt, and A. M. Simons. 2011. Coming to America: multiple origins of New World geckos. *Journal of Evolutionary Biology* 24, 231–244.
Gamerro, Juan Carlos, and Viviana Barreda. 2008. New fossil record of Lactoridaceae in southern South America: a palaeobiogeographical approach. *Botanical Journal of the Linnean Society* 158, 41–50.
Gans, Carl. 2005. Checklist and bibliography of the Amphisbaenia of the world. *Bulletin of the American Museum of Natural History*, no. 289, 1–130.
Gerlach, Justin, Catharine Muir, and Matthew D. Richmond. 2006. The first substantiated case of trans-oceanic tortoise dispersal. *Journal of Natural History* 40, 2403–2408.
Gibbs, George. 2006. *Ghosts of Gondwana: The History of Life in New Zealand*. Craig Potton Publishing, Nelson, New Zealand.
Gildart, Bert, and Jane Gildart. 2005. *Death Valley National Park: A Guide to Exploring the Great Outdoors*. Globe Pequot Press, Guilford, CT.
Giller, Paul S., Alan A. Myers, and Brett R. Riddle. 2004. Earth history, vicariance, and dispersal. Pp. 267–276 in M. V. Lomolino, D. F. Sax, and J. H. Brown, eds., *Foundations of Biogeography*. University of Chicago Press, Chicago.
Gillespie, Rosemary, Bruce G. Baldwin, Jonathan M. Waters, Ceridwen I. Fraser, Raisa Nikula, and George K. Roderick. 2012. Long-distance dispersal: a framework for hypothesis testing. *Trends in Ecology and Evolution* 27, 47–56.
Gillespie, Rosemary G., and George K. Roderick. 2002. Arthropods on islands: colonization, speciation, and conservation. *Annual Review of Entomology* 47, 595–632.
Giribet, Gonzalo, and Sarah L. Boyer. 2010. "Moa's Ark"; or, "Goodbye Gondwana": is the origin of New Zealand's terrestrial invertebrate fauna ancient, recent, or both? *Invertebrate Systematics* 24, 1–8.
Giribet, Gonzalo, Lars Vogt, Abel Pérez González, Prashant Sharma, and Adriano B. Kury. 2010. A multilocus approach to harvestmen (Arachnida: Opiliones) phylogeny with emphasis on biogeography and the systematics of Laniatores. *Cladistics* 26, 408–437.
Giribet, Gonzalo, et al. 2012. Evolutionary and biogeographical history of an ancient and global group of arachnids (Arachnida: Opiliones: Cyphophthalmi) with a new taxonomic arrangement. *Biological Journal of the Linnean Society* 105, 92–130.
Gladwell, Malcolm. 2000. *The Tipping Point: How Little Things Can Make a Big Difference*. Little, Brown, Boston〔『急に売れ始めるにはワケがある——ネットワーク理論が明らかにする口コミの法則』高橋啓訳，ソフトバンククリエイティブ，2007 年ほか〕.
Glazko, Galina V., and Masatoshi Nei. 2003. Estimation of divergence times for major lineages of primate species. *Molecular Biology and Evolution* 20, 424–434.
Gleick, James. 1987. *Chaos: Making a New Science*. Viking, New York.
Glor, Richard E., Jonathan B. Losos, and Allan Larson. 2005. Out of Cuba: overwater dispersal and speciation among lizards in the *Anolis carolinensis* subgroup. *Molecular Ecology* 14, 2419–2432.
Gohau, Gabriel. 1990. *A History of Geology*. Revised and translated by Albert V. Carozzi and Marguerite Carozzi. Rutgers University Press, New Brunswick, NJ〔『地質学の歴史』菅谷暁訳，みすず書房，1997 年〕.
Goldberg, Julia, Steven A. Trewick, and Adrian M. Paterson. 2008. Evolution of New Zealand's terrestrial fauna: a review of molecular evidence. *Philosophical Transactions of the Royal Society of London B* 363, 3319–3334.
Goldblatt, Peter, ed. 1993. *Biological Relationships Between Africa and South America*. Yale University Press, New Haven, CT.
Goodman, Morris, John Barnabas, Genji Matsuda, and William G. Moore. 1971. Molecular evolution in the descent of man. *Nature* 233, 604–613.
Goodman, Steven M., and Jonathan P. Benstead, eds. 2004. *The Natural History of Madagascar*. University of Chicago Press, Chicago.
Goswami, Anjali, and Paul Upchurch. 2010. The dating game: a reply to Heads (2010).

Zoologica Scripta 39, 406–409.

Gould, Stephen Jay. 1977. *Ever Since Darwin: Reflections in Natural History*. W. W. Norton, New York.

———. 1986. The hardening of the Modern Synthesis. Pp. 71–93 in M. Grene, ed., *Dimensions of Darwinism*. Cambridge University Press, Cambridge, UK.

———. 1989. *Wonderful Life: The Burgess Shale and the Nature of History*. W. W. Norton, New York〔『ワンダフル・ライフ——バージェス頁岩と生物進化の物語』渡辺政隆訳，早川書房，2000 年〕.

Grandcolas, Philippe, Jerome Murienne, Tony Robillard, Laure Desutter-Grandcolas, Herve Jourdan, Eric Guilbert, and Louis Deharveng. 2008. New Caledonia: a very old Darwinian island? *Philosophical Transactions of the Royal Society of London B* 363, 3309–3317.

Grayson, Donald K. 1993. *The Desert's Past: A Natural Prehistory of the Great Basin*. Smithsonian Institution Press, Washington, DC.

Greene, Brian. 1999. *The Elegant Universe: Superstrings, Hidden Dimensions, and the Quest for the Ultimate Theory*. W. W. Norton, New York.

Greene, Harry W. 1997. *Snakes: The Evolution of Mystery in Nature*. University of California Press, Berkeley.

Guo, Peng, Qin Liu, Yan Xu, Ke Jiang, Mian Hou, Li Ding, R. Alexander Pyron, and Frank T. Burbrink. 2012. Out of Asia: Natricine snakes support the Cenozoic Beringian dispersal hypothesis. *Molecular Phylogenetics and Evolution* 63, 825–833.

Guppy, Henry Brougham. 1906. *Observations of a Naturalist in the Pacific Between 1896 and 1899*. Vol. 2, *Plant Dispersal*. Macmillan, London.

Hallam, Anthony. 1973. *A Revolution in the Earth Sciences*. Clarendon Press, Oxford, UK.

———. 1994. *An Outline of Phanerozoic Biogeography*. Oxford University Press, Oxford, UK.

Handwerk, Brian. 2004. "Lost world" mesas showcase South America's evolution. *National Geographic News*, February 20, 2004, http://news.nationalgeographic.com/news/pf/20848173.html.

Harding, Paul, Carolyn Bain, and Neal Bedford. 2002. *New Zealand*, 11th ed. Lonely Planet Publications, Melbourne.

Harshman, John, et al. 2008. Phylogenomic evidence for multiple losses of flight in ratite birds. *Proceedings of the National Academy of Sciences USA* 105, 13462–13467.

Hawaii Audubon Society. 2005. *Hawaii's Birds*, 6th ed. Hawaii Audubon Society, Honolulu.

Hay, Jennifer M., Stephen D. Sarre, David M. Lambert, Fred W. Allendorf, and Charles H. Daugherty. 2010. Genetic diversity and taxonomy: a reassessment of species designation in tuatara (*Sphenodon*: Reptilia). *Conservation Genetics* 11, 1063–1081.

Heads, Michael. 2005. Dating nodes on molecular phylogenies: a critique of molecular biogeography. *Cladistics* 21, 62–78.

———. 2008. Panbiogeography of New Caledonia, south-west Pacific: basal angiosperms on basement terranes, ultramafic endemics inherited from volcanic island arcs and old taxa endemic to young islands. *Journal of Biogeography* 35, 2153–2175.

———. 2009. Inferring biogeographic history from molecular phylogenies. *Biological Journal of the Linnean Society* 98, 757–774.

———. 2010. Evolution and biogeography of primates: a new model based on molecular phylogenetics, vicariance and plate tectonics. *Zoologica Scripta* 39, 107–127.

———. 2011. Old taxa on young islands: a critique of the use of island age to date island-endemic clades and calibrate phylogenies. *Systematic Biology* 60, 204–218.

Hedges, S. Blair. 2006. Paleogeography of the Antilles and origin of West Indian terrestrial vertebrates. *Annals of the Missouri Botanical Garden* 93, 231–244.

Hedges, S. Blair, Arnaud Couloux, and Nicolas Vidal. 2009. Molecular phylogeny, classification, and biogeography of West Indian racer snakes of the tribe Alsophiini (Squamata, Dipsadidae, Xenodontinae). *Zootaxa* 2067, 1–28.

Hedges, S. Blair, and Sudhir Kumar, eds. 2009a. *The Timetree of Life*. Oxford University Press, Oxford UK.

———. 2009b. Discovering the timetree of life. Pp. 3–18 in S. B. Hedges and S. Kumar, eds., *The Timetree of Life*. Oxford University Press, Oxford UK.

Heenan, P. B., A. D. Mitchell, P. J. de Lange, J. Keeling, and A. M. Paterson. 2010. Late-Cenozoic origin and diversification of Chatham Islands endemic plant species

revealed by analyses of DNA sequence data. *New Zealand Journal of Botany* 48, 83–136.

Heesy, Christopher P., Nancy J. Stevens, and Karen E. Samonds. 2006. Biogeographic origins of primate higher taxa. Pp. 419–437 in S. M. Lehman and J. G. Fleagle, eds., *Primate Biogeography*. Springer, New York.

Heinicke, Matthew P., William E. Duellman, and S. Blair Hedges. 2007. Major Caribbean and Central American frog faunas originated by ancient oceanic dispersal. *Proceedings of the National Academy of Sciences USA* 104, 10092–10097.

Hennig, Willi. 1966. *Phylogenetic Systematics*. University of Illinois Press, Urbana.

Hess, H. H. 1946. Drowned ancient islands of the Pacific basin. *American Journal of Science* 244, 772–791.

———. 1962. History of ocean basins. Pp. 599–620 in A. E. J. Engel, H. L. James, and B. F. Leonard, eds., *Petrologic Studies: A Volume to Honor A. F. Buddington*. Geological Society of America, New York.

Higham, Thomas, Atholl Anderson, and Chris Jacomb. 1999. Dating the first New Zealanders: the chronology of Wairau Bar. *Antiquity* 73, 420–427.

Ho, Simon Y. W., and Matthew J. Phillips. 2009. Accounting for calibration uncertainty in phylogenetic estimation of evolutionary divergence times. *Systematic Biology* 58, 367–380.

Hoberg, Eric P., Nancy L. Alkire, Alan de Queiroz, and Arlene Jones. 2001. Out of Africa: origins of the *Taenia* tapeworms in humans. *Proceedings of the Royal Society of London B* 268, 781–787.

Holmes, Arthur. 1928. Continental drift. *Nature* 122, 431–433.

———. 1944. *Principles of Physical Geology*. Thomas Nelson and Sons, Edinburgh〔『一般地質学 1〜3』上田誠也ほか訳, 東京大学出版会, 1983 年〕.

Houle, Alain. 1999. The origin of platyrrhines: an evaluation of the Antarctic scenario and the floating island model. *American Journal of Physical Anthropology* 109, 541–559.

Huelsenbeck, John P., Michael E. Alfaro, and Marc A. Suchard. 2011. Biologically inspired phylogenetic models strongly outperform the no common mechanism model. *Systematic Biology* 60, 225–232.

Hughes, Patrick. 1994. The meteorologist who started a revolution. *Weatherwise* 47, April 1, 1994, 29–35.

Hugot, Jean-Pierre. 1998. Phylogeny of Neotropical monkeys: the interplay of morphological, molecular, and parasitological data. *Molecular Phylogenetics and Evolution* 9, 408–413.

Hull, David L. 1988. *Science as a Process: An Evolutionary Account of the Social and Conceptual Development of Science*. University of Chicago Press, Chicago.

———. 2009. Leon Croizat: a radical biogeographer. Pp. 194–212 in O. Harman and M. R. Dietrich, eds., *Rebels, Mavericks, and Heretics in Biology*. Yale University Press, New Haven, CT.

Humphries, Christopher J., and Lynne R. Parenti. 1989. *Cladistic Biogeography*. Oxford University Press, Oxford, UK.

Inger, Robert F., and Harold K. Voris. 2001. The biogeographical relations of the frogs and snakes of Sundaland. *Journal of Biogeography* 28, 863–891.

Iturralde-Vinent, Manuel A. 2006. Meso-Cenozoic Caribbean paleogeography: implications for the historical biogeography of the region. *International Geology Review* 48, 791–827.

Iturralde-Vinent, Manuel A., and R. D. E. MacPhee. 1999. Paleogeography of the Caribbean region: implications for Cenozoic biogeography. *Bulletin of the American Museum of Natural History*, no. 238.

Jablonski, David. 1994. Extinctions in the fossil record [with discussion]. *Philosophical Transactions of the Royal Society of London B* 344, 11–17.

Jackson, Donald Dale. 1985. Scientists zero in on the strange "lost world" of Cerro de la Neblina. *Smithsonian* 16, no. 2, 51–63.

Jacobs, David S. 1994. Distribution and abundance of the endangered Hawaiian hoary bat, *Lasiurus cinereus semotus*, on the island of Hawai'i. *Pacific Science* 48, 193–200.

James, Harold L. 1973. Harry Hammond Hess, 1906–1969. *Biographical Memoirs, National Academy of Sciences*, 108–128.

Jockusch, Elizabeth L., and David B. Wake. 2002. Falling apart and merging: diversification of slender salamanders (Plethodontidae: *Batrachoseps*) in the American West. *Biological Journal of the Linnean Society* 76, 361–391.

Johnson, Donald Lee. 1980. Problems in the

land vertebrate zoogeography of certain islands and the swimming powers of elephants. *Journal of Biogeography* 7, 383–398.

Jones, Marc E. H., Alan J. D. Tennyson, Jennifer P. Worthy, Susan E. Evans, and Trevor H. Worthy. 2009. A sphenodontine (Rhynchocephalia) from the Miocene of New Zealand and palaeobiogeography of the tuatara (*Sphenodon*). *Proceedings of the Royal Society of London B* 276, 1385–1390.

Jones, Sam. 2005. Indonesian survivor recalls eight days at sea. *Guardian* online edition, January 6, 2005, www.guardian.co.uk/world/2005/jan/06/tsunami2004.samjones.

Jordan, Greg J. 2001. An investigation of long-distance dispersal based on species native to both Tasmania and New Zealand. *Australian Journal of Botany* 49, 333–340.

Joseph, Josy. 1980. The nutmeg-its botany, agronomy, production, composition, and uses. *Journal of Plantation Crops* 8, 61–72.

Kar, A., B. Weaver, J. Davidson, and M. Colucci. 1998. Origin of differentiated volcanic and plutonic rocks from Ascension Island, South Atlantic Ocean. *Journal of Petrology* 39, 1009–1024.

Kay, R. F., B. A. Williams, C. F. Ross, M. Takai, and N. Shigehara. 2004. Anthropoid origins: a phylogenetic analysis. Pp. 91–135 in C. F. Ross and R. F. Kay, eds., *Anthropoid Origins: New Visions*. Kluwer Academic Press, New York.

Kennedy, Liam, Paul S. Ell, E. M. Crawford, and L. A. Clarkson. 2000. *Mapping the Great Irish Famine: An Atlas of the Famine Years*. Four Courts Press, Dublin.

Key, Gillian, and Edgar Muñoz Heredia. 1994. Distribution and current status of rodents in the Galápagos. *Noticias de Galápagos*, no. 53, 21–25.

Kishino, Hirohisa, Jeffrey L. Thorne, and William J. Bruno. 2001. Performance of a divergence time estimation method under a probabilistic model of rate evolution. *Molecular Biology and Evolution* 18, 352–361.

Knapp, Michael, Ragini Mudaliar, David Havell, Steven J. Wagstaff, and Peter J. Lockhart. 2007. The drowning of New Zealand and the problem of *Agathis*. *Systematic Biology* 56, 826–870.

Knapp, Michael, Karen Stöckler, David Havell, Frédéric Delsuc, Federico Sebastiani, and Peter J. Lockhart. 2005. Relaxed molecular clock provides evidence for long-distance dispersal of *Nothofagus* (southern beech). *PloS Biology* 3, no. 1, e14.

Koepfli, Klaus-Peter, Matthew E. Gompper, Eduardo Eizirik, Cheuk-Chung Ho, Leif Linden, Jesus E. Maldonado, and Robert K. Wayne. 2007. Phylogeny of the Procyonidae (Mammalia: Carnivora): molecules, morphology and the Great American Interchange. *Molecular Phylogenetics and Evolution* 43, 1076–1095.

Krause, David W. 2003. Late Cretaceous vertebrates from Madagascar: a window into Gondwanan biogeography at the end of the Age of Dinosaurs. Pp. 40–47 in S. M. Goodman and J. P. Benstead, eds., *The Natural History of Madagascar*. University of Chicago Press, Chicago.

Krause, David W., Patrick M. O'Connor, Kristina Curry Rogers, Scott D. Sampson, Gregory A. Buckley, and Raymond R. Rogers. 2006. Late Cretaceous terrestrial vertebrates from Madagascar: implications for Latin American biogeography. *Annals of the Missouri Botanical Garden* 93, 178–208.

Kuhn, Thomas S. 1970. *The Structure of Scientific Revolutions*, 2nd ed. University of Chicago Press, Chicago Press, Chicago〔『科学革命の構造』中山茂訳，みすず書房，1971年〕.

Kumar, Sudhir, Alan Filipski, Vinod Swarna, Alan Walker, and S. Blair Hedges. 2005. Placing confidence limits on the molecular age of the human-chimpanzee divergence. *Proceedings of the National Academy of Sciences USA* 102, 18842–18847.

Laguna, Marcia Maria, Renata Cecília Amaro, Tamí Mott, Yatiyo Yonenaga-Yassuda, and Miguel Trefaut Rodrigues. 2010. Karyological study of *Amphisbaena ridleyi* (Squamata, Amphisbaenidae), an endemic species of the archipelago of Fernando de Noronha, Pernambuco, Brazil. *Genetics and Molecular Biology* 33, 57–61.

Larink, O. 1972. Zur Struktur der Blastoderm-Cuticula von *Petrobius brevistylis* und *P. maritimus* (Thysanura, Insecta). *Cytobiologie* 5, 422–426.

Lavin, Matt, Brian P. Schrire, Gwilym Lewis, R. Toby Pennington, Alfonso Delgado-Salinas, Mats Thulin, Colin E. Hughes, Angela Beyra Matos, and Martin F. Wojciechowski. 2004. Metacommunity process rather than continental tectonic history better explains geographically structured phylogenies in legumes. *Philosophical Transactions of the*

Royal Society of London B 359, 1509–1522.
Lavin, Matt, Mats Thulin, Jean-Noel Labat, and R. Toby Pennington. 2000. Africa, the odd man out: molecular biogeography of dalbergioid legumes (Fabaceae) suggests otherwise. *Systematic Botany* 25, 449–467.
Lawrence, David M. 2002. *Upheaval from the Abyss: Ocean Floor Mapping and the Earth Science Revolution*. Rutgers University Press, New Brunswick, NJ.
Lee, Daphne E., William G. Lee, and Nick Mortimer. 2001. Where and why have all the flowers gone? Depletion and turnover in the New Zealand Cenozoic angiosperm flora in relation to palaeogeography and climate. *Australian Journal of Botany* 49, 341–356.
Lessios, H. A. 2008. The Great American Schism: divergence of marine organisms after the rise of the Central American Isthmus. *Annual Review of Ecology, Evolution, and Systematics* 39, 63–91.
Levin, Donald A. 2006. Ancient dispersals, propagule pressure, and species selection in flowering plants. *Systematic Botany* 31, 443–448.
Lewis, Cherry L. E. 2002. Arthur Holmes: an ingenious geoscientist. *GSA Today*, March, 16–17.
Lord, Rexford D. 2007. *Mammals of South America*. Johns Hopkins University Press, Baltimore.
Lovejoy, N. P., S. P. Mullen, G. A. Sword, R. F. Chapman, and R. G. Harrison. 2006. Ancient trans-Atlantic flight explains locust biogeography: molecular phylogenetics of *Schistocerca*. *Proceedings of the Royal Society of London B* 273, 767–774.
Lundberg, John G. 1993. African–South American freshwater fish clades and continental drift: problems with a paradigm. Pp. 157–199 in P. Goldblatt, ed., *Biological Relationships Between Africa and South America*. Yale University Press, New Haven, CT.
Macdougall, J. D. 1996. *A Short History of Planet Earth: Mountains, Mammals, Fire, and Ice*. John Wiley and Sons, New York.
Macey, J. Robert, Theodore J. Papenfuss, Jennifer V. Kuehl, H. Mathew Fourcade, and Jeffrey L. Boore. 2004. Phylogenetic relationships among amphisbaenian reptiles based on complete mitochondrial genomic sequences. *Molecular Phylogenetics and Evolution* 33, 22–31.
MacPhee, R. D. E., M. A. Iturralde-Vinent, and Eugene S. Gaffney. 2003. Domo de Zaza, an early Miocene vertebrate locality in south-central Cuba, with notes on the tectonic evolution of Puerto Rico and the Mona Passage. *American Museum Novitates*, no. 3394, 1–42.
Malatesta, Parisina. 1996. Lost land of water and rock. *Americas* 48, November/December, 28–37.
Mann, Charles C. 2011. *1493: Uncovering the New World Columbus Created*. Vintage, New York〔『1493——世界を変えた大陸間の「交換」』布施由紀子訳，紀伊國屋書店，2016 年〕.
Mann, Paul, Robert D. Rogers, and Lisa Gahagan. 2007. Overview of plate tectonic history and its unresolved problems. Pp. 201–238 in J. Bundschuh and G. E. Alvarado, eds., *Central America: Geology, Resources, Hazards*, vol. 1. Taylor and Francis, London.
Marcondes-Machado, Luiz Octavio. 2002. Comportamento alimentar de aves em *Miconia rubiginosa* (Melastomataceae) em fragmento de cerrado, São Paulo. *Iheringia, Série Zoologia, Porto Alegre* 92, 97–100.
Marks, Kathy. 2009. Henry the tuatara is a dad at 111. *The Independent*, January 26, 2009.
Marshall, Charles R., Elizabeth C. Raff, and Rudolf A. Raff. 1994. Dollo's law and the death and resurrection of genes. *Proceedings of the National Academy of Sciences USA* 91, 12283–12287.
Martin, Andrew P., and Stephen R. Palumbi. 1993. Body size, metabolic rate, generation time, and the molecular clock. *Proceedings of the National Academy of Sciences USA* 90, 4087–4091.
Martin, P. G., and J. M. Dowd. 1988. A molecular evolutionary clock for angiosperms. *Taxon* 37, 364–377.
Matthew, William Diller. 1915. Climate and evolution. *Annals of the New York Academy of Sciences* 24, 171–318.
Mausfeld, Patrick, Andreas Schmitz, Wolfgang Böhme, Bernhard Misof, Davor Vrcibradic, and Carlos Frederico Duarte Rocha. 2002. Phylogenetic affinities of *Mabuya atlantica* Schmidt, 1945, endemic to the Atlantic Ocean archipelago of Fernando de Noronha (Brazil): necessity of partitioning the genus *Mabuya* Fitzinger, 1826 (Scincidae: Lygosominae). *Zoologischer Anzeiger* 241, 281–293.
May, Robert M. 1974. Biological populations

with nonoverlapping generations: stable points, stable cycles, and chaos. *Science* 186, 645–647.

Mayr, Ernst. 1952. Conclusions. Pp. 255–258 in E. Mayr, ed., *The Problem of Land Connections Across the South Atlantic, with Special Reference to the Mesozoic. Bulletin of the American Museum of Natural History* 99, 79–258.

———. 1982. Review of *Vicariance Biogeography*. *The Auk* 99, 618–620.

———. 1983. *The Growth of Biological Thought: Diversity, Evolution, and Inheritance*. Harvard University Press, Cambridge, MA.

Mayr, Gerald. 2003. Phylogeny of Early Tertiary swifts and hummingbirds (Aves: Apodiformes). *The Auk* 120, 145–151.

McAllister, James W. 1998. Is beauty a sign of truth in scientific theories? *American Scientist* 86, 174–183.

McAtee, W. L. 1914. Birds transporting food supplies. *The Auk* 31, 404–405.

McCarthy, Dennis. 2005. Biogeography and scientific revolutions. *The Systematist*, no. 25, 3–12.

———. 2009. *Here Be Dragons*. Oxford University Press, New York.

McCoy, Roger M. 2006. *Ending in Ice: The Revolutionary Idea and Tragic Expedition of Alfred Wegener*. Oxford University Press, Oxford, UK.

McDowall, Robert M. 1978. Generalized tracks and dispersal in biogeography. *Systematic Zoology* 27, 88–104.

———. 2005. Falkland Islands biogeography: converging trajectories in the South Atlantic Ocean. *Journal of Biogeography* 32, 49–62.

McDowall, Robert M., R. M. Allibone, and W. L. Chadderton. 2005. *Falkland Islands Freshwater Fishes: A Natural History*. Falklands Conservation, London.

McFarlane, Donald A., and Joyce Lundberg. 2002. A Middle Pleistocene age and biogeography for the extinct rodent *Megalomys curazensis* from Curaçao, Netherlands, Antilles. *Caribbean Journal of Science* 38, 278–281.

McFarlane, D. A., J. Lundberg, and A. G. Fincham. 2002. A Late Quaternary paleoecological record from caves of southern Jamaica, West Indies. *Journal of Cave and Karst Studies* 64, 117–125.

McLoughlin, Stephen. 2001. The breakup history of Gondwana and its impact on pre-Cenozoic floristic provincialism. *Australian Journal of Botany* 49, 271–300.

McNeill, William H. 1999. How the potato changed the world's history. *Social Research* 66, 67–83.

McPhee, John. 1981. *Basin and Range*. Farrar, Straus and Giroux, New York.

Measey, G. John, Miguel Vences, Robert C. Drewes, Ylenia Chiari, Martim Melo, and Bernard Bourles. 2007. Freshwater paths across the ocean: molecular phylogeny of the frog *Ptychadena newtoni* gives insight into amphibian colonization of oceanic islands. *Journal of Biogeography* 34, 7–20.

Meredith, Robert, Evon Hekkala, George Amato, and John Gatesy. 2011a. A phylogenetic hypothesis for *Crocodylus* (Crocodylia) based on mitochondrial DNA: evidence for a trans-Atlantic voyage from Africa to the New World. *Molecular Phylogenetics and Evolution* 60, 183–191.

Meredith, Robert W., et al. 2011b. Impacts of the Cretaceous Terrestrial Revolution and the KPg Extinction on extant mammal diversification. *Science* 334, 521–524.

Metcalf, Lawrie. 2002. *A Photographic Guide to Trees of New Zealand*. New Holland Publishers, Auckland, New Zealand.

Mildenhall, Dallas C. 1980. New Zealand Late Cretaceous and Cenozoic plant biogeography: a contribution. *Palaeogeography, Palaeoclimatology, Palaeoecology* 31, 197–233.

Miller, Hilary C., and David M. Lambert. 2006. A molecular phylogeny of New Zealand's *Petroica* (Aves: Petroicidae) species based on mitochondrial DNA sequences. *Molecular Phylogenetics and Evolution* 40, 844–855.

Miller, Stanley L. 1953. A production of amino acids under possible primitive Earth conditions. *Science* 117, 528–529.

Miura, Osamu, Mark E. Torchin, Eldredge Bermingham, David K. Jacobs, and Ryan F. Hechinger. 2012. Flying shells: historical dispersal of marine snails across Central America. *Proceedings of the Royal Society of London B* 279, 1061–1067.

Moore, Peter D., Judith A. Webb, and Margaret E. Collinson. 1991. *Pollen Analysis*, 2nd ed. Blackwell Scientific, Oxford, UK.

Morgan, Gregory J. 1998. Emile Zuckerkandl, Linus Pauling, and the molecular evolutionary clock. *Journal of the History of Biology* 31, 155–178.

Morrone, Juan J., and Paula Posadas. 2005. Falklands: facts and fiction. *Journal of Biogeography* 32, 2183–2187.

Morwood, M. J., and W. L. Jungers. 2009. Conclusions: implications of the Liang Bua excavations for hominin evolution and biogeography. *Journal of Human Evolution* 57, 640–648.

Mullis, Kary. 1998. *Dancing Naked in the Mind Field*. Pantheon, New York〔『マリス博士の奇想天外な人生』福岡伸一訳，ハヤカワ文庫，2004年，ほか〕.

Mullis, K. B., and F. A. Faloona. 1987. Specific synthesis of DNA *in vitro* via a polymerase catalyzed chain reaction. *Methods in Enzymology* 55, 335–350.

Murienne, Jerome, Gregory D. Edgecombe, and Gonzalo Giribet. 2010. Including secondary structure, fossils and molecular dating in the centipede tree of life. *Molecular Phylogenetics and Evolution* 57, 301–313.

Nathan, Ran, Frank M. Schurr, Orr Spiegel, Ofer Steinitz, Ana Trakhtenbrot, and Asaf Tsoar. 2008. Mechanisms of long-distance seed dispersal. *Trends in Ecology and Evolution* 23, 638–647.

Near, Thomas J., and Michael J. Sanderson. 2004. Assessing the quality of molecular divergence time estimates by fossil calibrations and fossil-based model selection. *Philosophical Transactions of the Royal Society of London B* 359, 1477–1483.

Nelson, Gareth. 1973. Comments on Leon Croizat's biogeography. *Systematic Zoology* 22, 312–320.

———. 1975. Review of *Biogeography and Ecology in New Zealand* by G. Kuschel, ed. *Systematic Zoology* 24, 494–495.

———. 1977. Review of *Biogeografia Analitica y Sintética ("Panbiogeografia") de las Américas* by L. Croizat-Chaley. *Systematic Zoology* 26, 449–452.

———. 1978a. From Candolle to Croizat: comments on the history of biogeography. *Journal of the History of Biology* 11, 269–305.

———. 1978b. Ontogeny, phylogeny, paleontology, and the biogenetic law. *Systematic Zoology* 27, 324–345.

———. 1978c. Refuges, humans, and vicariance (Review of *Biogeographie et Evolution en Amerique Tropicale* and *Human Biogeography*). *Systematic Zoology* 27, 484–487.

———. 2000. Ancient perspectives and influence in the theoretical systematics of a bold fisherman. Pp. 9–23 in P. L. Forey, B. G. Gardiner, and C. J. Humphries, eds., *Colin Patterson (1933–1998): A Celebration of His Life*. Special Issue no. 2, Linnean Society of London.

———. Unpublished manuscript. Cladistics at an earlier time. Nelson, Gareth, and Pauline Y. Ladiges. 2001. Gondwana, vicariance biogeography and the New York School revisited. *Australian Journal of Botany* 49, 389–409.

———. 2009. Biogeography and the molecular dating game: a futile revival of phenetics? *Bulletin de la Société géologique de France* 180, 39–43.

Nelson, Gareth, and Norman Platnick. 1981. *Systematics and Biogeography: Cladistics and Vicariance*. Columbia University Press, New York.

Ni, Xijun, Daniel L. Gebo, Marian Dagosto, Jin Meng, Paul Tafforeau, John J. Flynn, and K. Christopher Beard. 2013. The oldest known primate skeleton and early haplorhine evolution. *Nature* 498, 60–64.

Nicholson, Kirsten E., Richard E. Glor, Jason J. Kolbe, Allan Larson, S. Blair Hedges, and Jonathan B. Losos. 2005. Mainland colonization by island lizards. *Journal of Biogeography* 32, 929–938.

Nielsen, Stuart V., Aaron M. Bauer, Todd R. Jackman, Rod A. Hitchmough, and Charles H. Daugherty. 2011. New Zealand geckos (Diplodactylidae): cryptic diversity in a post-Gondwanan lineage with trans-Tasman affinities. *Molecular Phylogenetics and Evolution* 59, 1–22.

Noonan, Brice P., and Paul T. Chippindale. 2006. Vicariant origin of Malagasy reptiles supports Late Cretaceous Antarctic land bridge. *American Naturalist* 168, 730–741.

Noonan, Brice P., and Jack W. Sites, Jr. 2010. Tracing the origins of iguanid lizards and boine snakes of the Pacific. *American Naturalist* 175, 61–72.

Norval, Gerrut, Jean-Jay Mao, Hsin-Pin Chu, and Lee-Chang Chen. 2002. A new record of an introduced species, the brown anole (*Anolis sagrei*) (Dumeril & Bibron, 1837), in Taiwan. *Zoological Studies* 41, 332–336.

Nunn, Nathan, and Nancy Qian. 2011. The potato's contribution to population and urbanization: evidence from a historical experiment. *Quarterly Journal of Economics* 126, 593–650.

O'Grady, Patrick, and Rob DeSalle. 2008. Out of Hawaii: the origin and biogeography of the genus *Scaptomyza* (Diptera: Drosophilidae). *Biology Letters* 4, 195–199.

O'Grady, P. M., K. N. Magnacca, and R. T. Lapoint. 2010. Taxonomic relationships within the endemic Hawaiian Drosophilidae (Insecta: Diptera). In N. L. Evenhuis and L. G. Eldredge, eds., *Records of the Hawaii Biological Survey for 2008*. Bishop Museum Occasional Papers 108, 1–34.

O'Hara, Robert J. 1988. Homage to Clio; or, toward an historical philosophy for evolutionary biology. *Systematic Zoology* 37, 142–155.

O'Leary, Maureen A., et al. 2013. The placental mammal ancestor and the post-K-Pg radiation of placental mammals. *Science* 339, 662–667.

Olmstead, Richard G., and Jeffrey D. Palmer. 1997. Implications for the phylogeny, classification, and biogeography of *Solanum* from cpDNA restriction site variation. *Systematic Botany* 22, 19–29.

Oreskes, Naomi. 1988. The rejection of continental drift. *Historical Studies in the Physical and Biological Sciences* 18, 311–348.

Osi, Attila, Richard J. Butler, and David B. Weishampel. 2010. A Late Cretaceous ceratopsian dinosaur from Europe with Asian affinities. *Nature* 465, 466–468.

Overbye, Dennis. 2013. Universe as an infant: fatter than expected and kind of lumpy. *New York Times*, March 21, 2013.

Page, Roderic D. M. 1989. New Zealand and the new biogeography. *New Zealand Journal of Zoology* 16, 471–483.

Palmer, D. D. 2003. *Hawai'i's Ferns and Fern Allies*. University of Hawaii Press, Honolulu.

Parada, Andñés, Ulyses F. J. Pardinas, Jorge Salazar-Bravo, Guillermo D'Elia, and R. Eduardo Palma. 2013. Dating an impressive Neotropical radiation: molecular time estimates for the Sigmodontinae (Rodentia) provide insights into its historical biogeography. *Molecular Phylogenetics and Evolution* 66, 960–968.

Parenti, Lynne R. 2006. Common cause and historical biogeography. Pp. 61–82 in M. Ebach and R. Tangney, eds., *Biogeography in a Changing World*. CRC Press, Boca Raton, FL.

Parenti, Lynne R., and Malte C. Ebach. 2009. *Comparative Biogeography: Discovering and Classifying Biogeographical Patterns of a Dynamic Earth*. University of California Press, Berkeley.

———. 2013. Evidence and hypothesis in biogeography. *Journal of Biogeography* 40, 813–820.

Paterson, Adrian, Steve Trewick, Karen Armstrong, Julia Goldberg, and Anthony Mitchell. 2006. Recent and emergent: molecular analysis of the biota supports a young Chatham Islands. Pp. 27–29 in S. Trewick and M. J. Phillips, eds., *Geology and Genes III* (extended abstracts for papers presented at the Geogenes III Conference, Wellington, July 14, 2006). Geological Society of New Zealand Miscellaneous Publication 121.

Patterson, Colin. 1997. Peter Humphry Greenwood. 21 April 1927–3 March 1995. *Biographical Memoirs of Fellows of the Royal Society* 43, 194–213.

Pelletier, Bernard. 2006. Geology of the New Caledonia region and its implications for the study of the New Caledonian biodiversity. Pp. 19–32 in C. Payri and B. Richer de Forges, eds., *Compendium of Marine Species from New Caledonia*. Documents Scientifiques et Techniques IRD, II 7, 2nd ed. Institut de Recherche pour le Développement, Nouméa, France.

Pennington, R. Toby, Quentin C. B. Cronk, and James A. Richardson. 2004. Introduction and synthesis: plant phylogeny and the origin of major biomes. *Philosophical Transactions of the Royal Society of London B* 359, 1455–1464.

Pennington, R. Toby, and Christopher W. Dick. 2004. The role of immigrants in the assembly of the South American rainforest tree flora. *Philosophical Transactions of the Royal Society of London B* 359, 1611–1622.

Phillips, Matthew J., Gillian C. Gibb, Elizabeth A. Crimp, and David Penny. 2010. Tinamous and moa flock together: mitochondrial genome sequence analysis reveals independent losses of flight among ratites. *Systematic Biology* 59, 90–107.

Pillon, Yohan. 2012. Time and tempo of diversification in the flora of New Caledonia. *Botanical Journal of the Linnean Society* 170, 288–298.

Pole, Mike. 1993. Keeping in touch: vegetation prehistory on both sides of the Tasman. *Australian Systematic Botany* 6, 387–397.

———. 1994. The New Zealand flora-entirely long-distance dispersal? *Journal of Biogeography* 21, 625–635.

Pole, Mike, C. A. Landis, H. J. Campbell, J. G. Begg, D. C. Mildenhall, A. M. Paterson, and S. A. Trewick. 2010. Discussion of "The Waipounamu Erosion Surface: questioning the antiquity of the New Zealand land surface and terrestrial fauna and flora." *Geological Magazine* 147, 151–155.

Pollan, Michael. 2001. *The Botany of Desire*. Random House, New York〔『欲望の植物誌』西田佐知子訳，八坂書房，2012 年〕.

Popper, Karl. 2002 [1965]. *Conjectures and Refutations: The Growth of Scientific Knowledge*, 2nd ed. Routledge, London.

Pough, F. Harvey, Robin M. Andrews, John E. Cadle, Martha L. Crump, Alan H. Savitzky, and Kentwood D. Wells. 1998. *Herpetology*. Prentice Hall, Upper Saddle River, NJ.

Poux, Céline, Pascale Chevret, Dorothée Huchon, Wilfried W. de Jong, and Emmanuel J. P. Douzery. 2006. Arrival and diversification of caviomorph rodents and platyrrhine primates in South America. *Systematic Biology* 55, 228–244.

Powers, Sidney. 1911. Floating islands. *Popular Science Monthly* 79, 303–307.

Pramuk, Jennifer B., Tasia Robertson, Jack W. Sites Jr., and Brice P. Noonan. 2008. Around the world in 10 million years: biogeography of the nearly cosmopolitan true toads (Anura: Bufonidae). *Global Ecology and Biogeography* 17, 72–83.

Pregill, Gregory. 1981. An appraisal of the vicariance hypothesis of Caribbean biogeography and its application to West Indian terrestrial vertebrates. *Systematic Zoology* 30, 147–155.

Prevosti, Francisco J., and Ulyses F. J. Pardiñas. 2009. Comment on "The oldest South American Cricetidae (Rodentia) and Mustelidae (Carnivora): Late Miocene faunal turnover in central Argentina and the Great American Biotic Interchange," by D. H. Verzi and C. J. Montalvo [*Palaeogeography, Palaeoclimatology, Palaeoecology* 267 (2008), 284–291]. *Palaeogeography, Palaeoclimatology, Palaeoecology* 280, 543–547.

Price, Jonathan P., and David A. Clague. 2002. How old is the Hawaiian biota? Geology and phylogeny suggest recent divergence. *Proceedings of the Royal Society of London B* 269, 2429–2435.

Pyron, R. Alexander, and Frank T. Burbrink. 2011. Extinction, ecological opportunity, and the origins of global snake diversity. *Evolution* 66, 163–178.

Quammen, David. 1996. *The Song of the Dodo: Island Biogeography in an Age of Extinctions*. Simon and Schuster, New York〔『ドードーの歌——美しい世界の島々からの警鐘　上・下』鈴木主税訳，河出書房新社，1997 年〕.

———. 2006. *The Reluctant Mr. Darwin: An Intimate Portrait of Charles Darwin and the Making of His Theory of Evolution*. W. W. Norton, New York.

Raaum, Ryan L., Kirstin N. Sterner, Colleen M. Noviello, Caro-Beth Stewart, and Todd R. Disotell. 2005. Catarrhine primate divergence dates estimated from complete mitochondrial genomes: concordance with fossil and nuclear DNA evidence. *Journal of Human Evolution* 48, 237–257.

Raine, J. I., D. C. Mildenhall, and E. M. Kennedy. 2008. New Zealand fossil spores and pollen: an illustrated catalogue, 3rd ed. GNS Science Miscellaneous Series no. 4. Online at www.gns.cri.nz/what/earthhist/fossils/spore_pollen/catalog/index.htm.

Raven, Peter H., and Daniel I. Axelrod. 1972. Plate tectonics and Australasian paleobiogeography. *Science* 176, 1379–1386.

Reader, John. 2008. The fungus that conquered Europe. *New York Times* online edition, March 17, 2008, www.nytimes.com/2008/03/17/opinion/17reader.html?_r=1&.

———. 2009. *Potato: A History of the Propitious Esculent*. Yale University Press, New Haven, CT.

Renner, Susanne S. 2004a. Plant dispersal across the tropical Atlantic by wind and sea currents. *International Journal of Plant Sciences* 165, suppl. 4, S23–S33.

———. 2004b. Multiple Miocene Melastomataceae dispersal between Madagascar, Africa and India. *Philosophical Transactions of the Royal Society of London B* 359, 1485–1494.

———. 2005. Relaxed molecular clocks for dating historical plant dispersal events. *Trends in Ecology and Evolution* 10, 550–558.

Renner, Susanne S., G. Clausing, and K. Meyer. 2001. Historical biogeography of Melastomataceae: the roles of Tertiary migration and long-distance dispersal. *American Journal of Botany* 88, 1290–1300.

Riba-Hernández, Pablo, and Kathryn E. Stoner.

2005. Massive destruction of *Symphonia globulifera* (Clusiaceae) flowers by Central American spider monkeys (*Ateles geoffroyi*). *Biotropica* 37, 274–278.

Richardson, C. Howard, and David J. Nemeth. 1991. Hurricane-borne African locusts (*Schistocerca gregaria*) on the Windward Islands. *GeoJournal* 23, 349–357.

Rinderknecht, Andres, and R. Ernesto Blanco. 2008. The largest fossil rodent. *Proceedings of the Royal Society of London B* 275, 923–928.

Rivadavia, Fernando, V. F. O. de Miranda, G. Hoogenstrijd, F. Pinheiro, G. Heubl, and A. Fleischmann. 2012. Is *Drosera meristocaulis* a pygmy sundew? Evidence of a long-distance dispersal between western Australia and northern South America. *Annals of Botany* 110, 11–21.

Rivadavia, Fernando, Katsuhiko Kondo, Masahiro Kato, and Mitsuyasu Hasebe. 2003. Phylogeny of the sundews, *Drosera* (Droseraceae), based on chloroplast *rbcL* and nuclear 18S ribosomal DNA sequences. *American Journal of Botany* 90, 123–130.

Robertson, Hugh, and Barrie Heather. 2005. *The Hand Guide to the Birds of New Zealand*. Penguin, Auckland, New Zealand.

Rocha, Sara, Miguel A. Carretero, Miguel Vences, Frank Glaw, and D. James Harris. 2006. Deciphering patterns of transoceanic dispersal: the evolutionary origin and biogeography of coastal lizards (*Cryptoblepharus*) in the Western Indian Ocean region. *Journal of Biogeography* 33, 13–22.

Rodriguez-Trelles, Francisco, Rosa Tarrio, and Francisco J. Ayala. 2004. Molecular clocks: whence and whither? Pp. 5–26 in P. C. J. Donoghue and M. Paul Smith, eds., *Telling the Evolutionary Time: Molecular Clocks and the Fossil Record*. CRC Press, Boca Raton, FL.

Romer, Alfred Sherwood. 1959. *The Vertebrate Story*, 4th ed. University of Chicago Press, Chicago〔『脊椎動物の歴史』川島誠一郎訳, どうぶつ社, 1987年ほか〕.

Rosen, Donn E. 1978. Vicariant patterns and historical explanation in biogeography. *Systematic Zoology* 27, 159–188.

———. 1979. Fishes from the uplands and intermontane basins of Guatemala: revisionary studies and comparative geography. *Bulletin of the American Museum of Natural History* 162, article 5, 267–376.

Rosenzweig, Michael L. 2002. *Species Diversity in Space and Time*. Cambridge University Press, Cambridge, UK.

Rossie, James B., and Erik R. Seiffert. 2006. Continental paleobiogeography as phylogenetic evidence. Pp. 469–522 in S. M. Lehman and J. G. Fleagle, eds., *Primate Biogeography*. Springer, New York.

Rossin, Maria, Juan T. Timi, and Eric P. Hoberg. 2010. An endemic *Taenia* from South America: validation of *T. talicei* Dollfus, 1960 (Cestoda: Taeniidae) with characterization of metacestodes and adults. *Zootaxa* 2636, 49–58.

Rowe, Diane L., Katherine A. Dunn, Ronald M. Adkins, and Rodney L. Honeycutt. 2010. Molecular clocks keep dispersal hypotheses afloat: evidence for trans-Atlantic rafting by rodents. *Journal of Biogeography* 37, 305–324.

Rubinoff, Daniel, and William P. Haines. 2005. Web-spinning caterpillar stalks snails. *Science* 309, 575.

Rubinoff, Daniel, and Patrick Schmitz. 2010. Multiple aquatic invasions by an endemic, terrestrial Hawaiian moth radiation. *Proceedings of the National Academy of Sciences USA* 107, 5903–5906.

Saiki, R. K., S. J. Scharf, F. Faloona, K. B. Mullis, G. T. Horn, H. A. Erlich, and N. Arnheim. 1985. Enzymatic amplification of s-globin genomic sequences and restriction site analysis for diagnosis of sickle cell anemia. *Science* 230, 1350–1354.

Salmon, John T. 1992. *A Field Guide to the Alpine Plants of New Zealand*. Random House New Zealand, Auckland.

Samonds, Karen E., Laurie R. Godfrey, Jason R. Ali, Steven M. Goodman, Miguel Vences, Michael R. Sutherland, Mitchell T. Irwin, and David W. Krause. 2012. Spatial and temporal arrival patterns of Madagascar's vertebrate fauna explained by distance, ocean currents, and ancestor type. *Proceedings of the National Academy of Sciences USA* 109, 5352–5357.

Samways, Michael J. 1999. Translocating fauna to foreign lands: here comes the Homogenocene. *Journal of Insect Conservation* 3, 65–66.

Sanmartin, Isabel, and Fredrik Ronquist. 2004. Southern Hemisphere biogeography inferred by event-based models: plant versus animal patterns. *Systematic Biology* 53, 216–243.

Sanmartin, Isabel, Livia Wanntorp, and

Richard C. Winkworth. 2007. West Wind Drift revisited: testing for directional dispersal in the Southern Hemisphere using event-based tree fitting. *Journal of Biogeography* 34, 398–416. Santos, Charles Morphy D. 2007. On basal clades and ancestral areas. *Journal of Biogeography* 34, 1470–1471.

Särkinen, Tiina E., Mark F. Newman, Paul J. M. Maas, Hiltje Maas, Axel D. Poulsen, David J. Harris, James E. Richardson, Alexandra Clark, Michelle Hollingsworth, and R. Toby Pennington. 2007. Recent oceanic long-distance dispersal and divergence in the amphi-Atlantic rain forest genus *Renealmia* L.f. (Zingiberaceae). *Molecular Phylogenetics and Evolution* 44, 968–980.

Schaefer, Hanno, Christoph Heibl, and Susanne Renner. 2009. Gourds afloat: a dated phylogeny reveals an Asian origin of the gourd family (Cucurbitaceae) and numerous oversea dispersal events. *Proceedings of the Royal Society of London B* 276, 843–851.

Schatz, G. E. 1996. Malagasy/Indo-australo-malesian phytogeographic connections. Pp. 73–84 in W. R. Lourenço, ed., *Biogéographie de Madagascar*. Editions ORSTOM, Paris.

Schmid, Rudolf. 1986. Léon Croizat's standing among biologists. *Cladistics* 2, 105–111.

Schoener, Amy, and Thomas W. Schoener. 1984. Experiments on dispersal: short-term floatation of insular anoles, with a review of similar abilities in other terrestrial animals. *Oecologia* 63, 289–294.

Schuchert, Charles. 1928. The hypothesis of continental displacement. Pp. 104–144 in W. A. J. M. van Waterschoot van der Gracht et al., eds., *Theory of Continental Drift: A Symposium on the Origin and Movement of Land Masses Both Inter-Continental and Intra-Continental, as Proposed by Alfred Wegener*. American Association of Petroleum Geologists, Tulsa, Oklahoma.

———. 1932. Gondwana land bridges. *Bulletin of the Geological Society of America* 43, 875–916.

Schweizer, Manuel, Ole Seehausen, Marcel Güntert, and Stefan T. Hertwig. 2010. The evolutionary diversification of parrots supports a taxon pulse model with multiple trans-oceanic dispersal events and local radiations. *Molecular Phylogenetics and Evolution* 54, 984–994.

Scotese, Christopher R. 2004. A continental drift flipbook. *Journal of Geology* 112, 729–741.

Scott, William B. 1932. Nature and origin of the Santa Cruz fauna. *Reports of the Princeton University Expeditions to Patagonia, 1896–1899*, vol. 7, *Palaeontology* 4, part 3, 193–238.

Seiffert, Erik R., Elwyn L. Simons, William C. Clyde, James B. Rossie, Yousry Attia, Thomas M. Bown, Prithijit Chatrath, and Mark E. Mathison. 2005. Basal anthropoids from Egypt and the antiquity of Africa's higher primate radiation. *Science* 310, 300–304.

Sharma, Prashant, and Gonzalo Giribet. 2009. A relict in New Caledonia: phylogenetic relationships of the family Troglosironidae (Opiliones: Cyphophthalmi). *Cladistics* 25, 279–294.

Sharp, Warren D., and David A. Clague. 2006. 50-Ma initiation of Hawaiian-Emperor bend records major change in Pacific Plate motion. *Science* 313, 1281–1284.

Shedlock, Andrew M., and Scott V. Edwards. 2009. Amniotes (Amniota). Pp. 375–379 in S. B. Hedges and S. Kumar, eds., *The Timetree of Life*. Oxford University Press, Oxford, UK.

Shermer, Michael. 2002. *In Darwin's Shadow: The Life and Science of Alfred Russel Wallace*. Oxford University Press, Oxford, UK.

Shultz, Susanne, Emma Nelson, and Robin I. M. Dunbar. 2012. Hominin cognitive evolution: identifying patterns and processes in the fossil and archaeological record. *Philosophical Transactions of the Royal Society of London B* 367, 2130–2140.

Sibley, C. G., and J. E. Ahlquist. 1987. Avian phylogeny reconstructed from comparisons of the genetic material, DNA. Pp. 95–121 in C. Patterson, ed., *Molecules and Morphology in Evolution: Conflict or Compromise?* Cambridge University Press, Cambridge, UK.

Simanek, Donald, and John Holden. 2001. *Science Askew: A Light-Hearted Look at the Scientific World*. Taylor and Francis, New York.

Simpson, George Gaylord. 1952. Probabilities of dispersal in geologic time. Pp. 163–176 in E. Mayr, ed., *The Problem of Land Connections Across the South Atlantic, with Special Reference to the Mesozoic*. *Bulletin of the American Museum of Natural History* 99, 79–258.

———. 1953. *The Major Features of Evolution*.

Columbia University Press, New York.
———. 1980. *Splendid Isolation: The Curious History of South American Mammals*. Yale University Press, New Haven, CT.
Skottsberg, C. 1925. Juan Fernandez and Hawaii: a phytogeographical discussion. Bernice P. Bishop Museum, Bulletin 16, 1–47.
Skottsberg, C. 1941. The flora of the Hawaiian Islands and the history of the Pacific Basin. *Proceedings of the 6th Pacific Science Congress, California* 4, 685–701.
Smith, Albert C. 1973. Angiosperm evolution and the relationship of the floras of Africa and America. Pp. 49–62 in B. J. Meggers, E. S. Ayensu, and W. D. Duckworth, eds., *Tropical Forest Ecosystems in Africa and South America: A Comparative Review*. Smithsonian Institution Press, Washington, DC.
Smith, Andrew B., and Kevin J. Peterson. 2002. Dating the time of origin of major clades: molecular clocks and the fossil record. *Annual Review of Earth and Planetary Science* 30, 65–88.
Smith, Sarah A., Ross A. Sadlier, Aaron M. Bauer, Christopher C. Austin, and Todd Jackman. 2007. Molecular phylogeny of the scincid lizards of New Caledonia and adjacent areas: evidence for a single origin of the endemic skinks of Tasmantis. *Molecular Phylogenetics and Evolution* 43, 1151–1166.
Soltis, Douglas E., Charles D. Bell, Sangtae Kim, and Pamela S. Soltis. 2008. Origin and early evolution of angiosperms. *Annals of the New York Academy of Sciences*, no. 1133, 3–25.
Song, Hojun, Matthew J. Moulton, Kevin D. Hiatt, and Michael F. Whiting. 2013. Uncovering historical signature of mitochondrial DNA hidden in the nuclear genome: the biogeography of *Schistocerca* revisited. *Cladistics*, Early View (Online Version of Record published before inclusion in an issue).
Sousa, Wayne P. 1993. Size-dependent predation on the salt-marsh snail *Cerithidea californica* Haldeman. *Journal of Experimental Marine Biology and Ecology* 166, 19–37.
Spooner, David M., Karen McLean, Gavin Ramsay, Robbie Waugh, and Glenn J. Bryan. 2005. A single domestication for potato based on multilocus amplified fragment length polymorphism genotyping. *Proceedings of the National Academy of Sciences USA* 102, 14695–14699.
Springer, Mark S., et al. 2012. Macroevolutionary dynamics and historical biogeography of primate diversification inferred from a species supermatrix. *PloS One* 7, e49521.
Steadman, David W. 1995. Prehistoric extinctions of Pacific island birds: biodiversity meets zooarchaeology. *Science* 267, 1123–1131.
Steadman, David W., and Clayton E. Ray. 1982. The relationships of *Megaoryzomys curioi*, an extinct cricetine rodent (Muroidae: Muridae) from the Galápagos Islands, Ecuador. *Smithsonian Contributions to Paleobiology*, no. 51, 1–23.
Steiper, Michael E., and Nathan M. Young. 2009. Primates (Primates). Pp. 482–486 in S. B. Hedges and S. Kumar, eds., *The Timetree of Life*. Oxford University Press, Oxford, UK.
Steppan, Scott J., Ronald M. Adkins, and Joel Anderson. 2004. Phylogeny and divergence-date estimates of rapid radiations in muroid rodents based on multiple nuclear genes. *Systematic Biology* 53, 533–553.
Stillwell, Jeffrey D., and Christopher P. Consoli. 2012. Tectono-stratigraphic history of the Chatham Islands, SW Pacific-the emergence, flooding and reappearance of eastern "Zealandia." *Proceedings of the Geologists' Association* 123, 170–181.
Stillwell, Jeffrey D., Christopher P. Consoli, Rupert Sutherland, Steven Salisbury, Thomas H. Rich, Patricia A. Vickers-Rich, Philip J. Currie, and Graeme J. Wilson. 2006. Dinosaur sanctuary on the Chatham Islands, Southwest Pacific: first record of theropods from the K-T boundary Takatika Grit. *Palaeogeography, Palaeoclimatology, Palaeoecology* 230, 243–250.
Stoddart, D. R., ed. 1984. *Biogeography and Ecology of the Seychelles Islands*. Dr. W. Junk Publishers, The Hague.
Storey, B. C., M. L. Curtis, J. K. Ferris, M. A. Hunter, and R. A. Livermore. 1999. Reconstruction and break-out model for the Falkland Islands within Gondwana. *Journal of African Earth Sciences* 29, 153–163.
Strange, Ian J. 1972. *The Falkland Islands*. David and Charles, Newton Abbot, UK.
Sturm, Helmut. 1993. A new *Neomachilis* species from the Hawaiian Islands (Insecta: Archaeognatha: Machilidae). Bishop

Museum Occasional Papers, no. 36, 1–16.
Sturm, Helmut, and Carmen Bach de Roca. 1988. Archaeognatha (Insecta) from the Krakatau Islands and the Sunda strait area, Indonesia. *Memoirs of Museum Victoria* 49, 367–383.
Sturm, Helmut, and Ryuichiro Machida, eds. 2001. *Archaeognatha: Handbook of Zoology*. Vol. 4, *Arthropoda: Insecta*, Part 37. Walter de Gruyter, Berlin.
Takai, Masanaru, Federico Anaya, Nobuo Shigehara, and Takeshi Setoguchi. 2000. New fossil materials of the earliest New World monkey, *Branisella boliviana*, and the problem of platyrrhine origins. *American Journal of Physical Anthropology* 111, 263–281.
Taleb, Nassim Nicholas. 2010. *The Black Swan: The Impact of the Highly Improbable*, 2nd ed. Random House, New York〔『ブラック・スワン——不確実性とリスクの本質　上・下』望月衛訳，ダイヤモンド社，2009 年〕.
Tan, Heok Hui, and Kelvin K. P. Lim. 2012. Recent introduction of the brown anole *Norops sagrei* (Reptilia: Squamata: Dactyloidae) to Singapore. *Nature in Singapore* 5, 359–362.
Tantalean, Manuel, and Alfonso Gozalo. 1994. Parasites of the *Aotus* monkey. Pp. 353–374 in J. Baer, R. E. Veller, and I. Kakoma, eds., *Aotus: The Owl Monkey*. Academic Press, San Diego.
Tennyson, Alan J. D. 2010. The origin and history of New Zealand's terrestrial vertebrates. *New Zealand Journal of Ecology* 34, 6–27.
Tennyson, Alan J. D., Trevor H. Worthy, Craig M. Jones, R. Paul Scofield, and Suzanne J. Hand. 2010. Moa's ark: Miocene fossils reveal the great antiquity of moa (Aves: Dinornithiformes) in Zealandia. *Records of the Australian Museum* 62, 105–114.
Thiel, Martin, and Lars Gutow. 2005. The ecology of rafting in the marine environment. Part 2, The rafting organisms and community. *Oceanography and Marine Biology: An Annual Review* 43, 279–418.
Thomas, Jessica A., John J. Welch, Megan Woolfit, and Lindell Bromham. 2006. There is no universal molecular clock for invertebrates, but rate variation does not scale with body size. *Proceedings of the National Academy of Sciences USA* 103, 7366–7371.
Thomson, K. 1998. When did the Falklands rotate? *Marine and Petroleum Geology* 15, 723–736.
Thorne, Robert F. 1973. Floristic relationships between tropical Africa and tropical America. Pp. 27–47 in B. J. Meggers, E. S. Ayensu, and W. D. Duckworth, eds., *Tropical Forest Ecosystems in Africa and South America: A Comparative Review*. Smithsonian Institution Press, Washington, DC.
Tilling, Robert I., Christina Heliker, and Donald A. Swanson. 2010. Eruptions of Hawaiian volcanoes-past, present, and future. United States Geological Survey General Information Product 117.
Tolley, Krystal A., Ted M. Townsend, and Miguel Vences. 2013. Large-scale phylogeny of chameleons suggests African origins and Eocene diversification. *Proceedings of the Royal Society of London B* 280, March 27, 2013, doi: 10.1098/rspb.2013.0184.
Towns, D. R., and Charles H. Daugherty. 1994. Patterns of range contractions and extinctions in the New Zealand herpetofauna following human colonisation. *New Zealand Journal of Zoology* 21, 325–339.
Trewick, Steven A., and Gillian C. Gibb. 2010. Vicars, tramps and assembly of the New Zealand avifauna: a review of molecular phylogenetic evidence. *Ibis* 152, 226–253.
Vawter, Lisa, and Wesley M. Brown. 1986. Nuclear and mitochondrial DNA comparisons reveal extreme rate variation in the molecular clock. *Science* 234, 194–196.
Vences, Miguel, David R. Vieites, Frank Glaw, Henner Brinkman, Joachim Kosuch, Michael
Veith, and Axel Meyer. 2003. Multiple overseas dispersal in amphibians. *Proceedings of the Royal Society of London B* 270, 2435–2442.
Verzi, Diego H., and Claudia I. Montalvo. 2008. The oldest South American Cricetidae (Rodentia) and Mustelidae (Carnivora): Late Miocene faunal turnover in central Argentina and the Great American Biotic Interchange. *Palaeogeography, Palaeoclimatology, Palaeoecology* 267, 284–291.
Vidal, Nicolas, Anna Azvolinsky, Corinne Cruaud, and S. Blair Hedges. 2008. Origin of tropical American burrowing reptiles by transatlantic rafting. *Biology Letters* 4, 115–118.
Vidal, Nicolas, Maël Dewynter, and David J. Gower. 2010a. Dissecting the major American snake radiation: a molecular phylogeny of the Dipsadidae Bonaparte

(Serpentes, Caenophidia). *Comptes Rendus Biologies* 333, 48–55.
Vidal, Nicolas, and S. Blair Hedges. 2009. The molecular evolutionary tree of lizards, snakes, and amphisbaenians. *Comptes Rendus Biologies* 332, 129–139.
Vidal, Nicolas, Julie Marin, Marina Morini, Steve Donnellan, William R. Branch, Richard Thomas, Miguel Vences, Addison Wynn, Corinne Cruaud, and S. Blair Hedges. 2010b. Blindsnake evolutionary tree reveals long history on Gondwana. *Biology Letters* 6, 558–561.
Vidal, Nicolas, Jean-Claude Rage, Arnaud Couloux, and S. Blair Hedges. 2009. Snakes (Serpentes). Pp. 390–397 in S. B. Hedges and S. Kumar, eds., *The Timetree of Life*. Oxford University Press, Oxford, UK.
Vine, F. J., and D. H. Matthews. 1963. Magnetic anomalies over oceanic ridges. *Nature* 199, 947–949.
Voelker, Gary, Sievert Rohwer, Diana C. Outlaw, and Rauri C. K. Bowie. 2009. Repeated trans-Atlantic dispersal catalysed a global songbird radiation. *Global Ecology and Biogeography* 18, 41–49.
Wade, Nicholas. 1998. Scientist at work / Kary Mullis; after the "Eureka," a Nobelist drops out. *New York Times*, September 15, 1998.
Wagner, Warren L., Derral R. Herbst, and S. H. Sohmer. 1999. *Manual of the Flowering Plants of Hawai'i*, rev. ed. University of Hawaii Press, Honolulu.
Wallace, Alfred Russel. 1880. *Island Life*. Macmillan, London.
———. 1891. *Natural Selection and Tropical Nature*. Macmillan, London.
Wallis, Graham P., and Steven A. Trewick. 2009. New Zealand phylogeography: evolution on a small continent. *Molecular Ecology* 18, 3548–3580.
Webb, S. David. 2006. The Great American Biotic Interchange: patterns and processes. *Annals of the Missouri Botanical Garden* 93, 245–257.
Wegener, Alfred. 1915. *Die Entstehung der Kontinente und Ozeane*. Friedr. Vieweg und Sohn, Braunschweig, Germany〔『大陸と海洋の起源』竹内均訳，講談社，1990 年，ほか〕.
———. 1924. *The Origin of Continents and Oceans*. Translated from the 3rd German ed. by J. G. A. Skerl. E. P. Dutton, New York.
Welch, John J., and Lindell Bromham. 2005. Molecular dating when rates vary. *Trends in Ecology and Evolution* 20, 320–327.
Wendell, Jonathan F., Curt L. Brubaker, and Tosak Seelanan. 2010. The origin and evolution of *Gossypium*. Pp. 1–18 in J. McD. Stewart, Derrick M. Oosterhuis, James J. Heitholt, and Jack R. Mauney, eds., *Physiology of Cotton*. Springer, Dordrecht, Germany.
Whiting, Alison S., Jack W. Sites Jr., Katia C. M. Pellegrino, and Miguel T. Rodrigues. 2006. Comparing alignment methods for inferring the history of the new world lizard genus *Mabuya* (Squamata: Scincidae). *Molecular Phylogenetics and Evolution* 38, 719–730.
Wickens, G. E. 1982. The baobab-Africa's upside-down tree. *Kew Bulletin* 37, 173–209.
Wiley, E. O. 1988. Vicariance biogeography. *Annual Review of Ecology and Systematics* 19, 513–542.
Williams, Ernest E. 1969. The ecology of colonization as seen in the zoogeography of anoline lizards on small islands. *Quarterly Review of Biology* 44, 345–389.
Wilson, Don E., and DeeAnn M. Reeder, eds. 2005. *Mammal Species of the World: A Taxonomic and Geographic Reference*, 3rd ed. Johns Hopkins University Press, Baltimore.
Winkworth, Richard C., Steven J. Wagstaff, David Glenny, and Peter J. Lockhart. 2002. Plant dispersal N.E.W.S. from New Zealand. *Trends in Ecology and Evolution* 17, 514–520.
Yanoviak, Stephen P., Michael Kaspari, and Robert Dudley. 2009. Gliding hexapods and the origins of insect aerial behaviour. *Biology Letters* 5, 510–512.
Yoder, Anne D., Melissa M. Burns, Sarah Zehr, Thomas Delefosse, Geraldine Veron, Steven M. Goodman, and John J. Flynn. 2003. Single origin of Malagasy Carnivora from an African ancestor. *Nature* 421, 734–737.
Yoder, Anne D., and Michael D. Nowak. 2006. Has vicariance or dispersal been the predominant biogeographic force in Madagascar? Only time will tell. *Annual Review of Ecology, Evolution, and Systematics* 37, 405–431.
Yoon, Carol Kaesuk. 2009. *Naming Nature: The Clash Between Instinct and Science*. W. W. Norton, New York〔『自然を名づける——なぜ生物分類では直感と科学が衝突するのか』三中信宏・野中香方子訳，NTT 出版，2013 年〕.
Young, J. Z. 1962. *The Life of Vertebrates*, 2nd ed. Oxford University Press, New York.

Yount, Lisa. 2009. *Alfred Wegener: Creator of the Continental Drift Theory*. Chelsea House, New York.

Zhang, Peng, and Marvalee H. Wake. 2009. A mitogenomic perspective on the phylogeny and biogeography of living caecilians. *Molecular Phylogenetics and Evolution* 53, 479–491.

Ziegler, Alan C. 2002. *Hawaiian Natural History, Ecology, and Evolution*. University of Hawaii Press, Honolulu.

Zuckerkandl, Emile, and Linus Pauling. 1962. Molecular disease, evolution and genic heterogeneity. Pp. 189–225 in M. Kasha and B. Pullman, eds., *Horizons in Biochemistry: Albert Szent Györgyi Dedicatory Volume*. Academic Press, New York.

著者略歴

(Alan de Queiroz)

ネヴァダ大学生物学部門非常勤研究員．専門は進化生物学．サイエンス・ライターとしても *The Scientist*, *The Huffington Post*, *The Wall Street Journal* などに活躍の場を広げている．初の単著である本書は，*Library Journal* と *Booklist* で2014年のベストブックに選出された．

訳者略歴

柴田裕之〈しばた・やすし〉翻訳家．訳書に，ドゥ・ヴァール『動物の賢さがわかるほど人間は賢いのか』『共感の時代へ』『道徳性の起源』，ヴァン・デア・コーク『身体はトラウマを記録する』（以上，紀伊國屋書店），ハラリ『サピエンス全史』（上下）（河出書房新社），ミシェル『マシュマロ・テスト』，リドレー『繁栄』（以上，ハヤカワ・ノンフィクション文庫），ほか多数．

林美佐子〈はやし・みさこ〉東京女子大学文理学部卒業．バベル翻訳学校ノンフィクション専科修了．さまざまな一般教養書で翻訳協力多数．

アラン・デケイロス
サルは大西洋を渡った
奇跡的な航海が生んだ進化史
柴田裕之・林美佐子 訳

2017年11月10日　第1刷発行

発行所 株式会社 みすず書房
〒113-0033 東京都文京区本郷2丁目20-7
電話 03-3814-0131(営業) 03-3815-9181(編集)
www.msz.co.jp

本文組版 キャップス
本文印刷・製本所 中央精版印刷
扉・表紙・カバー印刷所 リヒトプランニング

ISBN 978-4-622-08649-9
[サルはたいせいようをわたった]